“十四五”职业教育国家规划教材

SolidWorks造型设计

附微课视频

主　编　刘恩宇　王　磊
副主编　孙　友
参　编　高立霞　李　婧

大连理工大学出版社

图书在版编目(CIP)数据

SolidWorks 造型设计 / 刘恩宇，王磊主编. -- 大连：大连理工大学出版社，2021.8(2025.1 重印)
新世纪高职高专机电类课程规划教材
ISBN 978-7-5685-2785-9

Ⅰ. ①S… Ⅱ. ①刘… ②王… Ⅲ. ①机械设计—计算机辅助设计—应用软件—高等职业教育—教材 Ⅳ. ①TH122

中国版本图书馆 CIP 数据核字(2020)第 242779 号

大连理工大学出版社出版
地址:大连市软件园路 80 号　邮政编码:116023
营销中心:0411-84707410　84708842　邮购及零售:0411-84706041
E-mail:dutp@dutp.cn　URL:https://www.dutp.cn
大连天骄彩色印刷有限公司印刷　大连理工大学出版社发行

幅面尺寸:185mm×260mm　印张:15.5　字数:371 千字
2021 年 8 月第 1 版　2025 年 1 月第 5 次印刷

责任编辑:吴媛媛　陈星源　责任校对:唐　爽
封面设计:张　莹

ISBN 978-7-5685-2785-9　定　价:51.80 元

本书如有印装质量问题,请与我社营销中心联系更换。

前 言

《SolidWorks 造型设计》是“十四五”职业教育国家规划教材。

随着社会的进步，尤其在智能制造大环境下，为了提高设计效率和准确性，不管是大企业还是中小企业，都在由二维设计向三维设计转型，三维设计软件在各个行业、各个领域的使用越来越普及。SolidWorks 2018 作为一款功能强大、易学易用和高效创新的三维 CAD 软件，为机械设计提供了快速、有力、高效的支撑。

本教材以 SolidWorks 2018 软件为操作平台，以一台完整机床设计数据为载体，通过项目化案例由浅入深、图文并茂地剖析了零部件建模、装配、工程图等常用功能模块，使读者能够快速、全面地掌握 SolidWorks 2018 软件的操作。同时通过项目化学习，学生能够在机械设计方面积累一定的经验，并掌握系统化的设计思路。

本教材针对不同的建模方式，利用机床上有代表性的零件，从板类、轴类等基础零件到钣金、焊件等复杂零件，再到需要空间曲面的特殊零件的建模一一进行讲解；利用建模的零件模型，再配合提供的丰富资源，讲解从部件装配到总装配的整个过程，包括标准件的使用和外购件的选用过程。本教材共三个项目，每个项目中设立不同的任务，每个任务包括“任务分析”“知识技能点”“任务实施”“任务小结”“拓展训练”等。

本教材全面贯彻党的二十大精神，落实立德树人根本任务，在每个任务后以二维码的形式融入了体现爱国情怀、民族自豪感、工匠精神、职业素质、四个自信、安全意识等方面的拓展资料。

为了便于教师教学和学生学习，本教材配有微课、电子课件等配套资源，可以提高教学效率，强化教学效果。另外，还为读者提供一台专用机床的模型和工程图，便于拓展学习。

本教材既可作为高职高专院校 SolidWorks 课程的教材，又可作为企业和各类机构的培训教材以及相关领域技术人员的参考用书。

本教材由天津机电职业技术学院刘恩宇、天津数沃科技有限公司王磊任主编，天津机电职业技术学院孙友任副主编，天津机电职业技术学院高立霞、李婧参与编写工作。编写分工如下：刘恩宇编写项目一中的任务七、任务八，项目二；王磊负责微课资源的制作及技术指导；孙友编写项目三；高立霞编写项目一中的任务三、任务六；李婧编写项目一中的任务一、任务二、任务四、任务五。

在编写本教材的过程中，我们参考、引用和改编了国内外出版物中的相关资料和网络资源，在此对这些资料的作者表示深深的谢意。请相关著作权人看到本教材后与出版社联系，出版社将按照相关法律的规定支付稿酬。

由于编者水平有限，教材中可能存在一些不妥之处，敬请读者批评指正，并将意见和建议反馈给我们，以便修订时改进。

编　者

所有意见和建议请发往：dutpgz@163.com
欢迎访问职教数字化服务平台：https://www.dutp.cn/sve/
联系电话：0411-84707424　84708979

目　录

项目一
零部件设计

任务一　板类零件设计(松圈器右上支板)

任务分析

如图 1-1-1 所示,松圈器右上支板的外形是由长方形等规则的 SolidWorks 草图拉伸而成的,其中间部分的圆孔可用旋转切除的方法生成,其余小孔可用异形孔向导参数化生成。其后分别对模型部分位置的棱边进行倒角处理,使其光滑。在此设计案例中,需要用到“旋转凸台/基体”“旋转切除”“异形孔向导”“线性阵列”“倒角”等常用特征。下面以松圈器右上支板为例,讲解其制作过程。

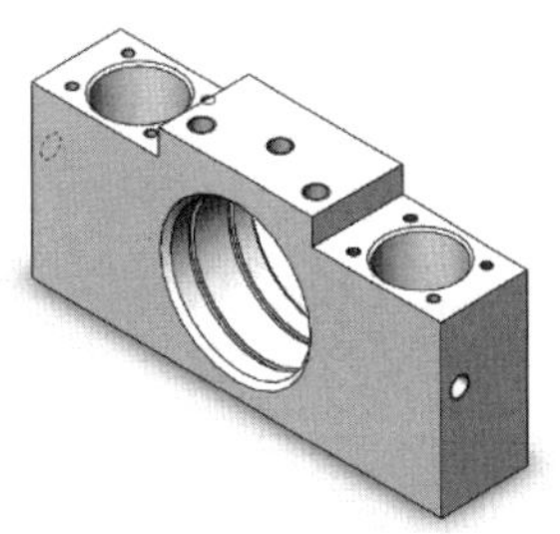

图 1-1-1　松圈器右上支板

知识技能点

在一些简单机械零件的实体建模过程中,首先从草图绘制开始,再通过实体特征工具建立基本实体模型,还可以编辑实体特征。对于复杂零件实体的建模过程,实质上是许多简单特征之间的叠加、切割或相交等方式的操作过程。

在零件中生成的第一个特征为基体,此特征为生成其他特征的基础。特征是各种单独的加工形状,当将它们组合起来时就形成了各种零件实体。

本任务利用松圈器右上支板的三维数字化设计,分别介绍了“拉伸凸台/基体”“旋转切除”“异形孔向导”“线性阵列”“倒角”等常用特征的使用。以下几个重要的知识技能点需要掌握:

➢ 拉伸凸台/基体:该命令是由截面轮廓草图通过拉伸得到的。大部分基体特征是通过拉伸创建的。当拉伸一个轮廓时,需要选择拉伸类型。拉伸属性管理器用于定义拉伸特征的特点。拉伸可以实现创建基体、凸台或切除。

操作步骤：

- 在“特征”面板上单击 “拉伸凸台/基体”按钮 。
- 在菜单栏中选择“插入”→“凸台/基体”→“拉伸”命令。

➢ 旋转切除：该命令是通过绕轴心旋转绘制的轮廓来切除实体模型。

操作步骤：

- 在“特征”面板上单击“旋转切除”按钮。
- 在菜单栏中选择“插入”→“切除”→“旋转”命令。

➢ 异形孔向导：用预先定义的剖面插入孔。

操作步骤：

- 在“特征”面板上单击“异形孔向导”按钮 。
- 在菜单栏中选择“插入”→“特征”→“孔向导”命令。

➢ 线性阵列：按线性复制所选的源特征。对于线性阵列，先选择源特征，然后指定方向、线性间距和阵列的数目。

操作步骤：

- 在“特征”面板上单击“线性阵列”按钮 。
- 在菜单栏中选择“插入”→“阵列/镜像”→“线性阵列”命令。

➢ 倒角：沿边线、一串切边或顶点生成一倾斜的边线的过程。

操作步骤：

- 在“特征”面板上单击“倒角”按钮。
- 在菜单栏中选择“插入”→“特征”→“倒角”命令。

板类零件设计
(松圈器右上支板)

步骤 1：新建一个松圈器右上支板零件

在 SolidWorks 软件菜单栏中选择“文件”→“新建”命令或单击标准工具栏上的“新建”按钮 或使用快捷键“Ctrl＋N”，新建一个 SolidWorks 文件，如图 1-1-2 所示。

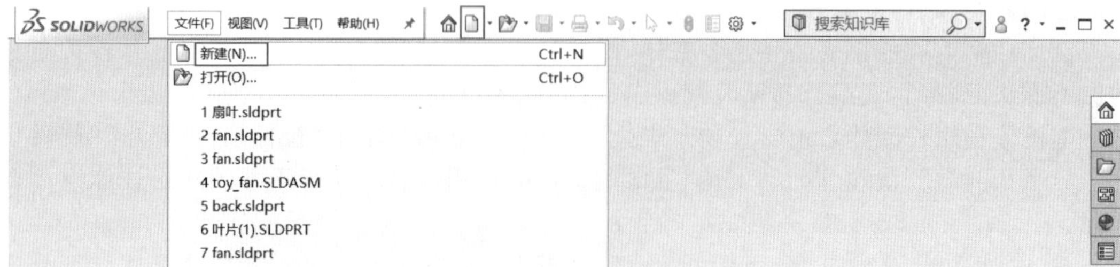

图 1-1-2 新建文件

在弹出的“新建 SOLIDWORKS 文件”对话框中选择“零件”图标，然后单击“确定”按钮，如图 1-1-3 所示。

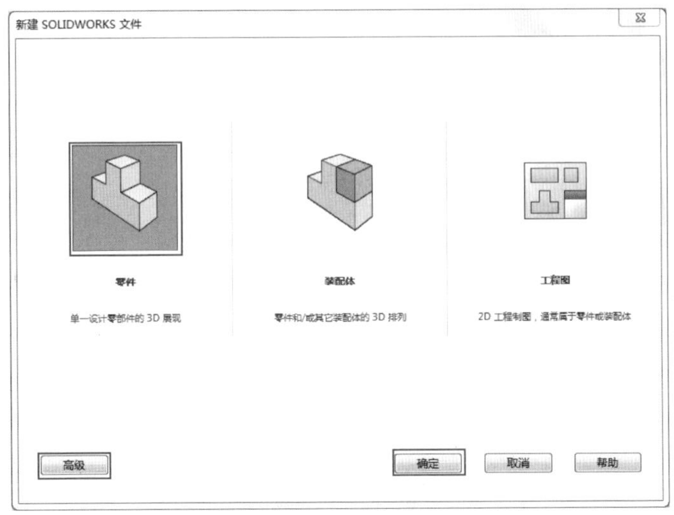

图 1-1-3　新建零件

注意

如果是“新手”模式，需先切换到“高级”模式。在“高级”模式下，选择“gb_part”零件模板，单击“确定”按钮，创建一个零件文件，如图 1-1-4 所示。

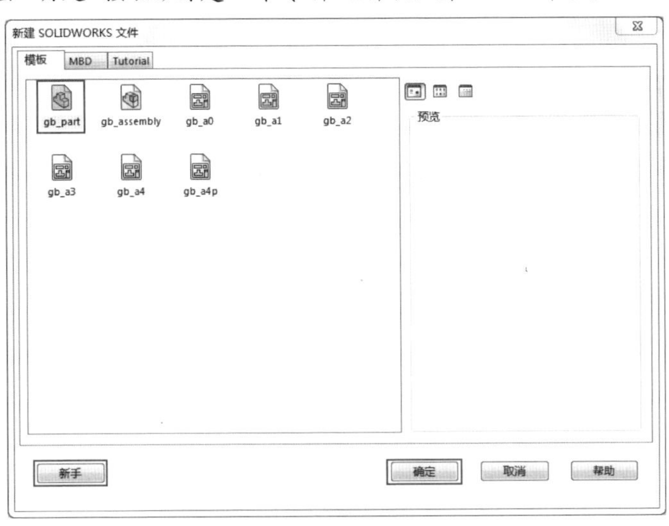

图 1-1-4　选择零件模板

在打开的零件文件中，可以通过右下角的“自定义”选项查看、修改文件的单位和精度，如图 1-1-5 所示。

单击标准工具栏上的“保存”按钮，系统弹出“另存为”对话框，选择好存储路径后，将“文件名”改为“松圈器右上支板”(软件自动匹配文件后缀名为“. LDPRT”)，之后单击“保存”按钮，如图 1-1-6 所示。

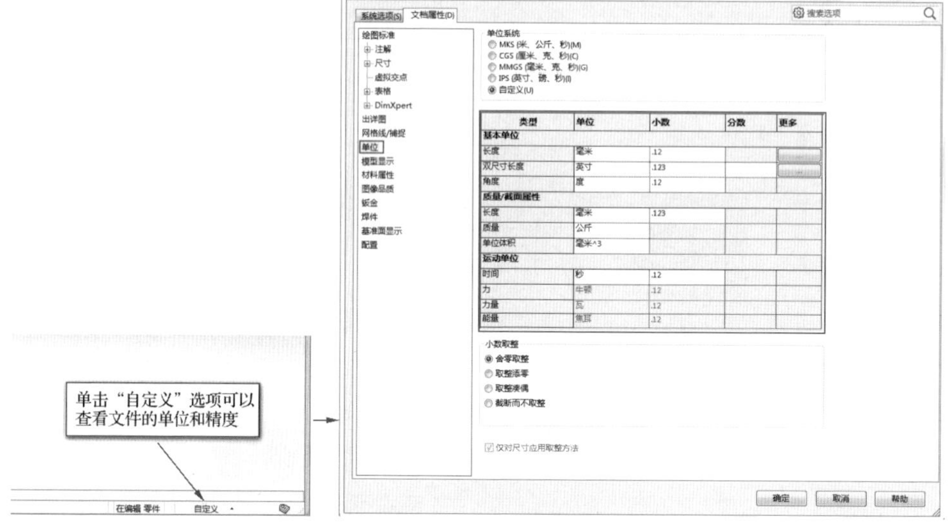

图 1-1-5 查看/修改文件的单位和精度

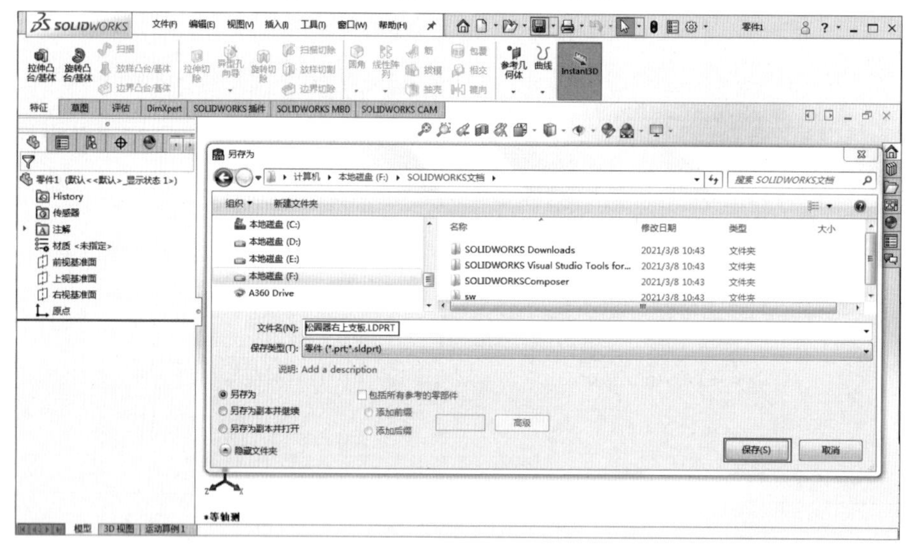

图 1-1-6 零件另存为

提示

虽然软件有自动保存功能，但还是建议进行完一些重要的步骤后立即手动保存，避免图档丢失。

步骤 2：拉伸创建基体

(1)如图 1-1-7 所示，在左侧设计树中选择“前视基准面”，然后单击“草图”面板上的“草图绘制”按钮，这样就在前视基准面上创建了一张草图。软件默认有前视、上视和右视三个基准面，一般利用这三个基准面创建平面草图。当然也可以利用这三个基准面来建立用户自己的基准面，后面会详细介绍。

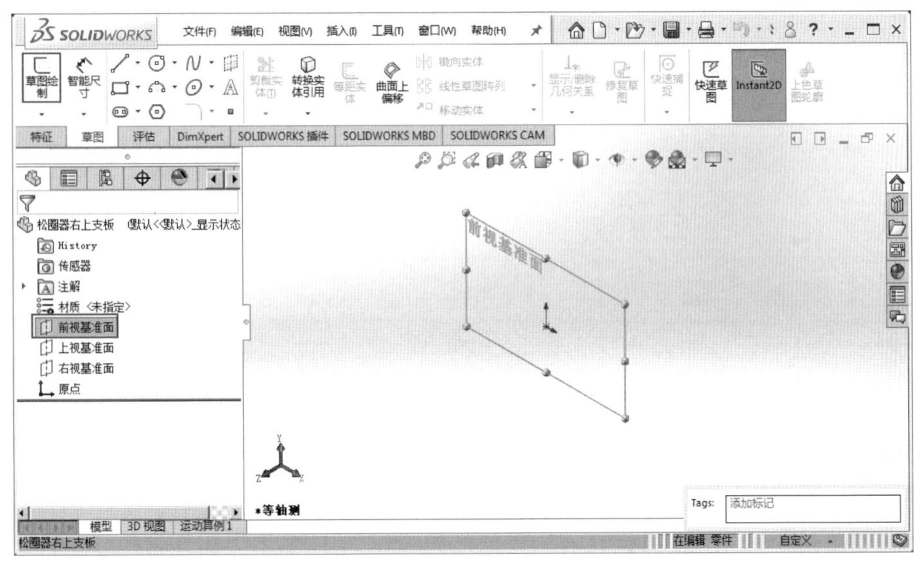

图 1-1-7　在前视基准面上创建一张草图

(2)单击“草图”面板上的“直线”按钮右侧的下拉按钮，在打开的下拉菜单中单击“中心线”按钮，分别过原点绘制一条竖直的中心线和一条水平的中心线。再单击“草图”面板上的“圆”按钮，过原点绘制一个圆。

(3)单击“智能尺寸”按钮，再单击圆，在圆的周围单击以确定尺寸线的位置，弹出“修改”尺寸对话框，将尺寸改为“55”。在左侧的“尺寸”属性管理器中，按图 1-1-8 所示设置“公差/精度”相关参数，完成圆的尺寸标注，如图 1-1-9 所示。尺寸标注后，图形以黑色显示，表示此草图完全定义。

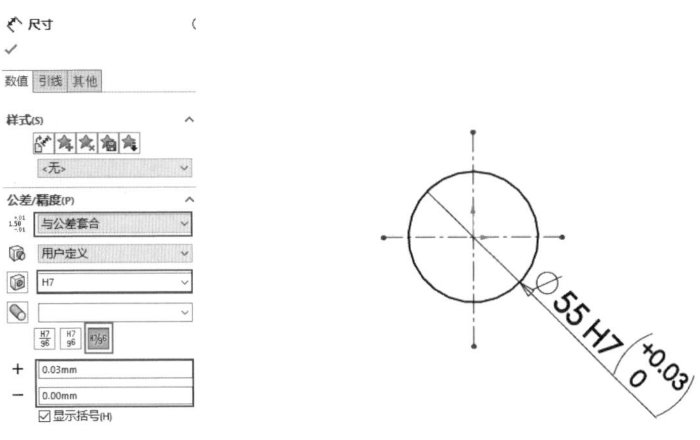

图 1-1-8　“尺寸”属性管理器(1)　　　　图 1-1-9　圆的绘制

(4)单击“草图”面板上的“直线”按钮，绘制如图 1-1-10 所示的线段，并使用“智能尺寸”按钮给各线段标注尺寸。此时，竖直的四条线段均显示蓝色，说明草图为欠定义，还需添加几何关系进行约束。

(5)单击“草图”面板上的“添加几何关系”按钮，打开“添加几何关系”属性管理器，激活“所选实体”选项框，分别选取穿过原点的竖直中心线和其两侧的两条竖直线段，在“添加几何关系”选项区单击“对称”按钮，再单击“确定”按钮，如图 1-1-11 所示。按照相同的方法对剩余两条竖直线段添加“对称”几何关系后草图显示为黑色，说明草图为完全定义。

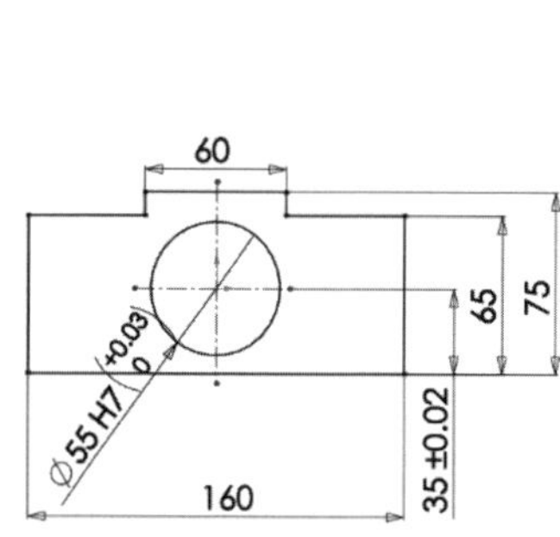

图 1-1-10 支板基体草图

图 1-1-11 “添加几何关系”属性管理器

(6)单击图形区右上角的“退出草绘”按钮，退出草绘模式。此时在左侧设计树中显示已完成的“草图 1”的名称。

(7)选择设计树中的“草图 1”，单击“特征”面板上的“拉伸凸台/基体”按钮，出现“凸台-拉伸”属性管理器，设置如图 1-1-12 所示，完成后单击“确定”按钮，生成支板基体，如图 1-1-13 所示。此时在左侧设计树中显示已完成的“拉伸 1”的名称。

图 1-1-12“凸台-拉伸”属性管理器

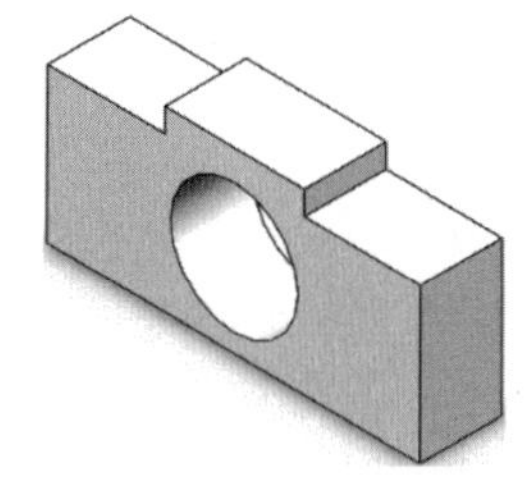

图 1-1-13 支板基体

步骤 3:旋转切除两个凹槽

(1)在设计树中单击“右视基准面”，在弹出的快捷工具栏中单击“正视于”按钮(图 1-1-14)，再单击“草图”面板上的“草图绘制”按钮，在右视基准面上创建一张草图。

(2)单击“草图”面板上的“中心线”按钮，分别过原点绘制一条竖直的中心线和一条水平的中心线。单击“直线”按钮，在原点右上角绘制一个矩形，如图 1-1-15 所示。

由于该草图分别关于两条中心线对称，标注尺寸时应标注对称结构之间的尺寸。单击“智能尺寸”按钮，单击矩形左上角的端点，然后单击竖直中心线将尺寸线放置在中心线的另一侧，弹出“修改”尺寸对话框，将尺寸改为“13”，即可标注对称图形的对称结构之间的尺寸。按照此方法标注关于水平中心线对称的尺寸 58。在“尺寸”属性管理器中参照图 1-1-8 进行“公差/精度”设置。尺寸标注后，图形以黑色显示，表示此草图完全定义。

图 1-1-14　右视基准面图操作

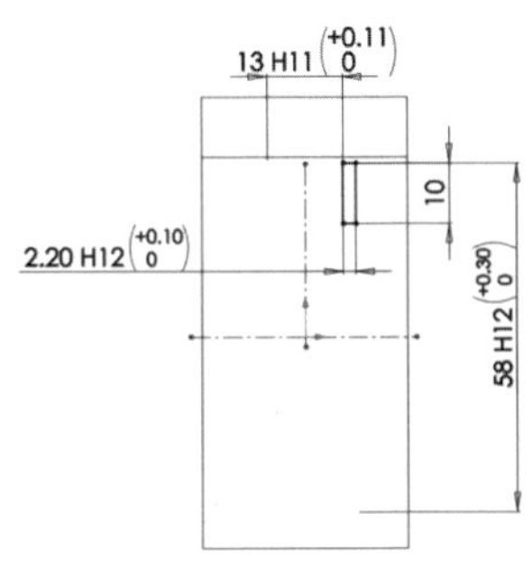

图 1-1-15　绘制矩形

(3)单击“镜像实体”按钮，出现“镜像”属性管理器，如图 1-1-16 所示。激活“要镜像的实体”选项框，选择上一步绘制的矩形的四条边线。激活“镜像点”选项框，选择竖直的中心线，单击“确定”按钮，完成基本图形的镜像，此时草图显示为黑色，说明镜像后的草图仍然完全定义，如图 1-1-17 所示。

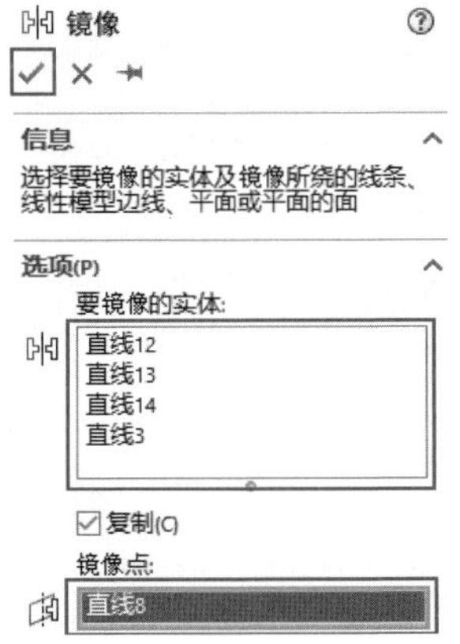

图 1-1-16　“镜像”属性管理器

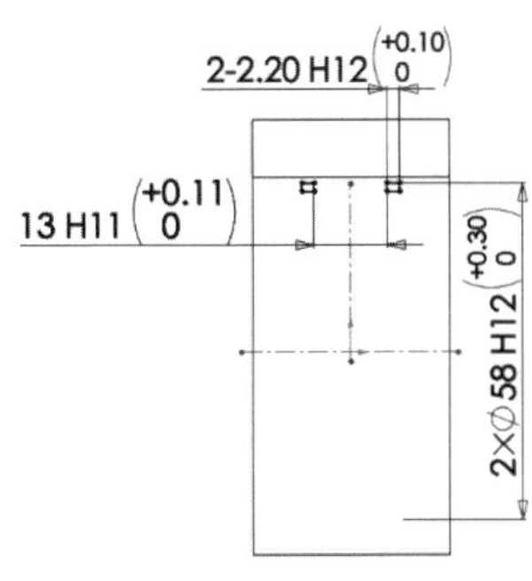

图 1-1-17　完全定义的草图

(4)此草图经旋转切除后会形成两个相同的圆形凹槽，为了让读图者更加容易理解构图思路，在为矩形的长边标注尺寸时，在“尺寸”属性管理器的“标注尺寸文字”设置区的文本框中添加“2×”字符，表明此图中的两个矩形为相同的尺寸，如图 1-1-18 所示。图 1-1-17 中的尺寸 58 为一个直径尺寸，因此需在其“尺寸”属性管理器中的“标注尺寸文字”设置区单击按钮 ∅，添加直径的表示符号，并添加“2×”字符，表明两个凹槽的直径均为 ϕ58，如图 1-1-19 所示。

图 1-1-18　“尺寸”属性管理器(2)

图 1-1-19　“尺寸”属性管理器(3)

(5)单击图形区右上角的“退出草绘”按钮，退出草绘模式。此时在左侧设计树中显示已完成的“草图 2”的名称。

(6)选择设计树中的“草图 2”,单击“特征”面板上的“旋转切除”按钮,出现“切除-旋转”属性管理器,如图 1-1-20 所示。激活“旋转轴”选项框,选择“草图 2”中绘制的水平中心线,单击“确定”按钮,生成具有凹槽的支板基体,如图 1-1-21 所示。此时在左侧设计树中显示已完成的“切除-旋转 1”的名称。

图 1-1-20 “切除-旋转”属性管理器(1)

图 1-1-21 具有凹槽的支板基体

步骤 4:旋转切除两个通孔

(1)在设计树中单击“前视基准面”,在弹出的快捷工具栏中单击“正视于”按钮,再单击“草图”面板上的“草图绘制”按钮,在前视基准面上创建一张草图。

(2)单击“草图”面板上的“中心线”按钮,过原点绘制一条竖直的中心线。单击“直线”按钮,在原点左侧绘制一条竖直的线段,单击该线段,在弹出的快捷工具栏中单击“构造几何线”按钮,将该线段转化为一条辅助线。过辅助线绘制如图 1-1-22 所示的线段。由于该草图为旋转切除的截面,且关于中心线对称,故在标注尺寸时应标注对称结构之间的尺寸。尺寸标注后,图形以黑色显示,表示此草图完全定义。

(3)单击图形区右上角的“退出”按钮,退出草绘模式。此时在左侧设计树中显示已完成的“草图 3”的名称。

(4)选择设计树中的“草图 3”,单击“特征”面板上的“旋转切除”按钮,出现“切除-旋转”属性管理器,如图 1-1-23 所示。激活“旋转轴”选项框,选择“草图 3”中绘制的辅助线,单击“确定”按钮,生成左侧具有通孔的支板基体,其剖视图如图 1-1-24 所示。此时在左侧设计树中显示已完成的“切除-旋转 2”的名称。

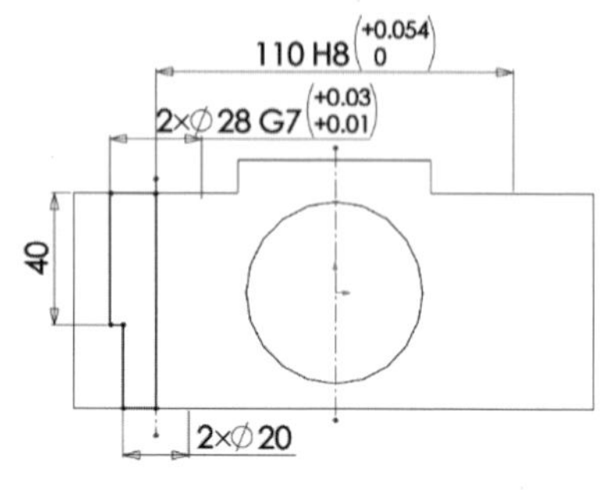

图 1-1-22 草图 3

图 1-1-23 “切除-旋转”属性管理器(2)

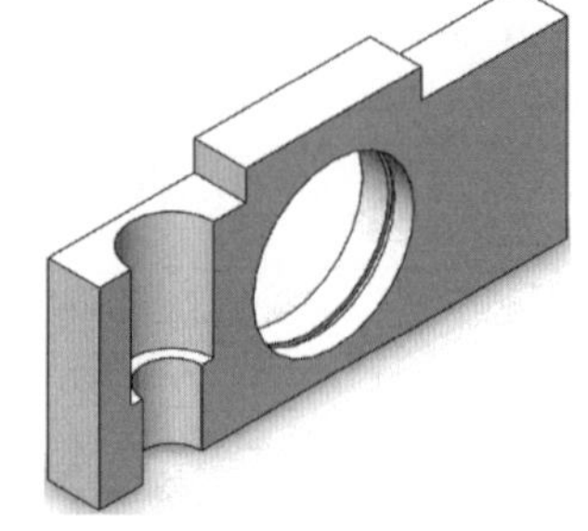

图 1-1-24 旋转切除特征的剖视图

步骤 5:创建 M4 螺纹孔

(1)单击通孔附近位置,选中支板左侧部分上表面,在弹出的快捷工具栏中单击“正视于”按钮。单击“特征”面板上的“异形孔向导”按钮,出现“孔规格”属性管理器,设置如图 1-1-25 所示,其余使用默认参数。

(2)完成“孔规格”的参数设置后,单击“位置”选项 位置 ,打开“位置”选项卡,在图形区的通孔附近单击,以初步确定异形孔的位置。

(3)单击“草图”面板上的“中心线”按钮,过通孔圆心分别绘制一条水平的中心线和一条竖直的中心线。单击“智能尺寸”按钮,标注如图 1-1-26 所示的尺寸值,单击“确定”按钮,完成螺纹孔的创建,如图 1-1-27 所示。此时在左侧设计树中显示已完成的“M4 螺纹孔 1”的名称。

图 1-1-25　“孔规格”属性管理器(1)

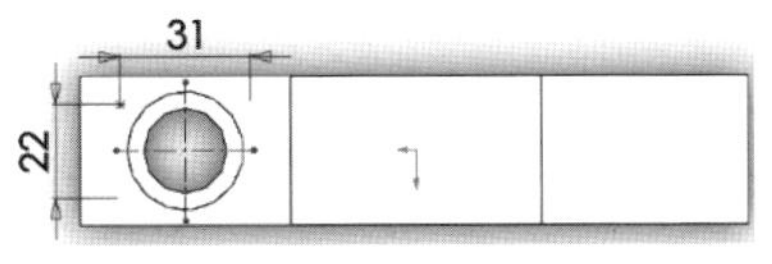

图 1-1-26　尺寸标注(1)

步骤 6:线性阵列螺纹孔

在设计树中单击“M4 螺纹孔 1”,使该特征处于被选中的状态,如图 1-1-28 所示。单击“特征”面板上的“线性阵列”按钮 ,出现“阵列(线性)”属性管理器,设置如图 1-1-29 所示,在“方向 1”和“方向 2”选项框分别选择如图 1-1-30 所示的边线。预览时若阵列方向相反,则可单击“反向”按钮进行方向对调。单击“确定”按钮,完成螺纹孔的线性阵列,如图 1-1-31 所示。此时在左侧设计树中显示已完成的“阵列(线性)1”的名称。

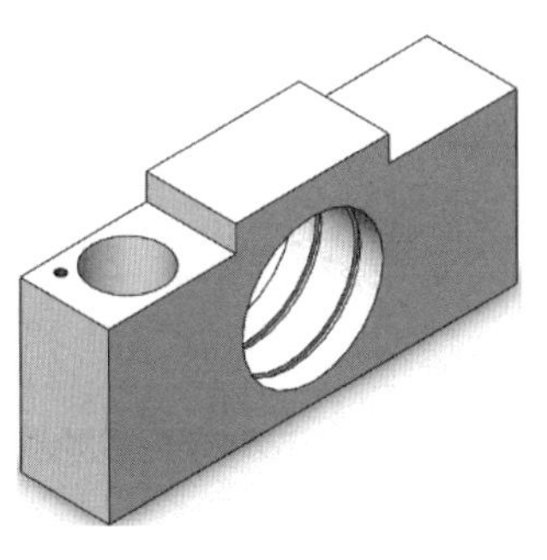

图 1-1-27　生成螺纹孔

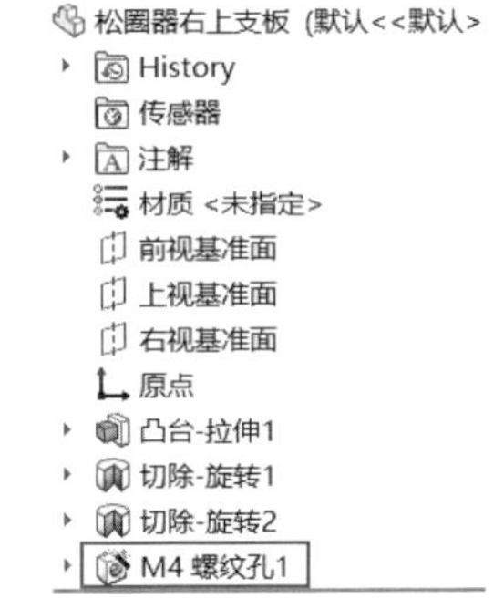

图 1-1-28　选中“M4 螺纹孔 1”特征

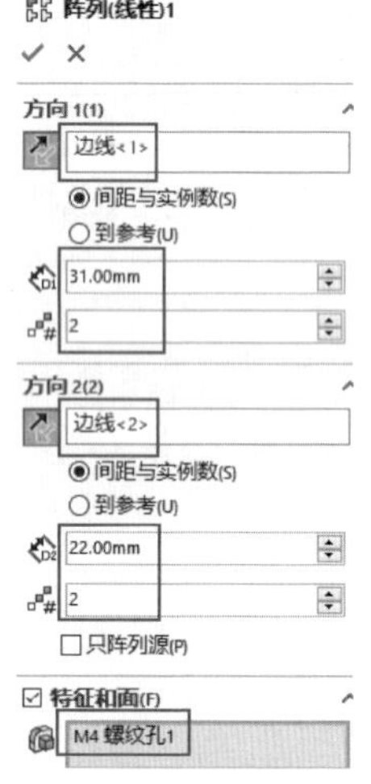

图 1-1-29 “阵列(线性)”属性管理器(1)

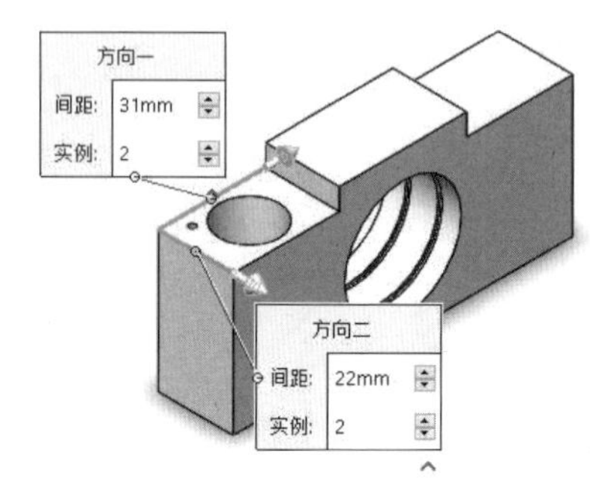

图 1-1-30 阵列方向选择

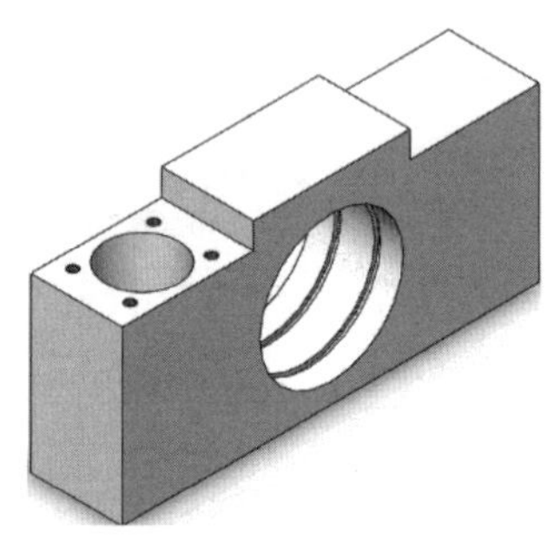

图 1-1-31 生成线性阵列螺纹孔

步骤 7:线性阵列生成右侧对称结构

单击“特征”面板上的“线性阵列”按钮，出现“阵列(线性)”属性管理器，设置如图 1-1-32 所示。激活“方向 1”选项框，选择零件上表面任意一条长边作为阵列引导方向。若预览时阵列方向相反，则可单击“反向”按钮进行方向对调。激活“特征和面”选项框，展开图形区中的设计树，选择如图 1-1-33 所示的“切除-旋转 2”和“阵列(线性 1)”两个特征。之后单击“确定”按钮，完成零件右侧对称结构的线性阵列，结果如图 1-1-34 所示。此时在左侧设计树中显示已完成的“阵列(线性)2”的名称。

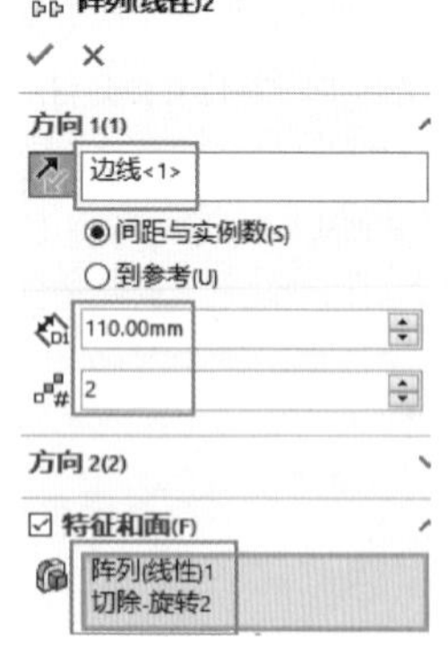

图 1-1-32 “阵列(线性)”属性管理器(2)

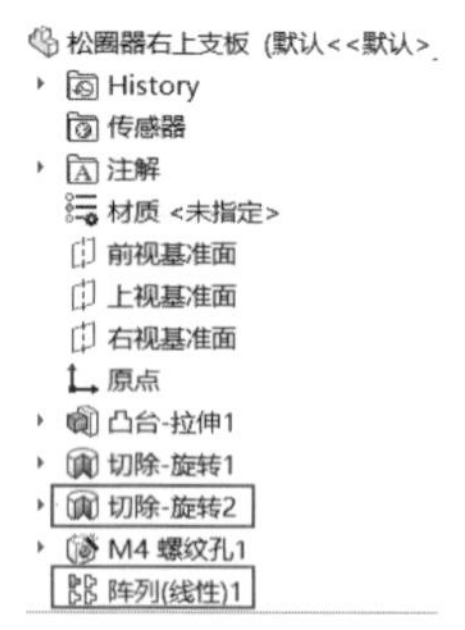

图 1-1-33 选择特征

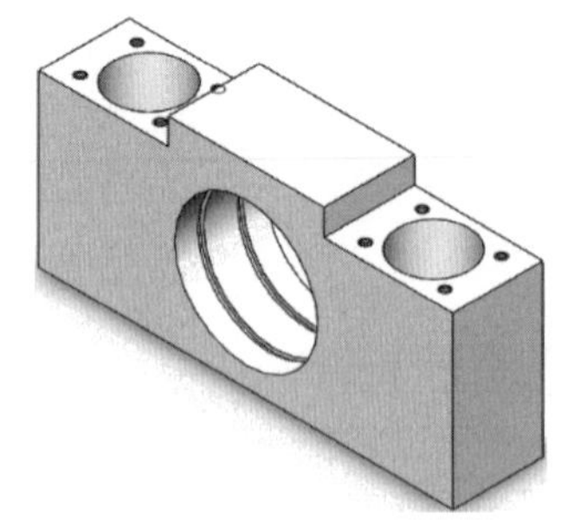

图 1-1-34 生成的线性阵列特征(1)

步骤 8:创建上表面 M8 螺纹孔

(1)单击支板中间部分上表面，在弹出的快捷工具栏中单击“正视于”按钮。单击“特征”面板上的“异形孔向导”按钮，出现“孔规格”属性管理器。设置如图 1-1-35 所示。

(2)完成“孔规格”的参数设置后，单击“位置”选项，打开“位置”选项卡，在图形区的原点及原点的左上方和右上方各单击一次，以初步确定 3 个异形孔的位置，按“Esc”键停止添加。

(3)单击“草图”面板上的“中心线”按钮，过原点分别绘制一条水平的中心线和一条竖直的中心线。单击“智能尺寸”按钮，标注如图 1-1-36 所示的尺寸值，此时左、右两侧螺纹孔的圆心处显蓝色，表示该位置欠定义，任意进行拖动即可改变螺纹孔的水平位置，因此还需添加几何关系对其位置进行约束。

图 1-1-35　“孔规格”属性管理器(2)

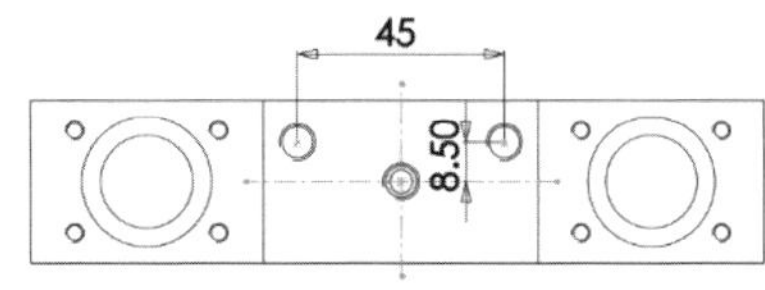

图 1-1-36　尺寸标注(2)

(4)单击“草图”面板上的“添加几何关系”按钮，出现“添加几何关系”属性管理器，激活“所选实体”选项框，分别选取穿过原点的竖直中心线和其两侧螺纹孔的圆心，在“添加几何关系”选项区中单击“对称”按钮，再单击“确定”按钮，设置如图 1-1-37 所示。此时螺纹孔圆心显黑色，说明草图已完全定义。

单击“确定”按钮，完成螺纹孔的创建，如图 1-1-38 所示。在左侧设计树中显示已完成的“M8 螺纹孔 1”的名称。

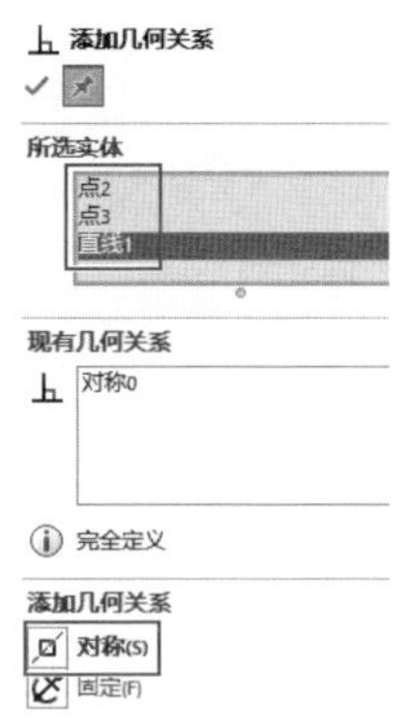

图 1-1-37　添加几何关系

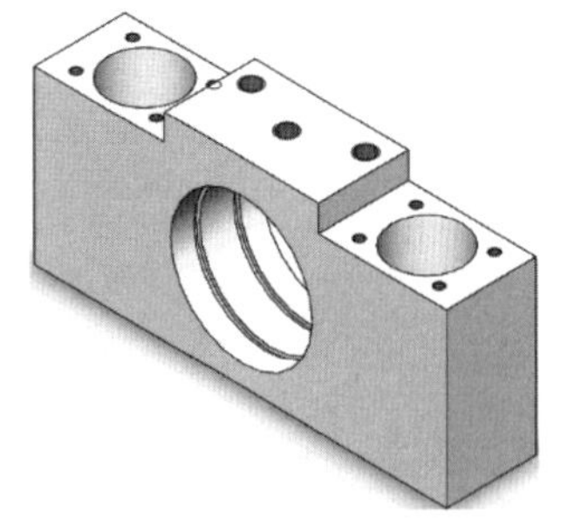

图 1-1-38　生成的螺纹孔特征(1)

步骤 9:创建左、右侧面 M8 螺纹孔

参照步骤 8 的说明，继续使用“异形孔向导”特征在零件左、右侧表面分别再生成一个 M8 的螺纹孔。两侧螺纹孔“孔规格”属性管理器的参数设置如图 1-1-39 所示，左、右两侧螺纹孔位置尺寸标注如图 1-1-40 所示。

完成螺纹孔的创建，如图 1-1-41 所示。在左侧设计树中将显示已完成的“M8 螺纹孔 2”“M8 螺纹孔 3”的名称。

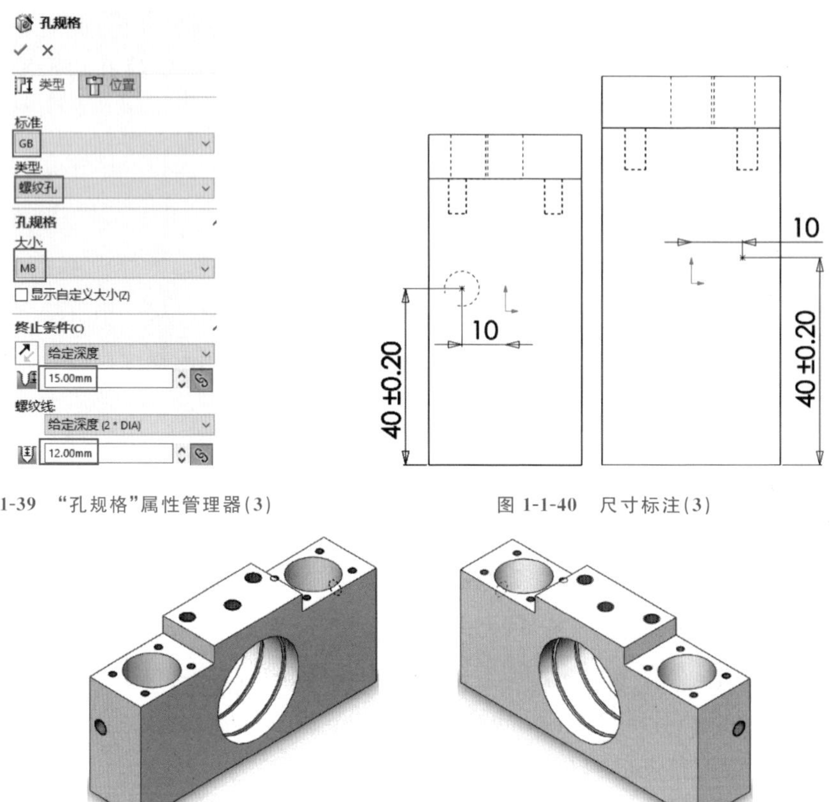

图 1-1-39 “孔规格”属性管理器(3)

图 1-1-40 尺寸标注(3)

图 1-1-41 生成的螺纹孔特征(2)

步骤 10:创建倒角特征

单击“特征”面板上的“倒角”按钮，出现“倒角”属性管理器，设置如图 1-1-42 所示。激活“倒角参数”选项框，分别选择支板前、后两侧圆孔的棱边，设置倒角距离为 2 mm，角度为 45°，单击“确定”按钮，完成倒角特征，如图 1-1-43 所示。

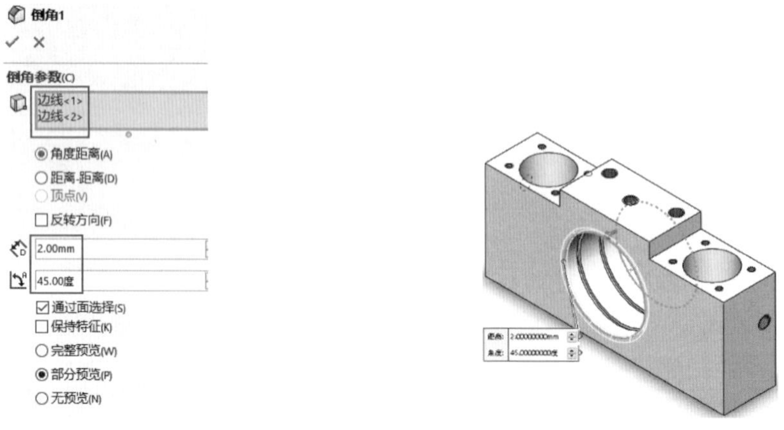

图 1-1-42 “倒角”属性管理器

图 1-1-43 倒角预览

用同样的方法，可以完成支板上剩余两个通孔的棱边的倒角特征操作，完成倒角特征后如图 1-1-44 所示。

至此，以松圈器右上支板为例的一个完整的三维设计过程就完成了。

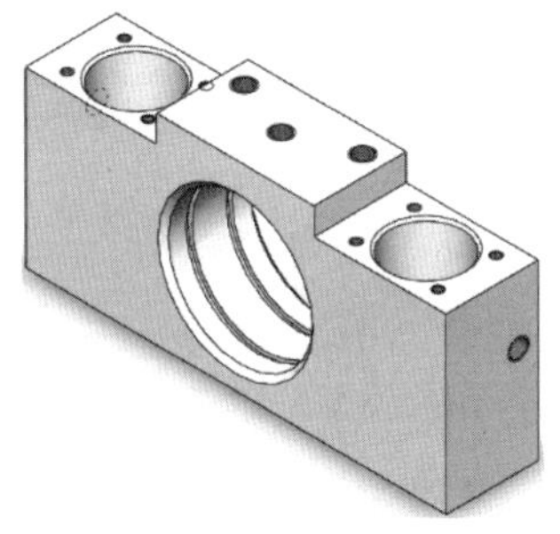
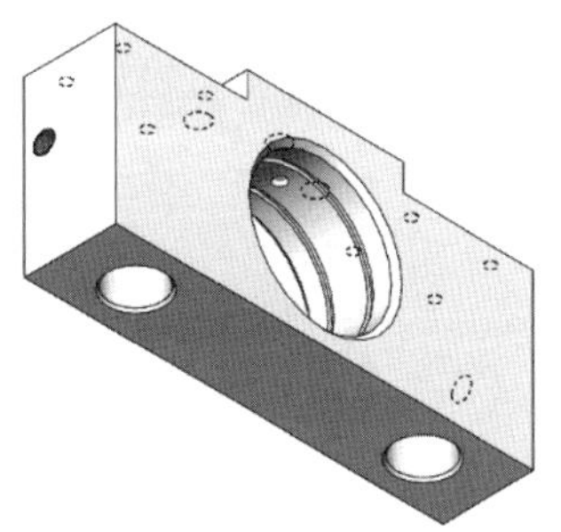

图 1-1-44　完成倒角特征(1)

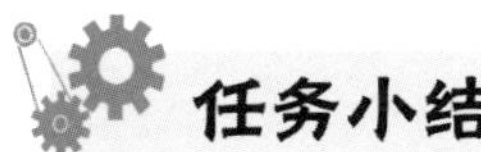

任务小结

通过松圈器右上支板设计任务的学习，学生能够掌握实体特征建模的基本方法，并掌握以下能力：

(1)通过“智能尺寸”和“添加几何关系”功能的配合使用，完全定义草图。

(2)“拉伸凸台/基体”“旋转切除”“异形孔向导”“线性阵列”“倒角”等常用实体造型特征的使用。

拓展训练

绘制图 1-1-45 所示的松圈器右下支板。

分析：在这个例子中，将回顾并拓展“拉伸”“旋转切除”“异形孔向导”“倒角”等特征的使用。

步骤 1：拉伸创建基体

在“前视基准面”上创建“草图 1”，如图 1-1-46 所示。115 和 80 两个尺寸的公差设置如图 1-1-47 所示。

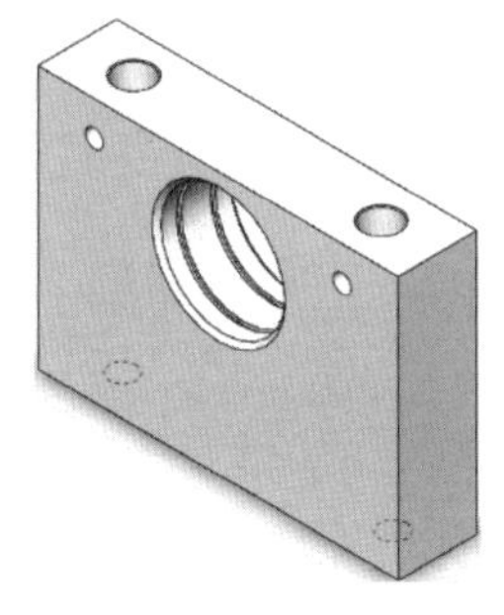

图 1-1-45　松圈器右下支板

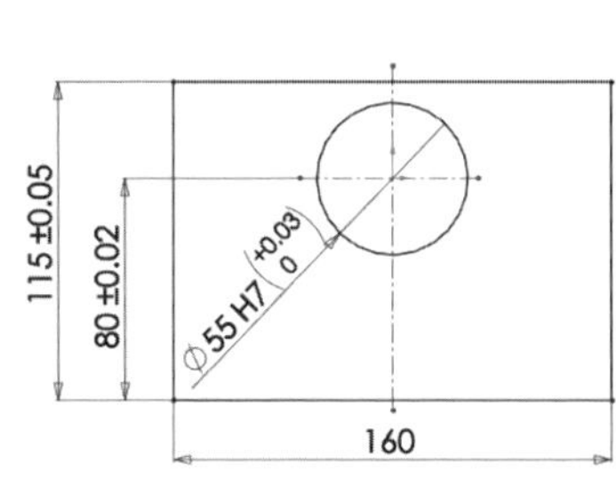

图 1-1-46　草图 1

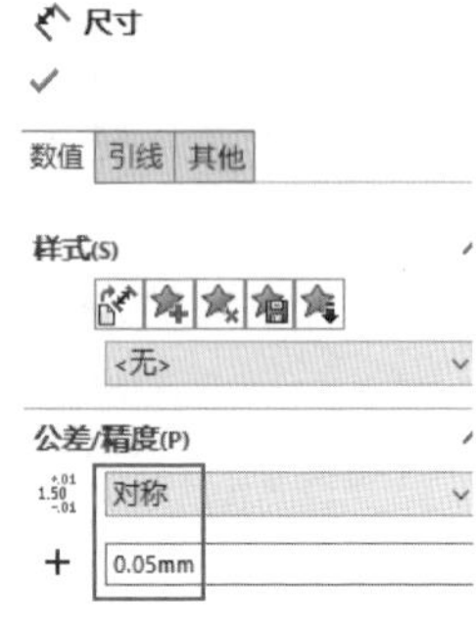

图 1-1-47　公差设置

退出草图后使用“拉伸”特征，将“草图 1”创建为一个深度为 35 mm，两侧对称的实体。

步骤 2：旋转切除两个凹槽

在“右视基准面”上创建“草图 2”，如图 1-1-48 所示。退出草图后使用“旋转切除”特征，在中心孔面上切除出两个凹槽。

步骤 3:倒角

使用“倒角”特征,分别选取中心孔两侧边线,创建 C2 mm 倒角,如图 1-1-49 所示。

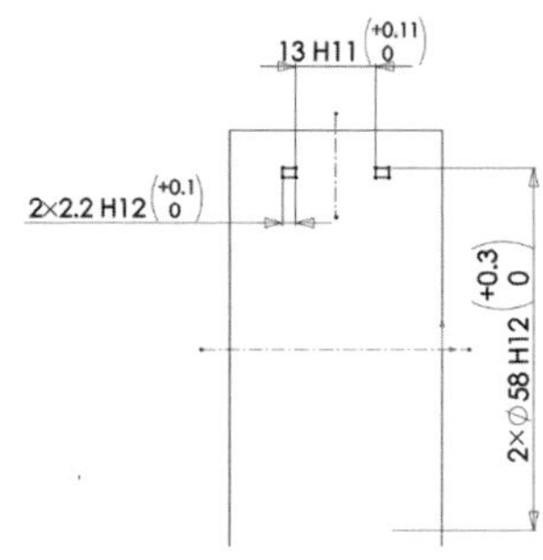

图 1-1-48 草图 2

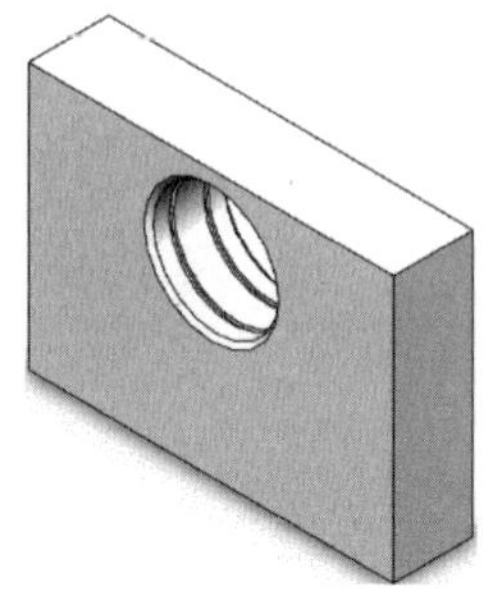

图 1-1-49 完成倒角特征(2)

步骤 4:创建上表面导头直孔

选择支板的上表面,使用“异形孔向导”特征,创建一个“旧制孔”,其参数设置如图 1-1-50 所示,孔位置尺寸如图 1-1-51 所示。

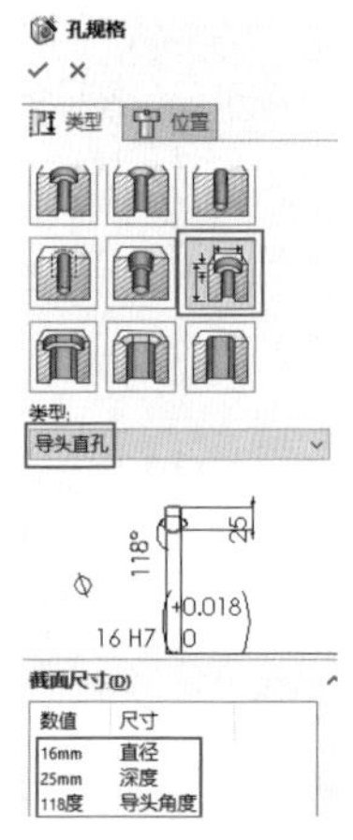

图 1-1-50 “孔规格”属性管理器(4)

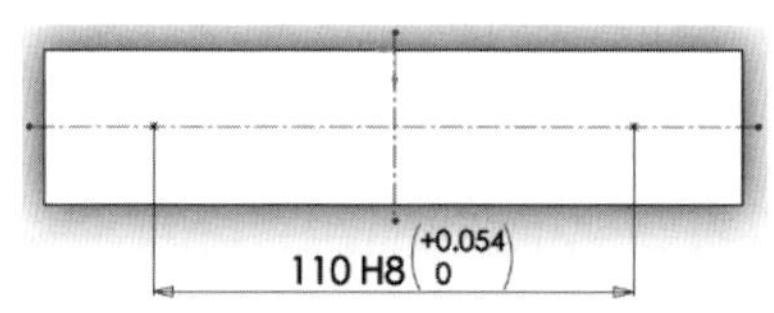

图 1-1-51 孔位置尺寸(1)

完成此步骤后,设计树中会自动形成两个草图,一个为孔的尺寸草图,另一个为孔的位置尺寸草图。重新打开孔的尺寸草图,为 $\phi16$ 的直径添加如图 1-1-52 所示的公差尺寸。

步骤 5:倒角

使用“倒角”特征,为上一步生成的导头直孔创建 C0.5 mm 倒角,如图 1-1-53 所示。

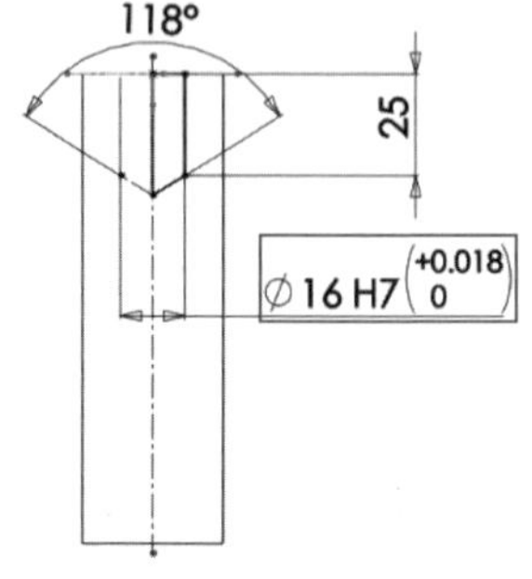

图 1-1-52 修改孔直径公差尺寸

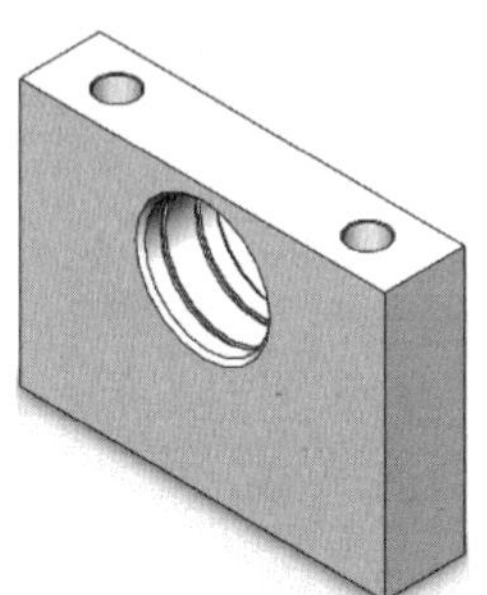

图 1-1-53 生成的倒角特征

步骤 6:创建螺纹孔

选择支板的底表面,使用“异形孔向导”特征,创建一个“螺纹孔”,其参数设置如图 1-1-54 所示,孔位置如图 1-1-55 所示。

图 1-1-54 “孔规格”属性管理器(5)

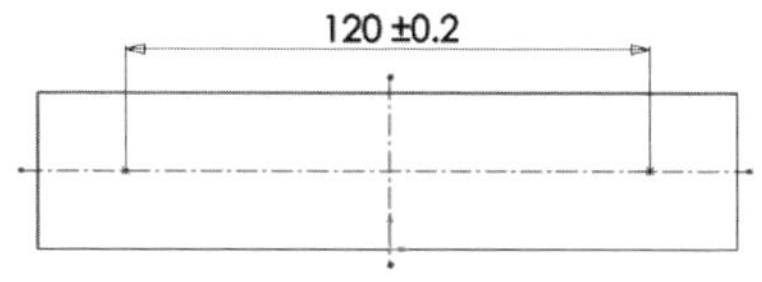

图 1-1-55 孔位置尺寸(2)

步骤 7:创建导头锥拔孔

选择支板的底表面,使用“异形孔向导”特征,在底表面中心创建一个“导头锥拔孔”,其参数设置如图 1-1-56 所示,支板剖视图如图 1-1-57 所示。

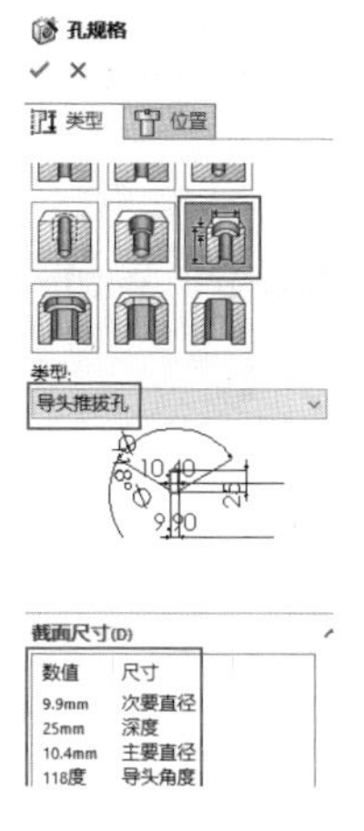

图 1-1-56 “孔规格”属性管理器(6)

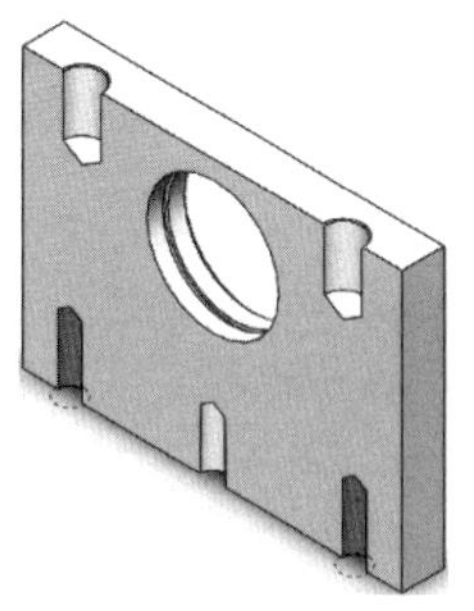

图 1-1-57 支板剖视图

步骤 8:创建通孔

选择支板的前表面,使用“异形孔向导”特征,创建一个“孔”,其参数设置如图 1-1-58 所示,孔位置尺寸如图 1-1-59 所示。

至此,完成了图 1-1-45 所示的松圈器右下支板的全部建模步骤。

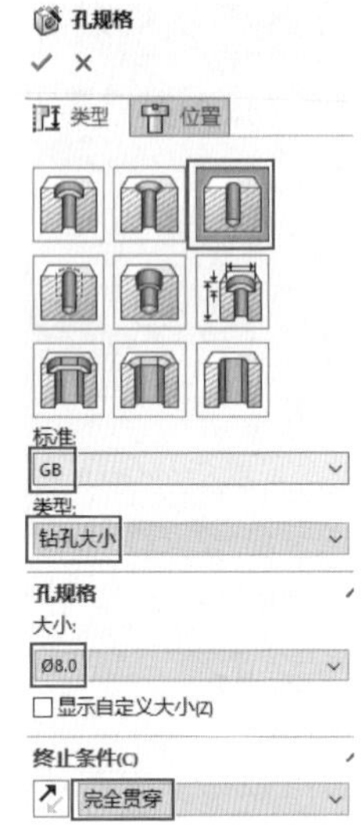

图 1-1-58 “孔规格”属性管理器(7)

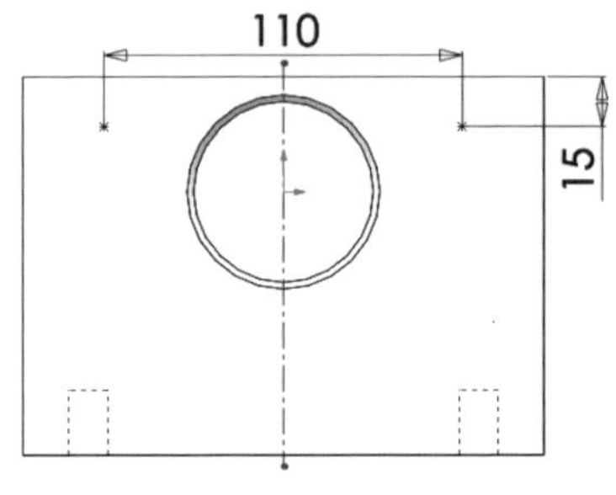

图 1-1-59 孔位置尺寸(3)

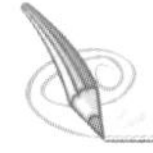

课后练习

利用本书资源中的“1110-03-007 左上支板.SLDDRW”工程图来进行实体建模。

任务二 轴类零件设计(松圈器下轴)

任务分析

如图 1-2-1 所示,松圈器下轴的外形主要由回转体组成。在此设计案例中,需要用到“旋转凸台/基体”“旋转切除”“异形孔向导”“直槽口”“装饰螺纹线”等常用特征。下面就以松圈器下轴为例,讲解其制作过程。

图 1-2-1 松圈器下轴

知识技能点

轴类零件的基本结构类似，多由圆柱或者空心圆柱的主体框架以及键槽、安装连接用的螺孔、定位用的销孔和圆角等结构组成。轴类零件可以采用旋转凸台法即以草图截面旋转的方式构建其零件主体，这种方式使用特征少，但草图比较复杂，对草图使用熟练者可以采用此种方法；也可以采用圆台累加的方式构建其零件主体，俗称叠蛋糕法，草图简单但使用特征较多，容易操作但步骤较为烦琐；或采用拉伸、旋转切除圆台，模拟车床的加工过程。

本任务将采用旋转凸台法对松圈器下轴进行三维数字化设计，涉及草图绘制实体工具中的“直槽口”命令、“特征”面板上“旋转凸台/基体”特征以及“装饰螺纹线”特征的使用。以下几个重要的知识技能点需要掌握：

➢ 旋转凸台/基体：该特征是通过绕中心线旋转草图截面来生成凸台、基体的特征。使用此特征时需注意草图截面必须全部位于旋转中心线一侧，并且轮廓不能与中心线交叉。实体旋转特征的草图必须是闭环的，薄壁旋转特征的草图截面可以是开环的或闭环的。

操作步骤：

- 在“特征”面板上单击“旋转凸台/基体”按钮。
- 在菜单栏中选择“插入”→“凸台/基体”→“旋转”命令。

➢ 直槽口：该命令是用来绘制机械零件中槽特征的草图绘制实体工具。

操作步骤：

- 在“草图”面板上单击“直槽口”按钮。
- 在菜单栏中选择“工具”→“草图绘制实体”→“直槽口”命令。

➢ 装饰螺纹线：此命令是在其他特征上创建表示螺纹直径的修饰特征，并能在模型上清楚地显示出来。与其他修饰特征不同，螺纹的线型是不能修改、修饰的。装饰螺纹线可以表示外螺纹或内螺纹，可以是不通的或贯通的，可通过指定螺纹内径或螺纹外径（分别对应外螺纹和内螺纹）来创建装饰螺纹线，装饰螺纹线在零件建模时并不能完整地反映螺纹，但在工程图中会清晰地显示出来。

操作步骤：

- 在软件界面右上角，利用“搜索”命令，在输入框中输入关键字，搜索“装饰螺纹线”命令。
- 在菜单栏中选择“插入”→“注解”→“装饰螺纹线”命令。

任务实施

轴类零件设计（松圈器下轴）

步骤1：新建一个松圈器下轴零件

在SolidWorks软件菜单栏中选择“文件”→“新建”命令或单击标准工具栏上的“新建”按钮或使用快捷键“Ctrl+N”，新建一个

SolidWorks 文件。

单击标准工具栏上的“保存”按钮，系统弹出“另存为”对话框，选择好存储路径后，将“文件名”改为“松圈器下轴”，之后单击“保存”按钮。

步骤 2：旋转生成轴的基体

(1)在左侧设计树中选择“上视基准面”，在弹出的快捷工具栏中单击“正视于”按钮，然后单击“草图”面板上的“草图绘制”按钮，这样就在上视基准面上创建了一张草图，如图 1-2-2 所示。

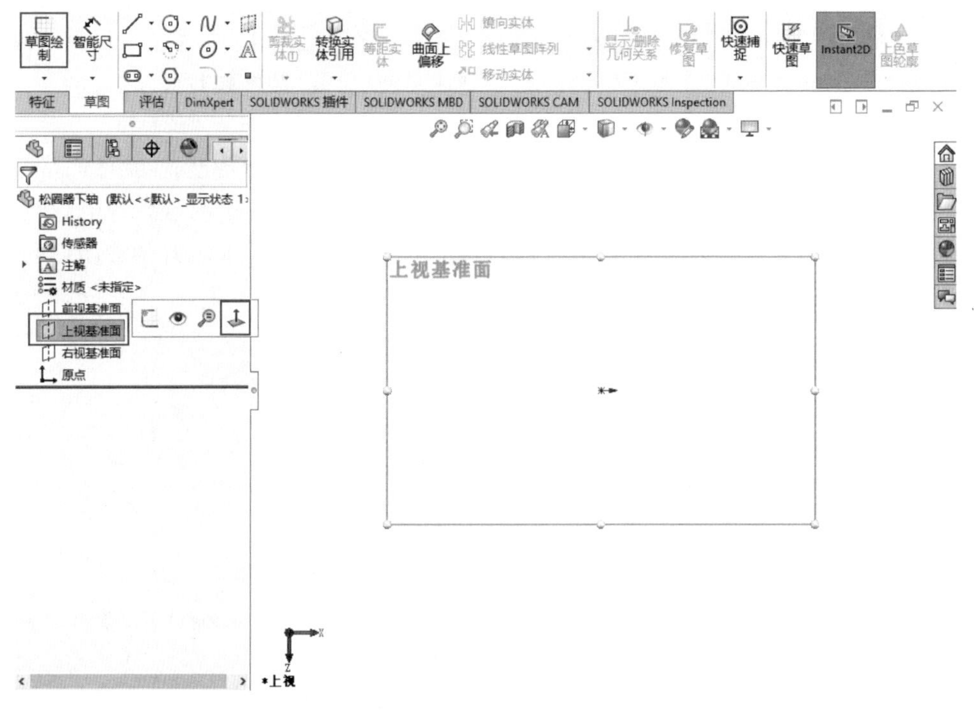

图 1-2-2 在“上视基准面”上创建一张草图

(2)单击“草图”面板上的“直线”按钮右侧的下拉按钮，在打开的下拉列表中单击“中心线”按钮，过原点绘制一条水平的中心线。

(3)单击“草图”面板上的“直线”按钮，从原点处开始依次向左绘制如图 1-2-3(a)所示的线段。此时，草图中的线段均显示蓝色，说明草图为欠定义状态，还需标注尺寸进行约束。单击“智能尺寸”按钮，分别选取草图中左、右两端的竖直线段，标注尺寸“440.50”，确定松圈器下轴的整体长度。参照图 1-2-3(b)，对其余线段进行长度尺寸标注，以确定每一段轴的长度，其中尺寸“13”需要设置“公差/精度”参数。然后如图 1-2-3(c)所示，分别选取水平的直线，再选取中心线，将尺寸的位置确定在中心线的另一侧，即可完成线性直径尺寸的标注。此时草图中的线段均显示黑色，表示草图为完全定义状态，草图绘制完毕。

提示

为表明轴的直径尺寸，可在相关尺寸的“尺寸”属性管理器中的“标注尺寸文字”文本框中插入表示直径的符号 ϕ。

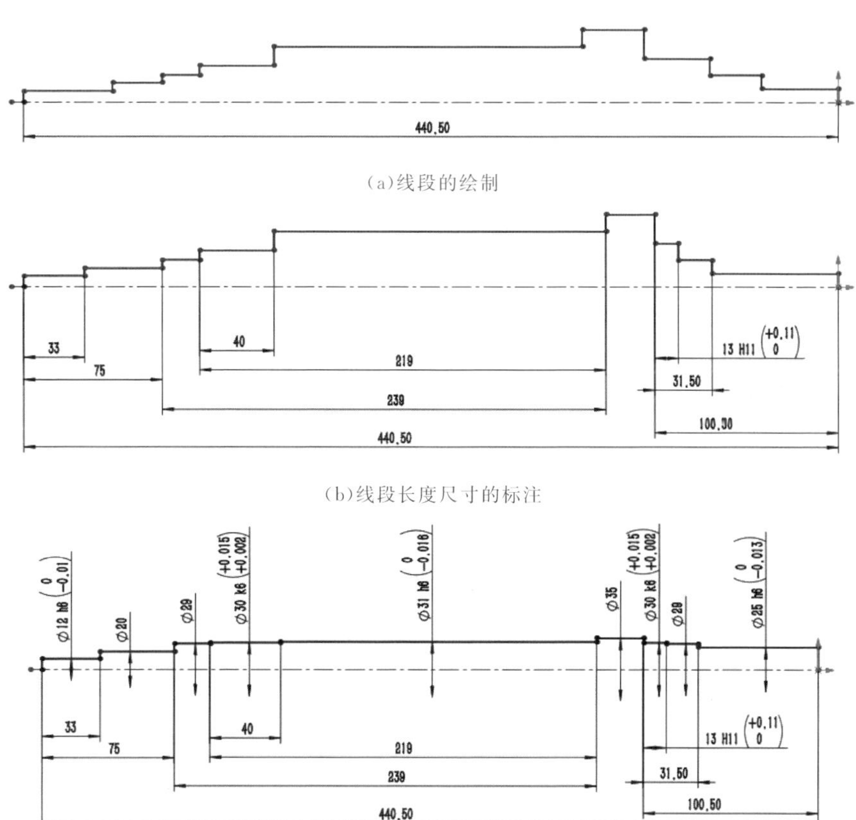

(a)线段的绘制

(b)线段长度尺寸的标注

(c)直径尺寸的绘制

图 1-2-3　松圈器下轴线段的绘制

(4)单击图形区右上角的“退出草绘”按钮，退出草绘模式。此时在左侧设计树中显示已完成的“草图 1”的名称。

(5)选择设计树中的“草图 1”，单击“特征”面板上的“旋转凸台/基体”按钮，系统会自动判断旋转草图轮廓是否封闭。因上述所绘“草图 1”轮廓为非封闭草图，故系统会首先弹出是否自动封闭“草图 1”轮廓的提示框，如图 1-2-4 所示。当需要完成非薄壁的旋转特征时，单击“是”按钮，系统会自动将草图轮廓封闭。

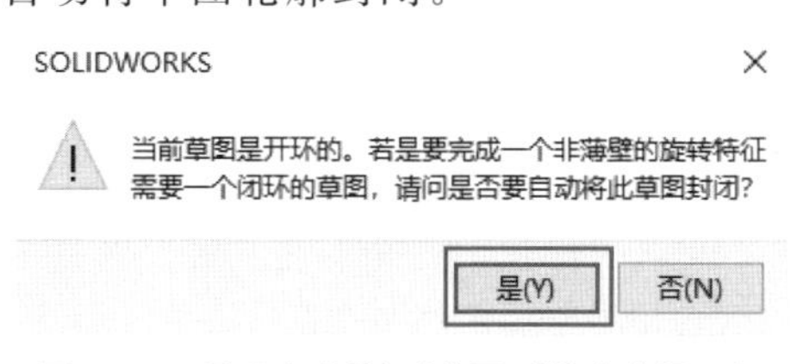

图 1-2-4　是否自动封闭“草图 1”轮廓的提示框

单击“是”按钮后，出现如图 1-2-5 左侧所示的“旋转”属性管理器，参数设置完毕后，单击“确定”按钮，生成旋转实体特征，此时在左侧设计树中显示已完成的“旋转 1”的名称。

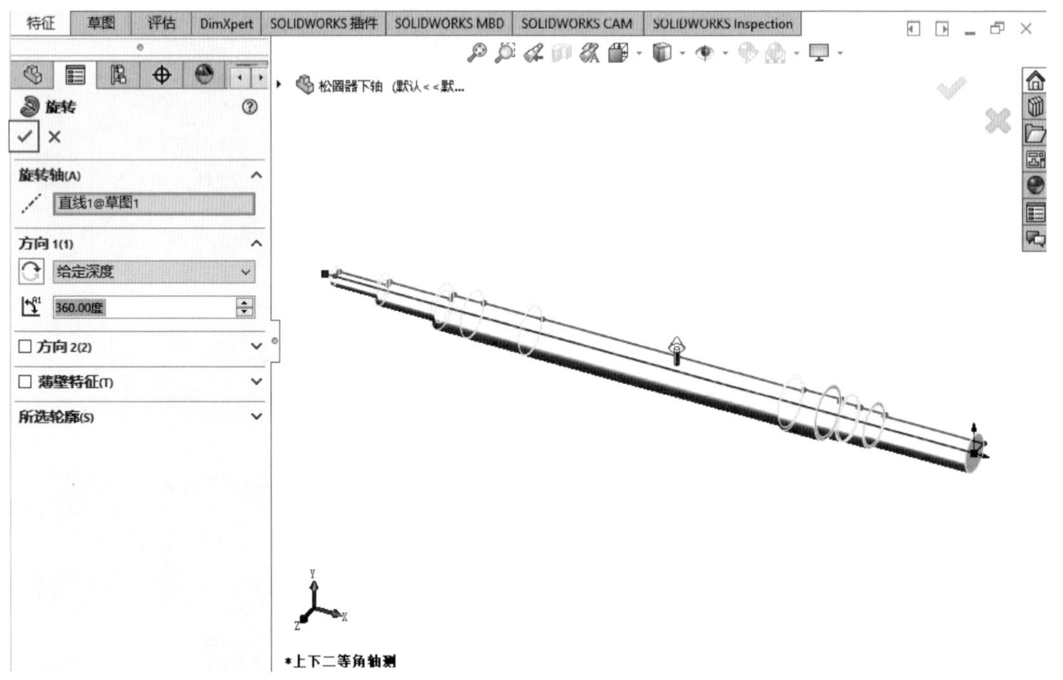

图 1-2-5 生成旋转实体特征

此时松圈器下轴的主体结构绘制完毕。

步骤 3：旋转切除两个凹槽

(1)在设计树中单击“上视基准面”，在弹出的快捷工具栏中单击“正视于”按钮，再单击“草图”面板上的“草图绘制”按钮，在上视基准面上创建一张草图。

(2)单击“草图”面板上的“中心线”按钮，过原点绘制一条水平的中心线。单击“边角矩形”按钮，在松圈器下轴左端 $\phi29$ 到 $\phi30$ 的轴肩处放置矩形的第一角点，向左上方拖动指针，在空白处单击以指定第二角点，完成图 1-2-6 所示的矩形。

(3)单击“智能尺寸”按钮，如图 1-2-7 所示对矩形进行位置及大小尺寸标注。标注完成后矩形以黑色显示，表示此草图完全定义。

(4)以相同的方式在松圈器下轴右端 $\phi30$ 到 $\phi29$ 的轴肩处绘制一个同样尺寸的矩形，如图 1-2-8 所示。

(5)单击图形区右上角的“退出草绘”按钮，退出草绘模式。此时在左侧设计树中显示已完成的“草图 2”的名称。

(6)选择设计树中的“草图 2”，单击“特征”面板上的“旋转切除”按钮，出现“切除-旋转”属性管理器，参数设置完成后单击“确定”按钮，在松圈器下轴上进行旋转切除操作，生成两个凹槽，如图 1-2-9 所示。此时在左侧设计树中显示已完成的“切除-旋转 1”的名称。

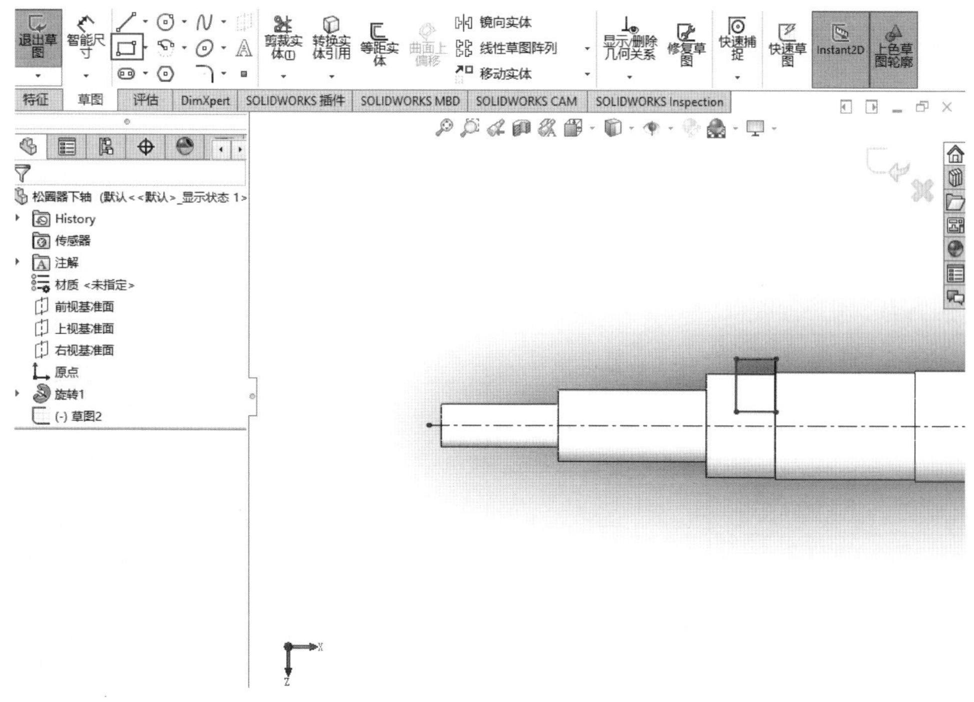

图 1-2-6　在左端轴肩处绘制矩形

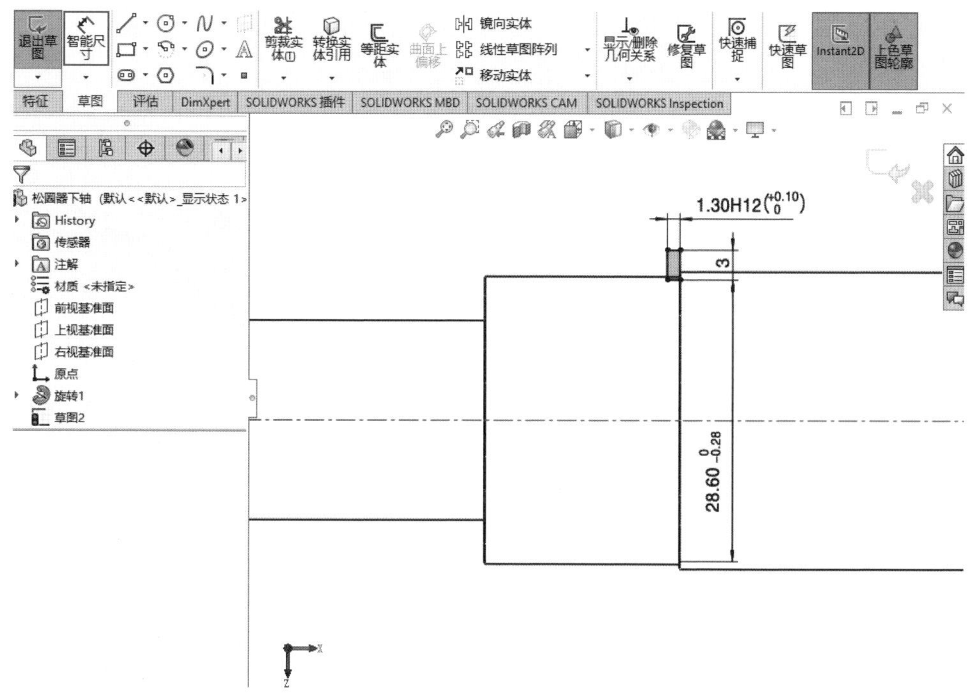

图 1-2-7　矩形的尺寸标注

步骤 4:旋转切除 5 处砂轮越程槽

(1)在设计树中单击“上视基准面”,在弹出的快捷工具栏中单击“正视于”按钮,再单击“草图”面板上的“草图绘制”按钮,在上视基准面上创建一张草图。

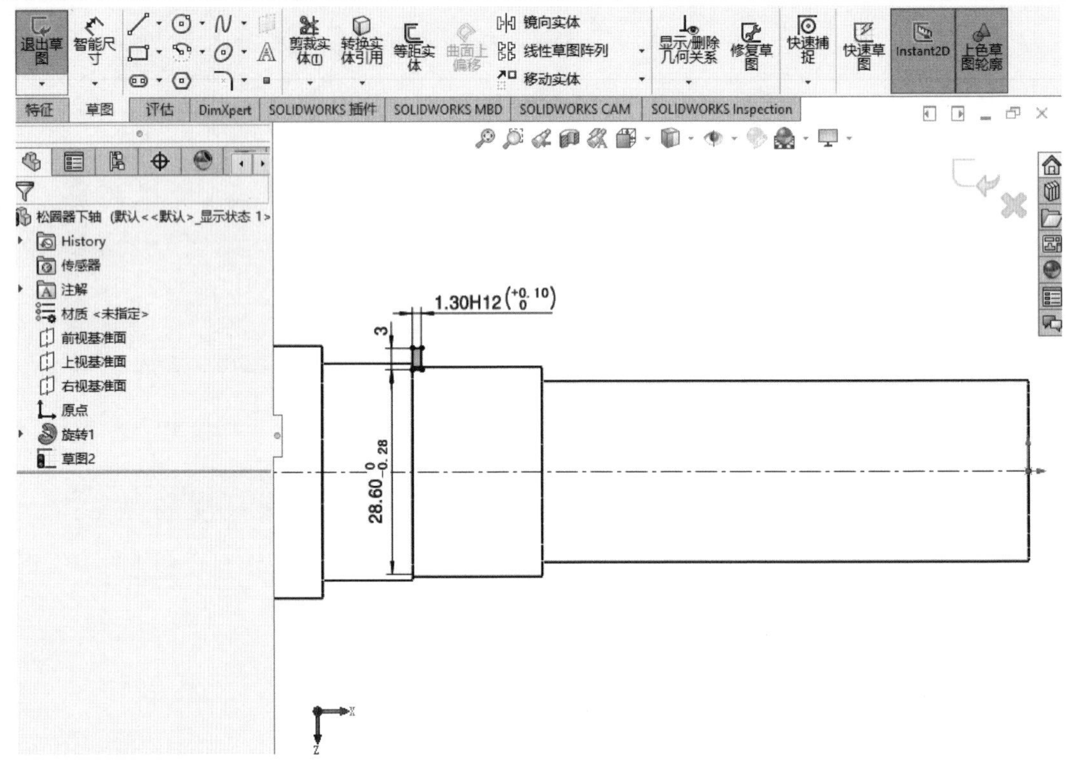

图 1-2-8 在右端轴肩处绘制矩形

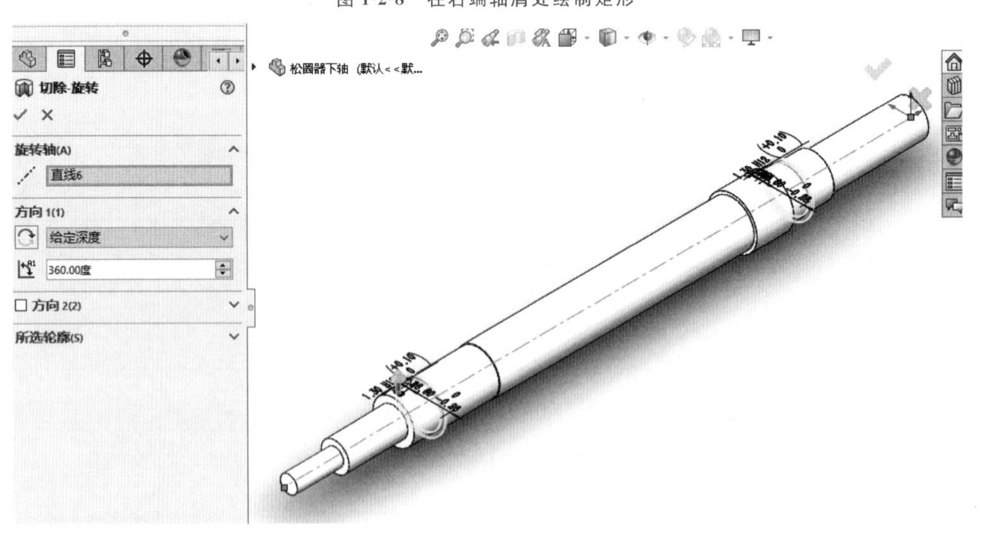

图 1-2-9 生成旋转特征凹槽

(2)单击“边角矩形”按钮，在松圈器下轴左端第一轴肩处放置矩形的第一角点，向左上方拖动指针，在空白处单击以指定第二角点，完成矩形绘制。单击“智能尺寸”按钮，如图 1-2-10 所示，标注矩形位置及大小尺寸。尺寸标注后，图形以黑色显示，表示此草图完全定义。参照图 1-2-11，以相同的方式从左至右依次为剩余四处轴肩处绘制矩形并标注尺寸。

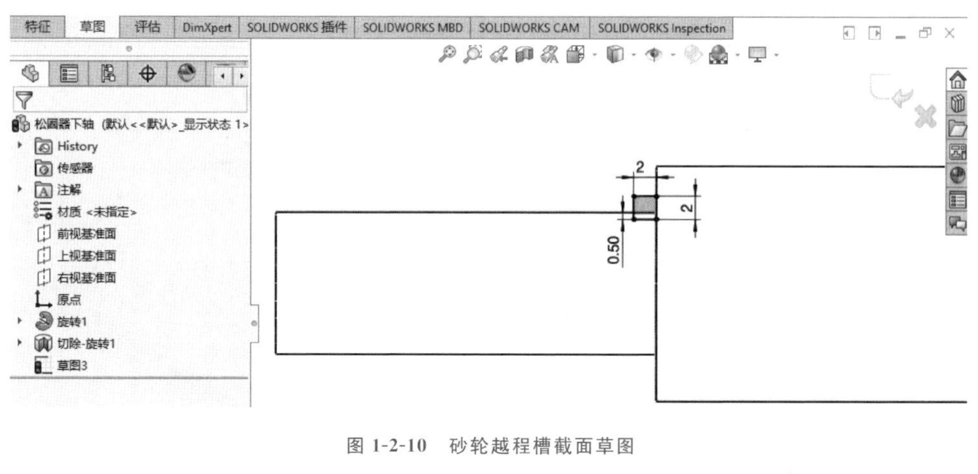

图 1-2-10　砂轮越程槽截面草图

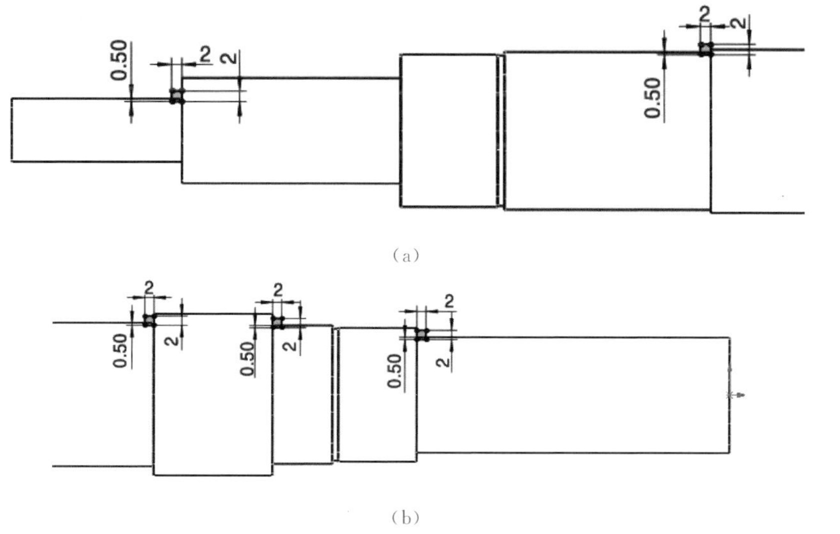

(a)

(b)

图 1-2-11　草图 3(1)

(3)单击图形区右上角的“退出草绘”按钮，退出草绘模式。此时在左侧设计树中显示已完成的“草图 3”的名称。

(4)选择设计树中的“草图 3”，单击“特征”面板上的“旋转切除”按钮，出现“切除-旋转”属性管理器，如图 1-2-12 所示。在图形区中单击“隐藏/显示”按钮右侧的下拉按钮，之后在打开的下拉工具栏中单击“观阅临时轴”按钮，此时，松圈器下轴的轴心处显示一条临时轴线，激活“切除-旋转”属性管理器的“旋转轴”选项框，选择临时轴线，单击“确定”按钮，生成 5 处宽度为 2 mm、深度为 0.5 mm 的砂轮越程槽。此时在左侧设计树中显示已完成的“切除-旋转 2”的名称。

步骤 5：旋转切除螺纹退刀槽

(1)在设计树中单击“上视基准面”，在弹出的快捷工具栏中单击“正视于”按钮，再单击“草图”面板上的“草图绘制”按钮，在上视基准面上创建一张草图。

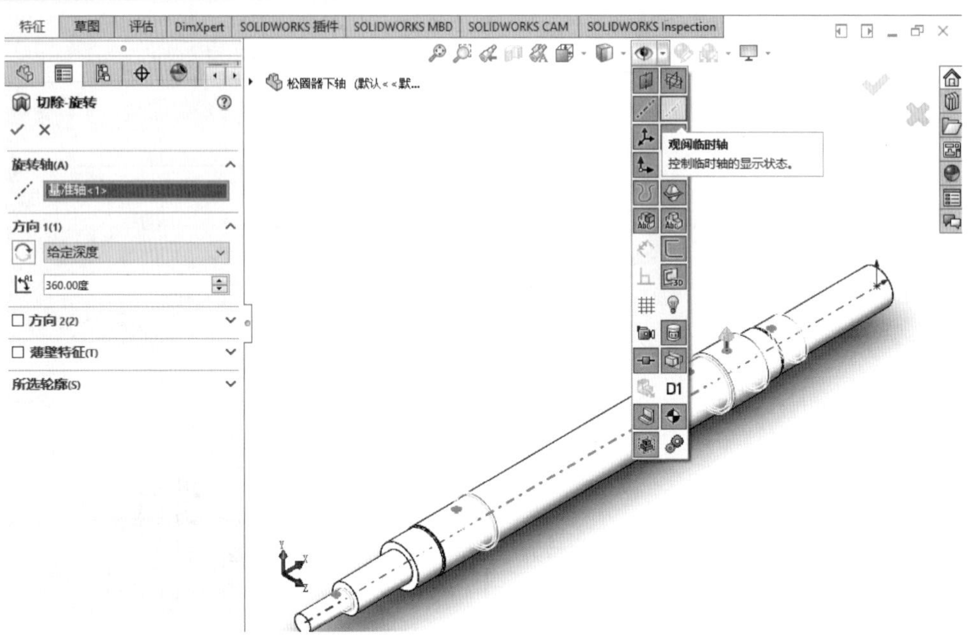

图 1-2-12　生成旋转切除特征——砂轮越程槽

(2)单击“边角矩形”按钮，在松圈器下轴左端任意位置放置矩形的第一角点，向左上方拖动指针，在空白处单击以指定第二角点，完成矩形的绘制。单击“智能尺寸”按钮，如图 1-2-13 所示标注矩形的位置及大小尺寸。尺寸标注后，图形以黑色显示，表示此草图已完全定义。

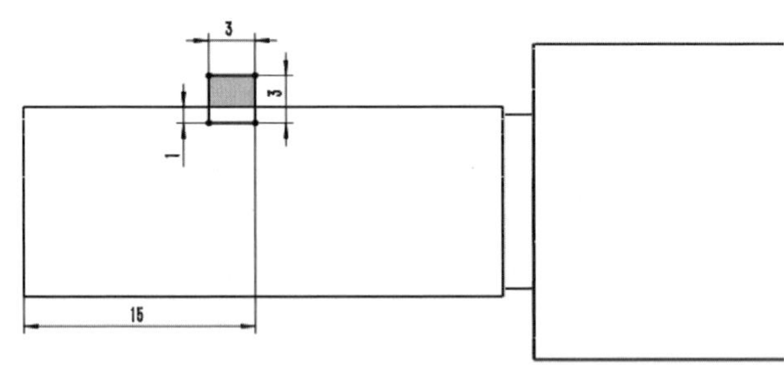

图 1-2-13　草图 4

(3)单击图形区右上角的“退出草绘”按钮，退出草绘模式。此时在左侧设计树中显示已完成的“草图 4”的名称。

(4)选择设计树中的“草图 4”，单击“特征”面板上的“旋转切除”按钮，出现“切除-旋转”属性管理器。在图形区中单击“隐藏/显示”按钮右侧的下拉按钮，之后，在下拉工具栏中单击“观阅临时轴”按钮，此时，松圈器下轴的轴心处显示一条临时轴线，激活“切除-旋转”属性管理器的“旋转轴”选项框，选择临时轴线，单击“确定”按钮，生成宽度为 3 mm、深度为 1 mm 的螺纹退刀槽，如图 1-2-14 所示。此时在左侧设计树中显示已完成的“切除-旋转 3”的名称。

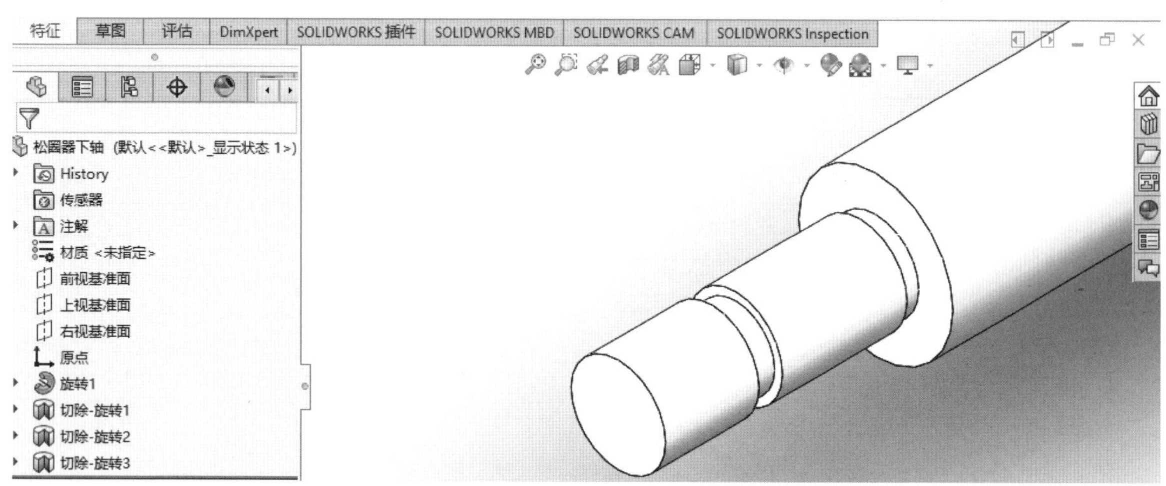

图 1-2-14　生成螺纹退刀槽

步骤 6:创建 C1 mm 倒角

单击“特征”面板上的“倒角”按钮，出现“倒角”属性管理器，从左向右依次选择如图 1-2-15 所示的 6 条棱边，设置倒角的距离为 1 mm，角度为 45°。单击“确定”按钮，完成倒角特征。

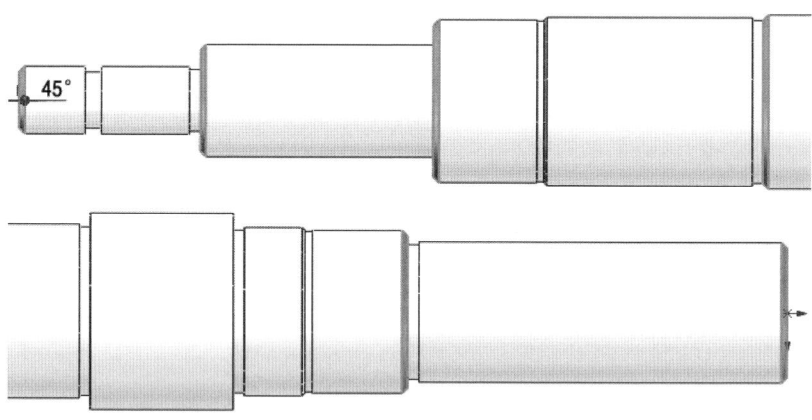

图 1-2-15　生成 *C*1 mm 倒角特征

步骤 7:创建 C0.5 mm 倒角

单击“特征”面板上的“倒角”按钮，出现“倒角”属性管理器，从左向右依次选择如图 1-2-16 所示的 2 条棱边，设置倒角的距离为 0.5 mm，角度为 45°。单击“确定”按钮，完成倒角特征。

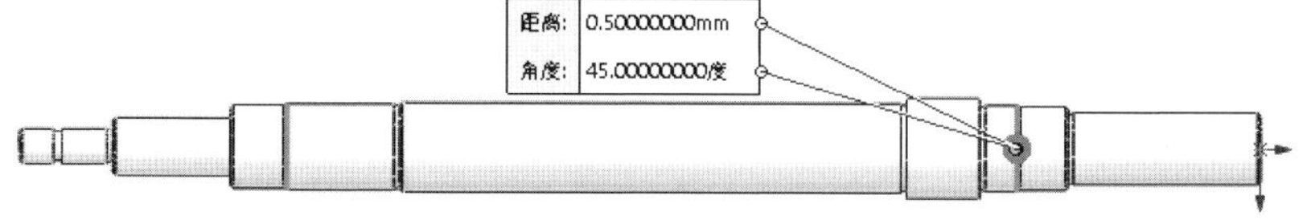

图 1-2-16　生成 C0.5 mm 倒角特征

步骤 8:创建键槽

(1)在设计树中单击“上视基准面”,在弹出的快捷工具栏中单击“正视于”按钮,再单击“草图”面板上的“草图绘制”按钮,在上视基准面上创建一张草图。

(2)单击“草图”面板上的“中心线”按钮,过原点绘制一条水平的中心线。单击“直槽口”按钮,在弹出的“槽口”属性管理器中,保持默认的直槽口类型不变,在图形区域中轴的左端单击中心线上任意位置确定槽口起点,移动鼠标单击中心线另一位置指定槽口长度,移动鼠标,在空白处单击,指定槽口宽度,键槽截面即绘制完成。单击“智能尺寸”按钮,如图 1-2-17 所示,标注键槽的宽度、长度及位置尺寸。

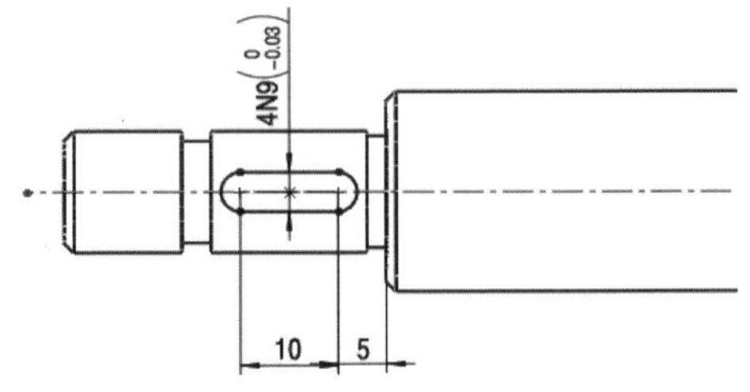

图 1-2-17 标注键槽尺寸

提示

在指定槽口宽度时,鼠标指针无须在槽口曲线上,可以在离槽口曲线很远的位置(只要是在宽度水平延伸线上即可)。

此时标注的槽口长度是两个圆弧圆心之间的距离,选取尺寸“10”,单击鼠标右键,出现“尺寸”属性管理器,单击“引线”选项,打开如图 1-2-18 所示的“引线”选项卡,在“第一圆弧条件”和“第二圆弧条件”选项区中分别单击“最大”单选按钮,此时图形预览中尺寸“10”变成了“14”,并且尺寸界限移到了槽口两侧的圆弧处。参照此步骤,选取尺寸“5”,将“第一圆弧条件”改为“最小”,此时尺寸变为圆弧到轴肩的距离“3”,如图 1-2-19 所示。

图 1-2-18 “尺寸”属性管理器的“引线”选项卡

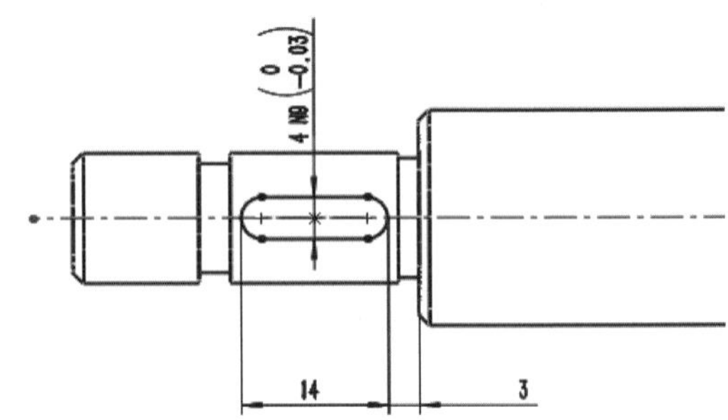

图 1-2-19 两圆弧之间的尺寸

(3)单击“直槽口”按钮,在轴长最长的一段绘制如图 1-2-20 所示的键槽截面轮廓并标注尺寸。

(4)单击“直槽口”按钮,在轴的最右端绘制一个键槽截面轮廓并标注尺寸。为了使键槽右侧圆弧圆心与原点重合,可以为其添加几何关系,如图 1-2-21 所示。

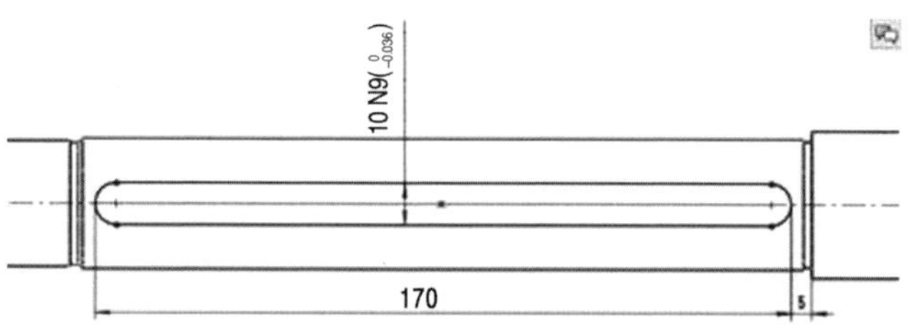

图 1-2-20　中间位置键槽

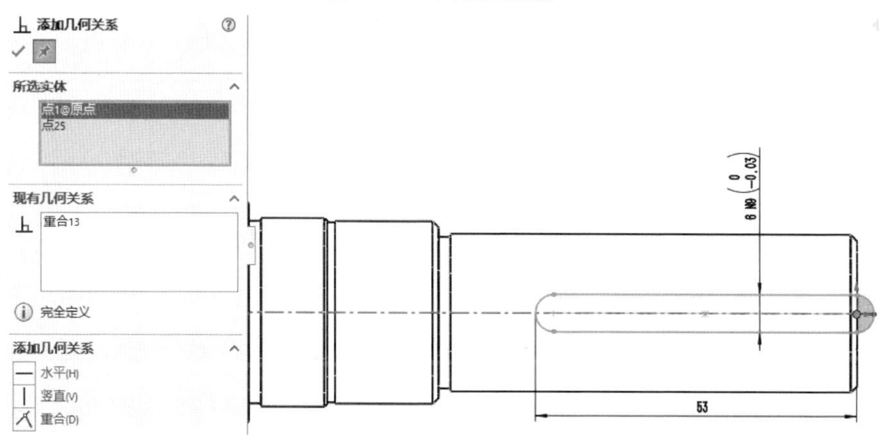

图 1-2-21　右侧键槽

(5)单击图形区右上角的“退出草绘”按钮，退出草绘模式。此时在左侧设计树中显示已完成的“草图 5”的名称。

(6)选择设计树中的“草图 5”，单击“特征”面板上的“拉伸切除”按钮，出现“切除-拉伸”属性管理器，设置如图 1-2-22 所示，“所选轮廓”选项框中的“草图 5-轮廓<1>”为草图 5 中最左侧的键槽轮廓截面；设置完毕后单击“确定”按钮，第一个键槽创建完成。此时在左侧设计树中显示已完成的“切除-拉伸 1”的名称。

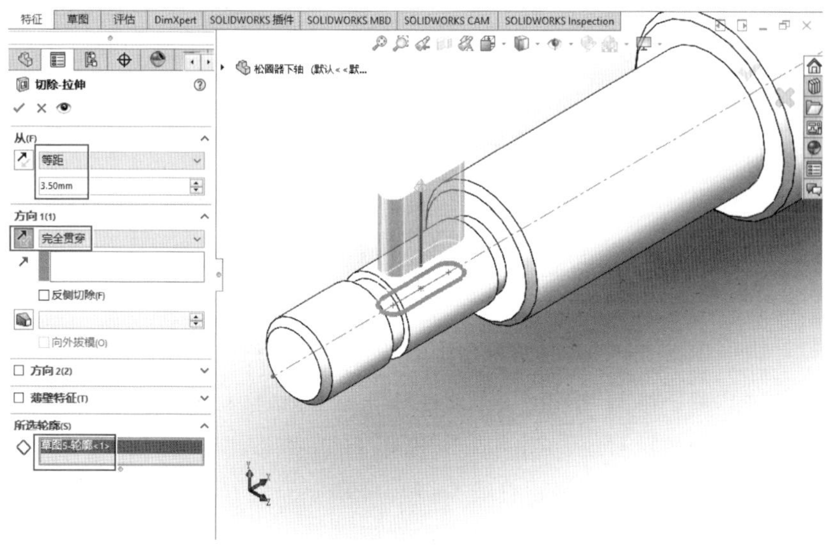

图 1-2-22　“切除-拉伸”属性管理器

(7)再次选择设计树中的“草图 5”,单击“特征”面板上的“拉伸切除”按钮,出现“切除-拉伸”属性管理器,设置如图 1-2-23 所示,“所选轮廓”选项框中的“草图 5-轮廓<1>”为草图 5 中中间位置的键槽轮廓截面;设置完毕后单击“确定”按钮,第二个键槽创建完成。此时在左侧设计树中显示已完成的“切除-拉伸 2”的名称。

(8)再次选择设计树中的“草图 5”,单击“特征”面板上的“拉伸切除”按钮,出现“切除-拉伸”属性管理器,设置如图 1-2-24 所示,“所选轮廓”选项框中的“草图 5-轮廓<1>”为草图 5 中右侧的键槽轮廓截面;设置完毕后单击“确定”按钮,第三个键槽创建完成。此时在左侧设计树中显示已完成的“切除-拉伸 3”的名称。

创建的 3 个键槽如图 1-2-25 所示。

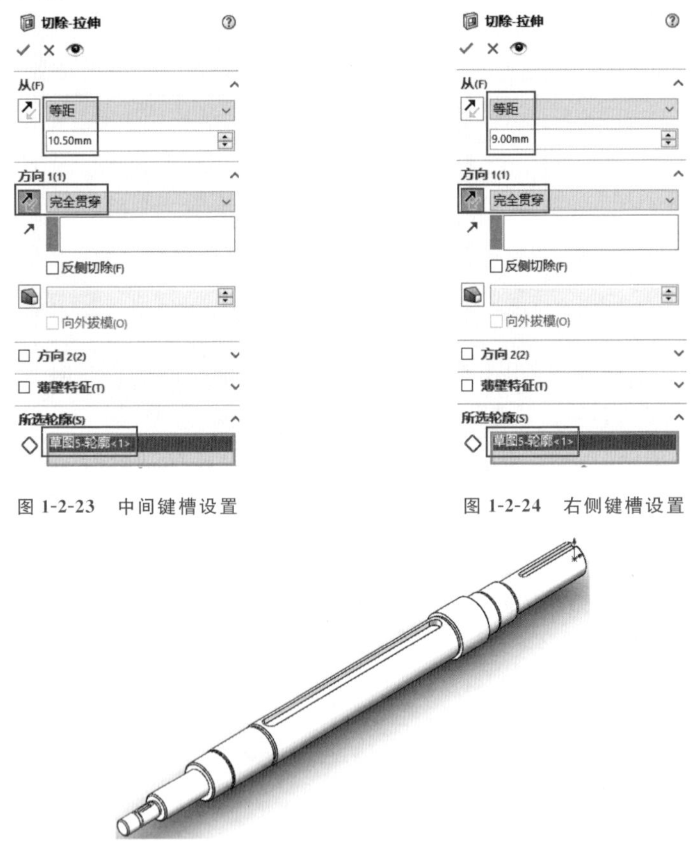

图 1-2-23 中间键槽设置

图 1-2-24 右侧键槽设置

图 1-2-25 创建的 3 个键槽

步骤 9:旋转切除右侧中心孔

(1)在设计树中单击“前视基准面”,在弹出的快捷工具栏中单击“正视于”按钮,再单击“草图”面板上的“草图绘制”按钮,在前视基准面上创建一张草图。

(2)将视图移至轴的最右端,单击“草图”面板上的“中心线”按钮,过原点绘制一条水平的中心线。单击“草图”面板上的“直线”按钮,从原点处开始依次向左绘制如图 1-2-26 所示的线段。单击“智能尺寸”按钮,完全定义草图。

(3)单击图形区右上角的“退出草绘”按钮,退出草绘模式。此时在左侧设计树中显示已完成的“草图 6”的名称。

(4)选择设计树中的“草图 6”,单击“特征”面板上的“切除-旋转”按钮,系统自动弹出是否自动封闭“草图 6”的提示框,单击“是”按钮,系统会自动将草图轮廓封闭,之后出现“切除-旋转”属性管理器,单击“确定”按钮,生成中心孔实体特征,如图 1-2-27 所示。此时在左侧设计树中显示已完成的“切除-旋转 4”的名称。

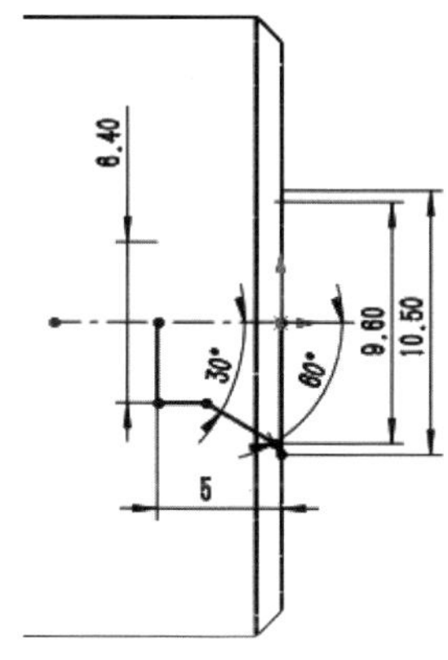

图 1-2-26　草图 6

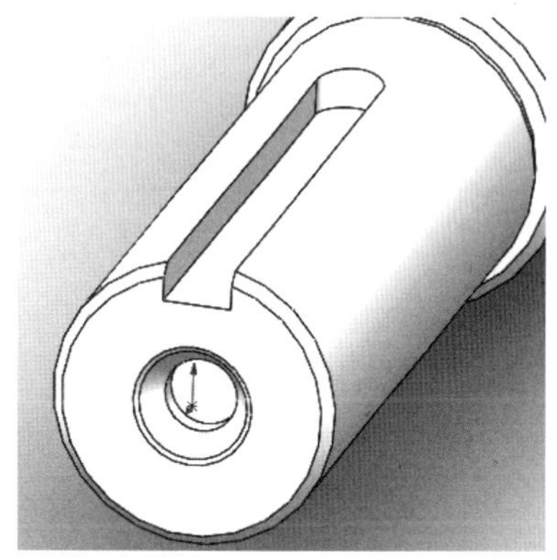

图 1-2-27　生成的中心孔实体特征

步骤 10:生成 M6 螺纹孔

(1)单击上一步生成的中心孔底面,再单击“特征”面板上的“异形孔向导”按钮,出现“孔规格”属性管理器,设置如图 1-2-28 所示,其余使用默认参数。

(2)完成“孔规格”的参数设置后,单击“位置”选项,打开“位置”选项卡,之后在图形区的中心孔底面中心处单击,以确定异形孔的位置。

(3)单击“确定”按钮,完成螺纹孔的创建,其半剖视图如图 1-1-29 所示。此时在左侧设计树中显示已完成的“M6 螺纹孔 1”的名称。

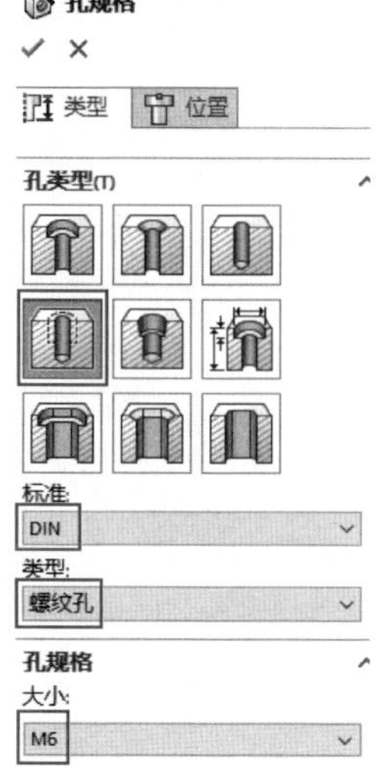

图 1-2-28　“孔规格”属性管理器

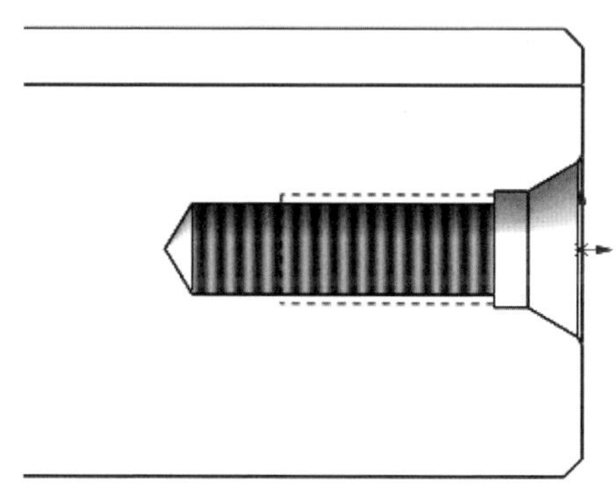

图 1-2-29　M6 螺纹孔半剖视图

步骤 11:旋转切除左侧中心孔

(1)在设计树中单击"前视基准面",在弹出的快捷工具栏中单击"正视于"按钮,再单击"草图"面板上的"草图绘制"按钮,在前视基准面上创建一张草图。

(2)将视图移至轴的最左端,单击"草图"面板上的"中心线"按钮,过原点绘制一条水平的中心线。单击"直线"按钮,从原点处开始依次向左绘制如图 1-2-30 所示的线段。单击"智能尺寸"按钮,完全定义草图。

(3)单击图形区右上角的"退出草绘"按钮,退出草绘模式。此时在左侧设计树中显示已完成的"草图 7"的名称。

(4)选择设计树中的"草图 7",单击"特征"面板上的"切除-旋转"按钮,系统自动弹出是否自动封闭"草图 7"的提示框,单击"是"按钮,系统会自动将草图轮廓封闭,之后出现"切除-旋转"属性管理器,单击"确定"按钮,生成中心孔实体特征,如图 1-2-31 所示。此时在左侧设计树中显示已完成的"切除-旋转 5"的名称。

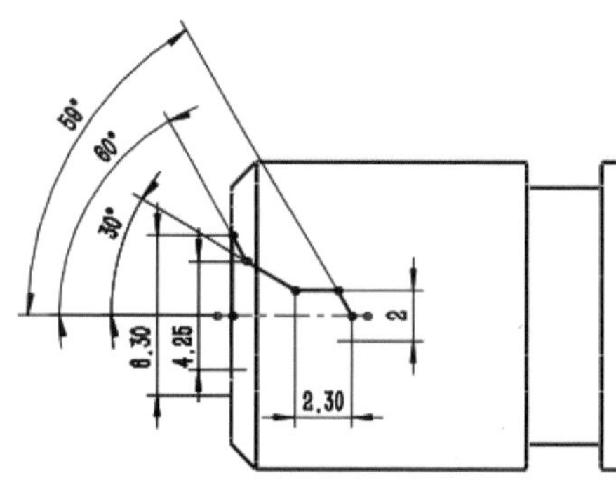

图 1-2-30 草图 7

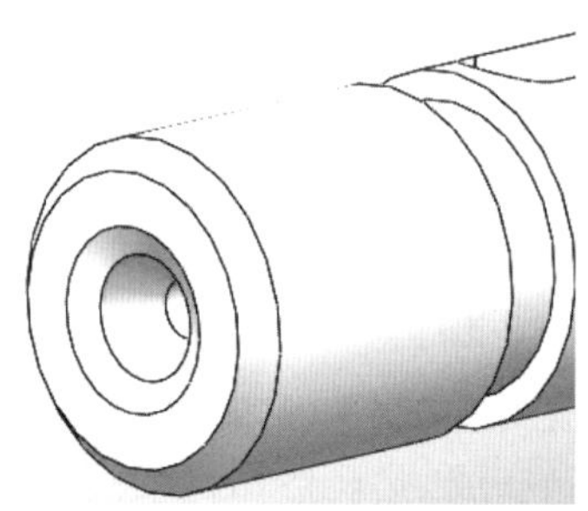

图 1-2-31 生成左侧的中心孔实体特征

步骤 12:设置外螺纹

从菜单栏中选择"插入"→"注解"→"装饰螺纹线"命令,出现"装饰螺纹线"属性管理器,激活"螺纹设定"选项框,单击选取轴最左端外圆的边线,参照图 1-2-32 进行参数设置,之后单击"确定"按钮,完成对轴外螺纹的装饰。

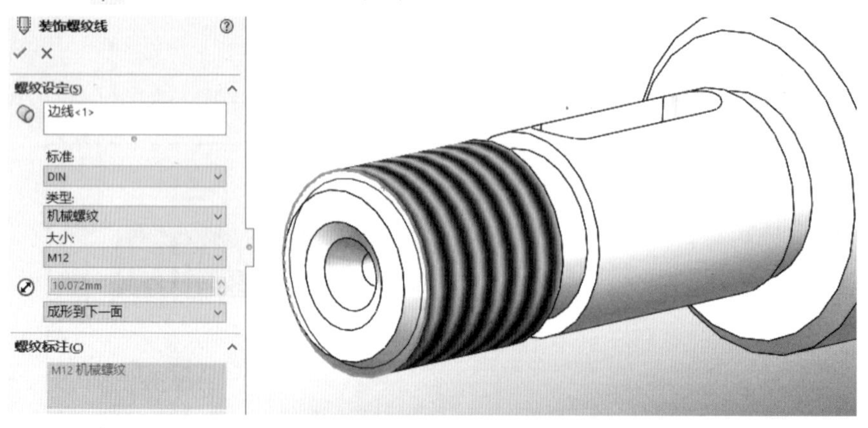

图 1-2-32 装饰外螺纹

SolidWorks 中的装饰螺纹线是计算机形成的，就好比在零件表面贴图了一层螺纹立体图，让你看上去该处有螺纹，但剖开实体是看不到螺纹切除效果的。

任务小结

通过松圈器下轴设计任务的学习，学生能够掌握回转体类零件建模的基本方法，并掌握以下能力：

(1)“旋转凸台/基体”“旋转切除”“异形孔向导”“倒角”“直槽口”等常用实体造型特征的使用。

(2)通过“装饰螺纹线”快速为轴添加外螺纹特征。“装饰螺纹线”是螺纹的一种表现形式，具有以下的优势：

①在绘制工程图时，该螺纹装饰线会显示大径和小径，便于出图；若实际扫描切除螺纹，出图时就会不符合国家标准(锯齿一样是坑坑洼洼的)，因此，一般需要出图的螺纹用装饰螺纹线表示。

②SolidWorks 中含有标准件，一般需要绘出螺纹的往往是一些非标准件，使用装饰螺纹线可以降低系统建模的速度以及减少系统占用的资源，对于复杂的零件(相对而言螺纹特征没那么重要了)推荐使用装饰螺纹线。

拓展训练

绘制如图 1-2-33 所示的松圈器上轴。

分析：在这个例子中，将回顾并拓展“旋转凸台/基体”“旋转切除”“直槽口”“倒角”等特征的使用。

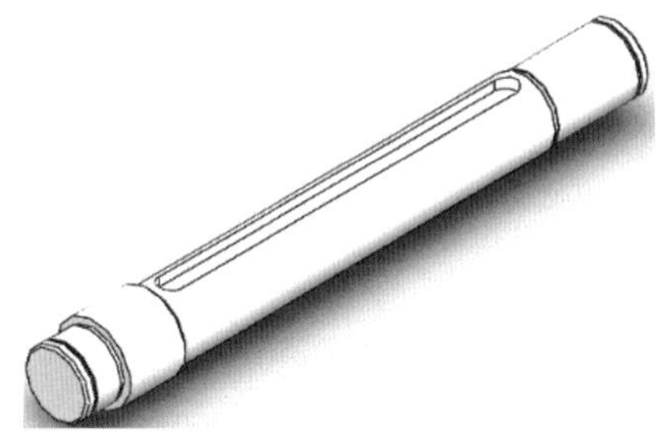

图 1-2-33　松圈器上轴

步骤 1：旋转生成轴的基体

在“上视基准面”上创建“草图 1”，如图 1-2-34 所示。左、右两侧各有一个相同尺寸的凹槽，其具体形状及尺寸如图 1-2-35 所示。对于尺寸相同的地方，为了减少尺寸标注的工作量，可以如图 1-2-36 所示，使用“添加几何关系”中的“共线”“相等”等几何关系对草图实体进行约束，以达到完全定义草图的目的。

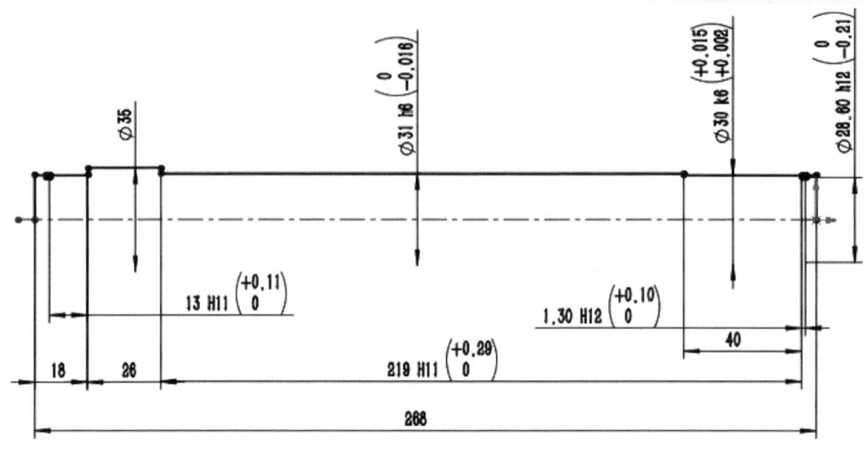

图 1-2-34 草图 1

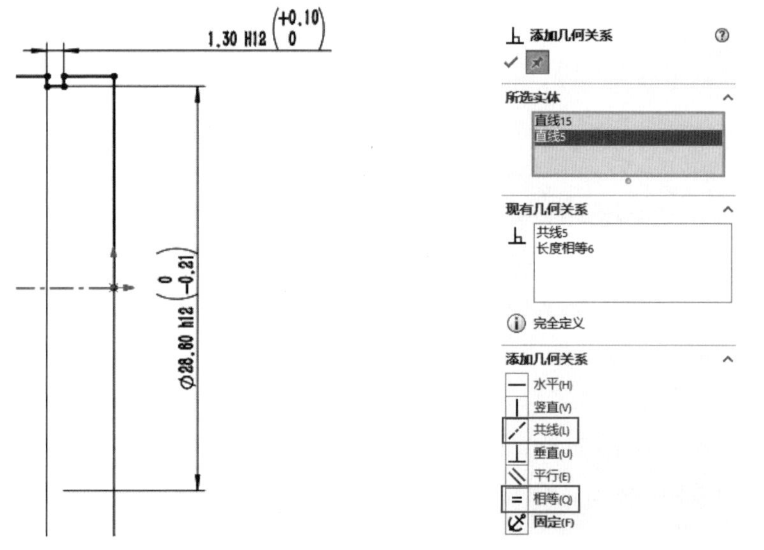

图 1-2-35 凹槽的具体尺寸

图 1-2-36 “添加几何关系”属性管理器

退出草绘模式后使用“旋转凸台/基体”特征，将“草图 1”创建为一个回转体，如图 1-2-37 所示。

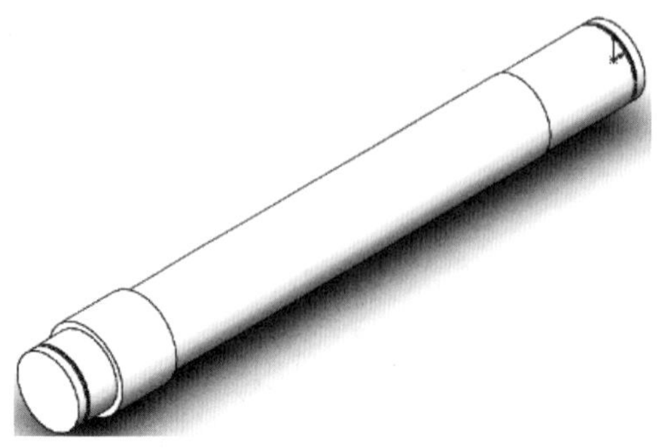

图 1-2-37 创建的回转体

步骤 2:旋转切除 3 个砂轮越程槽

在“上视基准面”上创建“草图 2”,如图 1-2-38 所示,在三个轴肩处分别绘制矩形并对最左侧矩形进行尺寸标注,然后使用“添加几何关系”中的“共线”“相等”两个几何关系对其余草图进行约束,以达到完全定义草图的目的。退出草绘模式后使用“旋转切除”特征,用临时观阅轴作为切除的旋转轴,在三个轴肩处各创建一个 2×0.5 的砂轮越程槽,如图 1-2-39 所示。

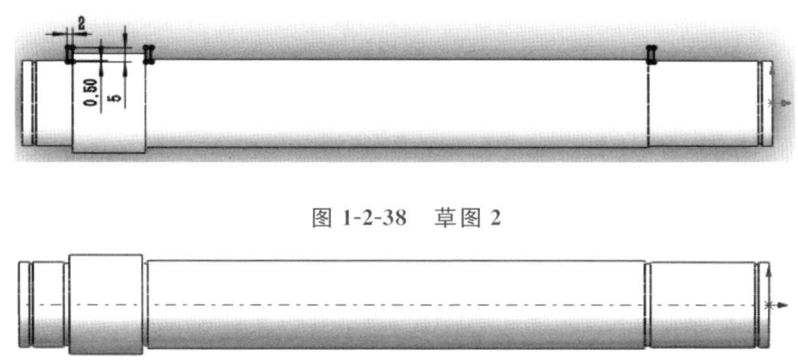

图 1-2-38　草图 2

图 1-2-39　创建的 3 个砂轮越程槽

步骤 3:创建键槽

在“前视基准面”上创建“草图 3”,如图 1-2-40 所示,使用“直槽口”命令绘制键槽的截面形状并标注尺寸。退出草绘模式后使用“拉伸切除”特征,参照图 1-2-41 设置参数,创建键槽。

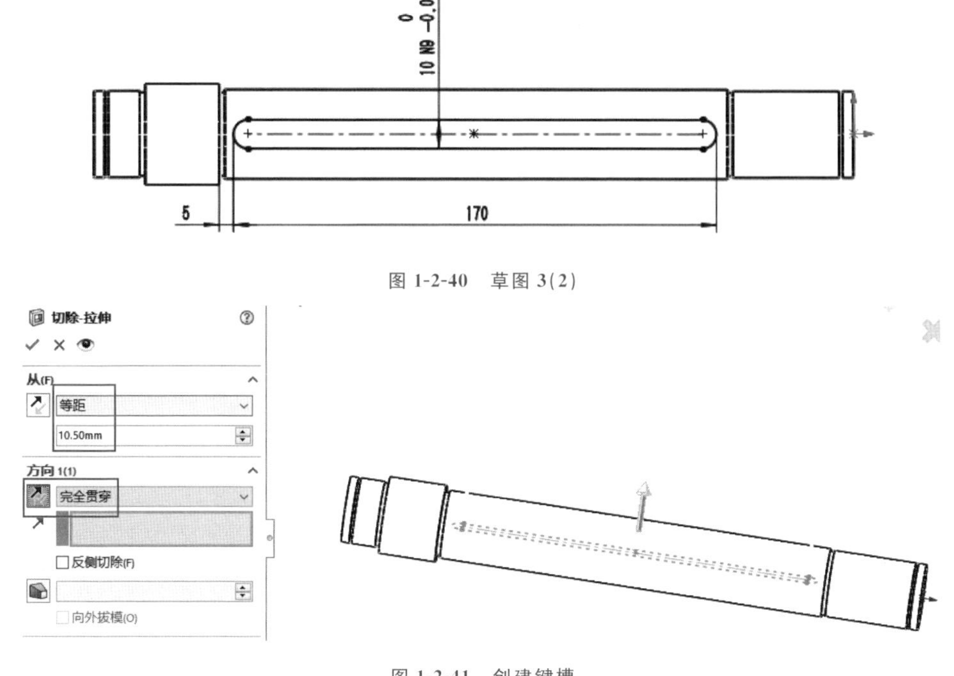

图 1-2-40　草图 3(2)

图 1-2-41　创建键槽

步骤 4:倒角

使用“倒角”特征,分别选择轴两侧的边线,创建 C1 mm 倒角。

使用“倒角”特征,选择最右侧轴肩处的边线,创建 C0.5 mm 倒角,如图 1-2-42 所示。

图 1-2-42 创建的倒角特征

至此,完成了图 1-2-33 所示松圈器上轴的全部建模步骤。

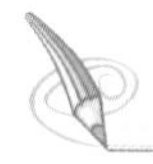

课后练习

利用本书资源中的“1110-03-014 上轴.SLDDRW”工程图,进行松圈器上轴实体建模。

任务三 传动类零件设计(疏波器齿轮)

任务分析

一般齿轮的齿部轮廓都是渐开线,其一般的创建过程如下:

(1)首先创建渐开线。基于渐开线齿轮的计算公式,可以用草绘中的“放样曲面”功能根据发生线创建曲线。

(2)根据创建的渐开线曲线,利用“拉伸凸台/基体”“拉伸切除”“阵列”等选项,创建产品的主要齿面。

(3)利用“拉伸凸台”选项,基于前面建立的渐开线齿部模型创建齿轮的基体和典型特征,例如螺纹孔特征和倒角特征,最终得到完整的齿轮模型。

(4)利用渲染插件添加材质以及环境背光等,最后得出效果图。

齿轮在各个领域应用非常广泛,小到家用电器,大到工业机床、飞机轮船等都需要齿轮传动。因此齿轮是非常典型的建模设计案例,需要用到“放样曲面”“拉伸凸台/基体”“阵列”“拉伸切除”“螺纹孔”“倒角”等常用工具。下面就以疏波器的齿轮为例,讲解其制作过程。产品图纸如图 1-3-1 所示。

法向模数	mn	1.5
齿数	Z1	51
压力角	α	20°
螺旋方向		
螺旋角	β	
公法线长	L	25.1465
精度等级		8
配偶齿轮　件号		
配偶齿轮　齿数	Z2	
变位系数	ξ	
跨齿数	Z	6

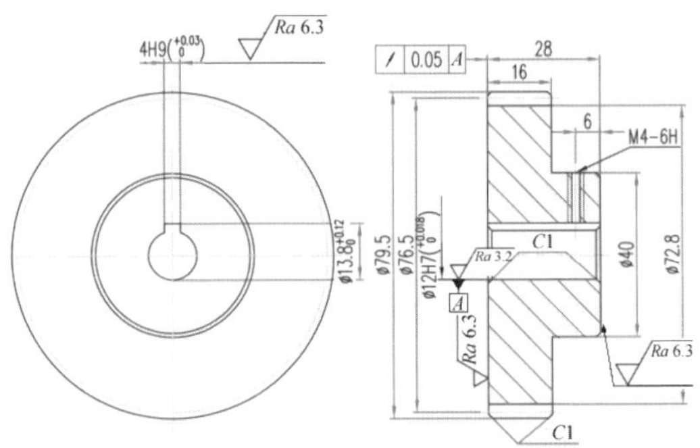

键槽4H9与齿中心位置如图示
齿部高频淬硬RC48表面磷化处理

图 1-3-1　齿轮图纸

知识技能点

齿轮在机械传动设计中是重要的传动零件，它的建模主要包括齿轮基体建模和齿轮齿部建模，如图 1-3-2 所示。

图 1-3-2　齿轮三维模型

最简单的齿轮就是圆柱渐开线直齿轮，主要用于平行轴传动。齿轮的齿部参数包括标准模数、标准压力角(20°)、齿顶高系数(1)、顶隙系数(0.25)、分度圆直径、基圆直径、齿顶圆直径、齿根圆直径等。

利用 SolidWorks 软件创建圆柱渐开线直齿轮，主要使用参考几何体(基准面、轴等)作为生成草图的基础，创建齿轮的基体和齿部。本任务利用疏波器齿轮的建模设计，分别介绍了“放样曲面”“拉伸凸台/基体”“拉伸切除”“倒角”“螺纹孔”等常用建模工具的使用。下面几个重要的知识技能点需要掌握：

➤ **放样曲面**：该命令类似于“放样凸台/基体”命令，只不过它生成的是一个曲面不是一个实体，它的端面不会被盖上，同时也不要求草图是闭合的。

操作步骤：

- 在“曲面”面板上单击“放样曲面”按钮 。
- 从菜单栏中选择“插入”→“曲面”→“放样曲面”命令。

➤ **切除拉伸**：该命令用于生成草图。用户可以使用一个闭环轮廓草图或开环轮廓草图。关于切除，开环轮廓草图只对盲孔或完全贯穿终止条件有效。

操作步骤：

- 在“特征”面板上单击“拉伸切除”按钮。
- 从菜单栏中选择“插入”→“切除”→“拉伸”命令。

➢ **异型孔向导**：该命令主要用于孔特征的建模。功能中的孔和旧制异型孔向导孔特征为切除旋转或切除拉伸；柱孔异型孔向导孔特征为切除旋转；锥孔、螺纹孔及管螺纹孔异型孔向导孔特征为切除旋转。主要建模参数为孔的直径和孔的位置。

操作步骤：

- 在“特征”面板上单击“异形孔向导”按钮。
- 从菜单栏中选择“插入”→“特征”→“孔向导”命令。

任务实施

传动类零件设计（疏波器齿轮）

步骤 1：新建一个齿轮零件

在菜单栏中选择“文件”→“新建”命令或单击标准工具栏上的“新建”按钮，如图 1-3-3 所示。

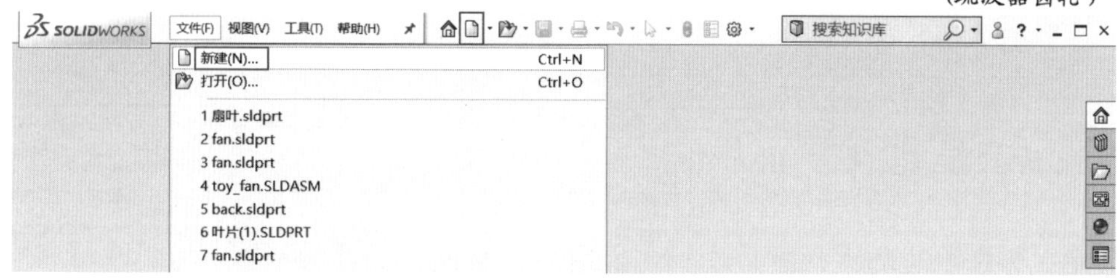

图 1-3-3 新建一个齿轮零件

在弹出的“新建 SOLIDWORKS 文件”对话框中选择“零件”图标，然后单击“确定”按钮，如图 1-3-4 所示。

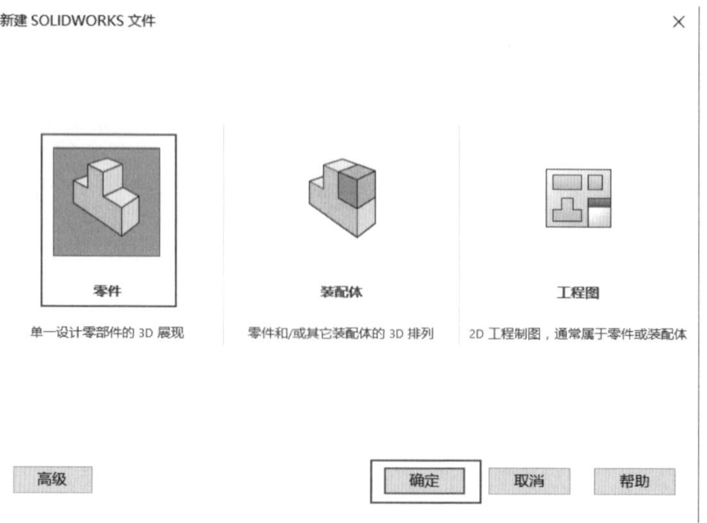

图 1-3-4 “新建 SOLIDWORKS 文件”对话框

单击标准工具栏上的“保存”按钮，系统弹出“另存为”对话框，选择好存储路径后，将文件名改为“齿轮”，之后单击“保存”按钮，如图 1-3-5 所示。

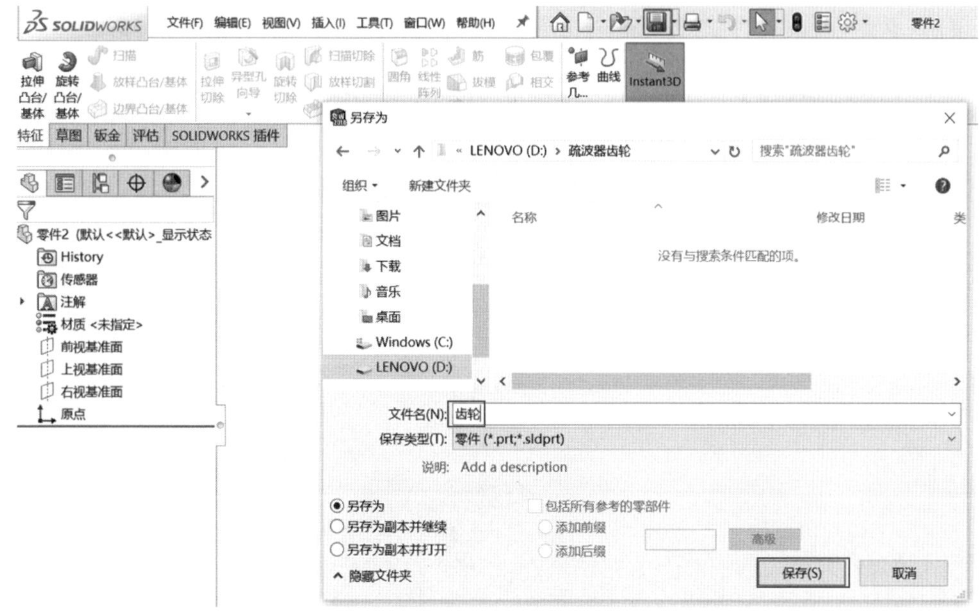

图 1-3-5　新建齿轮文件

步骤 2：创建“渐开线”零件和基圆草图

首先新建一个“渐开线”零件。单击标准工具栏上的“保存”按钮，在“另存为”对话框中选择好存储路径后，将“文件名”改为“渐开线”，然后单击“保存”按钮，如图 1-3-6 所示。

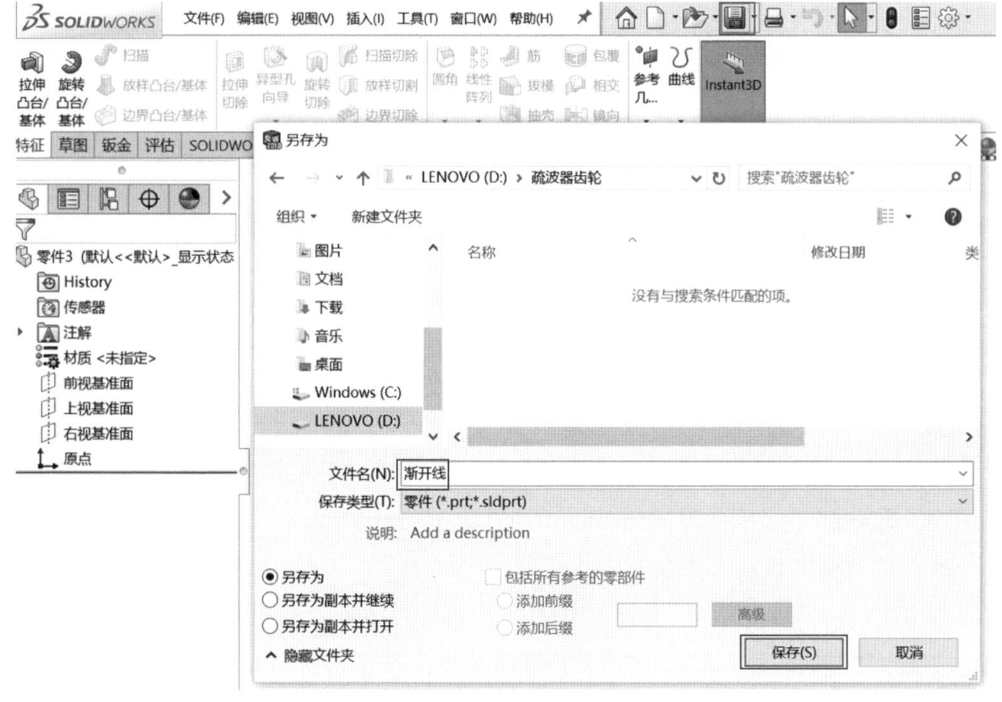

图 1-3-6　新建“渐开线”零件

在左侧设计树中选择“前视基准面”，用前视基准面进入草图。然后单击“草图”面板上的“草图绘制”按钮，这样就在前视基准面上创建了一张草图。

单击“草图”面板上的“圆”按钮，以坐标原点为中心，绘制一个直径为 $\phi 71.89$ mm 的圆。注意：为了以后定位容易，可以将圆心和原点重合。

单击“中心线”按钮，过坐标原点单击“草图”面板上的“智能尺寸”按钮，选择圆的边线进行尺寸标注，并输入相应的尺寸，如图 1-3-7 所示。

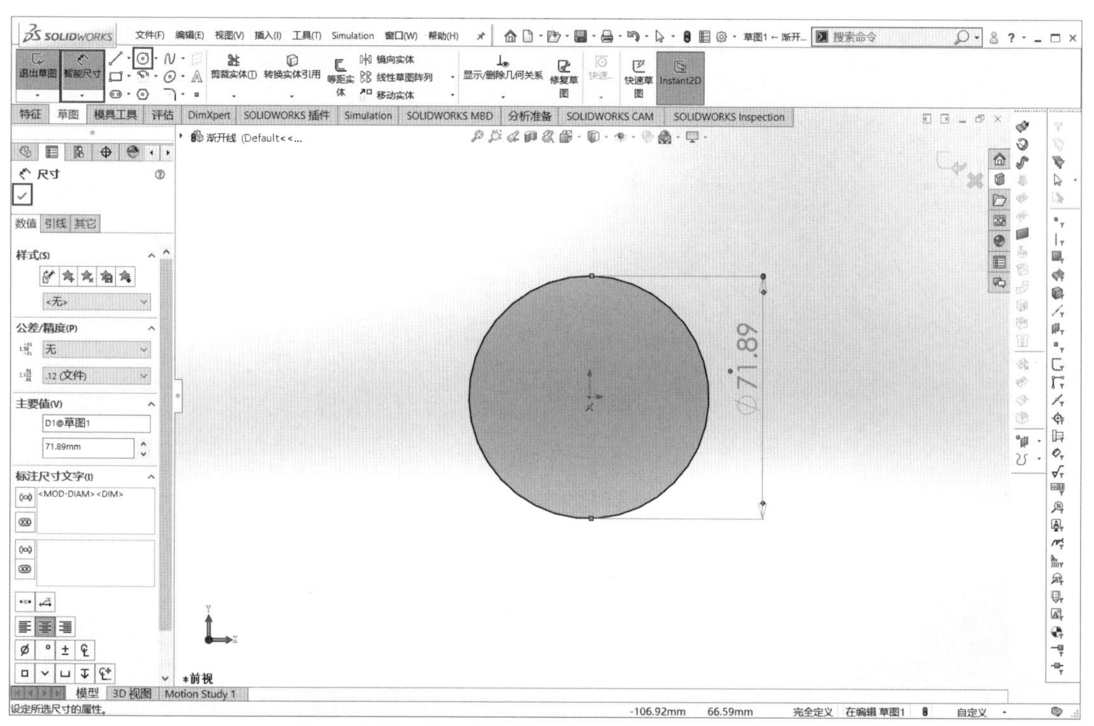

图 1-3-7 创建基圆草图

提示

这里需要计算基圆的直径 $D_b = D\cos 20°$（D 为分度圆直径），根据图纸要求，$D = 76.5$ mm，计算得 $D_b = 71.89$ mm。

单击“中心线”按钮，过坐标原点绘制水平的中心线，然后单击“剪裁实体”按钮，剪裁掉下面的半圆，最后单击绘图区域右上角“确定”按钮（也可单出“剪裁”属性管理器左上角的“确定”按钮），完成草图编辑，如图 1-3-8 所示。

步骤 3：创建渐开线端点草图

在绘图区域按住鼠标中键（滚轮），让草图旋转一个角度。在设计树中选择“前视基准面”，完成端点创建，单击“草图”面板上的“草图绘制”按钮，然后单击面板上的“点”按钮，单击半圆的左端端点，建立一个点，单击属性管理器中“确定”按钮，再单击绘图区域右上

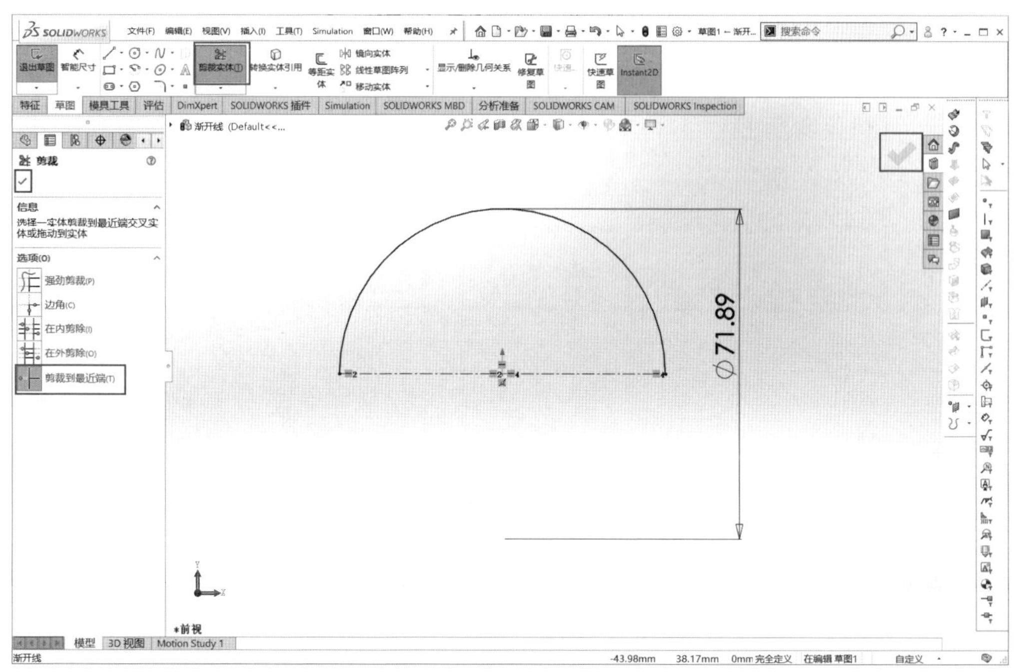

图 1-3-8　剪裁基圆

角"退出草图"按钮，完成草图 2，如图 1-3-9 所示。

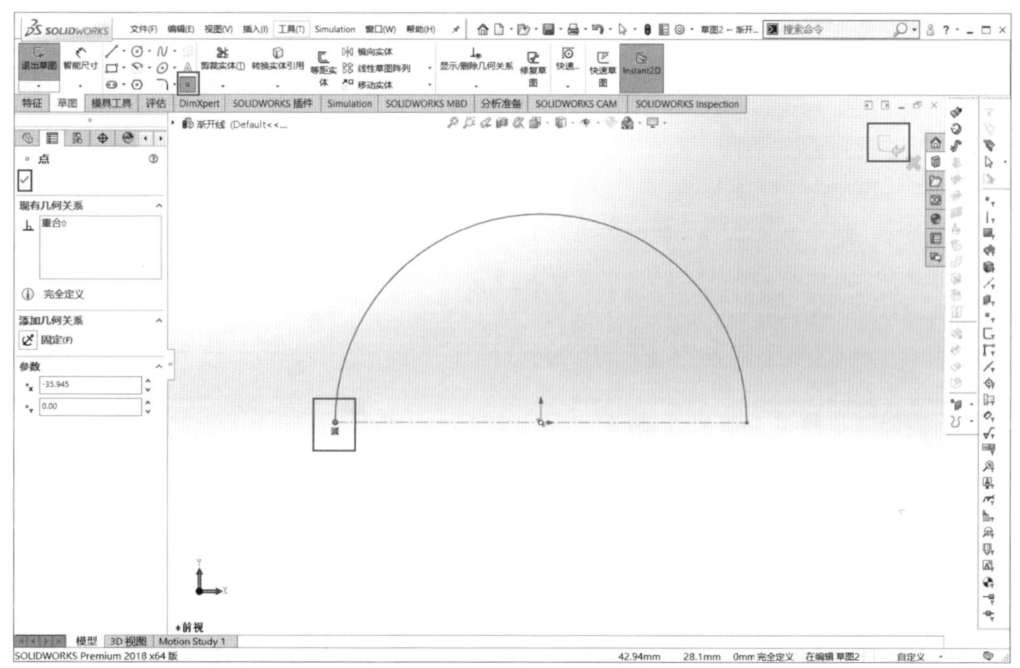

图 1-3-9　创建渐开线端点草图

步骤 4：创建渐开线发生线草图

在左侧设计树中选择"前视基准面"，然后单击"草图"面板上的"草图绘制"按钮，这样就在前视基准面上创建了一张草图。单击"草图"面板上的"直线"按钮，然后在绘图区域中单击半圆的另一个端点，绘制竖直线，单击“智能尺寸”按钮，进行尺寸标注，尺寸的大小可以假设，然后在弹出的“修改”对话框中输入公式“Pi * 71.89/2”，单击对话框左上角“确定”按钮，线段长度标注为 112.92 mm，最后单击绘图区域右上角“退出草图”按钮，完成草图 3，如图 1-3-10 所示。

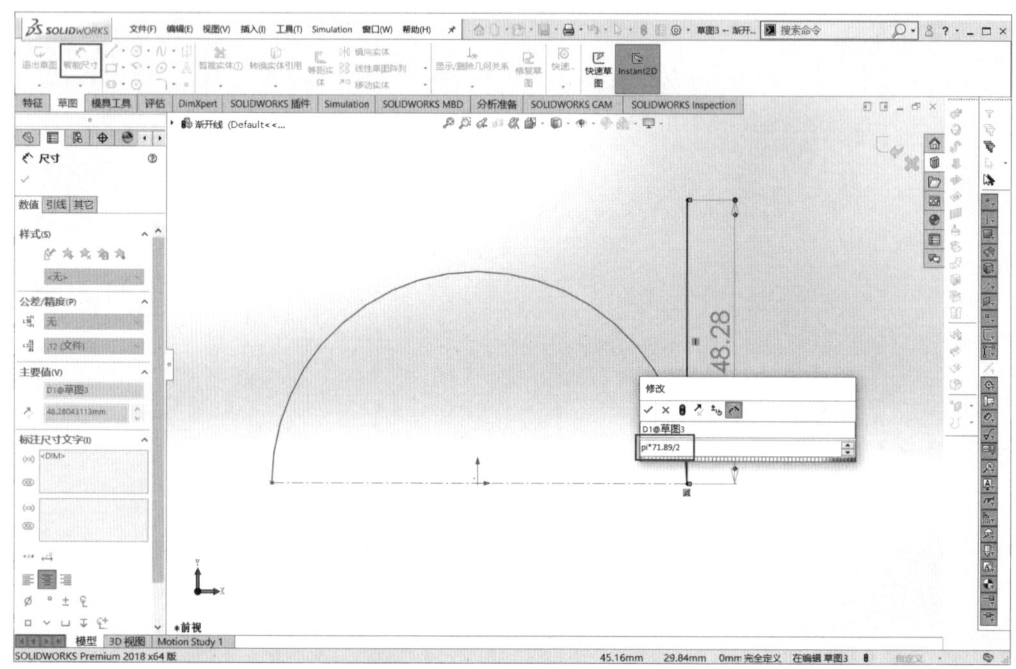

图 1-3-10 创建渐开线发生线草图

提示

标注“渐开线发生线”的尺寸通过输入公式计算得到，这里输入渐开线发生线的计算公式，即基圆直径($D_b \times \pi/2$，D_b 为基圆直径)，根据图纸要求，71.89 mm，计算得 112.92 mm。

步骤 5：创建齿轮渐开线的曲面

在菜单栏中选择“插入”→“曲面”→“放样曲面”命令，在左侧“曲面-改样”属性管理器的“轮廓”选项框中选择草图 2 和草图 3，在“中心线参数”选项框中选择“草图 1”，单击绘图区域右上角“确定”按钮，完成“渐开线”的创建，如图 1-3-11 所示。其中“中心线参数”的作用是约束从放样的两个轮廓(草图 2 和草图 3)之间形成的中间轮廓都是草图 1 的法向。

步骤 6：创建齿轮渐开线草绘轮廓

单击刚才创建的放样曲面，然后创建草图。单击 “草绘”面板上中的“转换实体引用”按钮，然后框选曲面，单击“确定”按钮。最终结果如图 1-3-12 所示。

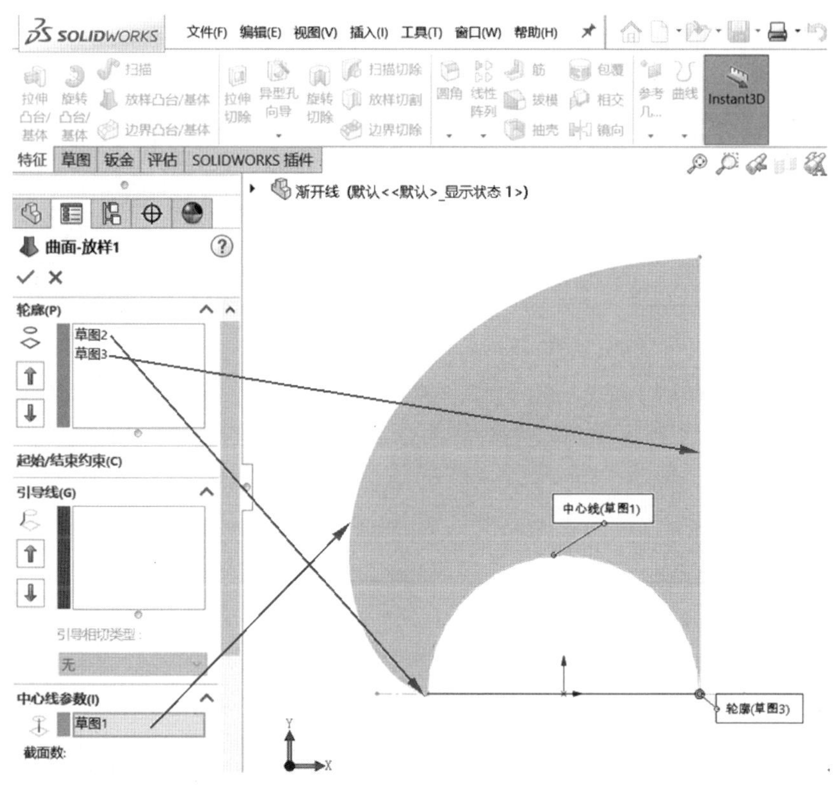

图 1-3-11　放样曲面的对话框

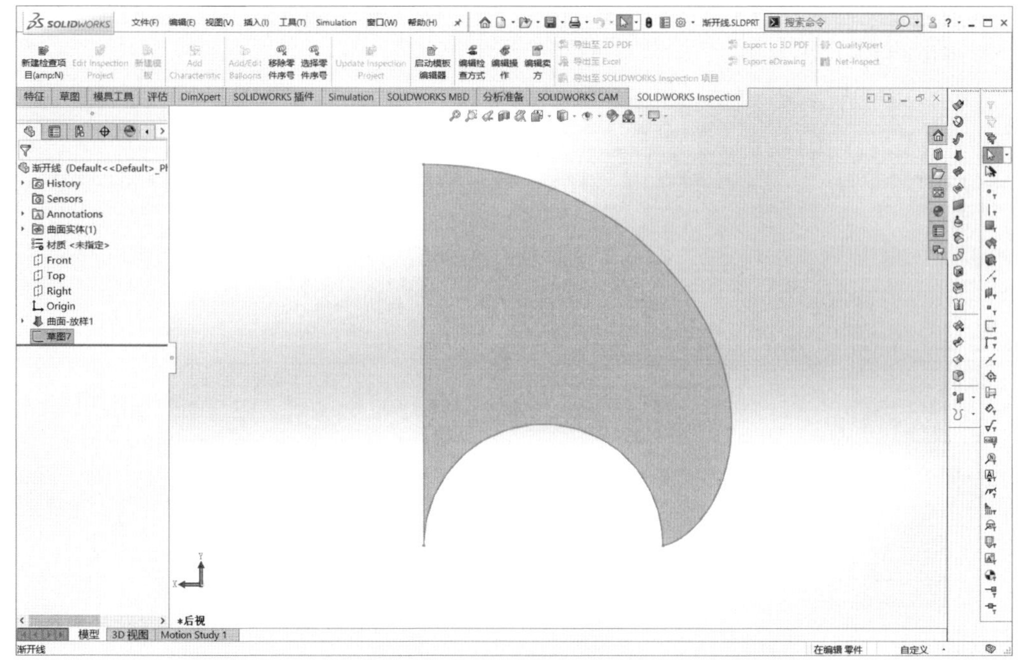

图 1-3-12　生成实体草绘

步骤 7:创建齿轮基体

回到之前创建的齿轮,在左侧设计树中选中“前视基准面”,然后在“特征”面板上单击

“拉伸凸台/基体”按钮，新建草图根据图纸绘制齿顶圆，直径为 ϕ79.50 mm，创建齿轮，厚度为 16.00 mm(对称布置)，如图 1-3-13 所示。

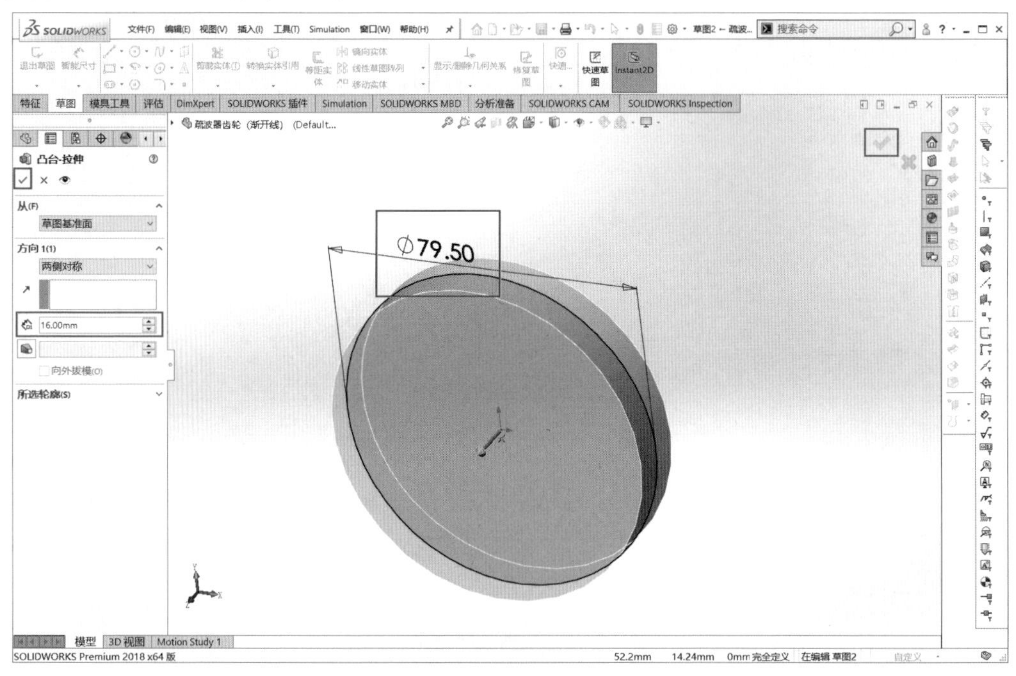

图 1-3-13　创建齿轮基体

复制之前渐开线模型中“转换实体引用”产生的渐开线轮廓，然后粘贴到创建完基体的齿轮模型中，如图 1-3-14 所示。

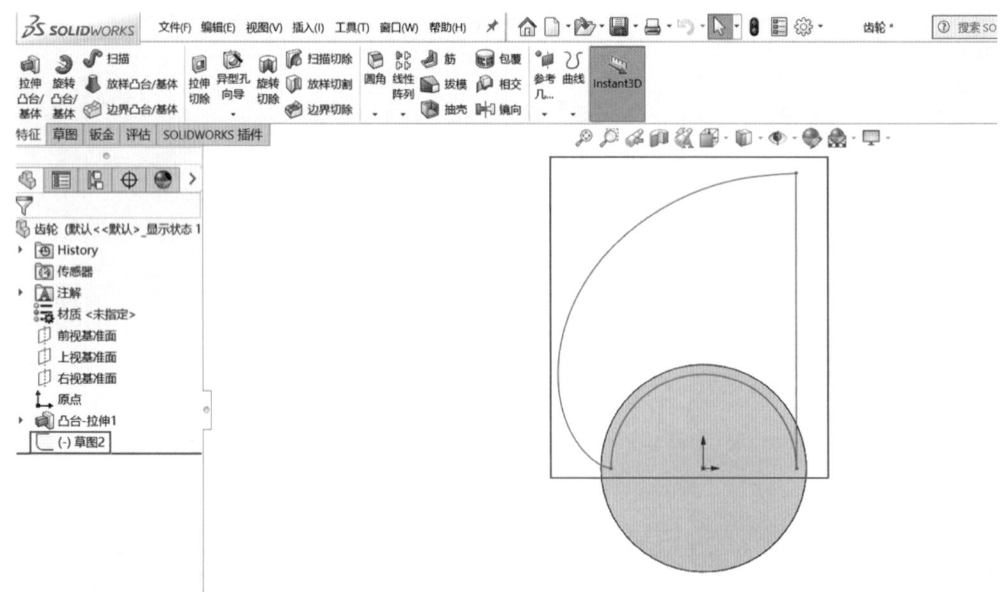

图 1-3-14　复制渐开线轮廓

利用“特征”面板上的“倒角”按钮，选择圆柱的边缘创建 C1.5 mm 倒角，最后单击绘图区域右上角的“确定”按钮，完成倒角绘制，如图 1-3-15 所示。

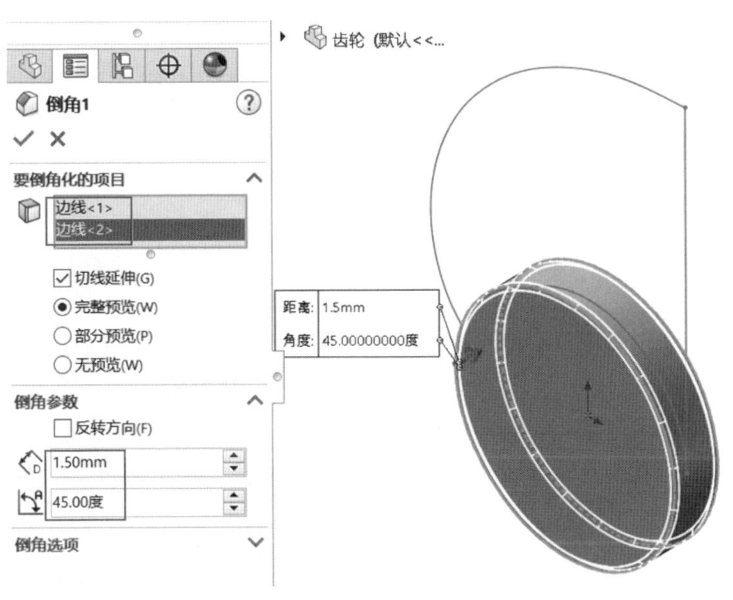

图 1-3-15　创建倒角

步骤 8:创建齿轮的齿部结构

单击“草图”面板上的“草图绘制”按钮,选择前视基准面创建草图,选择齿轮的最大外圆线,单击“转换实体引用”按钮生成草图中的齿顶圆和渐开线的轮廓线。单击“圆”按钮,创建草图中的分度圆(ϕ76.50 mm)和齿根圆(ϕ72.80 mm)的轮廓线。最后单击绘图区域左上角“确定”按钮,完成圆和渐开线的创建,如图 1-3-16 所示。

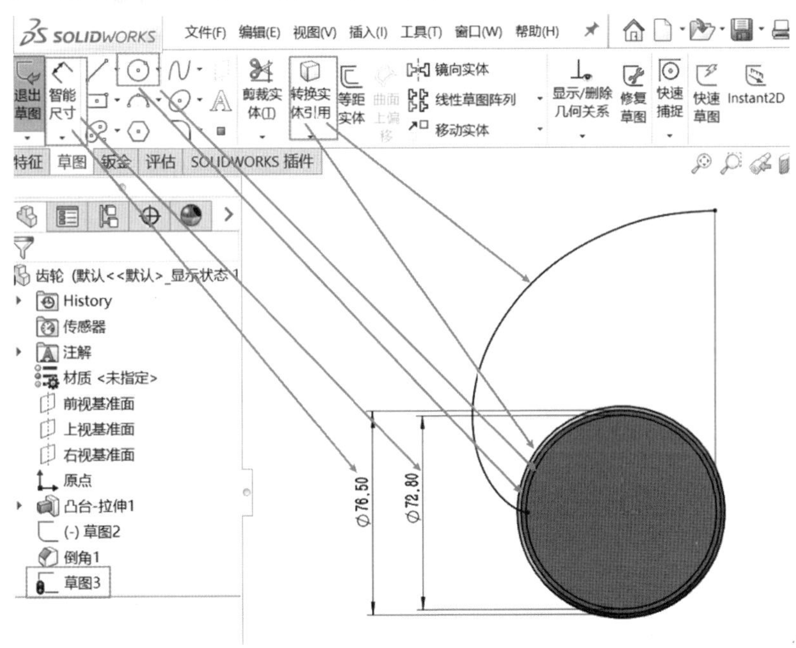

图 1-3-16　创建齿部轮廓线

单击“中心线”按钮,基于原点创建草图中的辅助线,只创建不约束。单击“草图”面板上“剪裁实体”按钮,修剪齿廓以外的渐开线和基于渐开线和辅助线的分度圆。最后单击绘图区域左侧“确定”按钮✓，完成渐开线和分度圆的裁剪，如图 1-3-17 所示。

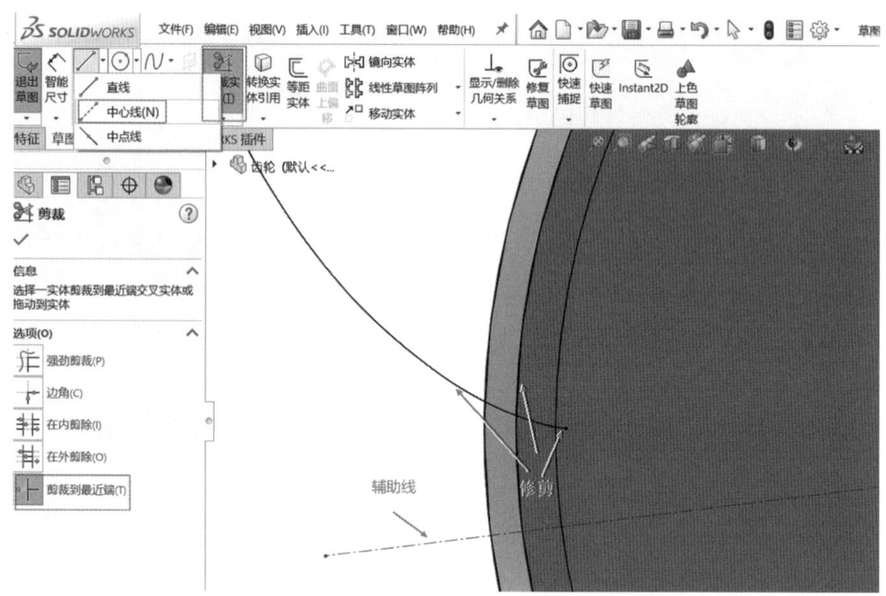

图 1-3-17 修剪渐开线和分度圆

在草图中，单击“草图”面板上的“智能尺寸”按钮，用齿槽宽的尺寸约束中心线并标注齿槽。最后单击绘图区域左侧“确定”按钮✓，创建齿槽，如图 1-3-18 所示。

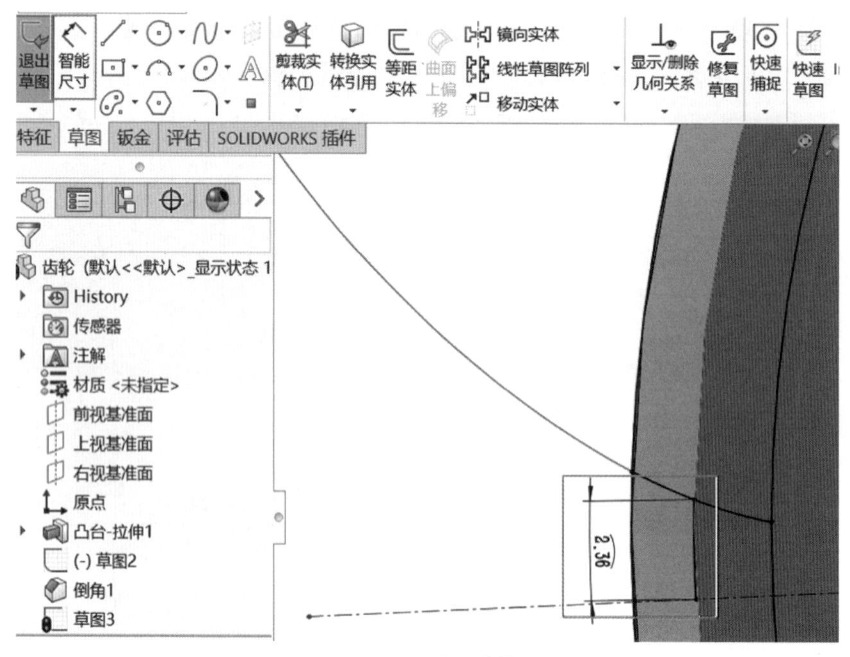

图 1-3-18 创建齿槽

提示

齿槽宽的计算公式为 $s=\pi m/2$，根据图纸要求，$m=1.5$ mm，计算得 $s=2.36$ mm。

在草图中，删除原来的辅助线，在齿槽中间创建齿槽中心线。单击“添加几何关系”按钮，在其属性管理器的“添加几何关系”选项区单击“对称”按钮，约束中心线，在齿槽中间确定中心线位置，如图 1-3-19 所示。

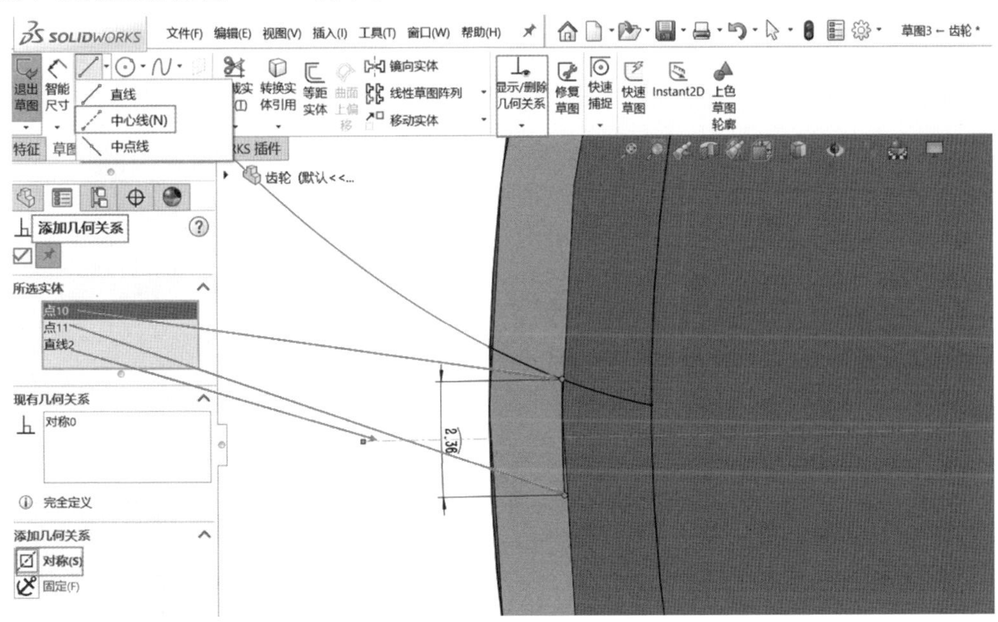

图 1-3-19　确定齿槽中心线

在草图中，单击“草图”面板上“剪裁实体”按钮，基于中心线修剪齿顶圆、齿根圆。最后单击绘图区域左侧“确定”按钮，完成修剪齿槽，如图 1-3-20 所示。

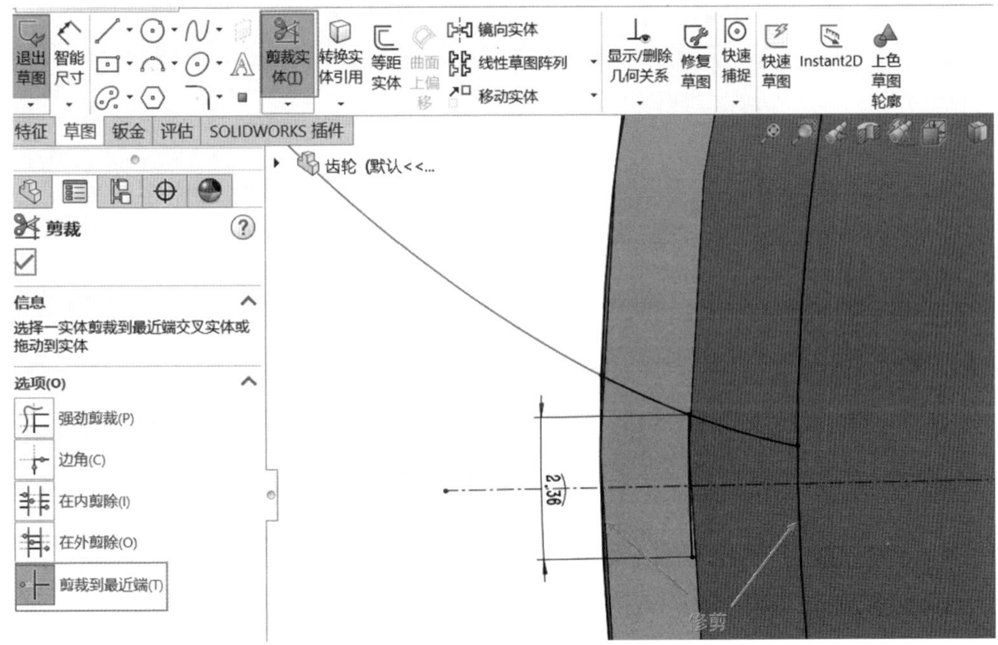

图 1-3-20　修剪齿槽

在草图中，单击"草图"面板上"镜像实体"按钮基于中心线和部分齿槽轮廓，创建整个齿槽。最后单击绘图区域左侧"确定"按钮，完成创建齿槽，如图 1-3-21 所示，单击分度圆上的圆弧，将其设为构造线，如图 1-3-22 所示。单击"退出草图"按钮，完成齿槽轮廓线的绘制。

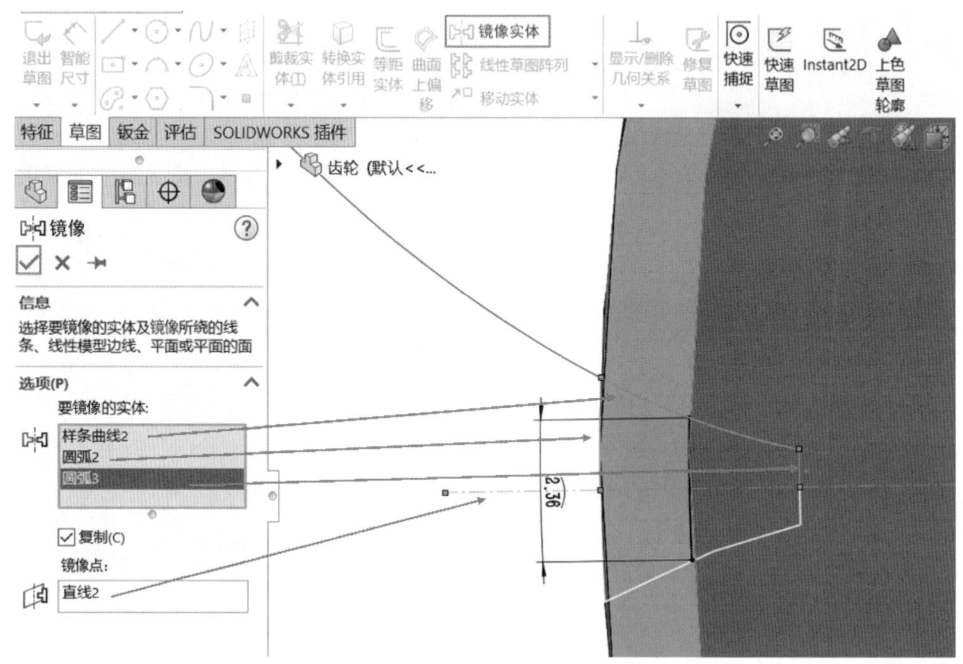

图 1-3-21 镜像齿槽轮廓

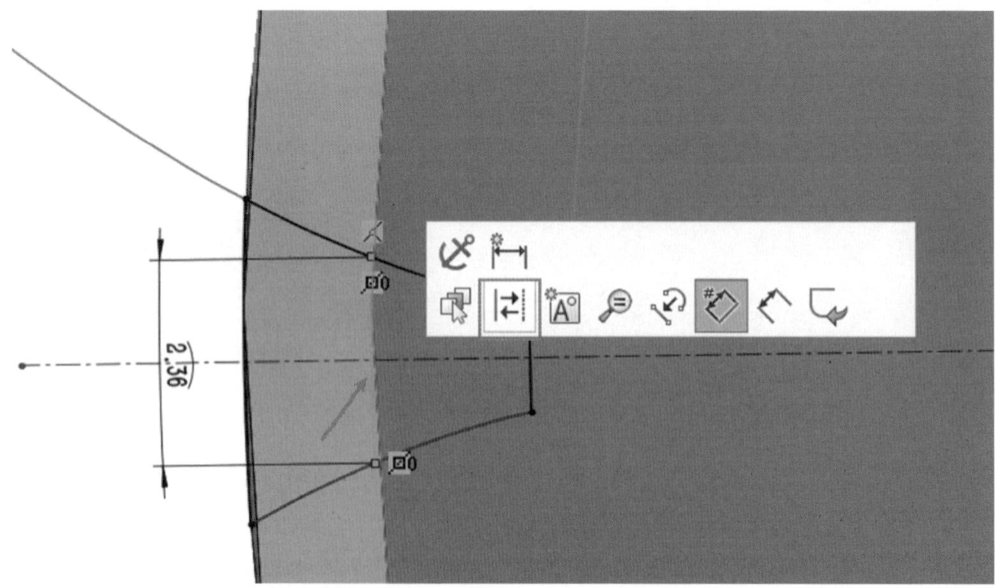

图 1-3-22 将分度圆圆弧设为构造线

在三维图中，单击"特征"面板上"拉伸切除"按钮，基于齿槽草绘轮廓，创建整个齿槽的三维模型。最后单击绘图区域左侧"确定"按钮，完成创建，如图 1-3-23 所示。

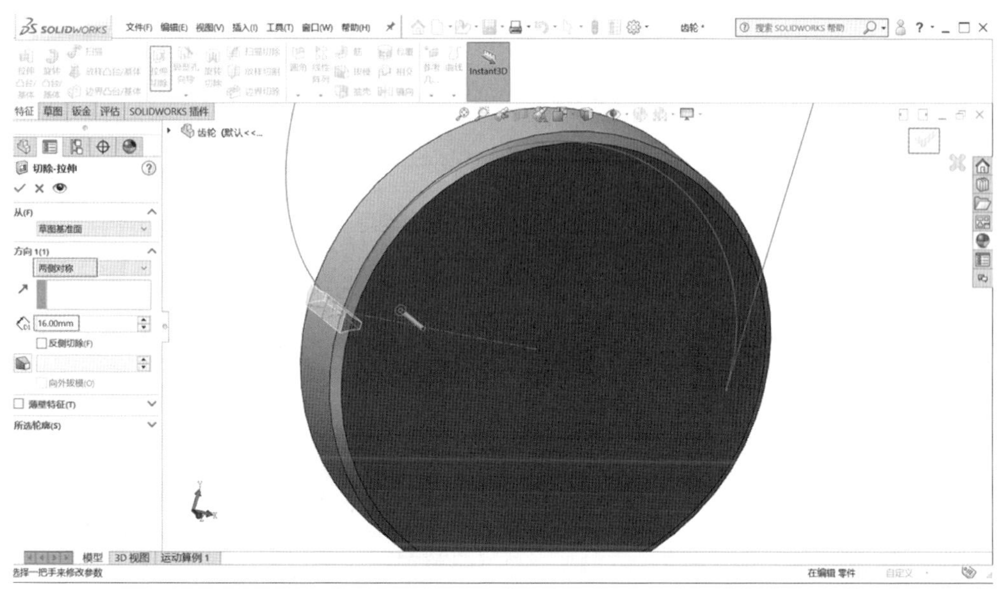

图 1-3-23　创建齿槽三维轮廓

如图 1-3-24 所示，在三维图中，单击“特征”面板上“圆角”按钮，基于整个齿槽的三维模型，选择齿根的轮廓线创建齿轮的齿根圆角($R0.5$ mm)。单击“基准轴”按钮，选择外圆面，创建中心轴线。单击绘图区域左侧“确定”按钮，完成创建齿槽圆角和齿轮中心轴线。

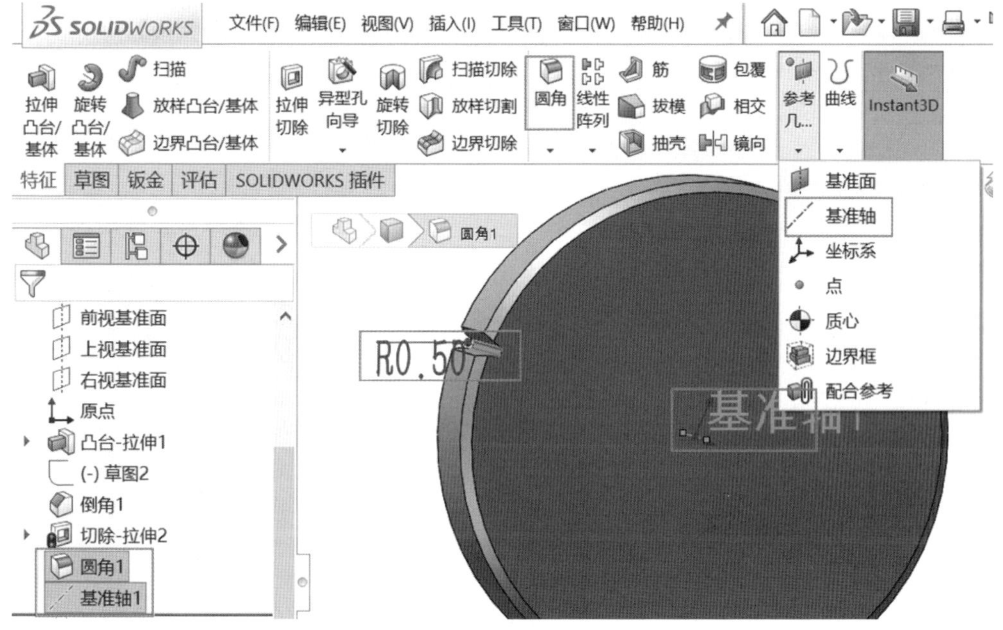

图 1-3-24　创建齿槽圆角

在三维图中，单击“特征”面板上“圆周阵列”按钮，在左侧属性管理器的“方向”选项框中选择“基准轴”，设置为“等间距”，角度为“360°”，实例数为“51”，在“特征和面”选项框中选择齿槽的轮廓。最后单击绘图区域左侧“确定”按钮，完成创建齿轮的齿部，如图 1-3-25 所示。

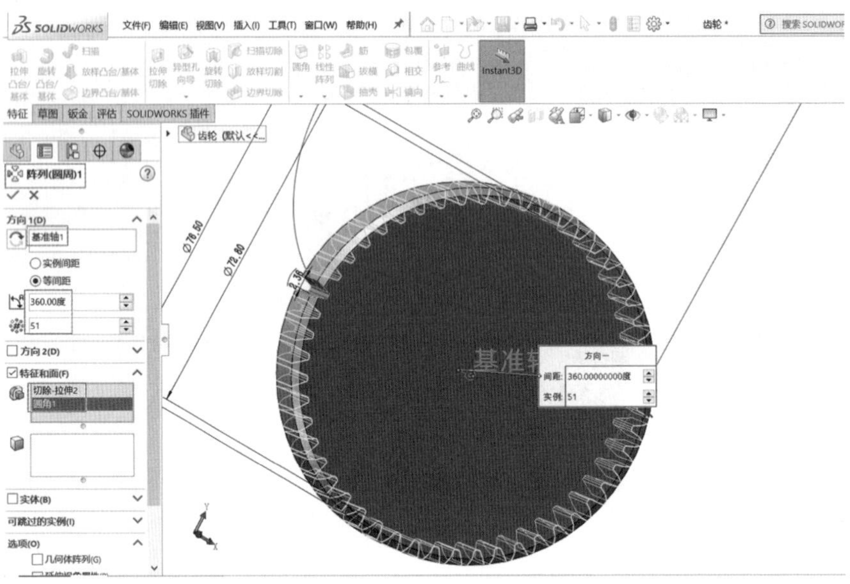

图 1-3-25 创建齿轮的齿部

步骤 9:创建齿轮的凸台

单击“特征”面板上的“拉伸凸台/基体”按钮，进入草图编辑状态，单击“草图”面板上“圆”按钮，以坐标原点为中心绘制圆，并标注圆的直径尺寸(ϕ40 mm)，然后结束草绘进入建模过程，输入厚度“12.00 mm”。最后单击绘图区域右上角“确定”按钮，完成创建凸台，如图 1-3-26 所示。

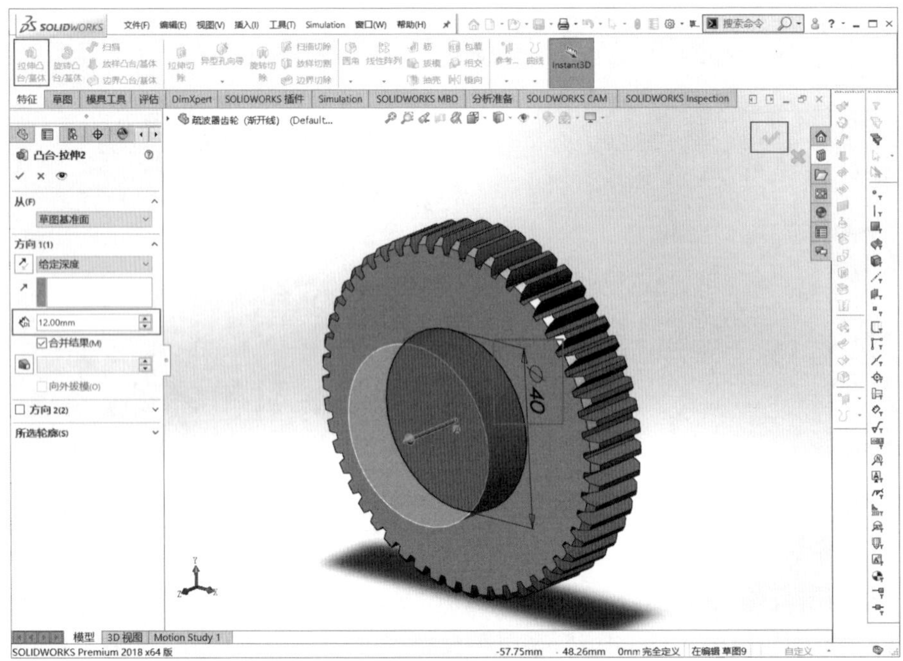

图 1-3-26 创建凸台

步骤 10:创建齿轮的轴孔

单击“特征”面板上的“拉伸切除”按钮，进入草图编辑状态后，单击“草图”面板上“圆”按钮，以坐标原点为中心绘制一个圆，并标注圆的直径尺寸(ϕ12 mm)，然后结束草绘进入建模过程，输入厚度“28.00 mm”。最后单击绘图区域右上角“确定”按钮，完成创建轴孔，如图 1-3-27 所示。

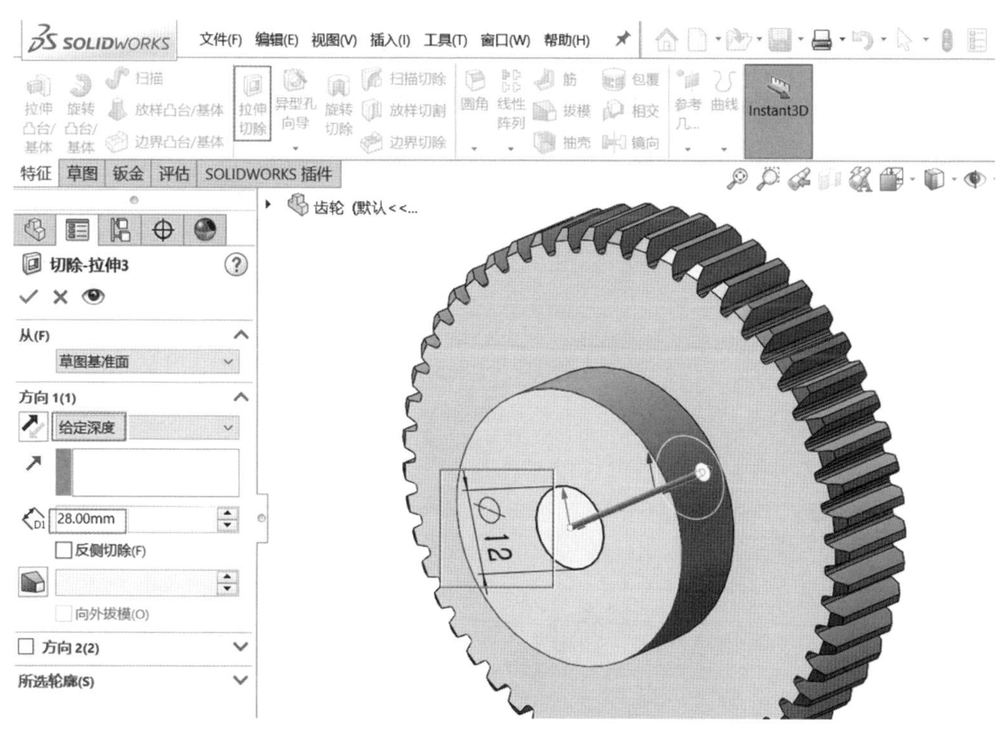

图 1-3-27　创建轴孔

步骤 11:创建齿轮的内孔键槽

单击“特征”面板上的“拉伸切除”按钮，选择凸台端面创建一张草图。单击“草图”面板上的“矩形”按钮，绘制一个矩形，基于内孔定位并对称约束。创建草绘尺寸(4 mm×13.8 mm)并标注在相应位置。结束草图绘制，在“切除-拉伸”属性管理器中设置深度尺寸(28 mm)。完成键槽的模型绘制，单击绘图区域右上角“确定”按钮，完成创建键槽，如图 1-3-28 所示。

步骤 12:创建键槽的螺纹孔

单击“特征”面板上的“异形孔向导”按钮，选择“孔类型”选项区中的“直螺纹孔”图标，设置“类型”为“螺纹孔”，“大小”输入“M4”，由于是通孔，所有给定深度满足通孔要求即可。

设置完螺纹孔的参数后就要确定螺纹孔的位置，选择键槽的底面，然后用尺寸约束。单击绘图区域右上角“确定”按钮，完成创建螺纹孔，如图 1-3-29 所示。

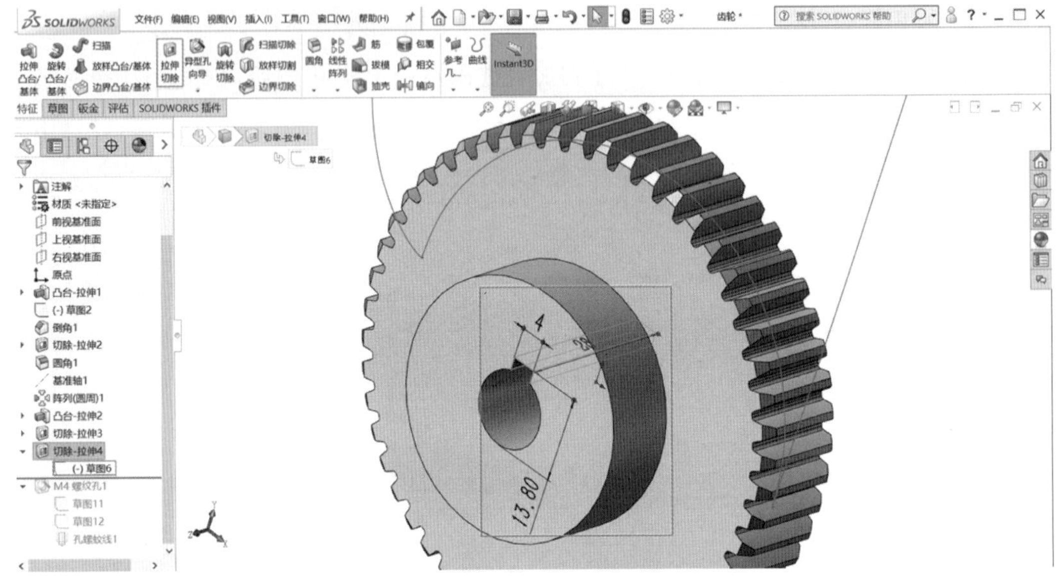

图 1-3-28 创建键槽

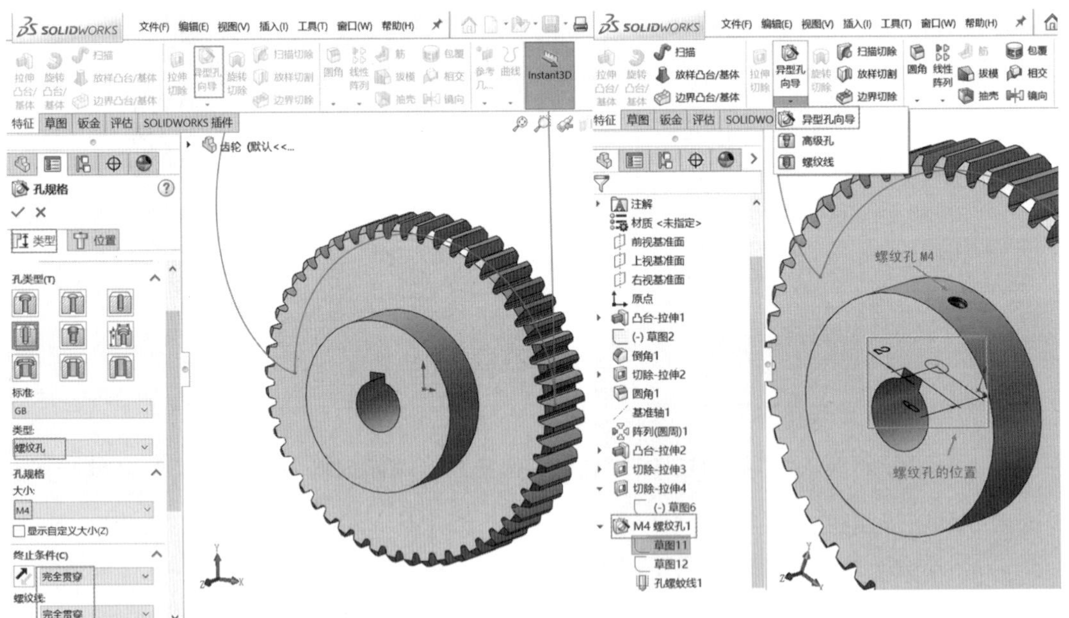

图 1-3-29 创建键槽的螺纹孔

步骤 13:创建齿轮倒角

单击"特征"面板上的"倒角"按钮，在左侧属性管理器的"要倒角化的项目"选项框中,选择凸台边线和内孔的边线,一共三条边线。"倒角角度"设置为 45°,"倒角距离"为 1 mm,如图 1-3-30 所示。

至此,以疏波器齿轮为例的一个完整的曲面设计过程就完成了,如图 1-3-31 所示。

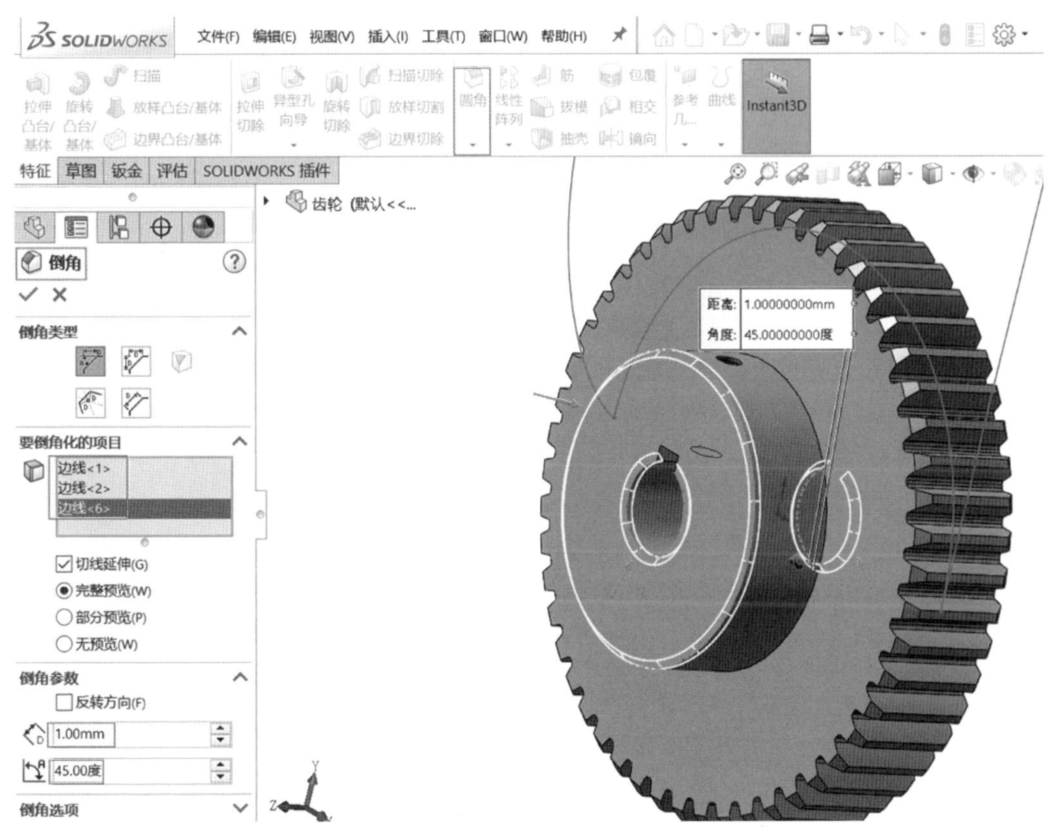

图 1-3-30　齿轮倒角

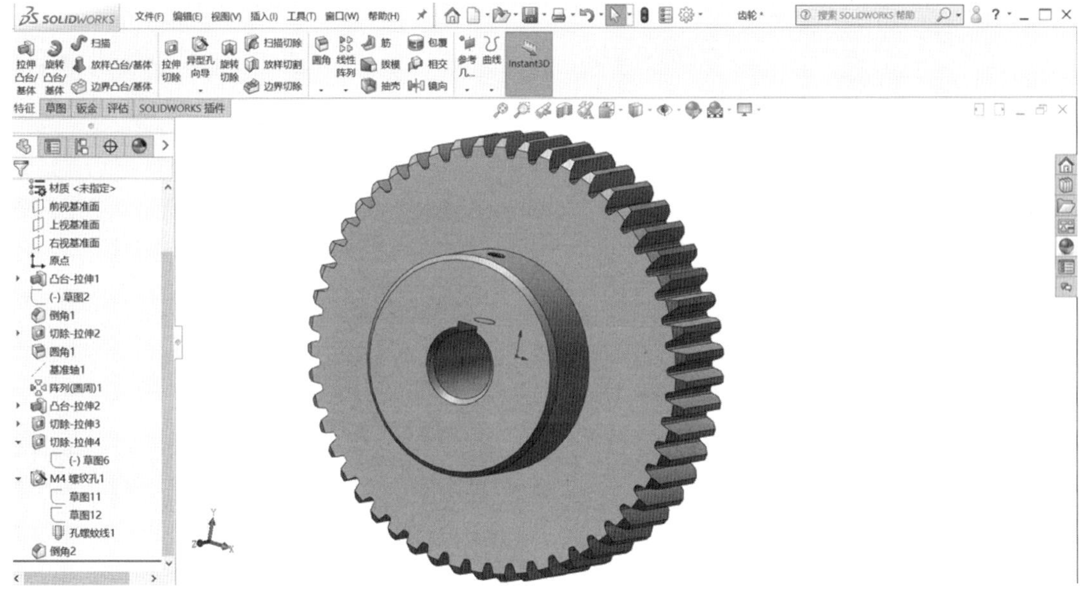

图 1-3-31　疏波器齿轮

任务小结

通过疏波器齿轮设计任务的学习，学生能够掌握基于渐开线齿轮的建模过程，对基本的齿轮建模方式有一定的了解，并掌握以下能力：

(1)渐开线的创建和使用。

(2)齿部结构的作用和使用方法。

(3)拉伸凸台和拉伸切除的作用和使用方法。

(4)螺纹孔和倒角的创建方法和技巧。

拓展训练1

齿带轮传动具有齿轮传动、链传动和平带传动的各种优点，传动准确，工作时无滑动，具有恒定的传动比。齿形带轮允许在有污染和工作环境较为恶劣的场合下工作。如机械制造、汽车、飞机、纺织、轻工、化工、冶金、矿山、军工、仪器、仪表机床、农业机械及商业机械传动中。本训练实例为机床传动中的一个零件，设计时需要用到“旋转凸台/基体”“倒角”“拉伸切除”“圆周阵列”“异形孔向导”等建模工具。

步骤 1:新建一个松圈器齿带轮零件

在菜单栏中选择“文件”→“新建”命令或单击标准工具栏上的“新建”按钮 ，如图 1-3-32 所示。

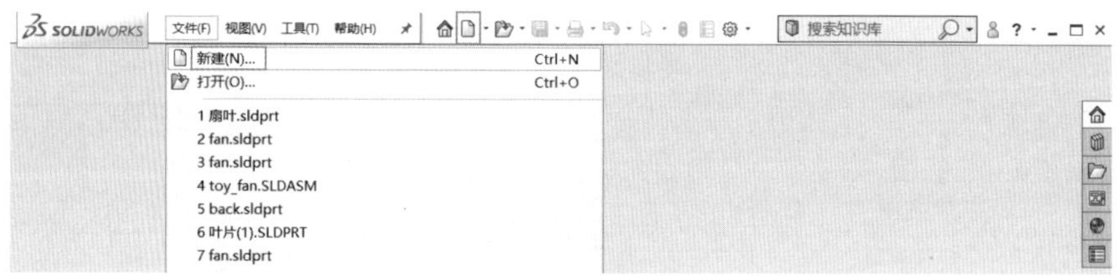

图 1-3-32　新建文件

在弹出的“新建 SOLIDWORKS 文件”对话框中选择“零件”图标，然后单击“确定”按钮，如图 1-3-33 所示。

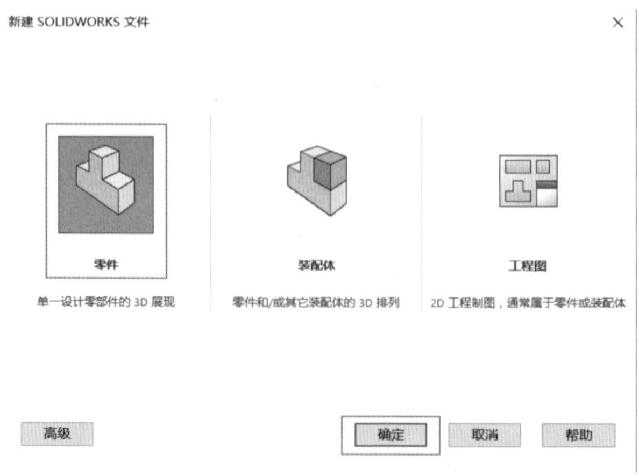

图 1-3-33　新建零件

在标准工具栏上单击“保存”按钮，在“另存为”对话框中选择好存储路径后，将“文件名”改为“松圈器齿带轮”，之后单击“保存”按钮来保存零件，如图 1-3-34 所示。

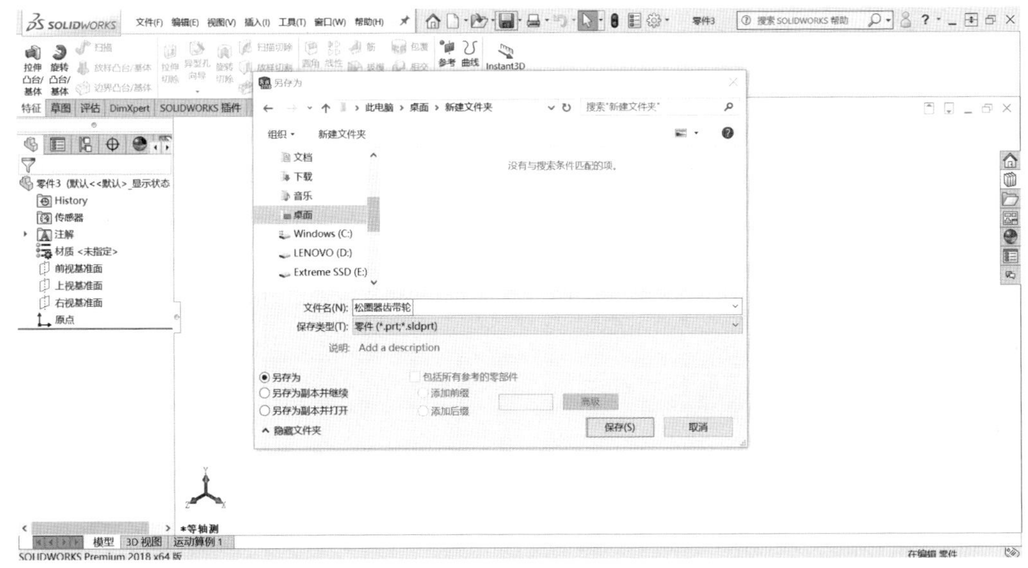

图 1-3-34　保存并命名文件

步骤 2：创建旋转草图

在左侧设计树中选择“前视基准面”，然后单击“草图”面板上的“草图绘制”按钮，这样就在前视基准面上创建了一张草图，如图 1-3-35 所示。

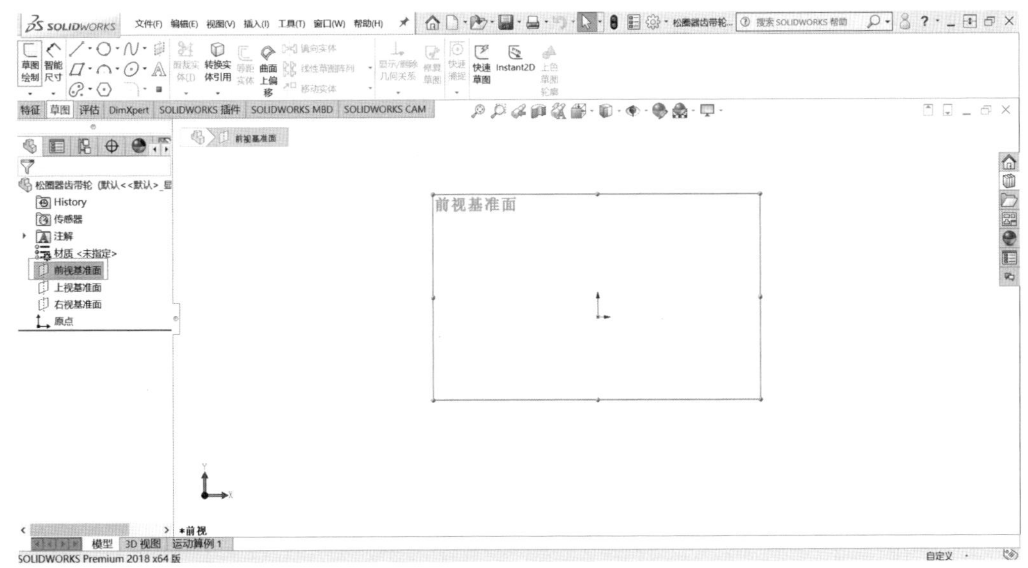

图 1-3-35　新草图和模型原点

单击“草图”面板上的“直线”按钮下拉列表中的“中心线”按钮，从原点绘制一条竖直中心线，如图 1-3-36 所示。单击“草图”面板上的“矩形”按钮，绘制两个矩形，如图 1-3-37 所示。单击“剪裁实体”按钮，选择“剪裁”属性管理器中的“在内剪除”选项，剪裁掉两个矩形重合的边，单击“添加几何关系”按钮，使剪裁后形成的两条短直线长度相等，使大矩形的上边与 X 轴重合，结果如图 1-3-38 所示。

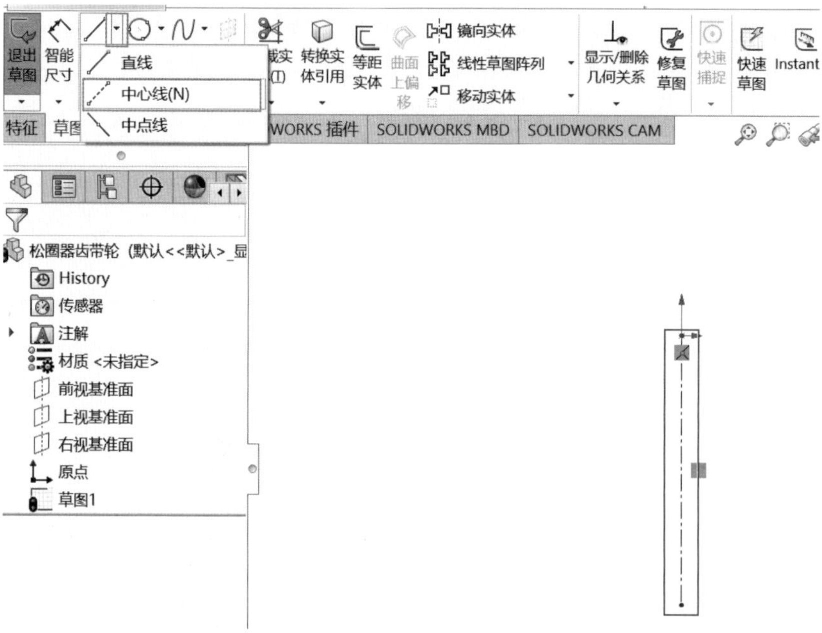

图 1-3-36 绘制中心线

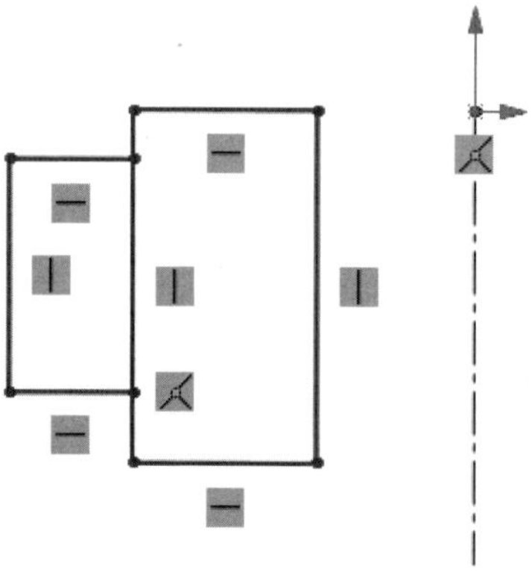

图 1-3-37 绘制矩形

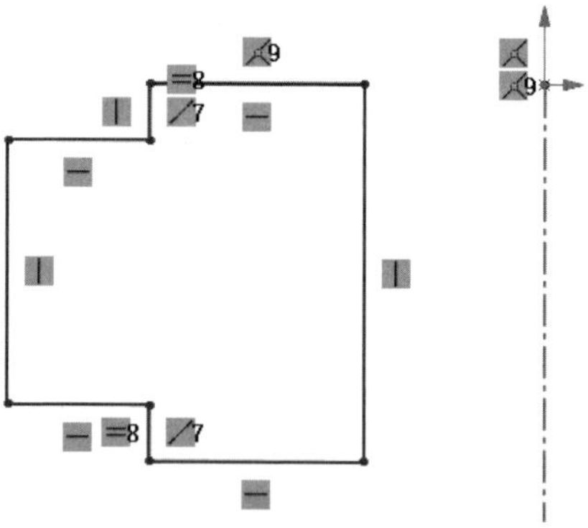

图 1-3-38 添加草图几何关系

单击“草图”面板上的“智能尺寸”按钮，分别对草图中的各线段进行尺寸标注，并输入相应的尺寸，如图 1-3-39 所示。最后单击绘图区域右上角“确定”按钮或者“草图”面板上的“退出草图”按钮，完成草图绘制。

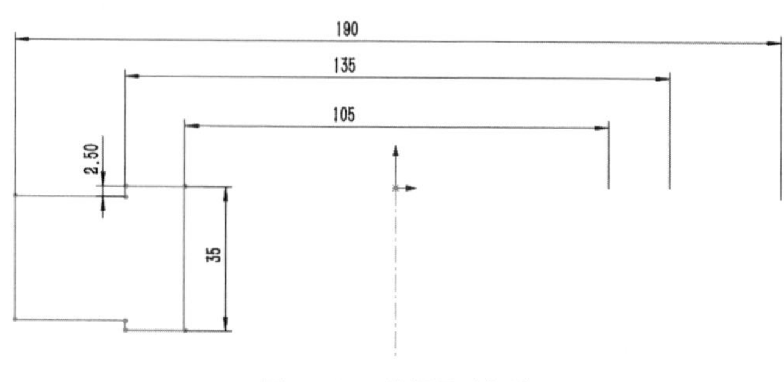

图 1-3-39 草图尺寸标注

提示

在完成的旋转特征中经常出现一些直径尺寸，标注这些尺寸通常需要选中中心线(旋转轴)，然后根据放置尺寸的位置来决定添加半径尺寸还是直径尺寸。如果不选中中心线，就无法将尺寸转变为直径标注。

步骤 3:创建旋转特征

绘制完上述草图后，即可利用它创建旋转特征。在设计树中选中“草图 1”，单击“特征”面板上的“旋转凸台/基体”按钮，在左侧“旋转”属性管理器中的“方向 1”选项区中设置“给定深度”，旋转角度为 360°，接受这些默认选项并单击“确定”按钮，如图 1-3-40 所示，特征就自动生成了。当然，在“方向 1”选项区可以改变旋转角度。旋转后的实体为此零件的第一个特征，如图 1-3-41 所示。

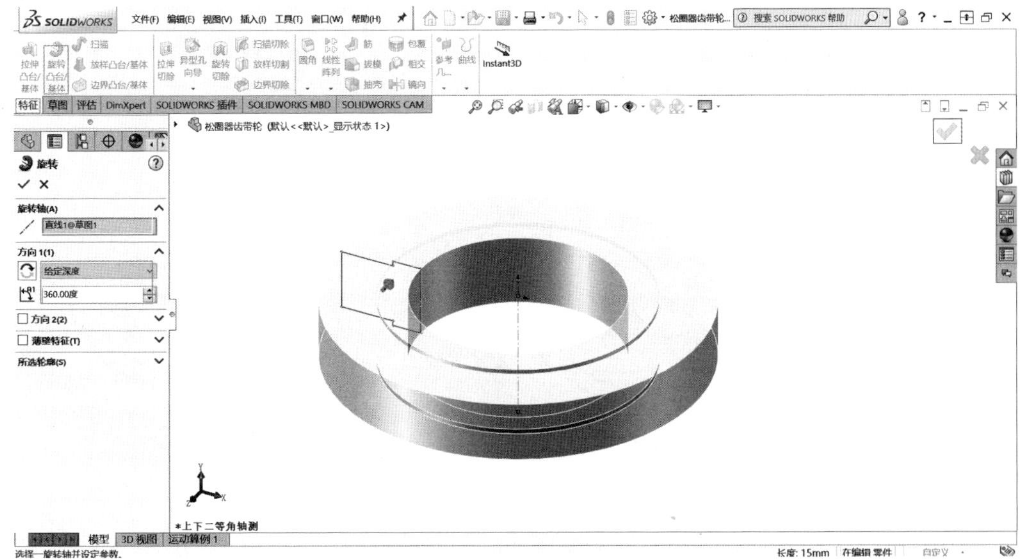

图 1-3-40　创建旋转特征

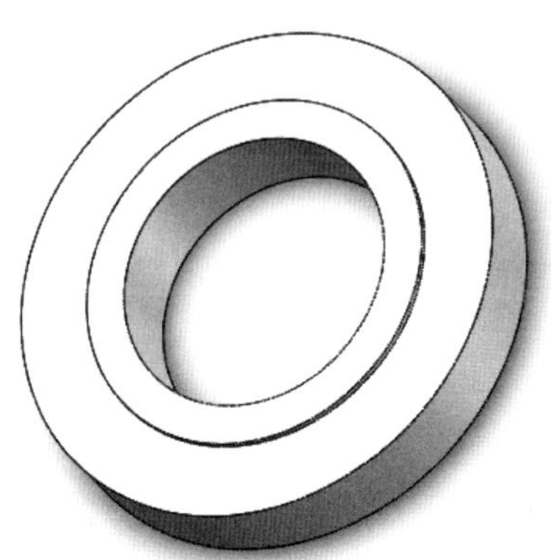

图 1-3-41　完成特征

步骤 4:创建倒角

单击“特征”面板上“圆角”按钮下拉菜单中的“倒角”，在左侧出现“倒角”属性管理器,如图 1-3-42 所示,“倒角类型”选择“角度距离”,“要倒角化的项目”可以选择带轮的内圆表面(图 1-3-43),或者内孔的两条边线(图 1-3-44)。“倒角参数”设置成距离为 2 mm,角度为 45°,单击“确定”按钮✓,完成倒角,结果如图 1-3-45 所示。

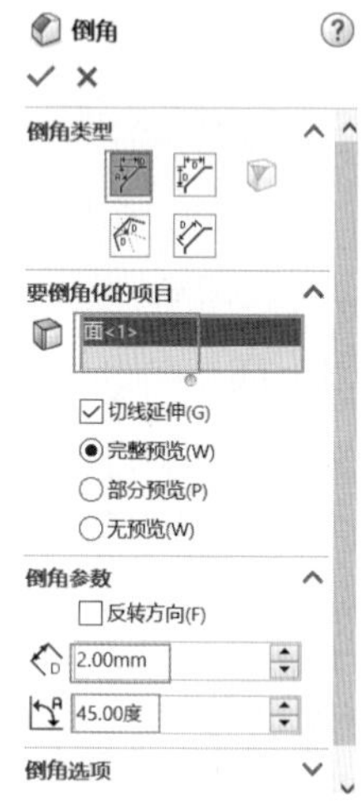

图 1-3-42 “倒角”属性管理器

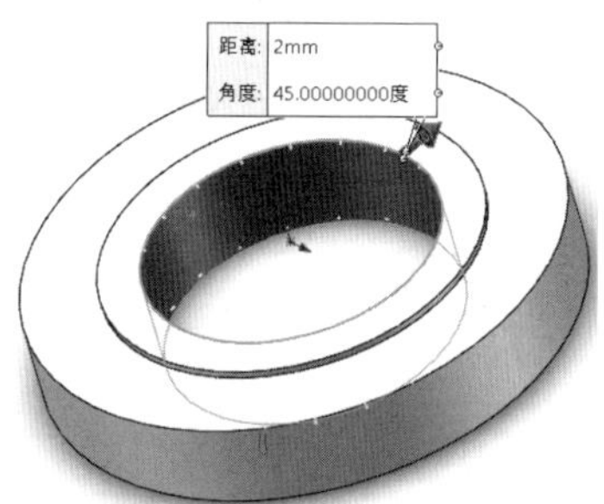

图 1-3-43 选择内孔表面

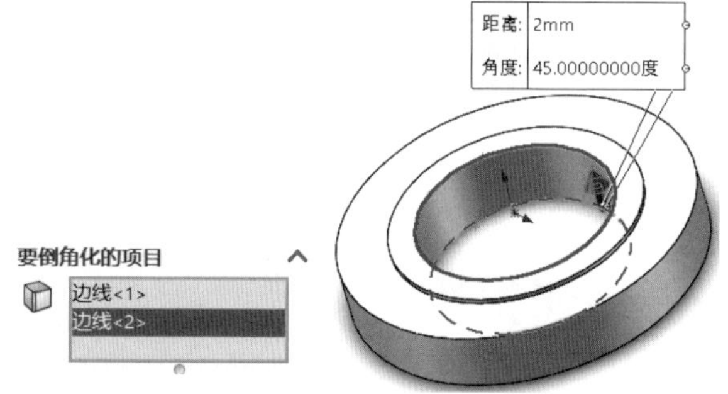

图 1-3-44 选择边线

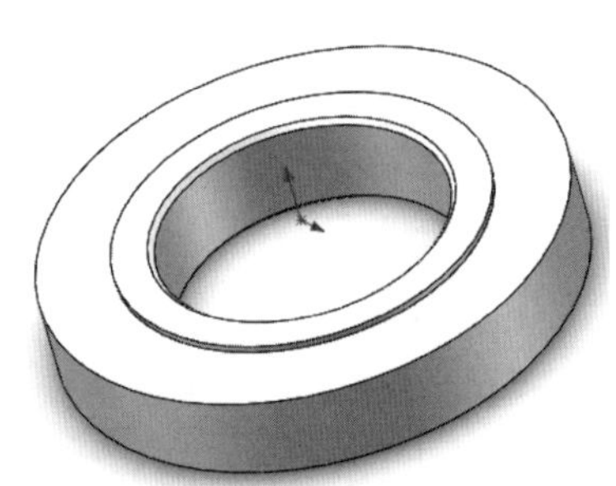

图 1-3-45 倒角结果

步骤 5:创建齿槽草图

按空格键,在“视图”工具栏“视图定向”按钮的下拉工具栏中双击“上视”按钮,在如图 1-3-46 所示的面上新建草图,单击“圆”按钮,绘制两个同心圆,直径分别为 190 mm 和 185 mm。单击鼠标右键,在弹出的快捷工具栏中单击“构造几何线”按钮,选取 ϕ185 mm 的圆并将其设为构造几何线,如图 1-3-47 所示,之后关闭构造几何线工具。

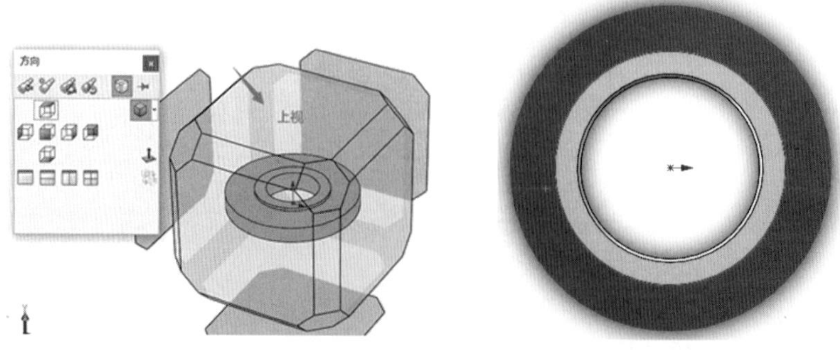

图 1-3-46 草图绘制面

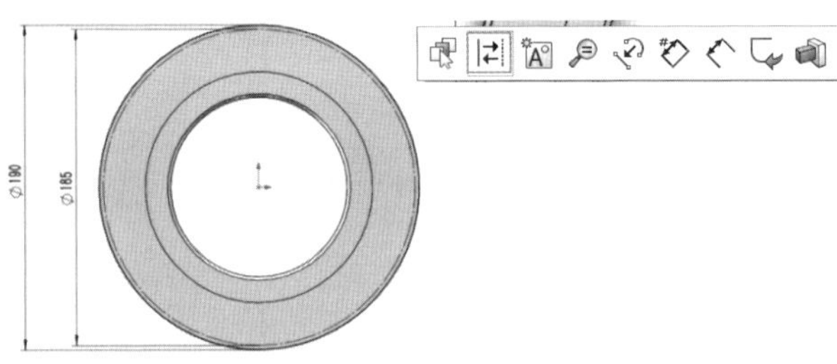

图 1-3-47　绘制圆及构造几何线

单击“草图”面板上“直线”按钮下拉菜单中的“中心线”按钮，沿 Y 轴绘制中心线。单击“直线”按钮，以 ϕ190 mm 的圆上一点为起点画一条斜线段，终点落在 ϕ185 mm 的圆上，继续画水平线段，终点落在中心线上。单击“镜像实体”按钮，选择两条线段，“镜像点”设置为中心线，如图 1-3-48 所示，单击“确定”按钮。单击“智能尺寸”按钮，标注两条斜线段的角度为 40°，如图 1-3-49 所示。

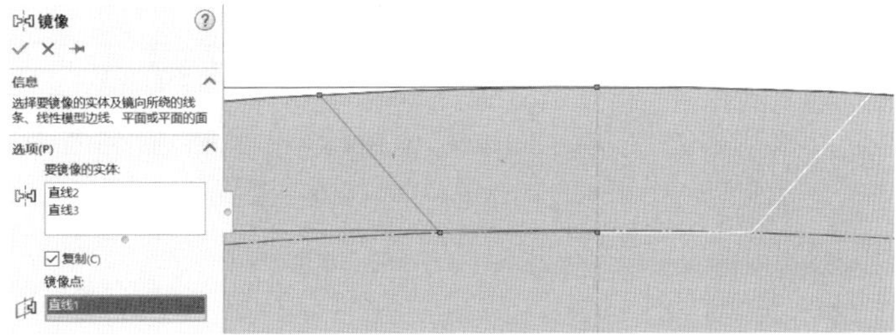

图 1-3-48　绘制直线并镜像

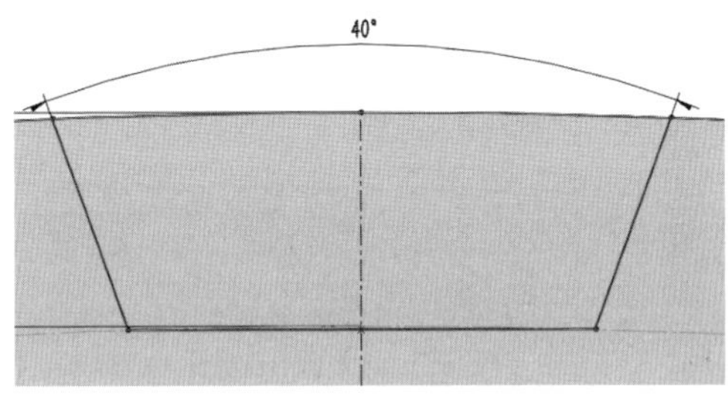

图 1-3-49　标注尺寸

如图 1-3-50 所示，单击“草图”面板上的“3 点圆弧”按钮，绘制如图 1-3-50 所示的圆弧，单击“添加几何关系”按钮，设置圆弧与斜线段及圆弧与 ϕ190 mm 的圆为相切关系，单击“智能尺寸”按钮，标注圆弧半径为 R=1.17 mm。单击“镜像实体”按钮，选择圆弧，“镜像点”设置为中心线，将圆弧镜像到左边。

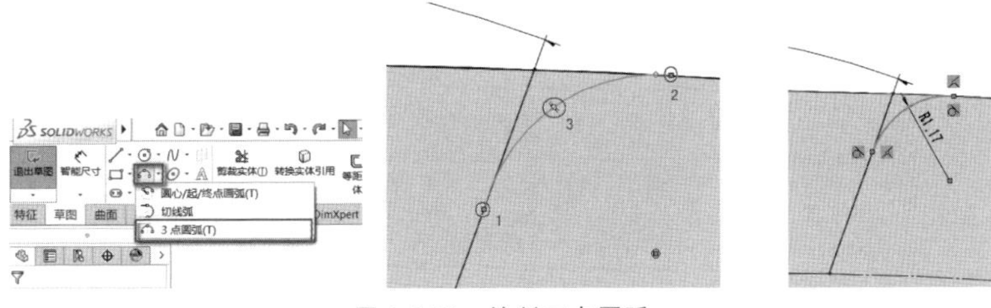

图 1-3-50　绘制三点圆弧

单击“剪裁实体”按钮，在其属性管理器中选择“强劲剪裁”，将多余线段剪除，如图 1-3-51 所示。

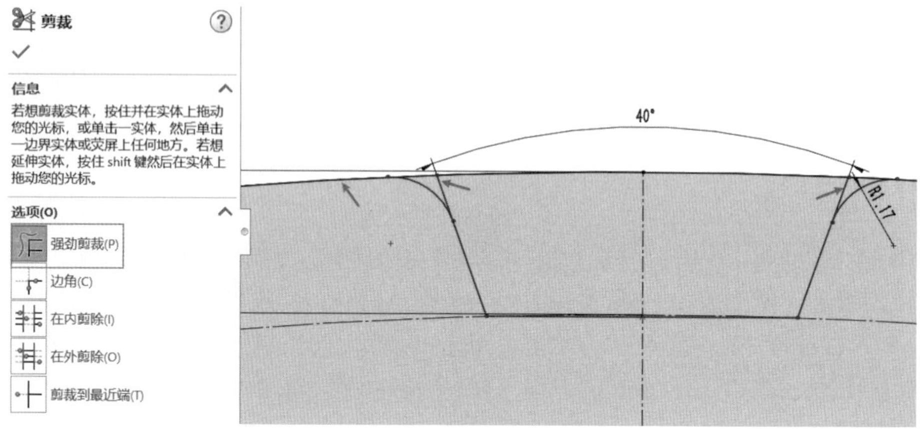

图 1-3-51　剪裁多余部分

单击“绘制圆角”按钮，其属性管理器中，将“圆角参数”设置为“1.19 mm”，选取底部 1、2 两个顶点或者选取两条相邻边，单击“确定”按钮，生成圆角，如图 1-3-52 所示。

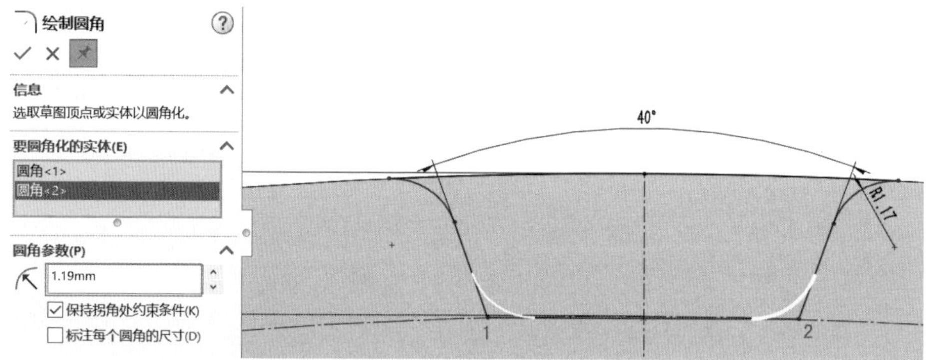

图 1-3-52　绘制圆角

单击“智能尺寸”按钮，标注在 ϕ90 mm 圆上的两个端点尺寸为 6.67 mm。至此，齿槽的草图绘制完毕，如图 1-3-53 所示，单击“退出草图”按钮。

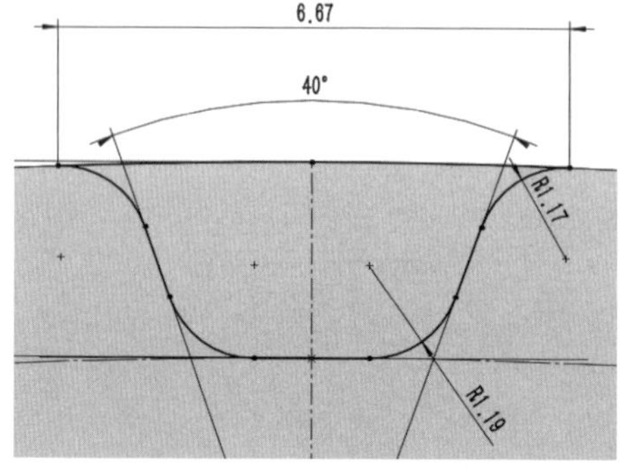

图 1-3-53　草图绘制完毕

提示

为了使图形区域中显示的模型比较"光滑",便于在画线时选中位置,可选择菜单栏"工具"→"选项"命令,在"系统选项"对话框的"文档属性"选项卡中,单击左侧"图像品质"选项,将"上色和草稿品质 HLR/HLV 分辨率"调整为"高"。调高后会使文件大小增加,引起图形性能缓慢,所以一般完成选择操作后再改回中等。

步骤 6:创建拉伸切除特征

在左边设计树中选择"草图 2",单击"特征"面板上的"拉伸切除"按钮,在"方向 1"选项区的选项框中设置为"完全贯穿",单击"确定"按钮✓,生成齿槽特征,如图 1-3-54 所示。这种类型的终止条件总是完全贯穿整个实体模型,所以不管它的范围有多广,都无须设置深度。

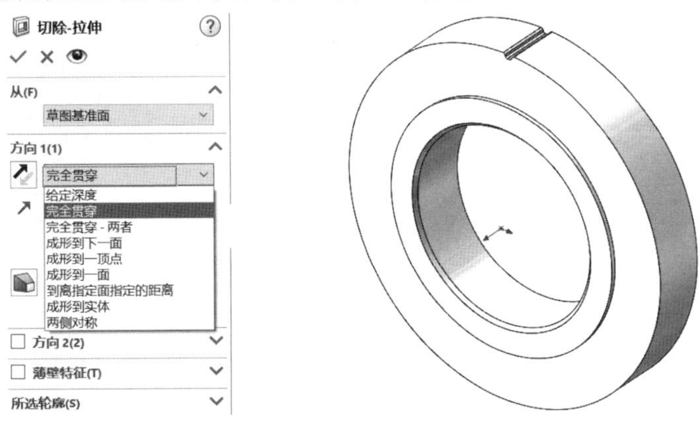

图 1-3-54 完全贯穿拉伸切除特征

步骤 7:创建圆周阵列

在左边设计树中选择"切除-拉伸 1",单击"特征"面板上"线性阵列"按钮下拉菜单中的"圆周阵列"按钮,在属性管理器的"方向 1"设置区的选项框中首先选择内孔圆柱面,再选中"等间距"单选按钮,"总角度"设置为 360°,实例数为 63,单击"确定"按钮✓,结果如图 1-3-55 所示。

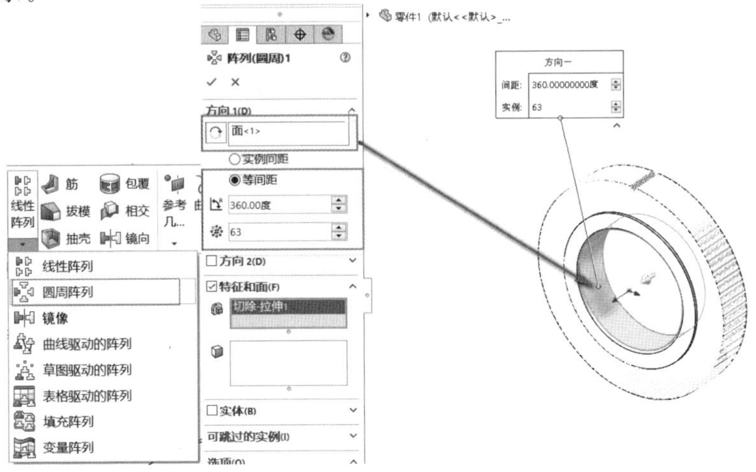

图 1-3-55 圆周阵列齿槽特征

步骤 8:创建一个 M5 的螺纹孔

单击"特征"面板上的"异形孔向导"按钮，在"孔规格"属性管理器中进行如下设置:"孔类型"选择"直螺纹孔"图标;"标准"设为"GB";"类型"选择"螺纹孔";"大小"设为"M5";"终止条件"为"完全贯穿";"螺纹线"为"完全贯穿",如图 1-3-56 所示。再单击"位置"选项,在"位置"选项卡中选择齿带轮的端面放置螺纹孔,如图 1-3-57 所示。单击"草图"面板上"直线"按钮下拉菜单中的"中心线"按钮,画一条连接带轮中心到螺纹孔中心的线段,选中中心线设置为竖直,如图 1-3-58 所示。单击"圆"按钮,以带轮中心为圆心,以带轮中心与螺纹孔中心的距离为半径画圆,单击圆将其设为几何构造线,如图 1-3-59 所示。单击"智能尺寸"按钮,标注圆的直径为 ϕ148 mm,如图 1-3-60 所示,单击"确定"按钮。回到"孔规格"属性管理器,单击"确定"按钮,螺纹孔生成,如图 1-3-61 所示。

图 1-3-56 孔规格的设置

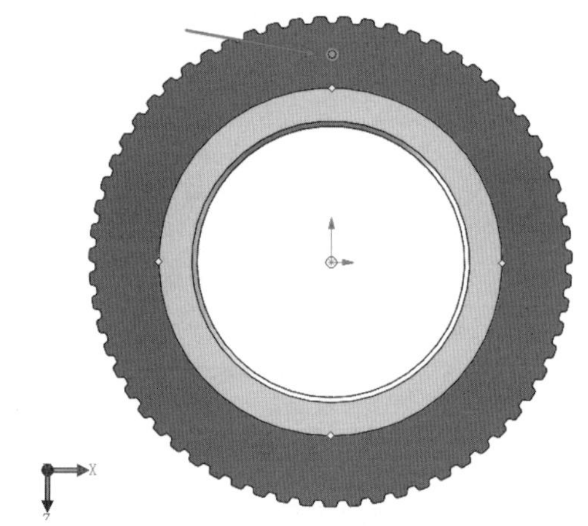

图 1-3-57 孔所在平面选择

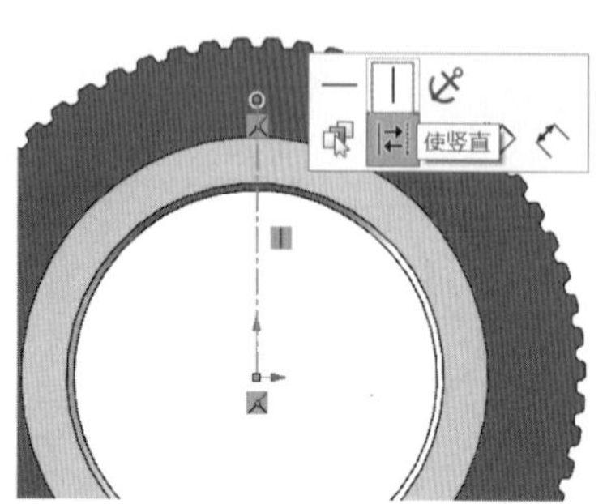

图 1-3-58 孔中心 *X* 轴定位

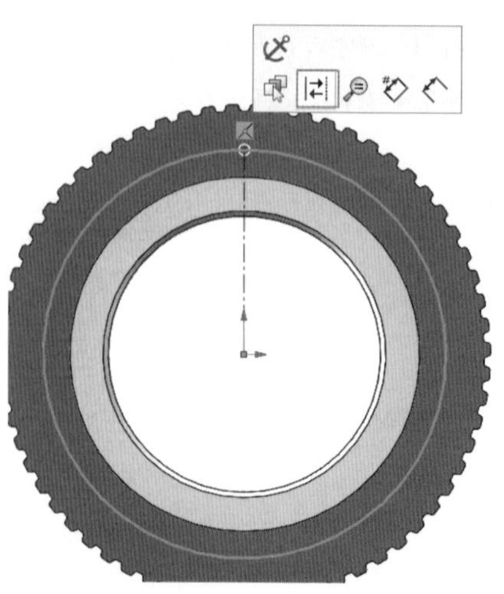

图 1-3-59 画构造几何线

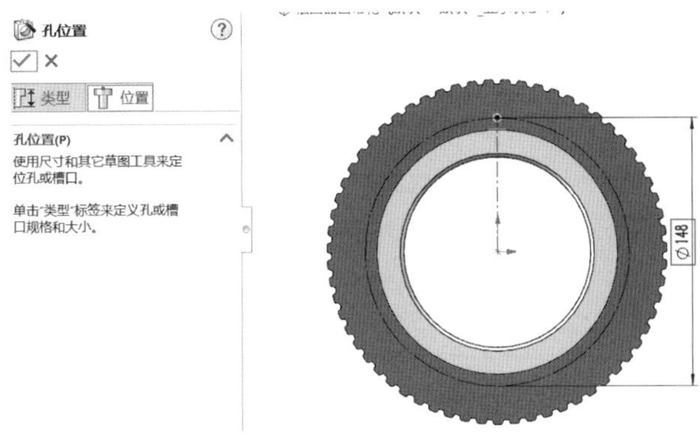

图 1-3-60　孔中心 Y 轴定位

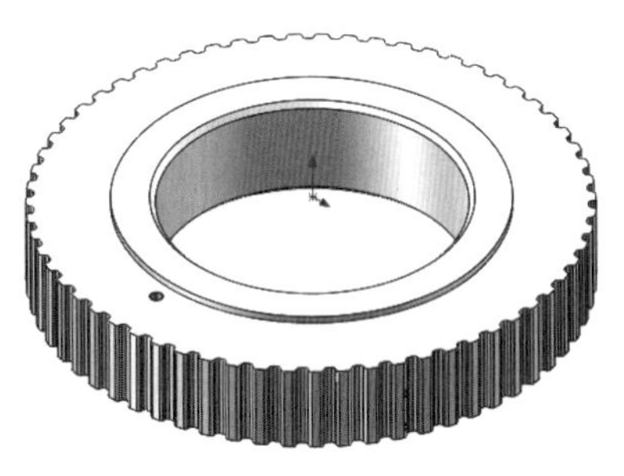

图 1-3-61　螺纹孔生成

步骤 9:创建 M5 螺纹孔的圆周阵列

在左边设计树中选择“M5 螺纹孔 1”,单击“特征”面板上“线性阵列”按钮下拉菜单中的“圆周阵列”按钮,在属性管理器的“方向 1”设置区的选项框中首先选择内孔圆柱面,再选中“等间距”单选按钮,“总角度”设置为“360.00 度”,实例数为 4,如图 1-3-62 所示,单击“确定”按钮,生成 4 个均布的 M5 螺纹孔,如图 1-3-63 所示。

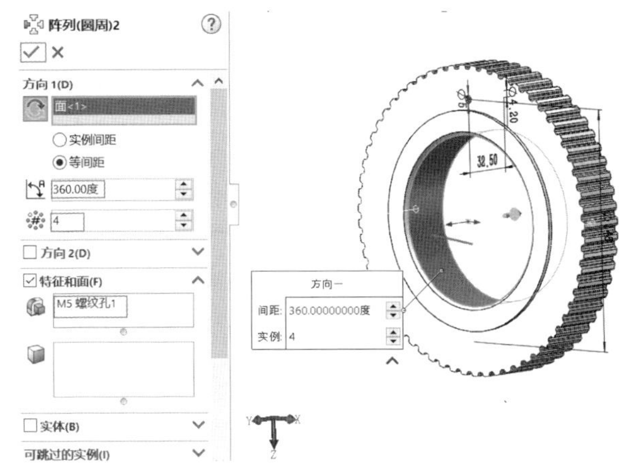

图 1-3-62　设置圆周阵列

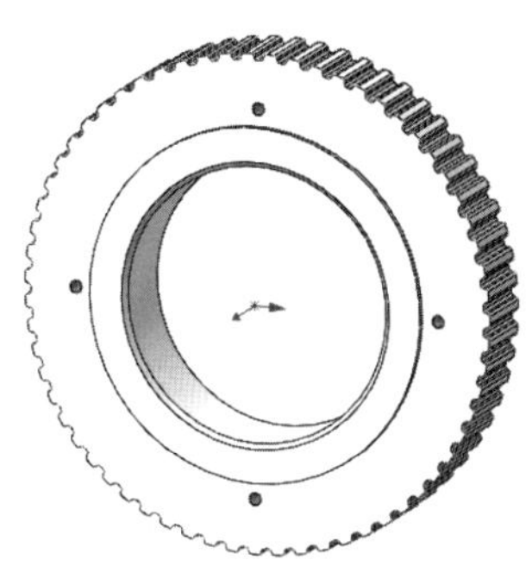

图 1-3-63　阵列结果

步骤 10:创建一个 M6 的螺纹孔

按照步骤 8 进行操作,将孔设置在带轮端面的凸台上,将孔规格大小选为 M6,孔位于 ϕ120 mm 圆的圆周上,与水平方向的孔夹角为 45°,如图 1-3-64 所示。

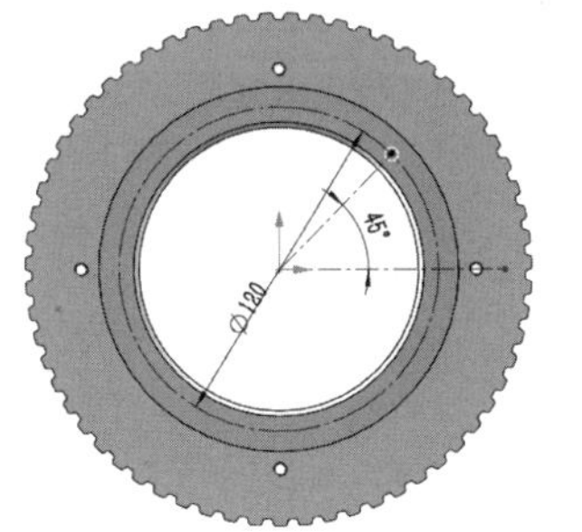

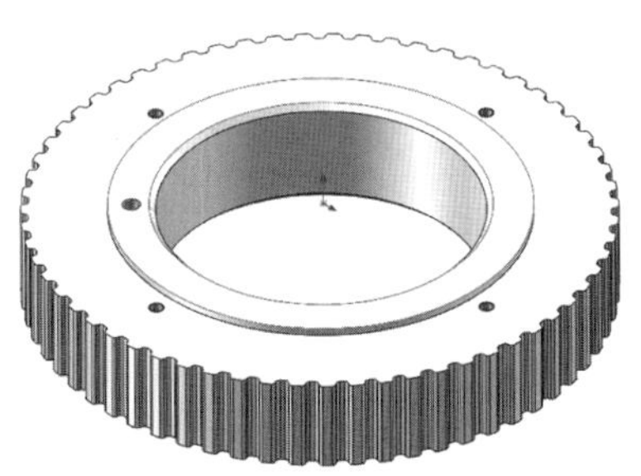

图 1-3-64　生成 M6 的螺纹孔

步骤 11:创建 M6 螺纹孔的圆周阵列

创建步骤参照步骤 9,阵列后的结果如图 1-3-65 所示。

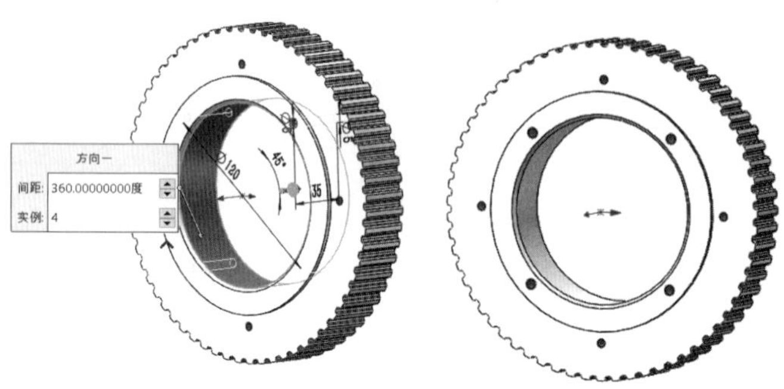

图 1-3-65 阵列 M6 的螺纹孔

步骤 12:创建键槽

在左侧设计树中选择"前视基准面",在弹出的快捷工具栏中单击"正视于"按钮,然后单击"草图"面板上的"草图绘制"按钮,在前视基准面上创建矩形,操作如下:单击"边角矩形"按钮,起点位于上端面的线上,终点位于下端面的线上。单击矩形上边,按住"Ctrl"键的同时单击坐标原点,将坐标原点设为线段中点,如图 1-3-66 所示。之后单击"智能尺寸",标注矩形的宽为 8 mm,如图 1-3-67 所示,单击"退出草图"按钮。

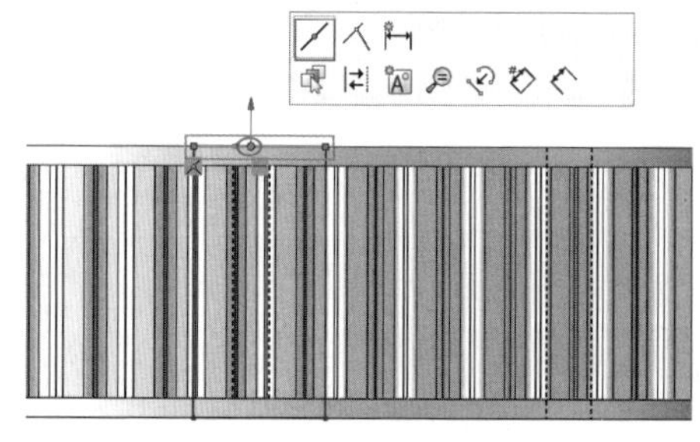

图 1-3-66 绘制矩形并添加约束

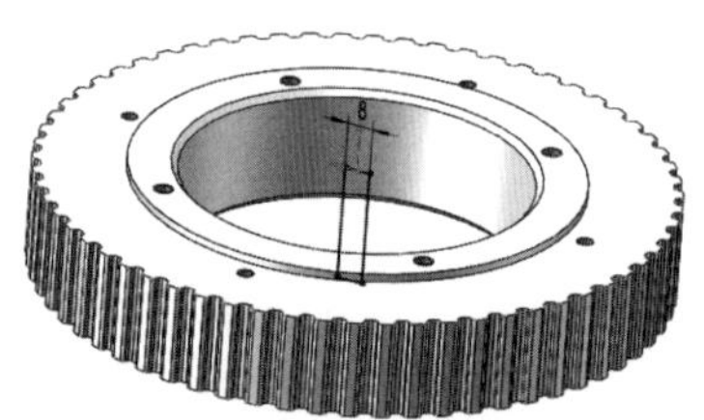

图 1-3-67 标注矩形尺寸

单击"特征"面板上的"拉伸切除"按钮,在"方向 1"选项区的选项框中选择"给定深度",深度设为 55.8 mm,如图 1-3-68 所示,单击"确定"按钮,拉伸切除特征即键槽特征生成,如图 1-3-69 所示。

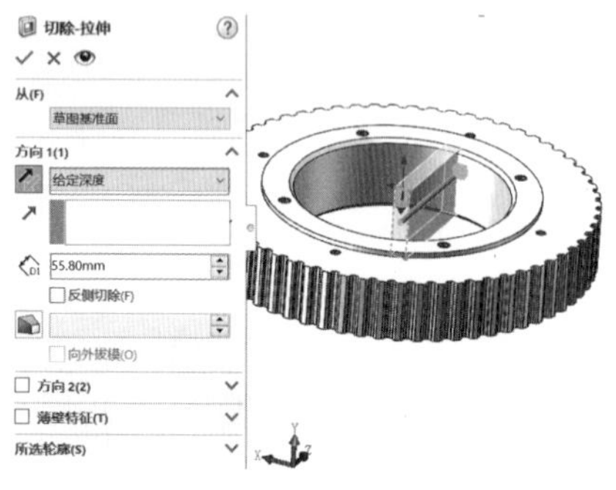

图 1-3-68 设置拉伸切除参数

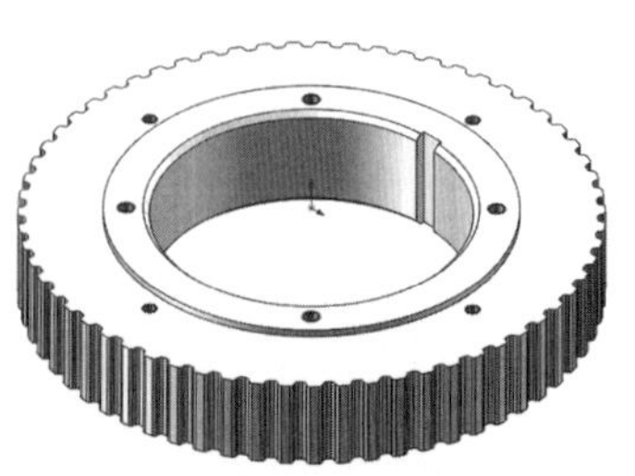

图 1-3-69 键槽特征生成

提示

在绘制键槽的草图时，为了显示更清楚，可以将“圆周阵列1”齿槽特征进行压缩。在左侧“设计树”中单击“阵列(圆周)1”，在弹出的快捷工具栏中选择“压缩”按钮，当完成操作后，再单击“解除压缩”按钮即可。

步骤 13：保存并关闭零件。

略。

拓展训练2

利用 SolidWorks 自带插件“Toolbox”生成齿轮，对于出图和用于运动模拟的用户，可以用简化的“渐开线”齿轮代替，这样不但可以缩短建模的时间，而且可以充分利用现有的计算机资源。在 SolidWorks 的“Toolbox”插件中就有齿轮模块。

下面就具体介绍一下这种方法，拓展“Toolbox”的重要功能。

步骤 1：“Toolbox”插件功能

首先选择菜单栏“工具”→“插件”命令，打开 Toolbox 插件(见设计库“插件”对话框)，如图 1-3-70 所示。单击“确定”按钮就可以在右边的任务窗格“设计库”选项卡中找到“Toolbox”功能模块，如图 1-3-71 所示。

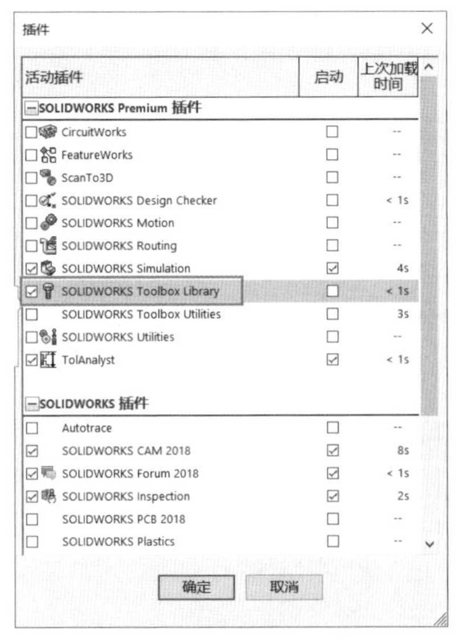

图 1-3-70　设计库“插件”对话框

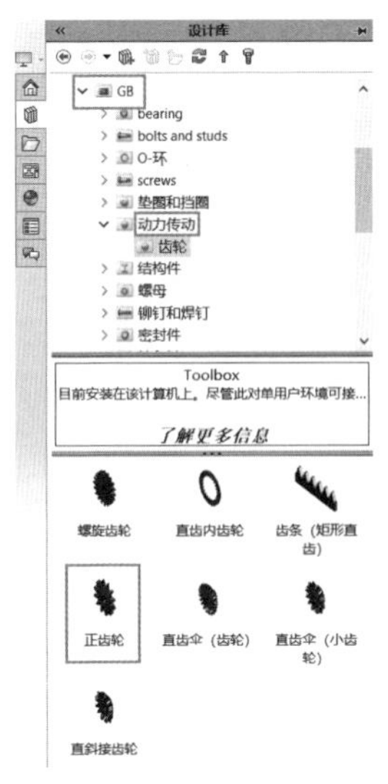

图 1-3-71　任务窗格的“设计库”选项卡

步骤 2：利用“Toolbox”功能创建齿轮齿部

下面就以“Toolbox”标准为例，介绍 Toolbox 中调用齿轮的方法。

在 Toolbox 的目录中选择“GB”→“动力传动”→“齿轮”选项，在这里系统已经给出了常用的齿轮结构，需要哪种结构的齿轮就可以生成哪种，如圆柱直齿轮，这里翻译成了“正齿轮”。进行具体参数设置后，齿轮的基本机构就创建完成了，如图 1-3-72 所示。

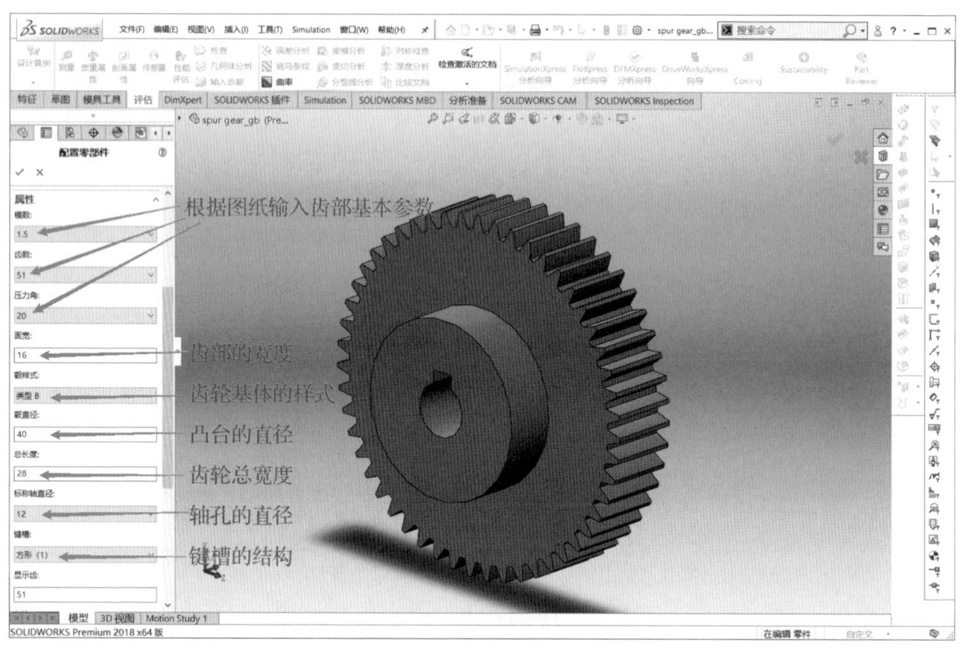

图 1-3-72 齿轮 Toolbox 设计主截面

步骤 3:创建齿轮其他特征

基于“Toolbox”创建的模型,修改键槽的尺寸,因为生成的尺寸不符合图纸要求。键槽的截面尺寸修改为 4 mm×13.8 mm。利用“异型孔向导”功能,基于创建的齿轮模型生成螺纹孔。利用“倒角”功能,基于创建的齿轮模型生成倒角($C1$ mm)。

步骤 4:完成创建齿轮

完成疏波器齿轮的建模设计,可以大大提高建模效率,如图 1-3-73 所示。

图 1-3-73 基于 Toolbox 创建齿轮

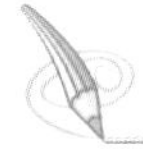

课后练习

利用本书资源中“1110-01-032 大链轮.SLDDRW”工程图进行实体建模。

任务四 传动类零件设计(计数蜗杆)

任务分析

如图 1-4-1 所示,计数蜗杆的外形主要由回转体组成,蜗杆轴面由凹圆弧齿廓包络而成,是由线段绕着轴线回转而成。在此设计案例中,需要用到“螺旋线”“扫描”“拉伸”“拉伸切除”“圆角”“倒角”“圆周阵列”等常用特征。下面就以计数蜗杆为例,讲解其制作过程。

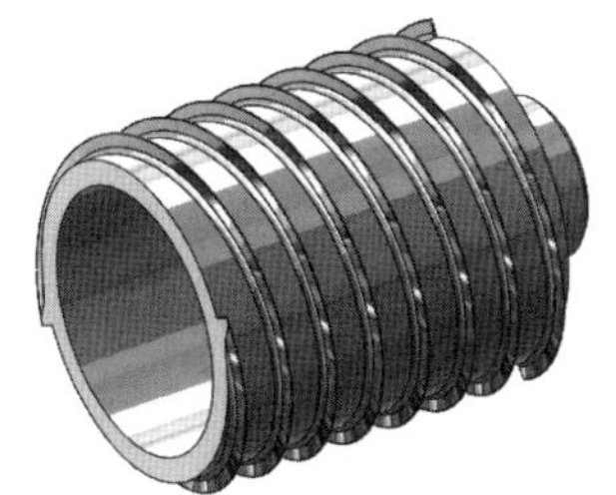

图 1-4-1 计数蜗杆

知识技能点

蜗杆传动由蜗杆和蜗轮组成,一般蜗杆为主动件。蜗杆是指具有一个或几个螺旋齿,并且与蜗轮啮合而组成交错轴齿轮副的齿轮。其分度曲面可以是圆柱面、圆锥面或圆环面。圆柱蜗杆传动是蜗杆分度曲面为圆柱面的蜗杆传动。其中常用的有阿基米德圆柱蜗杆传动和圆弧齿圆柱蜗杆传动。

圆弧齿圆柱蜗杆传动是一种蜗杆轴面(或法面)齿廓为凹圆弧和蜗轮齿廓为凸圆弧的蜗杆传动。在这种传动中,接触线与相对滑动速度之间的夹角较大,故易于形成润滑油膜,而且凸凹齿廓相啮合,接触线上齿廓当量曲率半径较大,接触应力较小,因而其承载能力和效率均较其他圆柱蜗杆传动高。

本任务以计数蜗杆为例,对圆弧齿圆柱蜗杆进行三维数字化设计,分别介绍了“螺旋线/涡状线”“扫描”“圆周阵列”等特征的使用。以下几个重要的知识技能点需要掌握:

➢ 螺旋线/涡状线:该功能是为绘制的圆添加螺旋线或涡状线。可在零件中生成螺旋线和涡状线曲线。此曲线可以被当成一个路径或引导曲线使用在扫描的特征上,或作为放样特征的引导曲线。

操作步骤：

- 在“特征”面板上单击“曲线”按钮下拉菜单中“螺旋线/涡状线”按钮。
- 从菜单栏中选择“插入”→“曲线”→“旋线/涡状线”命令。

➢ 扫描：该特征是通过沿着一条路径移动轮廓(截面)来生成基体、凸台、切除或曲面。

操作步骤：

- 在“特征”面板上单击“扫描”按钮。
- 从菜单栏中选择“插入”→“凸台/基体”→“扫描”命令。

➢ 圆周阵列：阵列是指按线性或圆周阵列复制所选的源特征。对于圆周阵列，先选择特征，再选择作为旋转中心的边线或轴，然后指定实例总数及实例的角度间距，或实例总数及生成阵列的总角度。

操作步骤：

- 在“特征”面板上单击“圆周阵列”按钮。
- 从菜单栏中选择“插入”→“阵列/镜像”→“圆周阵列”命令。

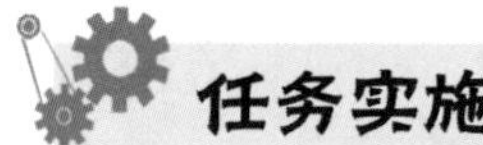

任务实施

步骤 1：新建一个计数蜗杆零件

传动类零件设计(计数蜗杆)

在 SolidWorks 软件菜单栏中选择“文件”→“新建”命令或单击标准工具栏上的“新建”按钮或使用快捷键“Ctrl+N”，新建一个 SolidWorks 文件。

单击标准工具栏上的“保存”按钮在“另存为”对话框中选择好存储路径后，将文件名改为“计数蜗杆”，之后单击“保存”按钮。

步骤 2：扫描生成蜗杆圆弧齿

(1)在左侧设计树中选择“前视基准面”，在弹出的快捷工具栏中单击“正视于”按钮，然后单击“草图”面板上的“草图绘制”按钮，这样就在上视基准面上创建了一张草图。过原点绘制一个 ϕ47.4 mm 的圆，如图 1-4-2 所示。单击图形区右上角的“退出草图”按钮，退出草绘模式。此时在左侧设计树中显示已完成的“草图 1”的名称。

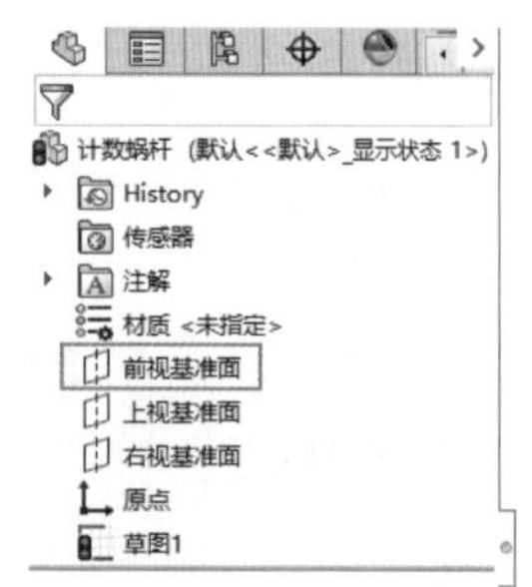

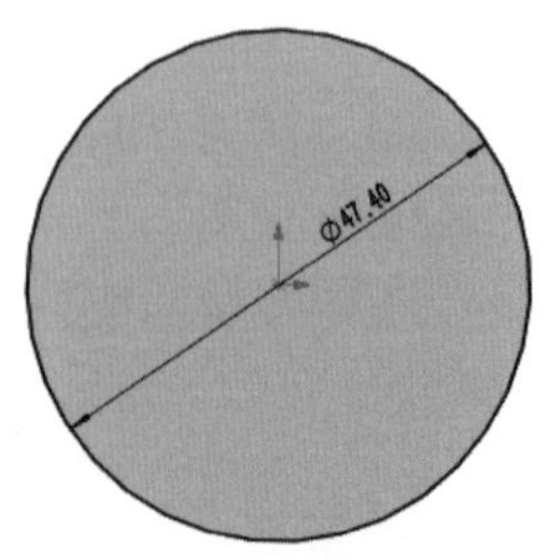

图 1-4-2 在前视基准面上创建草图 1

(2)单击“特征”面板上“曲线”按钮下拉菜单中的“螺旋线/涡状线”按钮，弹出“螺旋线/涡状线”属性管理器，参照图 1-4-3 所示设置参数，单击“确定”按钮，生成螺旋线，此螺旋线会作为扫描特征的“路径”。

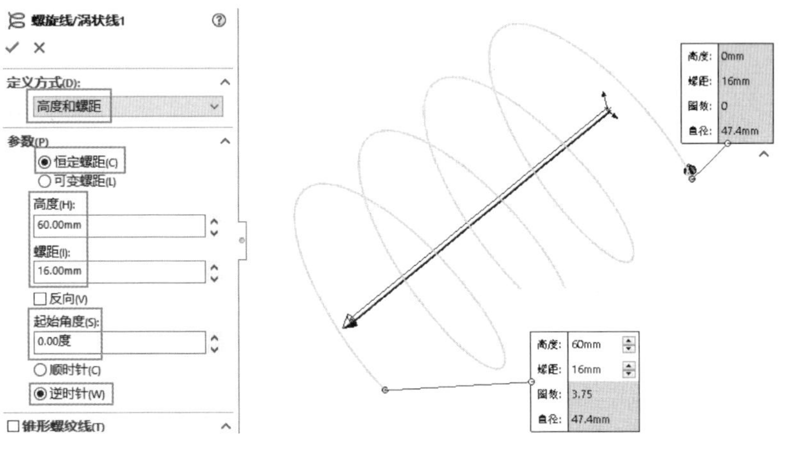

图 1-4-3　创建螺旋线

(3)在左侧设计树中选择“上视基准面”新建草图，绘制图 1-4-4 所示的草图 2。在为所有的直线与圆弧间添加几何关系“相切”后，草图仍显蓝色，说明草图为欠定义状态，没有完全约束。为中心线左端点和已创建的螺旋线添加几何关系“穿透”，如图 1-4-5 所示，此时草图的颜色显示为黑色，表明该草图为完全定义状态。单击图形区右上角的“退出草图”按钮，退出草绘模式。此时在左侧设计树中显示已完成的“草图 2”的名称。

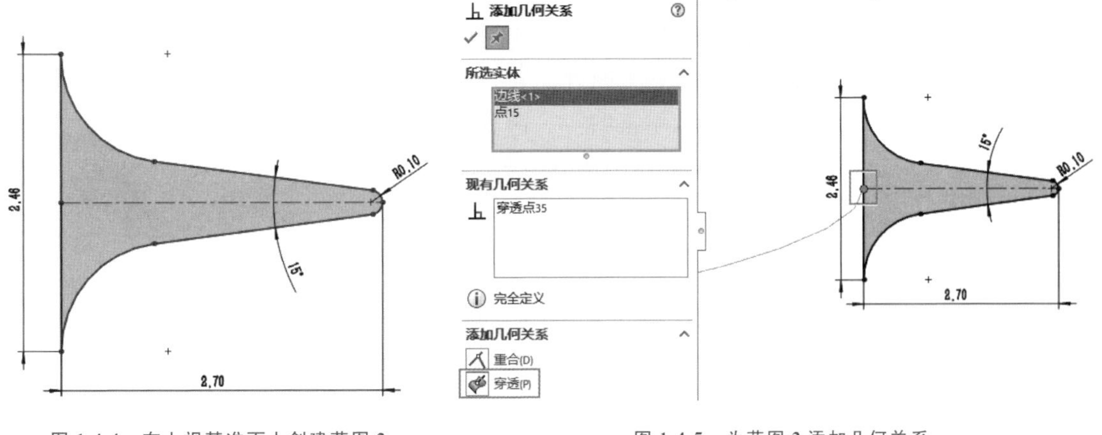

图 1-4-4　在上视基准面上创建草图 2　　　图 1-4-5　为草图 2 添加几何关系

提示

在使用“直线”命令时，可使鼠标再次触碰直线端点便可切换为“切线圆弧”命令。

(4)选择设计树中的“草图 2”,单击“特征”面板上的“扫描”按钮,出现如图 1-4-6 左侧所示的“扫描”属性管理器,选择已创建的螺旋线作为扫描路径,单击“确定”按钮,蜗杆圆弧齿创建完毕。此时在左侧设计树中显示已完成的“扫描 1”的名称。

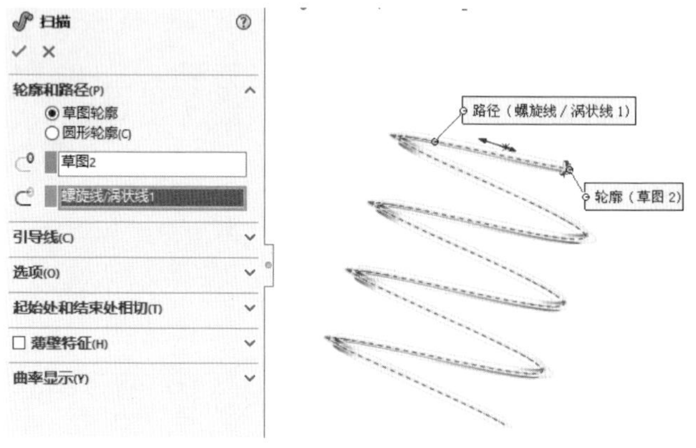

图 1-4-6　生成扫描实体

提示

扫描特征中草图截面必须是闭环的;路径可以为开环或闭环的,但路径的起点必须在草图截面的基准面上。路径可以是用户绘制的草图,也可以是模型上的直线或曲线。无论是截面、路径或所形成的实体,都不能出现自相交叉的情况。

步骤 3:拉伸生成蜗杆基体

(1)在设计树中单击“螺旋线/涡状线 1”,在弹出的快捷工具栏中单击“隐藏”按钮,将螺旋线隐藏。

(2)在设计树中单击“草图 1”,单击“特征”面板上的“拉伸凸台/基体”按钮,设置拉伸深度为 60 mm,创建如图 1-4-7 所示的实体。此时在左侧设计树中显示已完成的“凸台-拉伸 1”的名称。

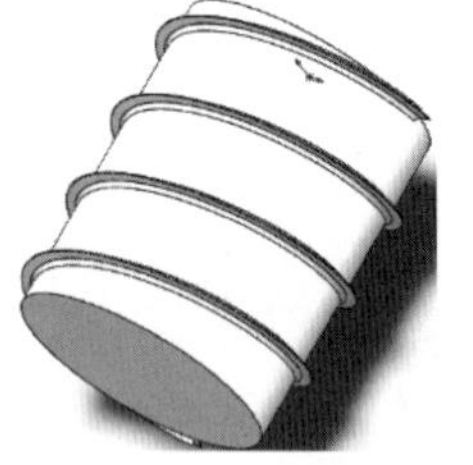

图 1-4-7　拉伸凸台实体

提示

一个草图可以被多个特征共享,注意共享草图图标与一般草图不同。

步骤 4:圆周阵列生成双头蜗杆实体

选择设计树中的“扫描 1”,单击“特征”面板上的“圆周阵列”按钮,出现“阵列(圆周)”属性管理器,选择蜗杆圆柱面作为阵列方向,如图 1-4-8 所示设置参数,单击“确定”按钮,生成双头蜗杆实体。此时在左侧设计树中显示已完成的“阵列(圆周)1”的名称。

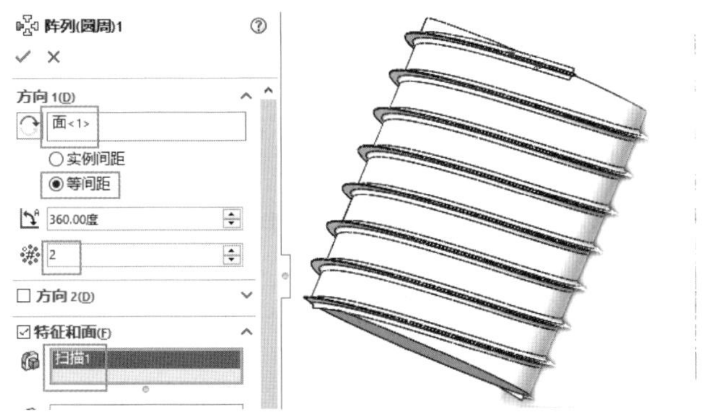

图 1-4-8　生成的圆周阵列实体

步骤 5:拉伸圆柱凸台

在端面上创建草图 3,过原点绘制 ϕ24 mm 的圆,利用“拉伸凸台/基体”特征创建直径为 24 mm、高度为 12 mm 的圆柱体,如图 1-4-9 所示。

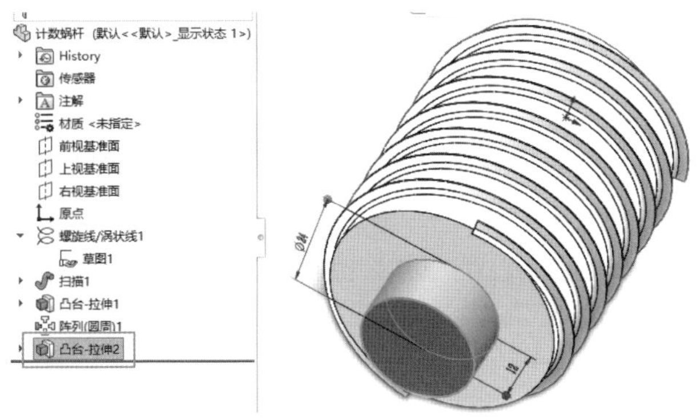

图 1-4-9　创建圆柱凸台

步骤 6:反向切除圆弧齿冗余部分

(1)在蜗杆主体端面上创建草图 4,单击“草图”面板上的“转换实体引用”按钮,出现“转换实体引用”属性管理器,单击激活“要转换的实体”选项框,在图形区依次选择圆柱体外轮廓边线,如图 1-4-10 所示。单击“确定”按钮,这时圆柱体外轮廓圆投影到端面生成草图。单击图形区右上角的“退出草图”按钮,退出草绘模式。此时在左侧设计树中显示已完成的“草图 4”的名称。

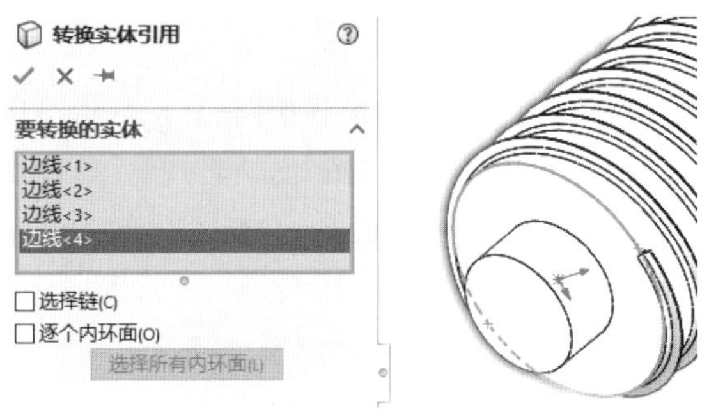

图 1-4-10　“转换实体引用”属性管理器

（2）选择设计树中的“草图 4”，单击“特征”面板上的“拉伸切除”按钮，出现“切除-拉伸”属性管理器，设置如图 1-4-11 所示，设置完毕后单击“确定”按钮，切除实体特征生成。

（3）使用相同的方法切除蜗杆另一侧冗余圆弧齿，如图 1-4-12 所示。

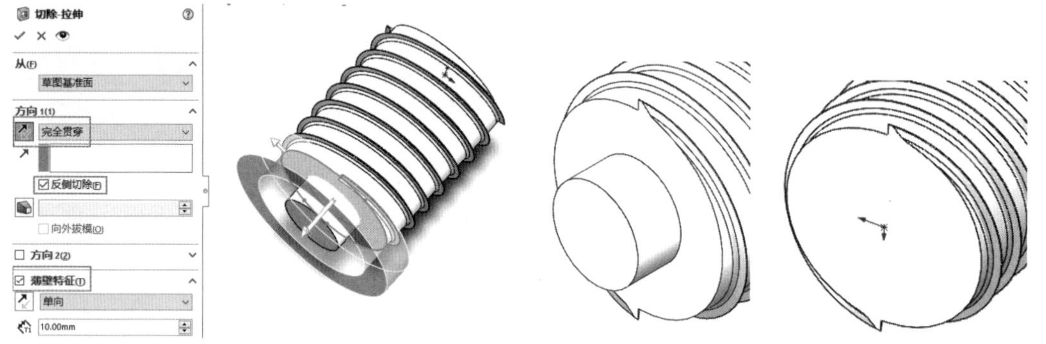

图 1-4-11 “切除-拉伸”属性管理器设置(1)　　图 1-4-12 切除冗余圆弧齿

步骤 7：拉伸切除生成孔

（1）选择 ϕ24 mm 圆柱端面，单击“拉伸切除”按钮，在“草图 6”中过原点绘制一个 ϕ13H6 的圆，单击图形区右上角的“退出草图”按钮，退出草绘模式。弹出“切除-拉伸”属性管理器，设置如图 1-4-13 所示，设置完毕后单击“确定”按钮，切除实体特征生成。

（2）使用相同的方法在蜗杆另一侧拉伸切除生成直径 40 mm、深度 56.5 mm 的孔，切除效果的剖视图如图 1-4-14 所示。

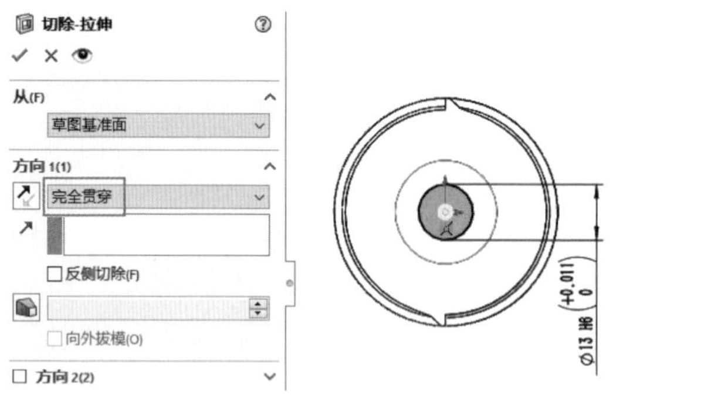

图 1-4-13 切除生成 ϕ13H6 的通孔

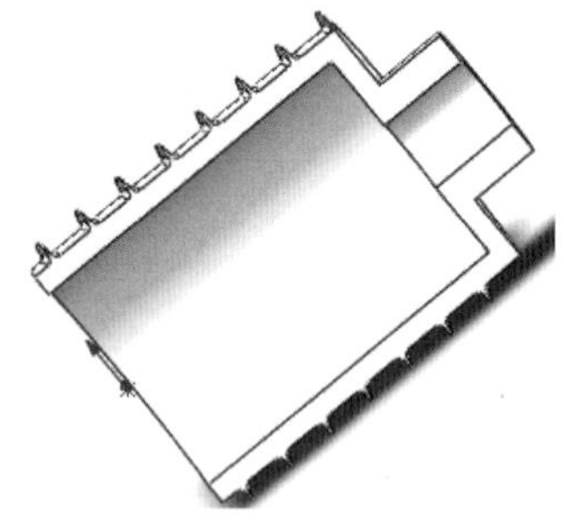

图 1-4-14 切除生成孔特征

步骤 8：创建键槽

（1）单击“视图变换”快捷工具栏中的“剖面视图”按钮（也可以选择菜单栏“视图”→“显示”→“剖面视图”命令），在弹出的“剖面视图”属性管理器中，如图 1-4-15 所示选择上视基准面，单击“确定”按钮，视图区出现蜗杆的剖面视图。

（2）在上视基准面上创建草图 8，如图 1-4-16 所示。单击图形区右上角的“退出草图”按钮，退出草绘模式。再次单击“剖面视图”按钮，恢复视图。

（3）选择设计树中的“草图 8”，单击“特征”面板上的“拉伸切除”按钮，出现“切除-拉伸”属性管理器，设置如图 1-4-17 所示，设置完毕后单击“确定”按钮，通过切除创建键槽。

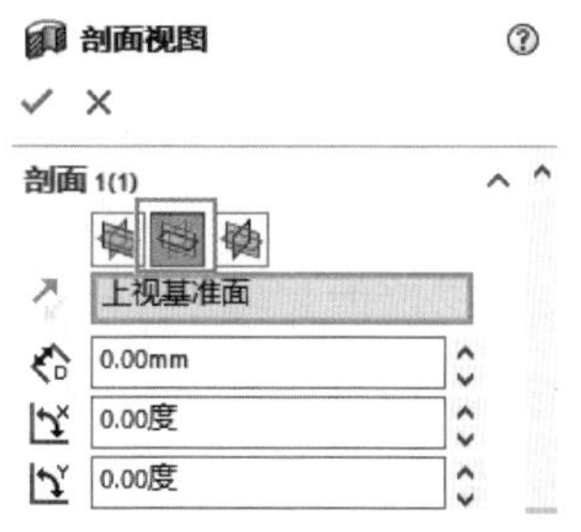

图 1-4-15　“剖面视图”属性管理器

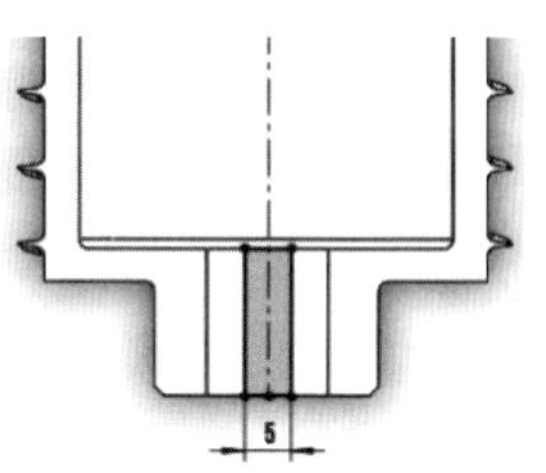

图 1-4-16　草图 8

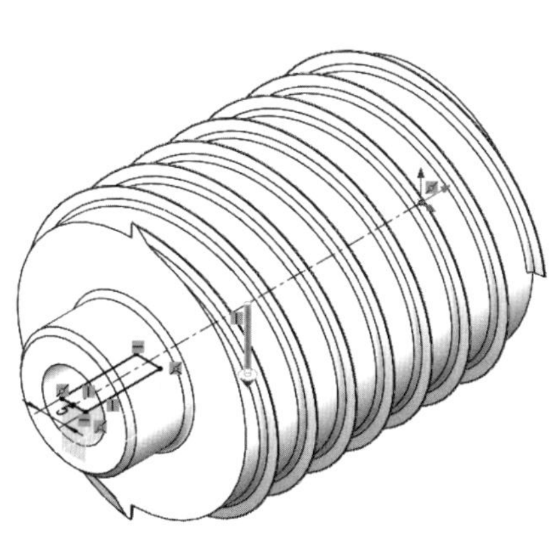

图 1-4-17　“切除-拉伸”属性管理器设置(2)

步骤 9:创建倒角与圆角

(1)使用“倒角”特征,为 ϕ24 mm 圆柱创建 C1 mm 倒角,为 ϕ13 mm 的圆孔创建 C0.3 mm 倒角,如图 1-4-18 所示。

(2)使用“圆角”特征,在如图 1-4-19 所示的两处位置分别创建 R1 mm 的圆角。

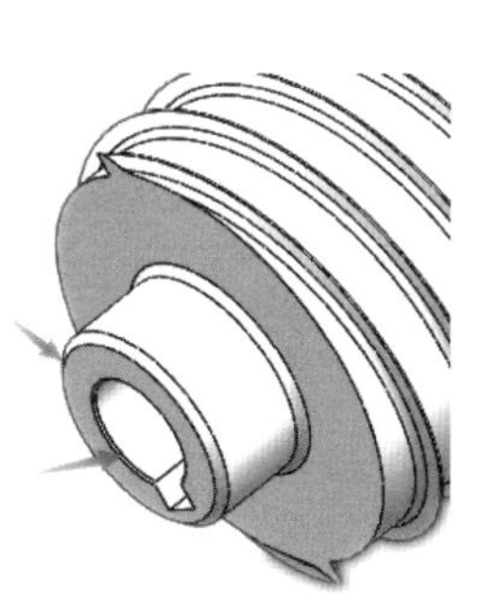

图 1-4-18　创建倒角特征

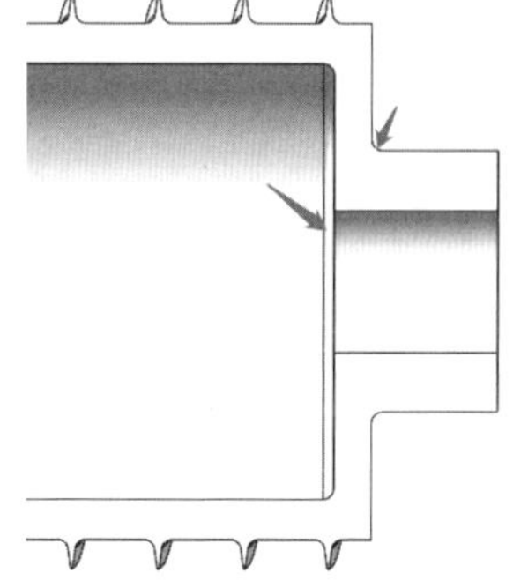

图 1-4-19　创建圆角特征

为显示清楚,上图使用了剖面视图,实际建模过程中并不需要。

步骤 10:圆周阵列 ϕ5 mm 通孔

(1)在蜗杆主体端面上创建草图 9,如图 1-4-20 所示绘制草图。绘制完成后单击图形区右上角的“退出草图”按钮,退出草绘模式。

(2)选择设计树中的“草图 9”,单击“特征”面板上的“拉伸切除”按钮,出现“切除-拉伸”属性管理器,设置为“完全贯穿”,单击“确定”按钮,切除结果如图 1-4-21 所示。此时在左侧设计树中显示已完成的“切除-拉伸 4”的名称。

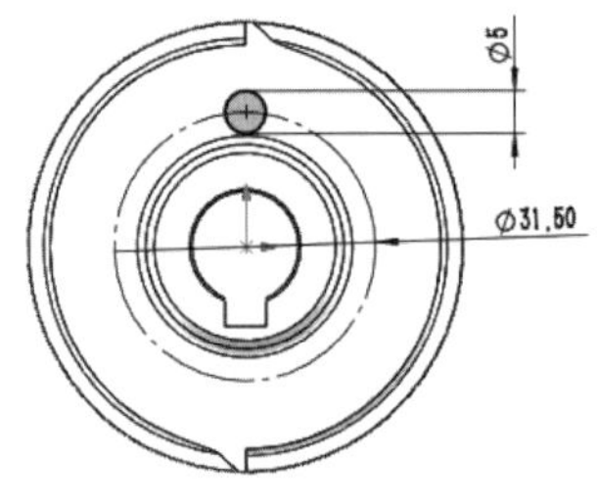

图 1-4-20 草图 9

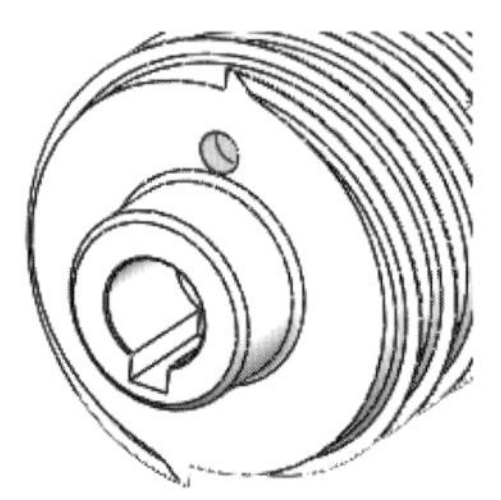

图 1-4-21 拉伸切除 ϕ5 mm 通孔

(3)选择设计树中的“切除-拉伸 4”,单击“特征”面板上的“圆周阵列”按钮,出现“阵列(圆周)”属性管理器,如图 1-4-22 所示设置参数,单击“确定”按钮,完成圆周阵列的创建,如图 1-4-23 所示。

图 1-4-22 “阵列(圆周)”属性管理器

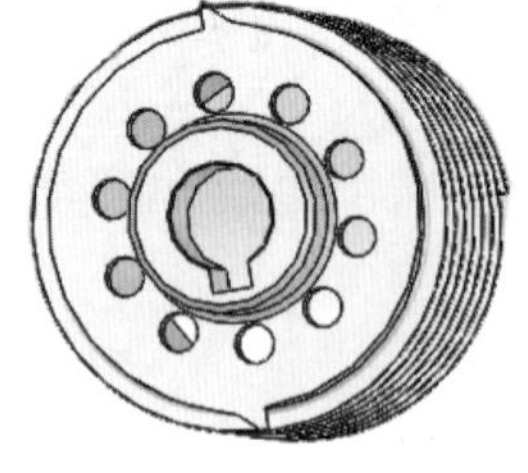

图 1-4-23 创建圆周阵列特征

至此,计数蜗杆的建模步骤全部完成。

任务小结

通过计数蜗杆设计任务的学习,学生能够掌握使用 3D 螺旋线创建扫描路径的方法,并掌握以下能力:

(1)“螺旋线/涡状线”的创建。

(2)“扫描”“圆周阵列”等常用实体造型特征的使用。

拓展训练

绘制图 1-4-24 所示的测速盘。

分析：在这个例子中，将回顾并拓展“旋转凸台/基体”“异形孔向导”“圆周阵列”“倒角”等特征的使用。

步骤 1：旋转生成轴的基体

在“前视基准面”上创建“草图 1”，如图 1-4-25 所示。退出草图后使用“旋转凸台/基体”特征，将“草图 1”创建为一个回转体，如图 1-4-26 所示。

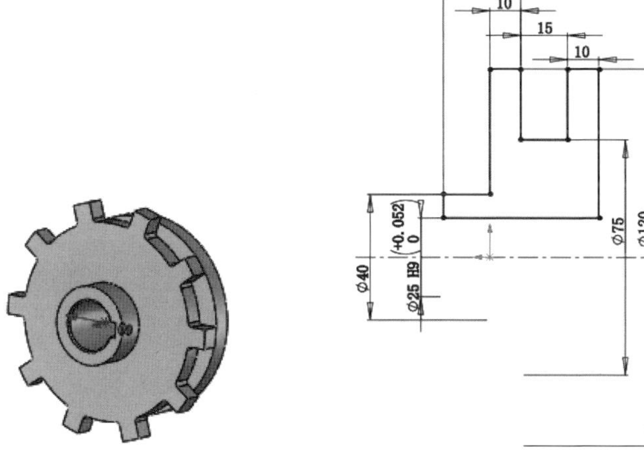

图 1-4-24　测速盘　　图 1-4-25　草图 1　　图 1-4-26　创建的旋转特征

步骤 2：拉伸切除生成键槽

在测速盘的上端面上创建“草图 2”，如图 1-4-27 所示。退出草图后使用“拉伸切除”特征设置为“完全贯通”，创建键槽，如图 1-4-28 所示。

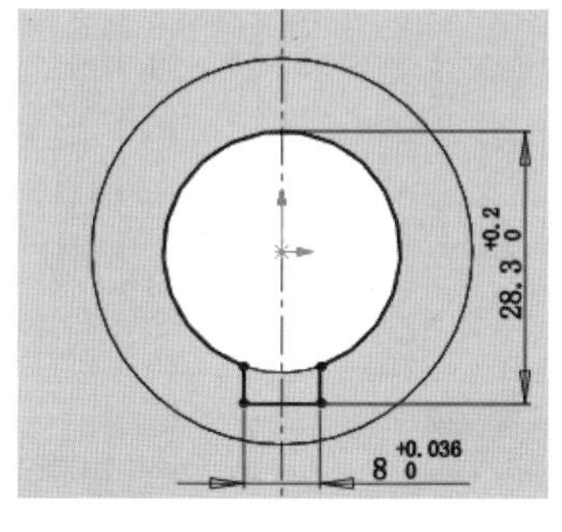

图 1-4-27　草图 2

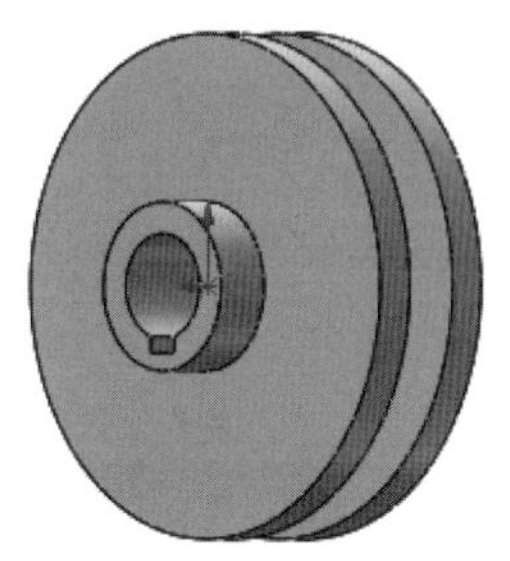

图 1-4-28　创建的键槽

步骤 3：拉伸切除生成凹槽

在测速盘的下端面上创建“草图 3”，如图 1-4-29 所示。退出草图后使用“拉伸切除”特征，设置为“完全贯穿”，创建一个凹槽，如图 1-4-30 所示。

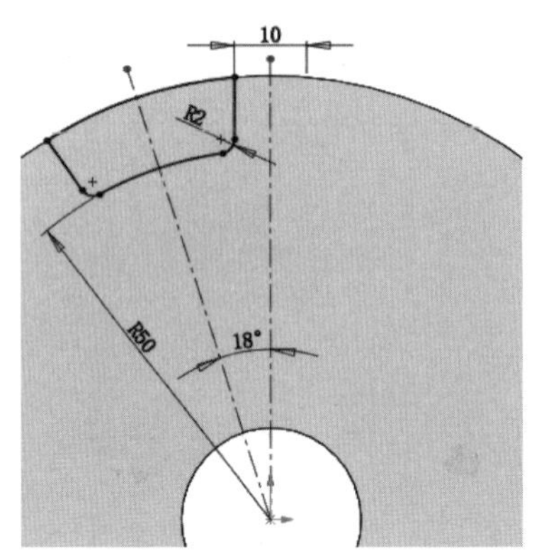

图 1-4-29　草图 3

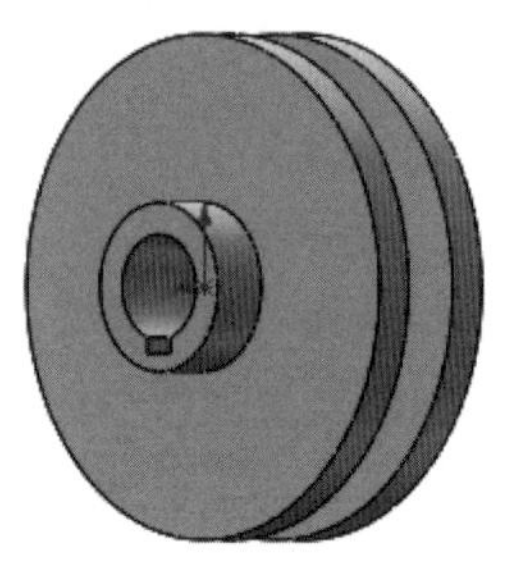

图 1-4-30　创建的凹槽

步骤 4:圆周阵列创建测速盘基体

使用“圆周阵列”特征，将步骤 3 等间距阵列 10 个，形成测速盘基体，如图 1-4-31 所示。

步骤 5:创建螺纹孔

在测速盘的“前视基准面”上，使用“异形孔向导”特征创建一个 M6 螺纹孔（国标），螺纹孔的位置如图 1-4-32 所示，生成的螺纹孔如图 1-4-33 所示。

图 1-4-31　测速盘基体

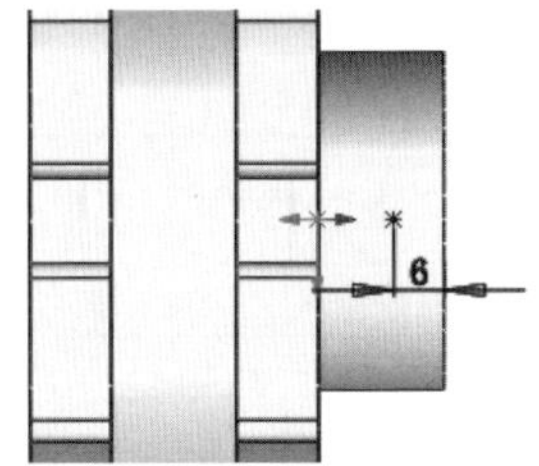

图 1-4-32　螺纹孔的位置

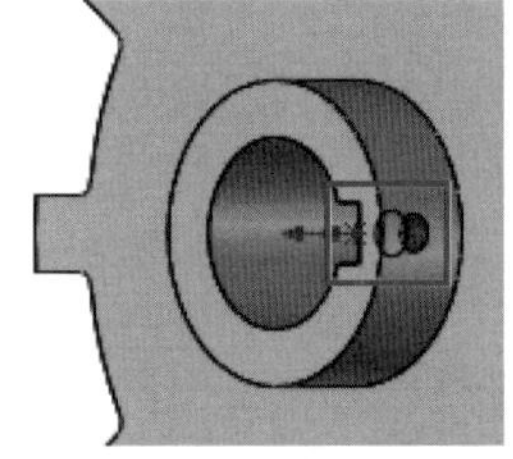

图 1-4-33　生成的螺纹孔

步骤 6:拉伸切除下端面拔齿

在测速盘的下端面创建“草图 6”，过坐标原点绘制一个圆，与拔齿根部的边线圆弧添加“全等”几何关系。退出草图后使用“拉伸切除”特征，设置如图 1-4-34 所示，反向切除下端面上的拔齿，生成的切除特征如图 1-4-35 所示。

步骤 7:倒角

使用“倒角”特征，为 ϕ25 mm 孔的两端边线创建 $C1$ mm 倒角，如图 1-4-36 所示。

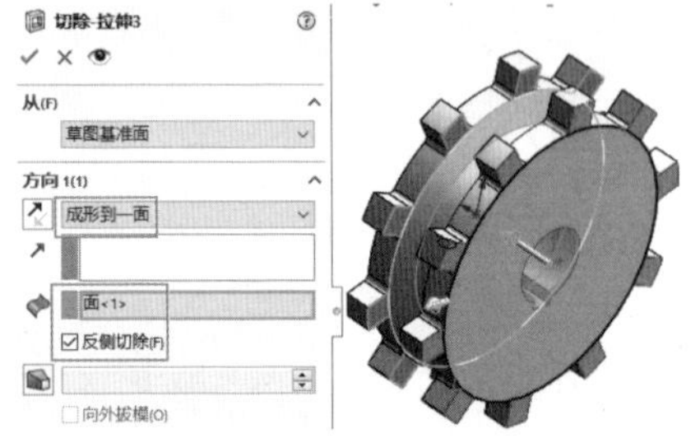

图 1-4-34　拉伸切除下端面拔齿

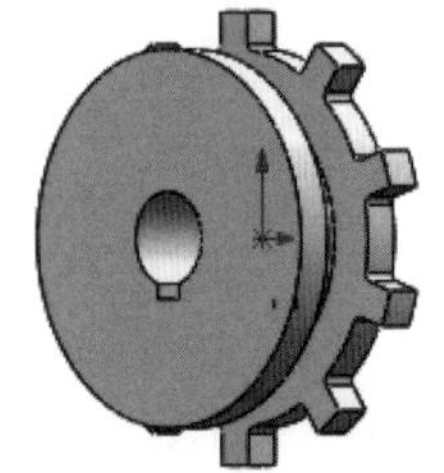

图 1-4-35　生成的切除特征

图 1-4-36　创建的 C1 mm 倒角

至此，完成了测速盘的全部建模步骤。

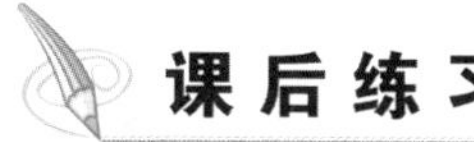

课后练习

利用本书资源中“1110-01-005 螺杆.SLDDRW”工程图进行实体建模。

任务五　外购类零件设计(松圈器手轮)

任务分析

如图 1-5-1 所示,松圈器手轮的外形主要由轮毂、轮辐、轮缘三部分构成。在此设计案例中,需要用到“旋转”“放样”“拉伸”“拉伸切除”“圆角”“倒角”“圆周阵列”等常用特征。下面就以松圈器手轮为例,讲解其制作过程。

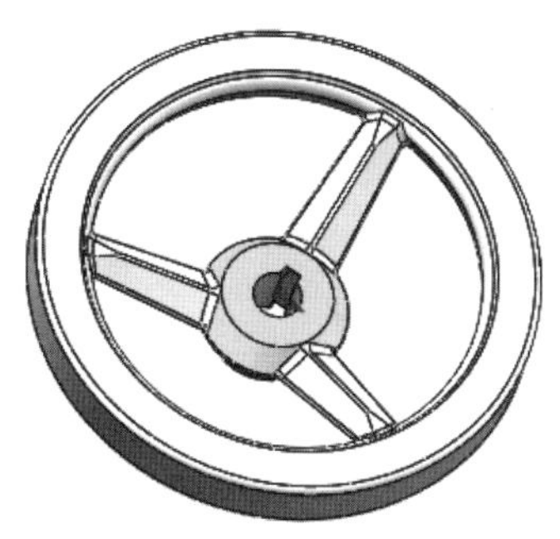

图 1-5-1　松圈器手轮

知识技能点

松圈器手轮是机器上常见的用手直接操作的轮盘类零件。它由轮毂、轮辐、轮缘三部分构成,轮毂的内孔与轴配合,连接方式一般为键连接,也可用销连接。轮辐为等分放射状排列的杆件,截面常为椭圆形、菱形等。轮缘为复杂截面绕轮轴旋转形成的环状结构。

本任务将以松圈器手轮为例进行三维数字化设计,分别介绍了“基准面”“放样凸台/基体”“多实体造型”等特征的使用,并且掌握多实体造型技术。以下几个重要的知识技能点需要掌握:

➢ 基准面:基准面是建模的辅助平面,可用于绘制草图,生成模型的剖面视图,也可作为尺寸标注的参考以及拔模特征中的中性面等。除了使用 SolidWorks 向用户提供的 3 个基准面来绘制草图,生成各种特征外,还有一些特殊的特征需要在更多不同的基准面上创建草图,这就需要创建基准面。

操作步骤：

- 在“特征”面板“参考几何体”按钮下拉菜单中单击“基准面”按钮。
- 从菜单栏中选择“插入”→“参考几何体”→“基准面”命令。

➢ 放样凸台/基体：此特征通过在轮廓之间进行过渡生成特征。放样可以是基体、凸台、切除或曲面。可以使用两个或多个轮廓生成放样。仅第一个或最后一个轮廓可以是点，也可以这两个轮廓均为点。单一 3D 草图中可以包括所有草图实体(包括引导线和轮廓)。

操作步骤：

- 在“特征”面板上单击“放样凸台/基体”按钮。
- 从菜单栏中选择“插入”→“凸台/基体”→“放样”命令。

➢ 多实体造型：零件文件可包含多个实体。当一个单独的零件文件中包含多个连续实体时就形成多实体。大多数情况下，多实体建模技术用于设计包含具有一定距离的特征的零件。在这种情况下，可以单独对零件的每一个分离的特征进行建模，分别形成实体，最后通过合并或连接形成单一的零件。

任务实施

外购类零件设计
(松圈器手轮)

步骤 1：新建一个计数蜗杆零件

在菜单栏中选择“文件”→“新建”命令或单击标准工具栏上的“新建”按钮或使用快捷键“Ctrl＋N”，新建一个 SolidWorks 文件。

单击标准工具栏上的“保存”按钮，在“另存为”对话框中选择好存储路径后，将文件名改为“松圈器手轮”，之后单击“保存”按钮。

步骤 2：旋转生成轮毂

(1)在左侧设计树中选择“前视基准面”，创建图 1-5-2 所示的草图 1。单击图形区右上角的“退出草图”按钮，退出草绘模式。此时在左侧设计树中显示已完成的“草图 1”的名称。

(2)选择设计树中的“草图 1”，单击“特征”面板上的“旋转凸台/基体”按钮，单击“确定”按钮创建轮毂实体，如图 1-5-3 所示。此时在左侧设计树中显示已完成的“旋转 1”的名称。

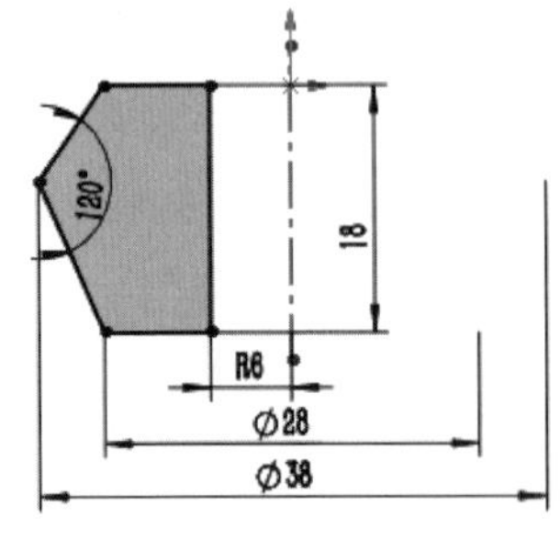

图 1-5-2　草图 1(1)

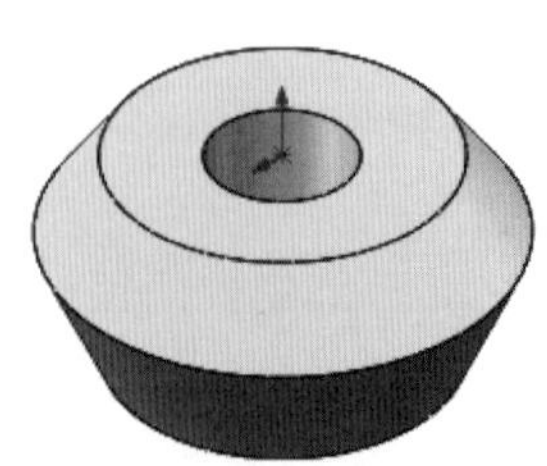
图 1-5-3　创建的轮毂实体

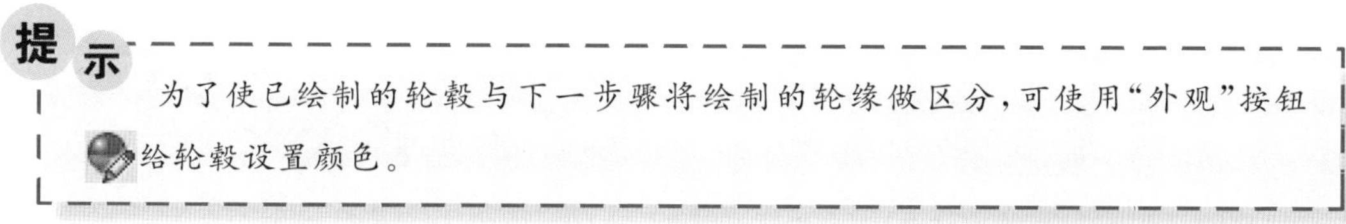

提示

为了使已绘制的轮毂与下一步骤将绘制的轮缘做区分，可使用“外观”按钮给轮毂设置颜色。

步骤 3：旋转生成轮缘

（1）在左侧设计树中选择“前视基准面”，创建图 1-5-4 所示的草图 2。单击图形区右上角的“退出草图”按钮，退出草绘模式。此时在左侧设计树中显示已完成的“草图 2”的名称。

（2）选择设计树中的“草图 2”，单击“特征”面板上的“旋转凸台/基体”按钮，单击“确定”按钮创建轮缘实体，如图 1-5-5 所示。此时在左侧设计树中显示已完成的“旋转 2”的名称。

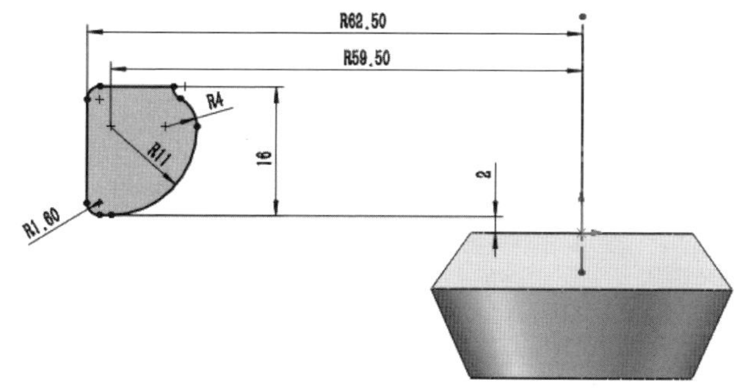

图 1-5-4　草图 2(1)

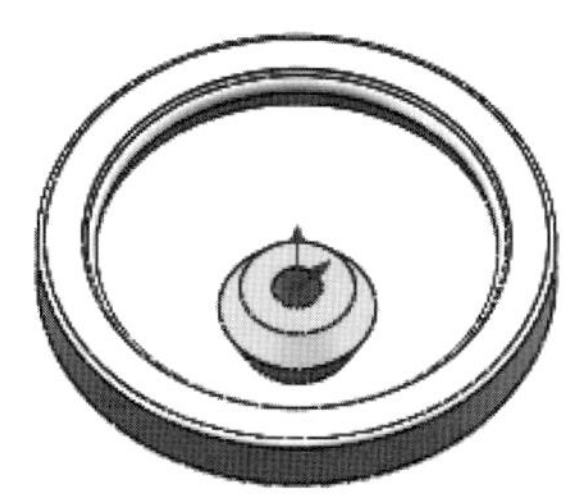

图 1-5-5　创建的轮缘实体

提示

一个零件含有多于一个实体即多实体。在特征互相分开时，采用多实体是设计零件最有效的方法。

步骤 4：放样生成轮辐

（1）在左侧设计树中选择“右视基准面”，创建图 1-5-6 所示的草图 3。单击图形区右上角的“退出草图”按钮，退出草绘模式。此时在左侧设计树中显示已完成的“草图 3”的名称。

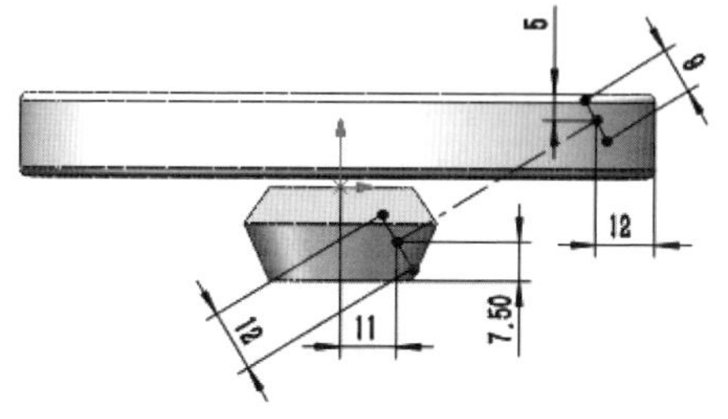

图 1-5-6　草图 3(1)

（2）在左侧设计树中选择“右视基准面”，创建图 1-5-7 所示的草图 4，单击图形区右上角的“退出草图”按钮，退出草绘模式。此时在左侧设计树中显示已完成的“草图 4”的名称。

（3）在左侧设计树中选择“右视基准面”，创建图 1-5-8 所示的草图 5，单击图形区右上角的“退出草图”按钮，退出草绘模式。此时在左侧设计树中显示已完成的“草图 5”的名称。

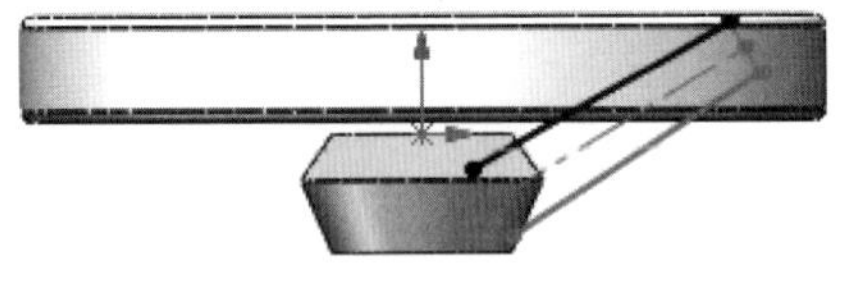

图 1-5-7 草图 4(1)

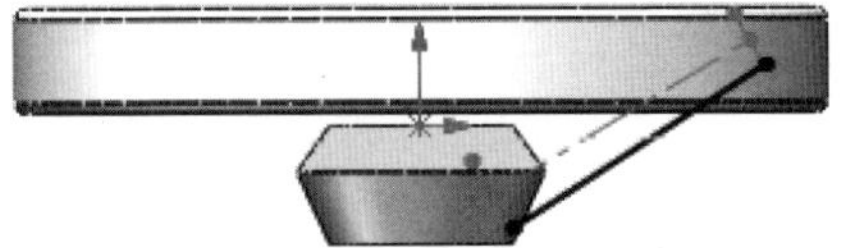

图 1-5-8 草图 5

(4)单击“参考几何体”按钮下拉菜单中的“基准面”按钮，出现“基准面”属性管理器，设置如图 1-5-9 所示，单击“确定”按钮构建一个与“草图 3”中左下角直线重合，与中心线垂直的基准面，此时在左侧设计树中显示已完成的“基准面 1”的名称。

(5)在左侧设计树中选择“基准面 1”，创建图 1-5-10 所示的草图 6。单击图形区右上角的“退出草图”按钮，退出草绘模式。此时在左侧设计树中显示已完成的“草图 6”的名称。

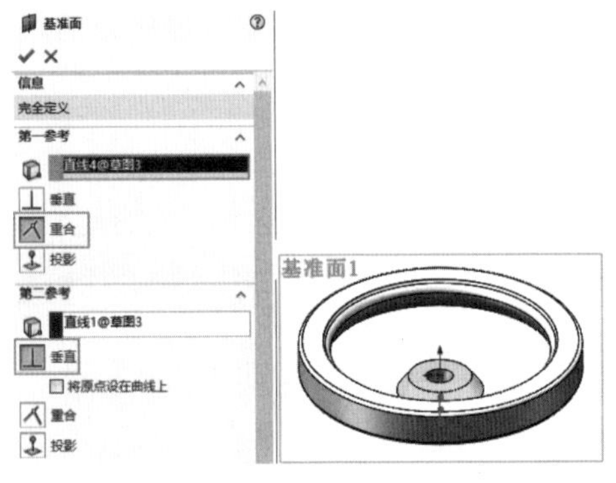

图 1-5-9 “基准面”属性管理器设置(1)

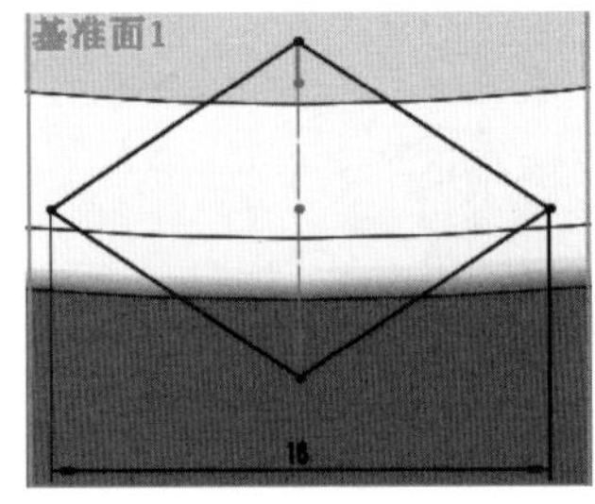

图 1-5-10 草图 6(2)

(6)单击“参考几何体”按钮下拉菜单中的“基准面”按钮，出现“基准面”属性管理器，设置如图 1-5-11 所示，单击“确定”按钮构建一个与“草图 3”中右上角直线重合，与基准面 1 平行的基准面，此时在左侧设计树中显示已完成的“基准面 2”的名称。

(7)在左侧设计树中选择“基准面 1”，单击“隐藏”按钮将其隐藏，在设计树中选择“草图 6”，单击“隐藏”按钮将其隐藏。

(8)在左侧设计树中选择“基准面 2”，创建图 1-5-12 所示的草图 7。单击图形区右上角的“退出草图”按钮，退出草绘模式。此时在左侧设计树中显示已完成的“草图 7”的名称。

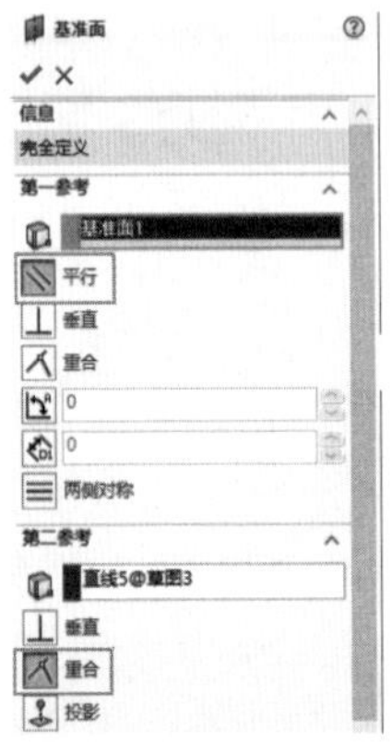

图 1-5-11 “基准面”属性管理器设置(2)

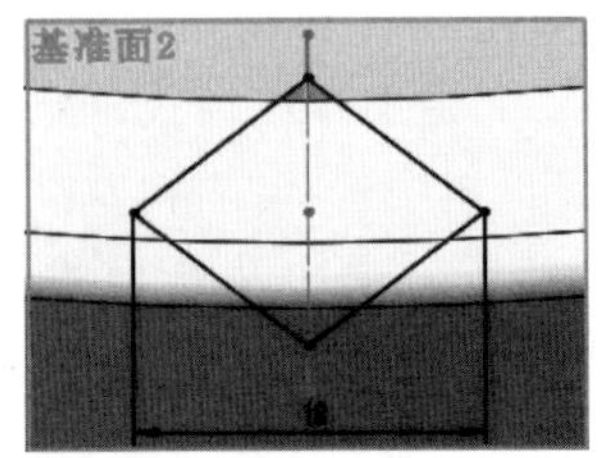

图 1-5-12 草图 7(1)

(9)单击“特征”面板上的“放样凸台/基体”按钮，出现“放样”属性管理器，设置如图 1-5-13 所示，单击“确定”按钮，完成放样，生成一根轮辐，如图 1-5-14 所示。

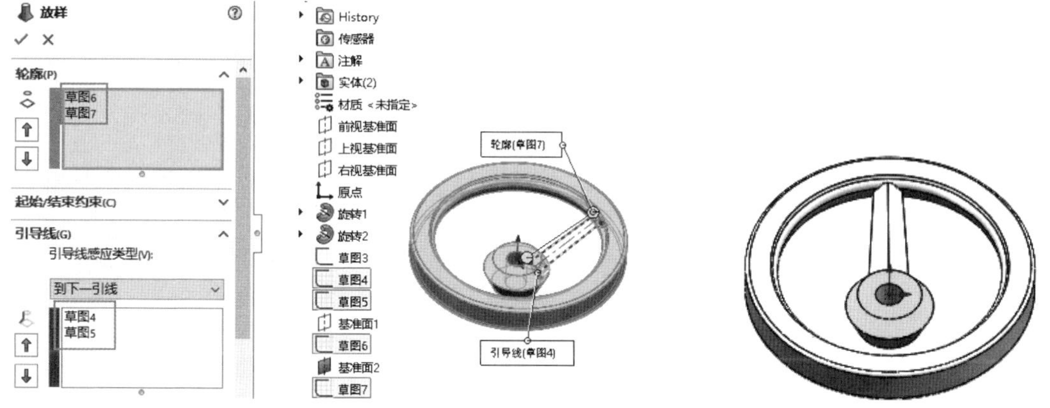

图 1-5-13　“放样”属性管理器设置　　图 1-5-14　完成放样

(10)单击“参考几何体”按钮下拉菜单中的“点”按钮，出现“点”属性管理器，设置如图 1-5-15 所示，单击“确定”按钮，构建一个“草图 3”中右上角直线同轮辐与轮缘的交线相交叉的点，此时在左侧设计树中显示已完成的“点 1”的名称。

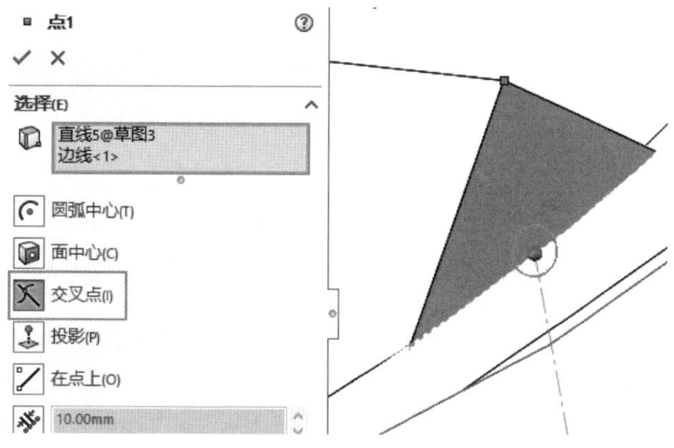

图 1-5-15　“点”属性管理器设置

(11)在左侧设计树中选择“右视基准面”，创建图 1-5-16 所示的草图 8。使用“中心线”工具将坐标原点与“点 1”连接，单击图形区右上角的“退出草图”按钮，退出草绘模式。此时在左侧设计树中显示已完成的“草图 8”的名称。

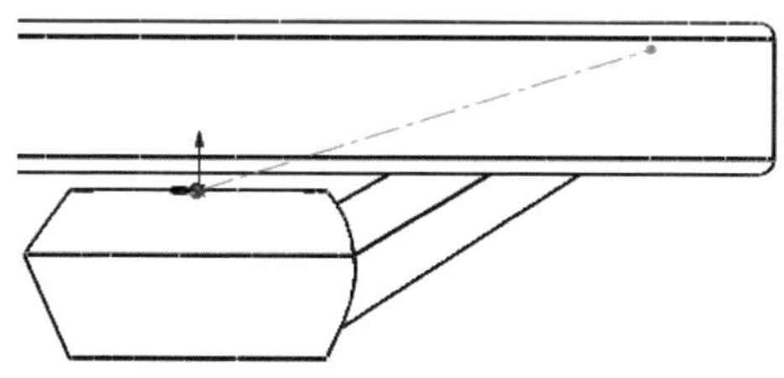

图 1-5-16　草图 8

提示

此处为了清晰显示草图 8,使用“视图”工具栏中的“线架图”按钮显示手轮轮廓,在建模中可以不更改视图。

(12)单击“参考几何体”按钮下拉菜单中的“基准面”按钮,出现“基准面”属性管理器,设置如图 1-5-17 所示,单击“确定”按钮构建一个与“草图 8”中直线重合,与右视基准面垂直的基准面,此时在左侧设计树中显示已完成的“基准面 3”的名称。

(13)在左侧设计树中选择“基准面 3”,创建图 1-5-18 所示的草图 9。单击图形区右上角的“退出草图”按钮,退出草绘模式。此时在左侧设计树中显示已完成的“草图 9”的名称。

(14)选择设计树中的“草图 9”,单击“特征”面板上的“拉伸切除”按钮,出现“切除-拉伸”属性管理器,设置为“完全贯穿”,单击“确定”按钮,生成拉伸切除特征,如图 1-5-19 所示。

图 1-5-17 “基准面”属性管理器设置(3)

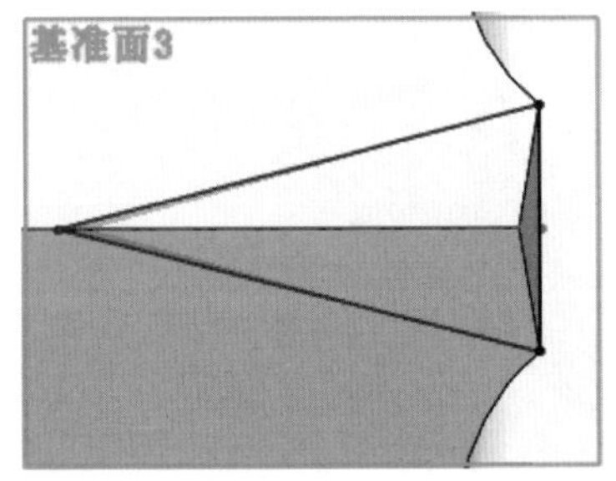

图 1-5-18 草图 9

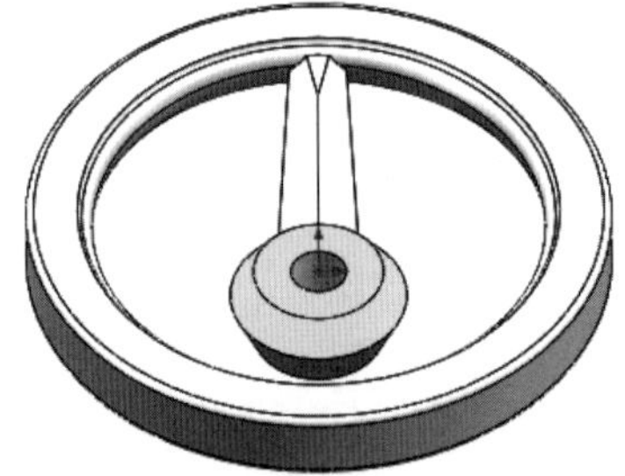

图 1-5-19 生成拉伸切除特征(1)

步骤 5:创建圆角

(1)使用“圆角”特征,为轮辐的 4 条棱边创建 $R1$ mm 的圆角。

(2)使用“圆角”特征,选择“面圆角”类型,设置如图 1-5-20 所示,在轮辐与轮缘连接处创建 $R2$ mm 的面圆角,单击“确定”按钮,面圆角特征生成,如图 1-5-21 所示。

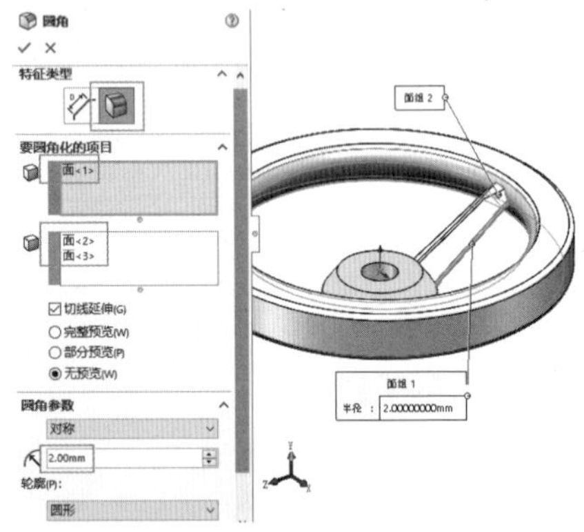

图 1-5-20 “圆角”属性管理器设置(1)

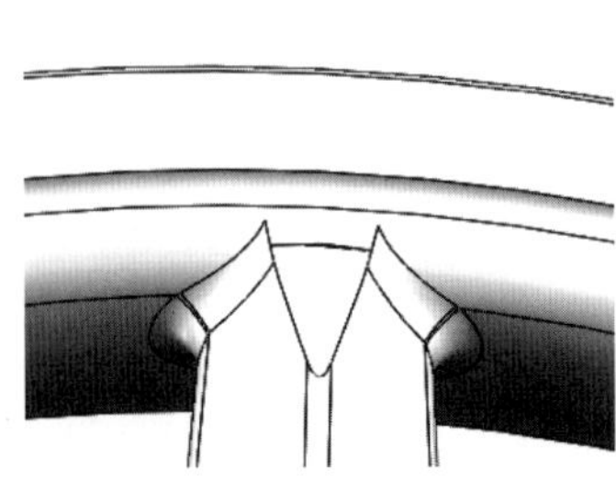

图 1-5-21 创建的面圆角特征(1)

(3)使用“圆角”特征，选择“面圆角”类型，设置如图 1-5-22 所示，单击“确定”按钮✓，面圆角特征生成，如图 1-5-23 所示。

(4)使用“圆角”特征，选择“面圆角”类型，在轮辐与轮毂连接处创建 $R2$mm 的面圆角，单击“确定”按钮✓，面圆角特征生成，如图 1-5-24 所示。

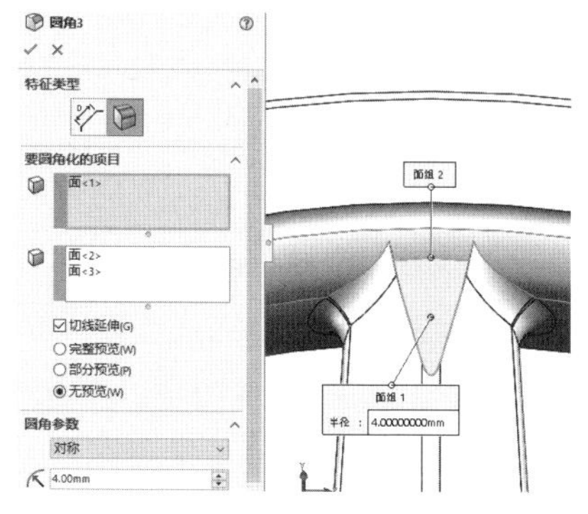

图 1-5-22　“圆角”属性管理器设置(2)

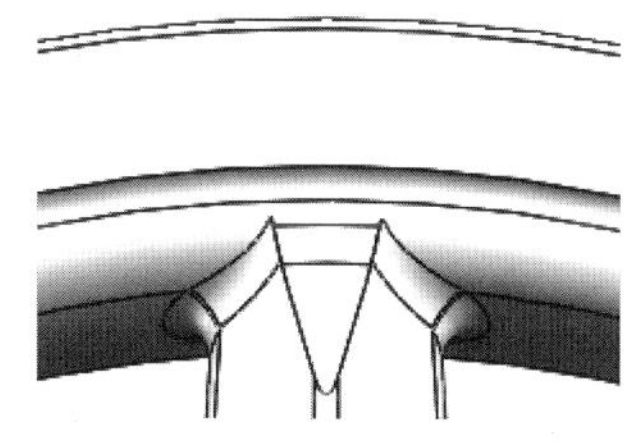
图 1-5-23　创建的面圆角特征(2)

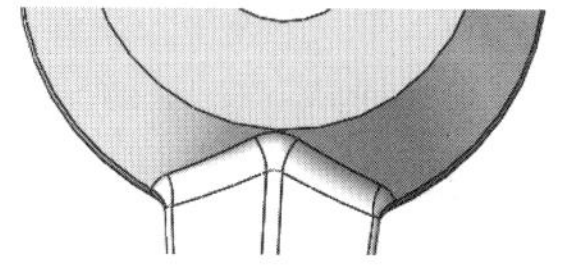
图 1-5-24　创建的面圆角特征(3)

步骤 6:圆周阵列创建剩余轮辐

单击“特征”面板上的“圆周阵列”按钮，出现“阵列(圆周)”属性管理器，设置如图 1-5-25 所示参数，单击“确定”按钮✓，生成圆周阵列特征，完成剩余 2 条轮辐的创建，如图 1-5-26 所示

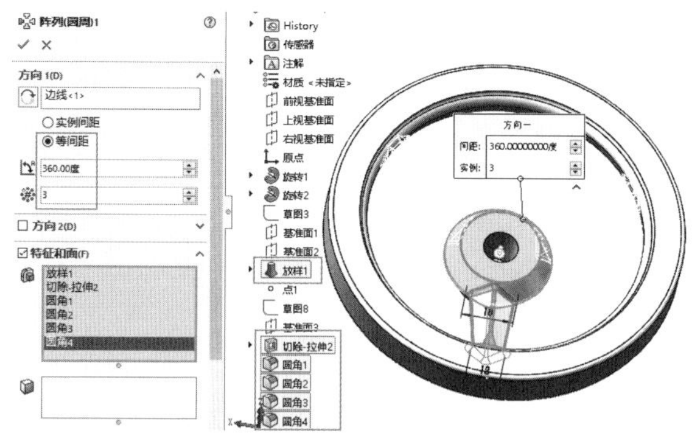

图 1-5-25　“圆周阵列”属性管理器

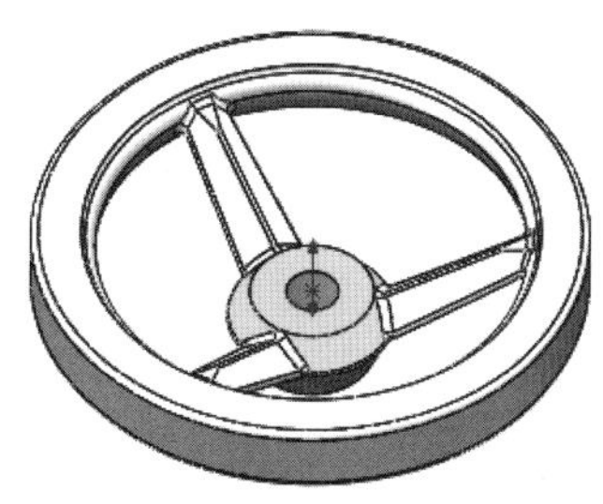
图 1-5-26　生成圆周阵列特征

步骤 7:拉伸切除创建键槽

(1)在左侧设计树中选择“前视基准面”，创建图 1-5-27 所示的草图 10。单击图形区右上角的“退出草图”按钮，退出草绘模式。此时在左侧设计树中显示已完成的“草图 10”的名称。

(2)选择设计树中的“草图 10”，单击“特征”面板上的“拉伸切除”按钮，出现“切除-拉伸”属性管理器，设置切除深度为 7.8 mm，单击“确定”按钮✓，生成拉伸切除特征，创建键槽，如图 1-5-28 所示。至此松圈器手轮的建模步骤全部完成。

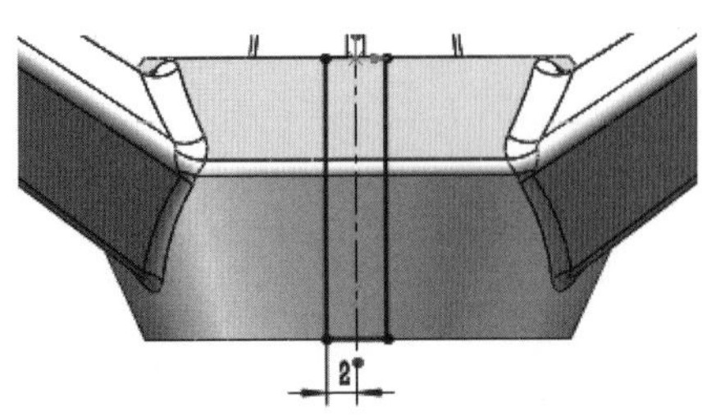

图 1-5-27　草图 10

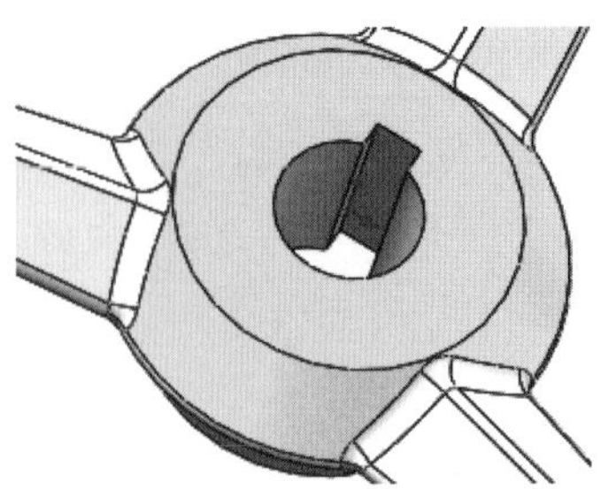

图 1-5-28　生成拉伸切除特征(2)

任务小结

通过松圈器手轮任务的学习，学生能够掌握以下能力：

(1)“基准面”的创建。

(2)“放样凸台/基体”“圆周阵列”等常用实体造型特征的使用。

拓展训练 1

绘制图 1-5-29 所示的叶轮。

分析：在这个例子中，将回顾并拓展“基准面”的创建，“转换实体引用”命令的使用，“放样凸台/基体”“圆周阵列”“圆角”等特征的使用。

步骤 1：旋转生成叶轮的基体

(1)创建一个名为“叶轮. SLDPRT”的 SolidWorks 文件，在左侧设计树中单击“材质”，在弹出的快捷菜单中，设置叶轮的材质为红铜，如图 1-5-30 所示。

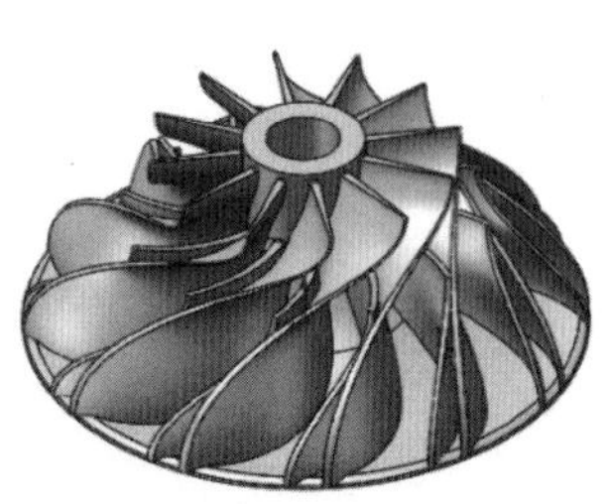

图 1-5-29　叶轮

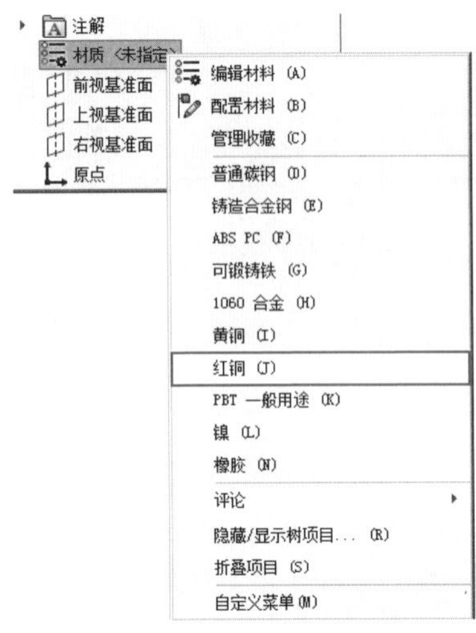

图 1-5-30　设置叶轮的材质

(2)在“前视基准面”上创建“草图 1”，如图 1-5-31 所示。退出草图后使用“旋转凸台/基体”特征，将“草图 1”创建为一个回转体，如图 1-5-32 所示。

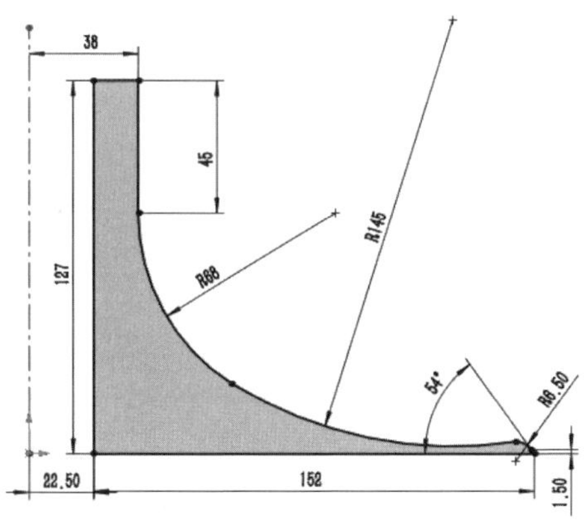

图 1-5-31　草图 1(2)

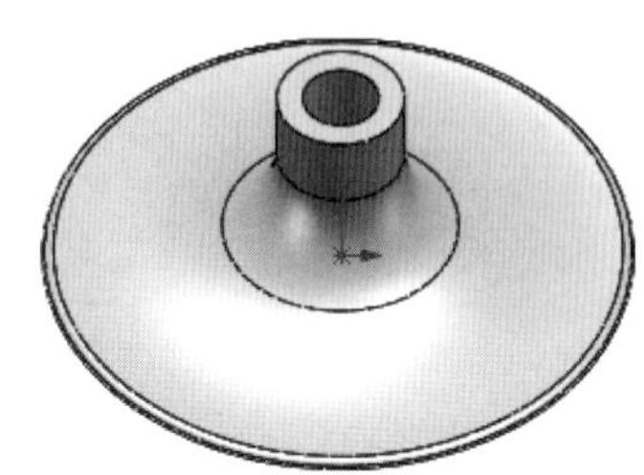

图 1-5-32　创建的旋转特征

步骤 2:放样生成叶片 1

(1)在"上视基准面"上创建"草图 2",如图 1-5-33 所示。

(2)单击"参考几何体"按钮 下拉菜单中的"基准面"按钮,如图 1-5-34 所示,创建一个基准面 1。

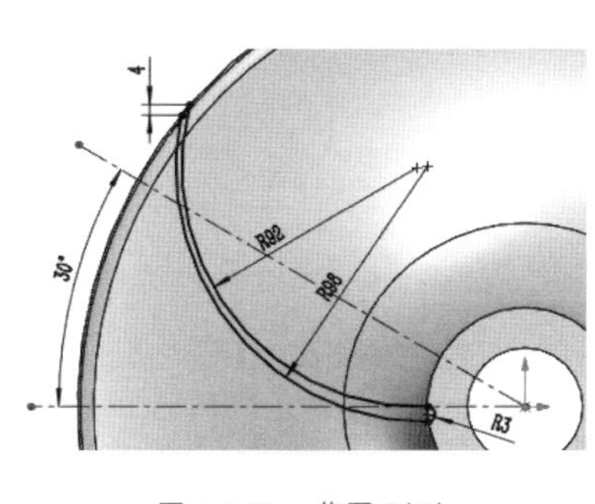

图 1-5-33　草图 2(2)

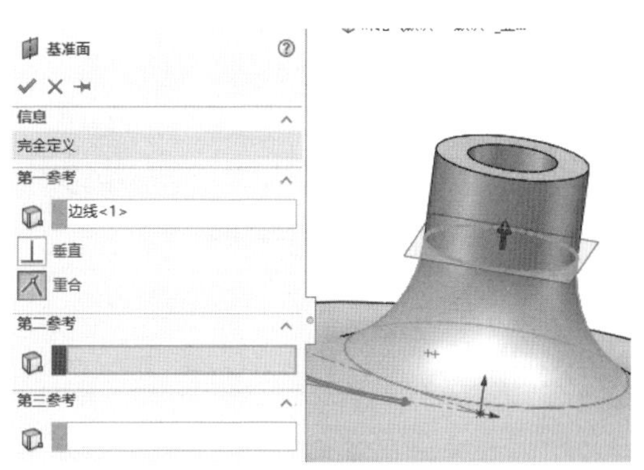

图 1-5-34　创建基准面 1

(3)在"基准面 1"上创建"草图 3",使用"转换实体引用"按钮将"草图 2"中的曲线转换至"草图 3",绘制 $R1.8$ mm 的圆弧分别与 $R92$ mm、$R98$ mm 的圆弧相切,使用"剪裁实体"按钮修剪草图,如图 1-5-35 所示。

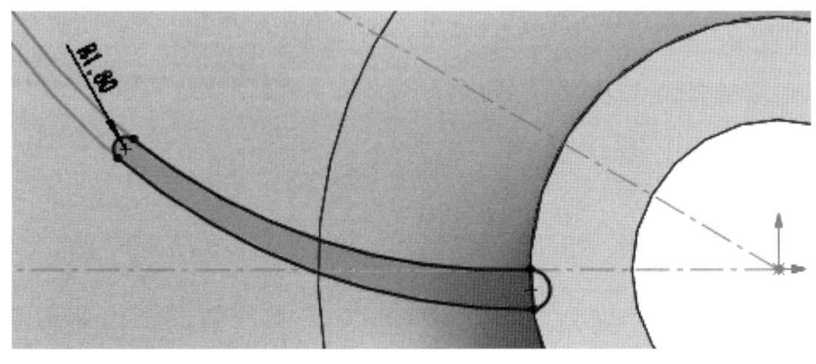

图 1-5-35　草图 3(2)

(4)在叶轮实体顶面上创建"草图 4",如图 1-5-36 所示。

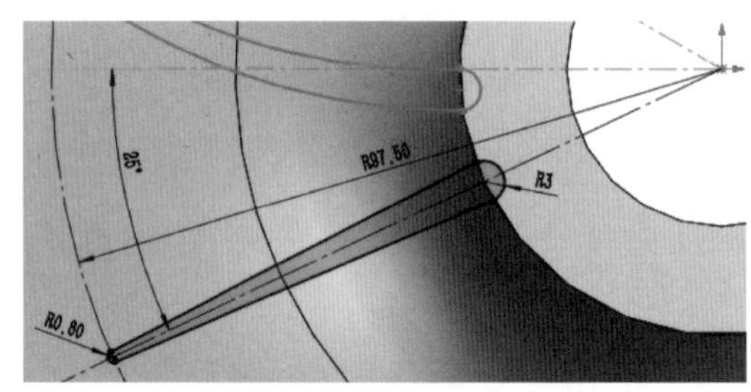

图 1-5-36 草图 4(2)

(5)使用"放样凸台/基体"特征,如图 1-5-37 所示,将"草图 2""草图 3""草图 4"放样生成叶片 1,起始约束、结束约束均设置为"垂直于轮廓",如图 1-5-38 所示。

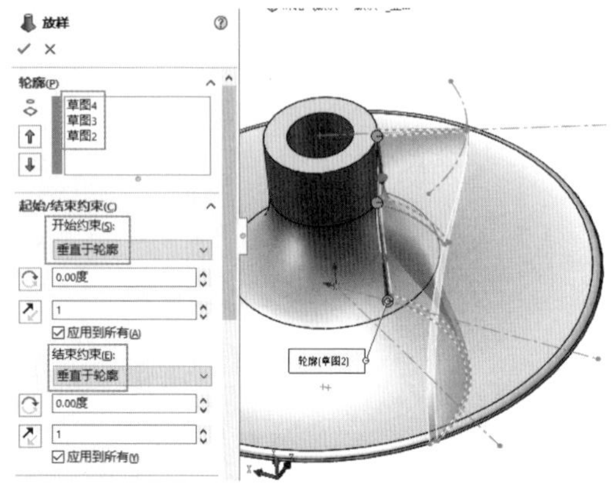

图 1-5-37 "放样"属性管理器设置(1)

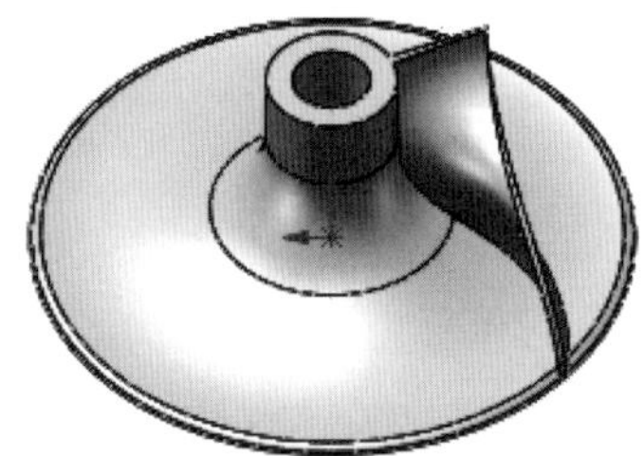

图 1-5-38 创建的放样实体—叶片 1

提示

放样时若无引导线,则需要调整好绿色束点位置,防止放样实体走形。

(6)在叶轮实体顶面上创建"草图 5",使用"转换实体引用"按钮转换顶面的两个同心圆,使用"拉伸凸台/基体"特征将叶轮顶面拉高 5 mm,如图 1-5-39 所示。

图 1-5-39 创建的拉伸特征

步骤 3:放样生成叶片 2

(1)在"上视基准面"上创建"草图 6",如图 1-5-40 所示。

(2)在"基准面 1"上创建"草图 7",使用"转换实体引用"按钮转换"草图 6"中的三条圆弧,绘制 $R1.8$ mm 的圆弧分别与 $R93$ mm、$R98$ mm 的圆弧相切后修剪草图,如图 1-5-41 所示。

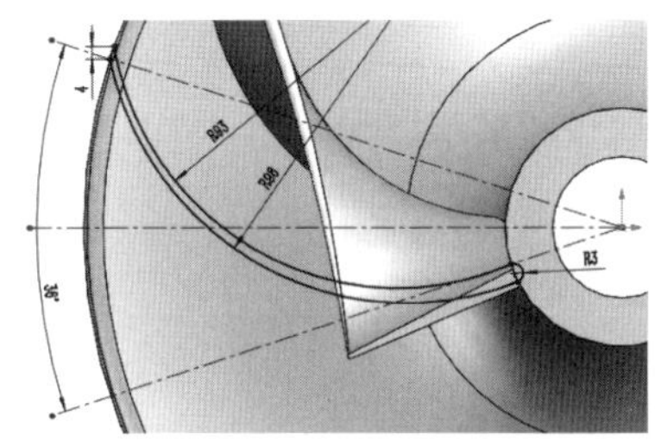

图 1-5-40　草图 6(2)

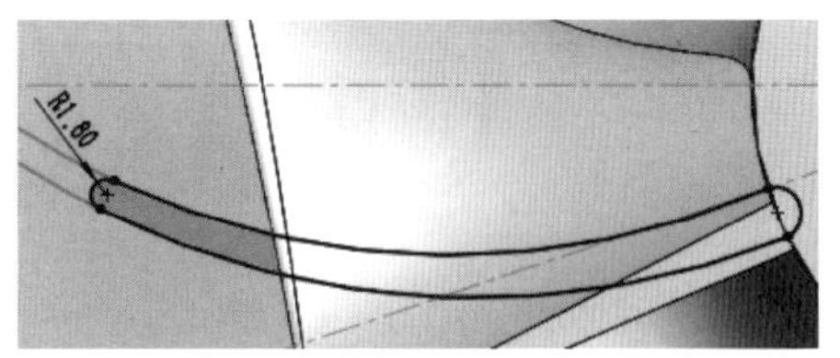

图 1-5-41　草图 7(2)

(3)使用“放样凸台/基体”特征，如图 1-5-42 所示，将“草图 6”“草图 7”放样生成叶片 2，起始约束、结束约束均设置为“垂直于轮廓”，如图 1-5-43 所示。

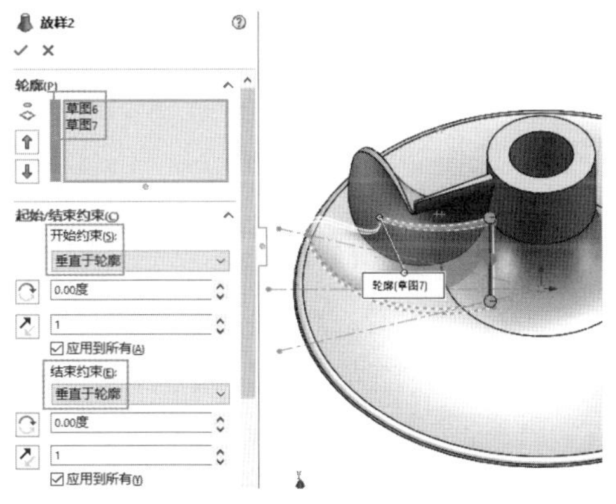

图 1-5-42　“放样”属性管理器设置(2)

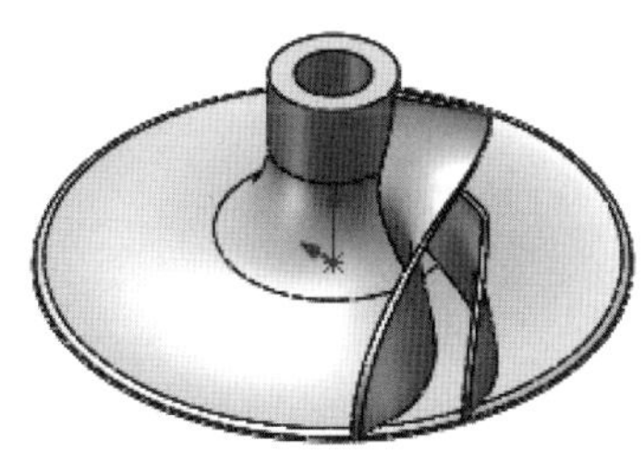

图 1-5-43　创建的放样实体—叶片 2

步骤 4:圆周阵列叶片

使用“圆周阵列”特征，将步骤 2 和步骤 3 创建的叶片 1、叶片 2 等间距阵列 12 个，形成叶轮。在叶片 1 与基体连接处创建 $R5$ mm 的圆角，在叶片 2 与基体连接处创建 $R2$ mm 的圆角，如图 1-5-44 所示。至此，完成了叶轮的全部建模步骤。

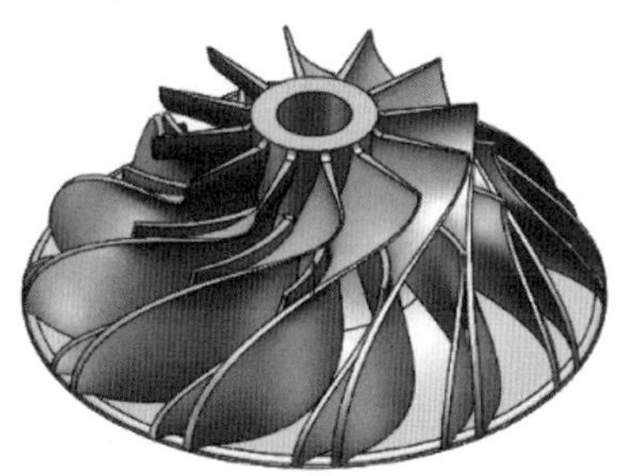

图 1-5-44　创建的圆周阵列与圆角特征

拓展训练 2

如图 1-5-45 所示为 YA 0.5×3.5×18 普通圆柱螺旋压缩弹簧，此弹簧的两端圈并紧磨平或制扁，弹簧中间部位为恒定螺距，相关尺寸参数为：材料直径 $d=0.5$ mm，弹簧中径 $D=3.5$ mm，高度为 17.25 mm，圈数 $n=12$；弹簧两端尺寸参数为：材料直径 $d=0.5$ mm，弹簧中径 $D=3.5$ mm，圈数 $n=0.5$，螺距 $p=1.00$ mm，圈数 $n=1$。弹簧为左旋弹簧。

图 1-5-45　YA 0.5×3.5×18 圆柱螺旋压缩弹簧

分析：

(1)首先利用草图命令绘制直径为 3.5 mm 的圆，高度为 17.25 mm、圈数为 12 的一段螺旋线，高度为 0.5 mm、圈数为 0.5 mm 的两端两段螺旋线。

(2)在创建螺旋线的过程中需要创建一些基准面来完成。

(3)将三段螺旋线进行组合，用于扫描的路径。

(4)在另一基准面上绘制直径为 0.5 mm 的圆，用于扫描的轮廓。

(5)利用“扫描”特征完成弹簧基体的创建。

(6)利用“拉伸切除”特征将弹簧的两端削平。

利用渲染插件添加材质以及环境背光等，最后得出效果图。

步骤 1：新建一个弹簧零件

在菜单栏中选择“文件”→“新建”命令或单击标准工具栏上的“新建”按钮，如图 1-5-46 所示。

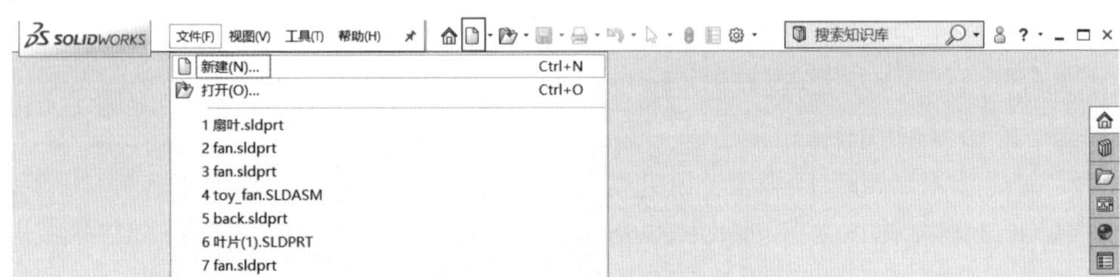

图 1-5-46　新建文件

在弹出的“新建 SOLIDWORKS 文件”对话框中选择“零件”图标，然后单击“确定”按钮，如图 1-5-47 所示。

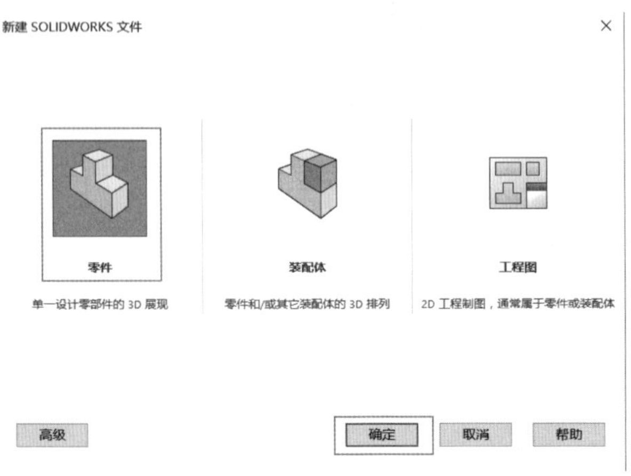

图 1-5-47　新建零件

在标准工具栏上单击“保存”按钮，在“另存为”对话框中选择好存储路径后，将文件名改为“GB_T2089－2009 压缩弹簧 YA0.5×3.5×18”，之后单击“保存”按钮来保存零件，如图 1-5-48 所示。

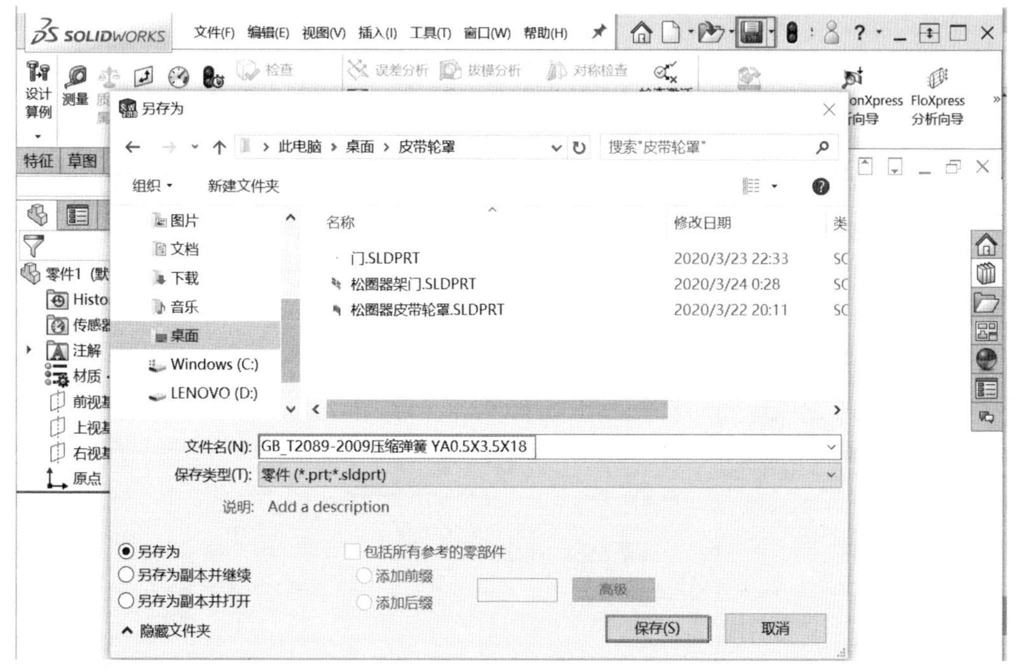

图 1-5-48　保存并命名零件

步骤 2：绘制第一条螺旋线

单击“草图”面板上的“草图绘制”按钮，然后弹出“编辑草图”对话框和三个基准面，单击“前视基准面”作为草图绘制面，单击“草图”面板上的“圆”按钮，以坐标原点为圆心，画一个圆，单击“草图”面板上的“智能尺寸”按钮，标注圆的直径为 $\phi 3.5$ mm，单击“退出草图”按钮，得到如图 1-5-49 所示的草图。

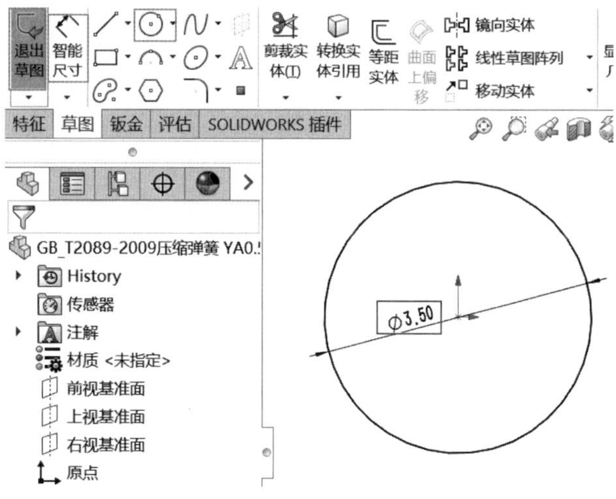

图 1-5-49　绘制草图

此圆作为螺旋线的草图，选择菜单栏“插入”→“曲线”→“螺旋线/涡状线”命令，系统弹出“螺旋线/涡状线”属性管理器。按照图 1-5-50 所示设置参数，单击“确定”按钮✓，生成第一段螺旋线，如图 1-5-51 所示。

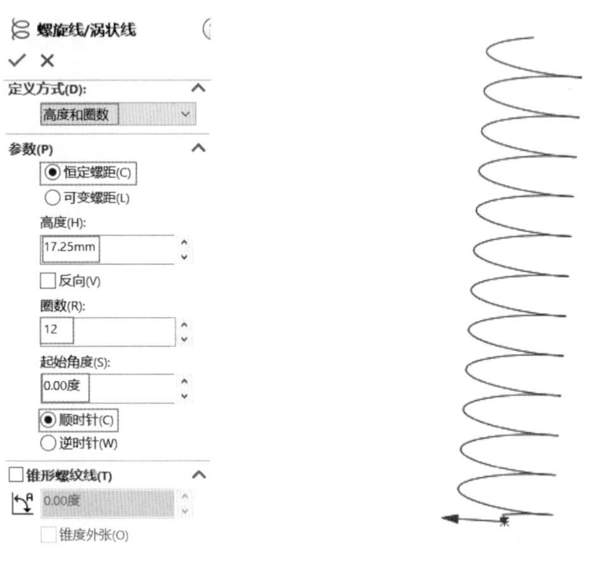

图 1-5-50　螺旋线参数设置(1)　　　　图 1-5-51　生成第一段螺旋线(2)

步骤 3:绘制一段 0.5 圈的螺旋线

按照步骤 2 中同样的方法在“前视基准面”绘制直径为 3.5 mm 的圆作为螺旋线的草图，选择菜单栏“插入”→“曲线”→“螺旋线/涡状线”命令，系统弹出“螺旋线/涡状线”属性管理器。按照图 1-5-52 所示设置参数，单击“确定”按钮✓，生成第二段螺旋线，如图 1-5-53 所示。

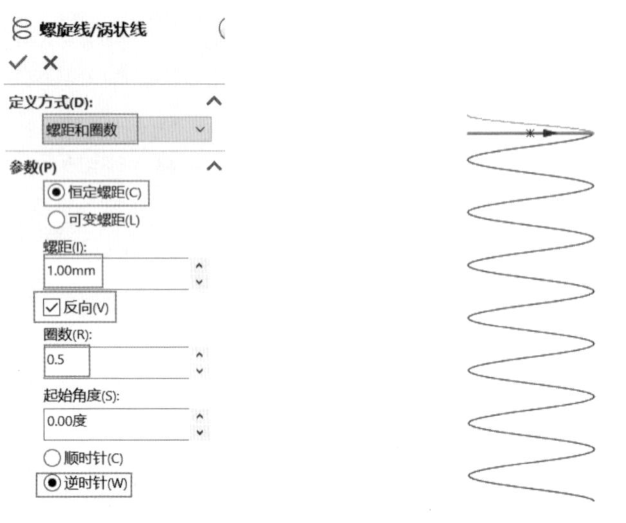

图 1-5-52　螺旋线参数设置(2)　　　　图 1-5-53　生成第二段螺旋线

步骤 4:创建基准面

在“特征”面板上单击“参考几何体”按钮 下拉菜单中的“基准面”按钮，如图 1-5-54

所示。在弹出的“基准面”属性管理器中,“第一参考”选择“前视基准面”,关系为“平行”,“第二参考”选择第二段螺旋线的端点,关系为“重合”,如图 1-5-55 所示,单击“确定”按钮✔,完成“基准面 1”的创建。用同样的方法,创建“基准面 2”,与“基准面 1”平行并过第一段螺旋线的一端点,如图 1-5-56 所示。

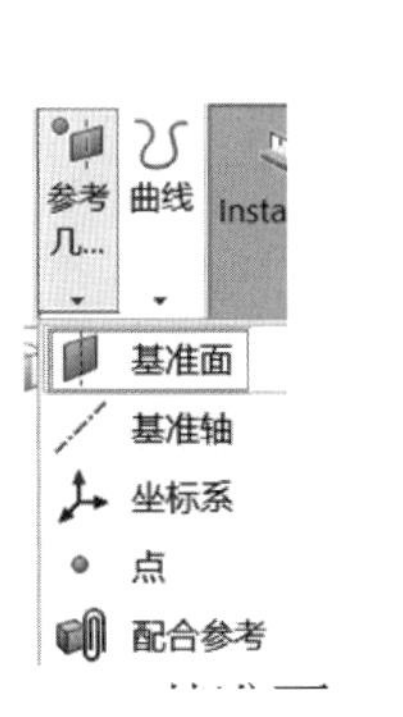

图 1-5-54　“基准面”按钮

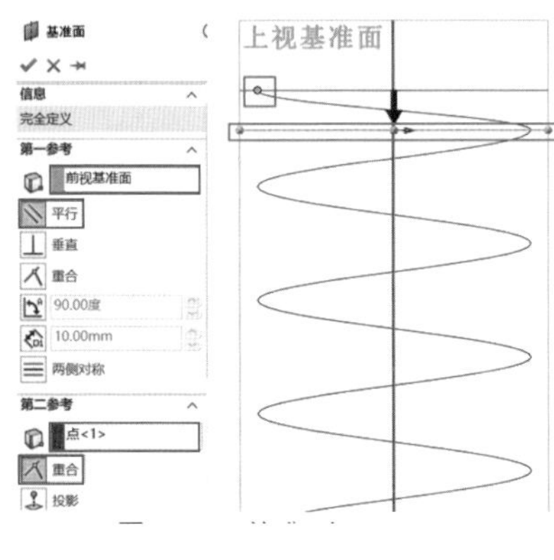

图 1-5-55　创建的基准面 1

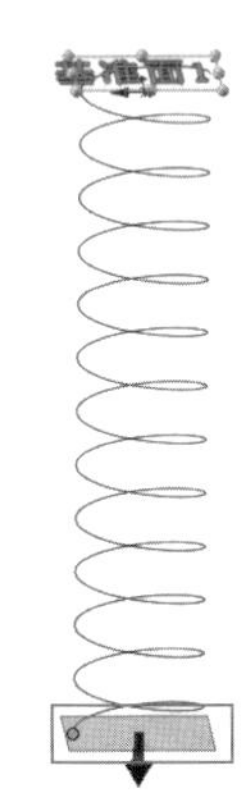

图 1-5-56　创建的基准面 2

步骤 5:绘制另一段 0.5 圈的螺旋线

在“基准面 2”上绘制直径为 3.5 mm 的圆作为螺旋线的草图,选择菜单栏“插入”→“曲线”→“螺旋线/涡状线”命令,系统弹出“螺旋线/涡状线”属性管理器。按照图 1-5-57 所示设置参数,单击“确定”按钮✔,生成第三段螺旋线,如图 1-5-58 所示。

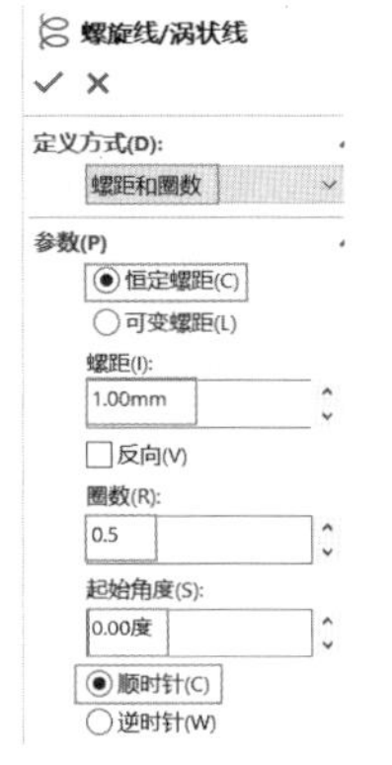

图 1-5-57　螺旋线参数设置

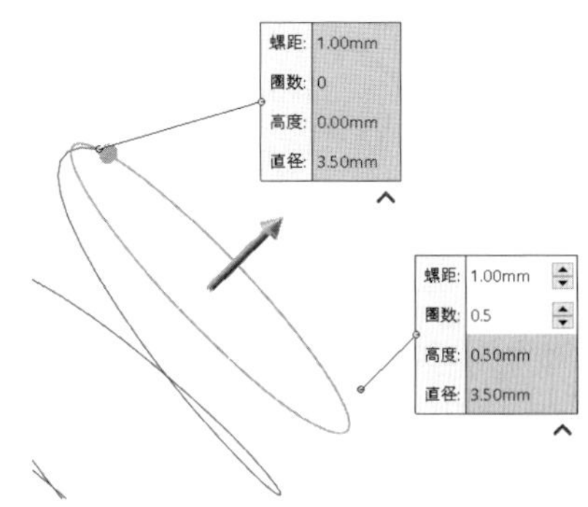

图 1-5-58　第三段螺旋线

步骤 6:创建基准面 3

按照步骤 4 创建“基准面 3”,平行于“基准面 2”并经过第三段螺旋线的端点,如图 1-5-59 所示。

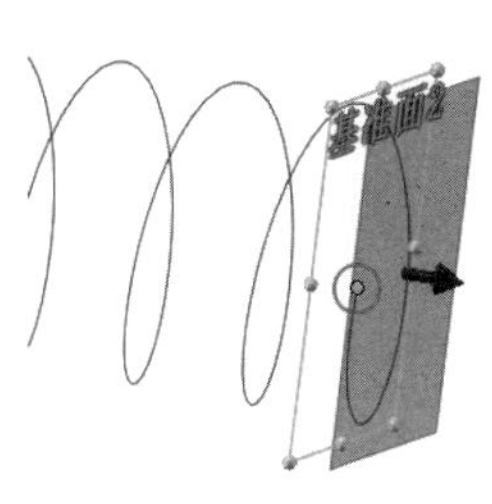

图 1-5-59　创建的基准面 3

步骤 7:绘制圆弧

在“基准面 3”和“基准面 1”上分别绘制一段圆弧。选择“基准面 3”,单击“草图”面板上的“草图绘制”按钮,再单击“圆”按钮,以坐标原点为中心绘制直径为 3.5 mm 的圆,单击“中心线”按钮,绘制两条中心线,单击“剪裁实体”按钮,将多余圆弧剪除,保留与螺旋线端点连接的一段夹角为 90°的圆弧,如图 1-5-60 所示,单击“退出草图”按钮。在“基准面 1”上按照相同的方法绘制圆弧,如图 1-5-61 所示。

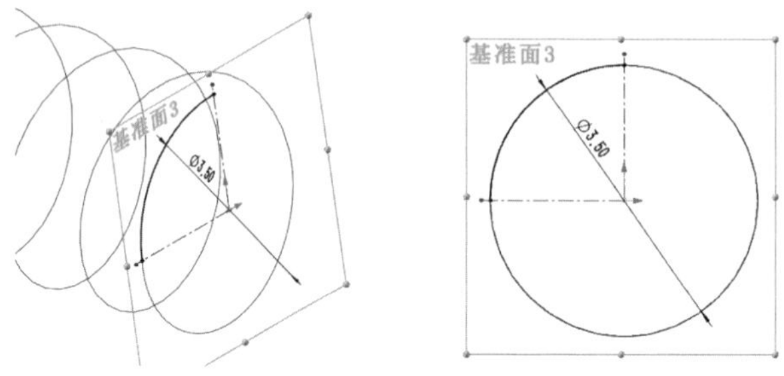

图 1-5-60　在基准面 3 上绘制圆弧

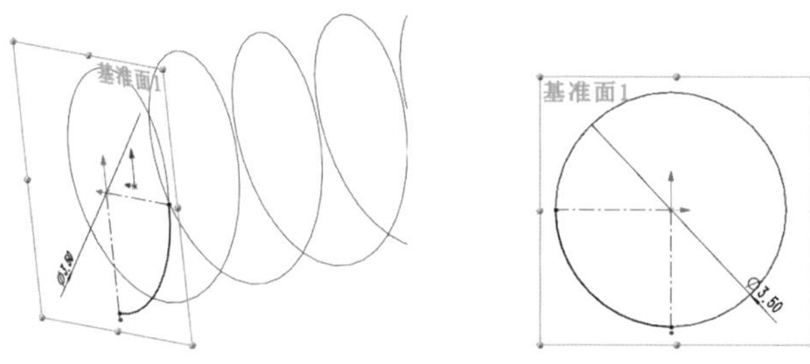

图 1-5-61　在基准面 1 上绘制圆弧

步骤 8:创建组合曲线

选择菜单栏“插入”→“曲线”→“组合曲线”命令,系统 弹出“组合曲线”属性管理器,“要连接的实体”选择上面建立的三条螺旋线和两段圆弧,单击“确定”按钮,将五条曲线合并为一条曲线,如图 1-5-62 所示,此组合曲线作为扫描的路径。

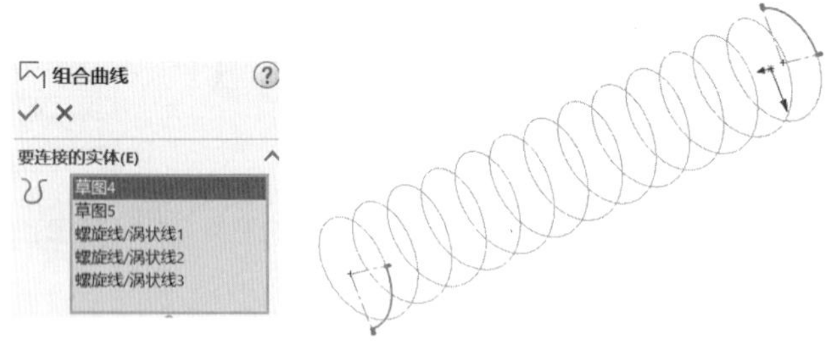

图 1-5-62　创建组合曲线

步骤 9:创建基准面 4

按照步骤 4 创建“基准面 4”,“第一参考”为组合曲线的边线,关系为“垂直”,“第二参考”为曲线的端点,关系为“重合”,如图 1-5-63 所示,单击“确定”按钮,完成“基准面 4”的创建。

步骤 10:创建扫描轮廓

选择“基准面 4”为草图的绘制面,以螺旋线的起点或坐标原点为圆心绘制一个直径为 0.5 mm 的圆作为弹簧的圆截面。如图 1-5-64 所示,单击“退出草图”。

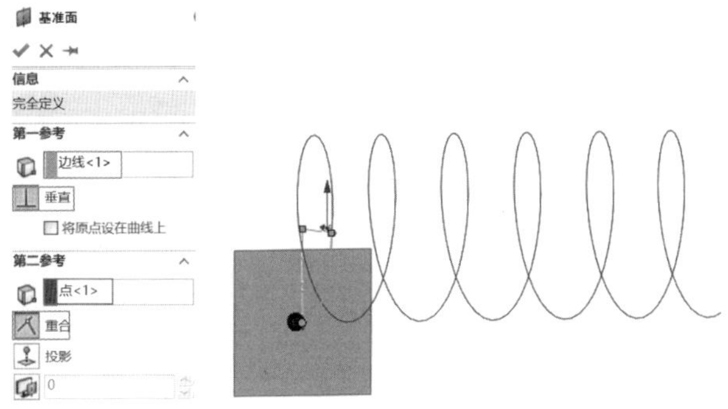

图 1-5-63　创建基准面 4

步骤 11:创建扫描特征

单击“特征”面板上的“扫描”按钮，在弹出的“扫描”属性管理器中选定圆截面作为扫描截面，选择组合曲线作为扫描路径，如图 1-5-65 所示，单击“确定”按钮，典型的圆柱螺旋弹簧实体图形即可生成。

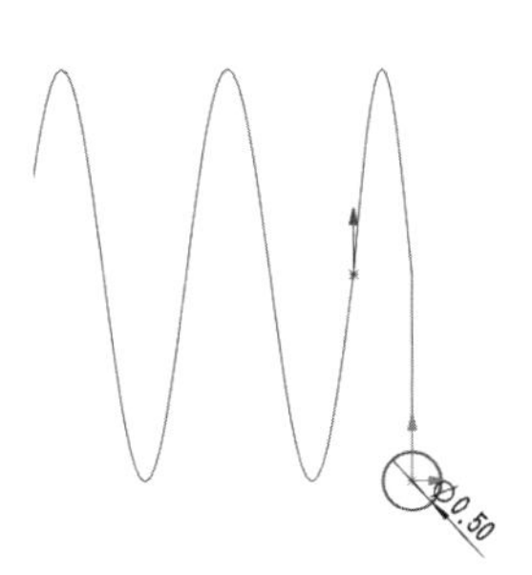

图 1-5-64　扫描轮廓

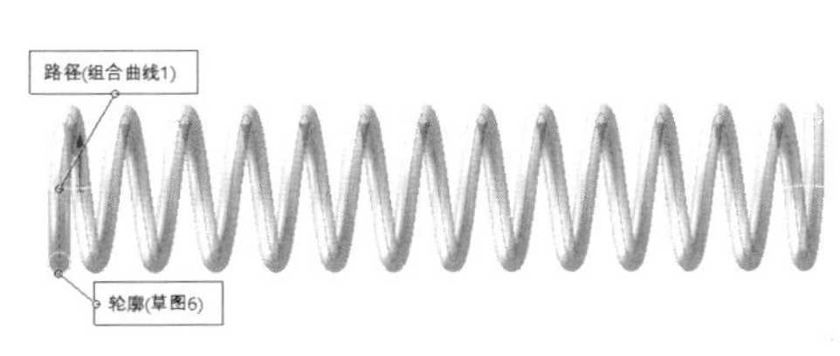

图 1-5-65　创建扫描特征

步骤 12:创建基准面 5、6

选择“基准面 1”，单击“特征”面板上的“参考几何体”按钮下拉菜单的“基准面”按钮，系统弹出“基准面”属性管理器，“第一参考”设为“基准面 1”，偏移距离为 0.125 mm，勾选“反转等距”选项或者图形区的方向箭头，改变基准面的偏移方向，如图 1-5-66 所示，本例中基准面往实体内偏移，单击“确定”按钮。采用同样的方法创建“基准面 6”，将“基准面 3”偏移 0.125 mm，勾选“反转等距”选项，如图 1-5-67 所示，单击“确定”按钮。

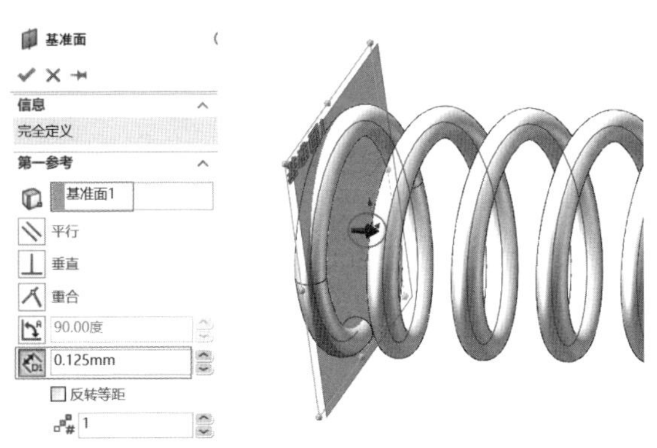

图 1-5-66　创建基准面 5

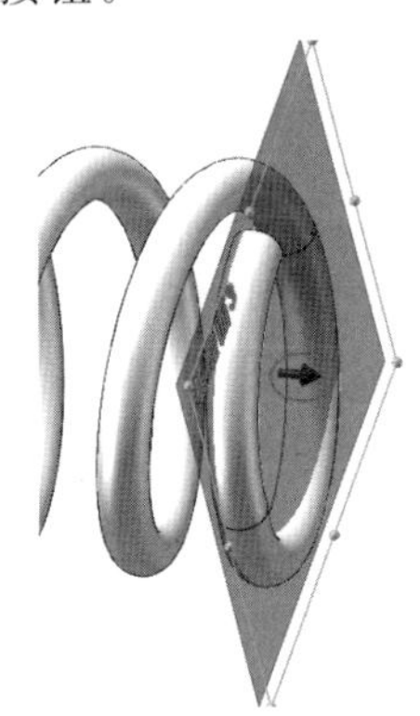

图 1-5-67　创建基准面 6

步骤 13:创建切除特征

选择“基准面 5”,单击“草图绘制”按钮,再单击“圆”按钮,绘制直径为 4.5 mm 的圆,如图 1-5-68 所示,单击“退出草图”按钮。单击“特征”面板上的“拉伸切除”按钮,系统弹出“切除-拉伸”属性管理器,在“方向 1”选项区中设置“给定深度”为 1 mm,通过“给定深度”前面的箭头或者图形区中的箭头可以改变切除的方向,如图 1-5-69 所示。单击“确定”按钮,弹簧的一段被削平,按照同样的方法将弹簧的另一个端面进行切除处理,结果如图 1-5-70 所示。

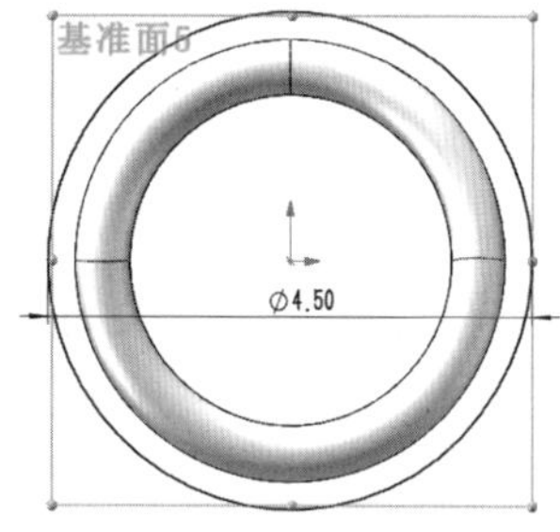

图 1-5-68　绘制草图圆

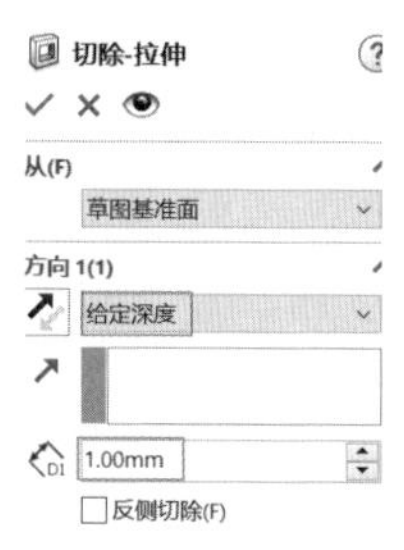

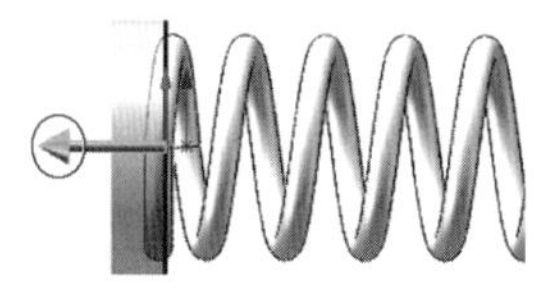

图 1-5-69　创建拉伸切除特征

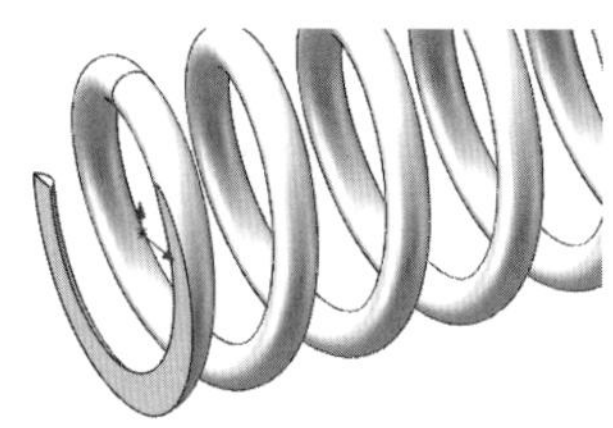

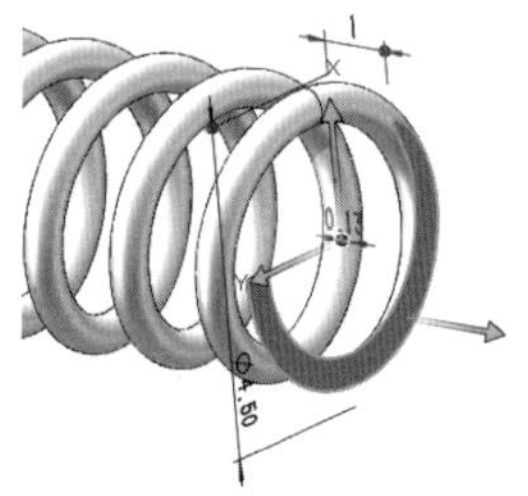

图 1-5-70　弹簧两端削平

步骤 14:绘制弹簧轴线

选择“上视基准面”或者“右视基准面”,单击“草图”面板上的“草图绘制”按钮,再单击“中心线”按钮,绘制一条通过原点的水平中心线,单击“退出草图”按钮,完成弹簧轴线的绘制,如图 1-5-71 所示。

图 1-5-71　绘制的弹簧轴线

步骤 15:进行外观设置、保存并关闭零件

略。

课后练习

查找样本并绘制“STA-50×10 超薄气缸”实体模型。

任务六　钣金类零件设计（松圈器皮带轮罩）

任务分析

如图 1-6-1 所示的松圈器皮带轮罩是一个钣金件，它由两个基体组成，属于多实体钣金零件，可以在一个零件环境中进行多个钣金部分的设计，多个钣金部分焊接在一起。两个钣金零件一个是平板，一个是 U 形弯曲件，U 形钣金件两端有两个折弯，通过边线法兰生成。边线法兰上有两个切除特征。零件的厚度为 1 mm，折弯半径为 0.5 mm。

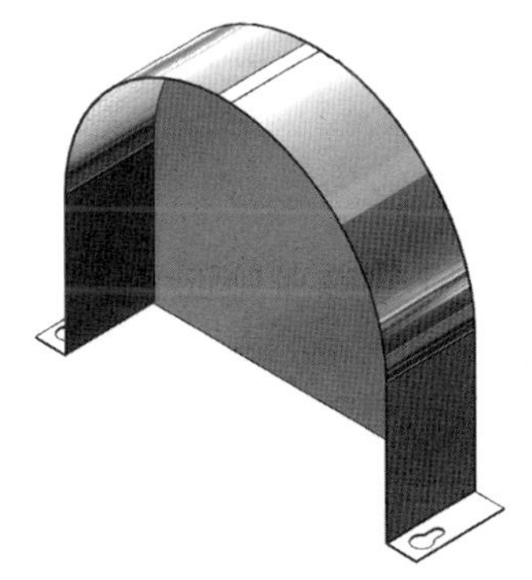

图 1-6-1　松圈器皮带轮罩

（1）首先利用闭环草图建立基体法兰。

（2）利用开环草图建立第二个基体法兰。

（3）利用边线法兰建立两侧的折弯。

（4）利用拉伸切除创建切除特征。

（5）利用镜像生成另一侧切除特征。

（6）利用渲染插件添加材质以及环境背光等，最后得出效果图。

在满足产品的功能、外观等要求下，钣金件的设计应当保证冲压工序简单、冲压模具制作容易、钣金件冲压质量高、尺寸稳定等。松圈器皮带轮罩的建模需要用到“基体法兰/薄片”“边线法兰”“拉伸切除”“镜像”等建模工具。

知识技能点

钣金是一种针对金属薄板（通常在 6 mm 以下）的综合冷加工工艺，包括剪、冲/切/复合、折、焊接、铆接、拼接、成形（如汽车车身）等。其显著的特征就是同一零件厚度一致。通过钣金工艺加工出的产品叫作钣金件。

钣金件具有质量轻、强度高、导电（能够用于电磁屏蔽）、成本低、大规模量产性能好等特点，在电子电器、通信、汽车工业、医疗器械等领域得到了广泛应用，例如在电脑机箱、手机、MP3 中，钣金件是必不可少的组成部分。

SolidWorks 提供了很多钣金零件中特有的钣金特征工具，包括基体法兰、边线法兰等，利用这些工具，用户可以很方便地完成钣金零件的设计，得到钣金零件的应用状态和展开状态。这些工具位于菜单栏“插入”→“钣金”下拉菜单和“钣金”面板上，如图 1-6-2 所示。

图 1-6-2 钣金工具

本任务以松圈器皮带轮罩为例，介绍钣金零件的相关概念和钣金特征建模的相关命令，包括“基本法兰/薄片”“边线法兰”“拉伸切除”“镜像”等常用钣金特征工具的使用。以下几个重要的知识技能点需要掌握：

（一）钣金零件中的相关概念

➢ 钣金零件厚度

钣金零件是一种壁厚均匀的薄壁零件，对于同一个钣金实体而言壁厚是相同的。使用钣金工具建立特征时，如果使用开环草图建立基体法兰，钣金零件的厚度相当于壁厚；如果使用闭环草图建立基体法兰，则钣金零件的厚度相当于拉伸特征深度，松圈器皮带轮罩钣金零件设计中有展示。

➢ 折弯半径

板件折弯时，为了避免外表面产生裂纹，需要制定钣金折弯时的折弯半径，折弯半径是指折弯内角的半径，SolidWorks 中钣金实体的默认折弯半径在建立基体法兰时或者通过编辑“钣金”特征来指定。

➢ 折弯系数

折弯系数是用于计算钣金展开的折弯算法，SolidWorks 中支持常用的“K 因子”“折弯扣除”“折弯系数表”和“折弯计算”等方法。在“钣金”特征中定义默认的折弯系数。

➢ 释放槽

为了保证钣金折弯的规整，避免出现撕裂和折弯时的干涉冲突，必要的情况下应该在展开图中专门对折弯两侧的部分建立一个切口，这种切口称为“释放槽”。在建立法兰的过程中，SolidWorks 可以根据折弯相对于现有钣金的位置自动给定释放槽，称为“自动切释放槽”。钣金零件中默认的释放槽类型可以在建立第一个基体法兰特征时给定，包括三种形式：矩形、矩圆形、撕裂型，如图 1-6-3 所示。除自动建立释放槽以外，用户也可以通过拉伸切除特征，人工建立释放槽，还可以利用“边角剪裁”工具建立释放槽。

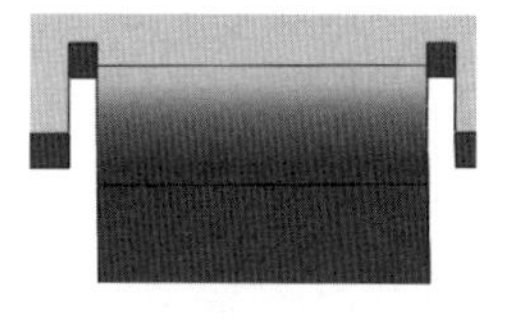

矩形

矩圆形

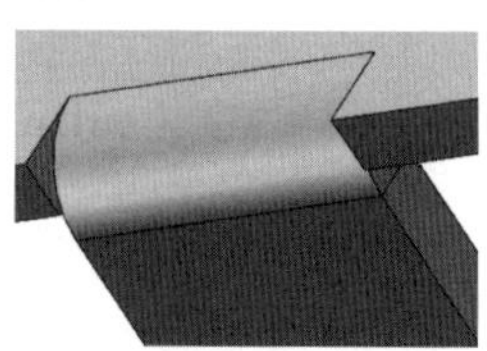

撕裂型

图 1-6-3 自动切释放槽类型

（二）钣金特征

➢ 基体法兰：基体法兰是为钣金零件生成基体特征。这种法兰的生成如同给定厚度值和折弯半径值的拉伸一样，可以由开环或闭环草图建立，开环的轮廓与薄壁特征拉伸一样。

操作步骤：

- 在“钣金”面板上单击“基体法兰/薄片”按钮。
- 从菜单栏中选择“插入”→“钣金”→“基体法兰”命令。

➢ 斜接法兰：斜接法兰特征是用来生成一段或多段相互连接的法兰，法兰可以与多个边线相连接，并自动添加展开零件所需的释放切口，通过选项设置可将法兰放置在模型的外面和里面。

操作步骤：

- 在“钣金”面板上单击“斜接法兰”按钮。
- 从菜单栏中选择“插入”→“钣金”→“斜接法兰”命令。

➢ 边线法兰：边线法兰特征用于动态地为钣金零件的边线添加法兰，通过选中一条边线来拖动法兰的尺寸和方向。通过选项设置可改变边线法兰轮廓、法兰长度和法兰位置，缺省的释放槽类型和折弯半径都可以改变，法兰长度和法兰位置的类型如图 1-6-4 所示。

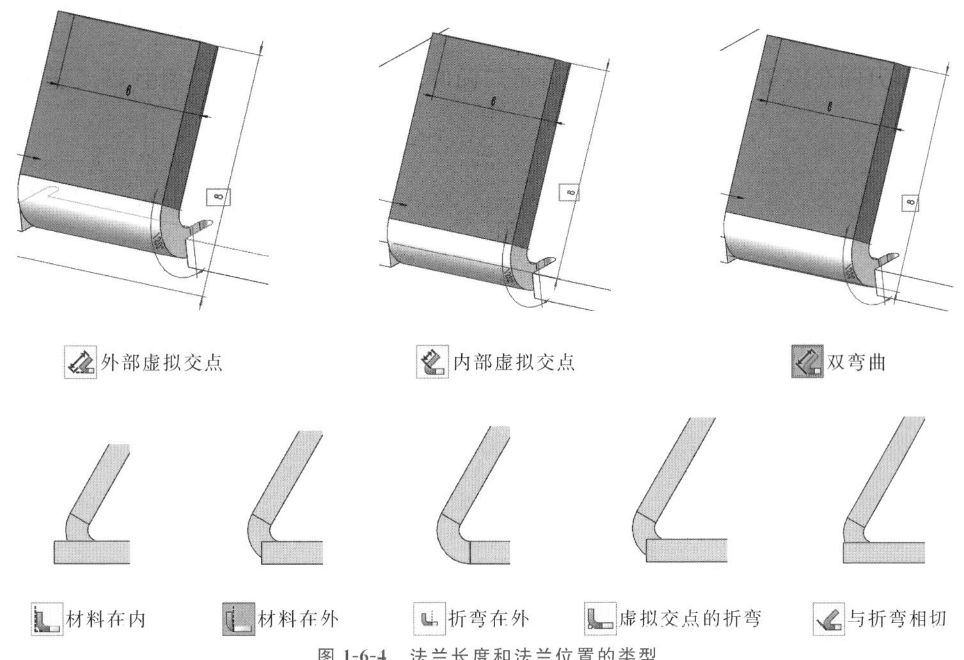

图 1-6-4　法兰长度和法兰位置的类型

操作步骤：

- 在“钣金”面板上单击“边线法兰”按钮。
- 从菜单栏中选择“插入”→“钣金”→“边线法兰”命令。

➢ 薄片(凸起法兰):薄片和基体法兰用来按照在某一面上绘制的草图添加一个凸缘,厚度等于钣金厚度,薄片特征的草图必须产生在已存在的表面上。

操作步骤:

- 在“钣金”面板上单击“基体法兰/薄片”按钮。
- 从菜单栏中选择“插入”→“钣金”→“基体法兰”命令。

任务实施

钣金类零件设计(松圈器皮带轮罩)

步骤 1:新建一个松圈器皮带轮罩零件

在菜单栏中选择“文件”→“新建”命令或单击标准工具栏上的“新建”按钮,如图 1-6-5 所示。

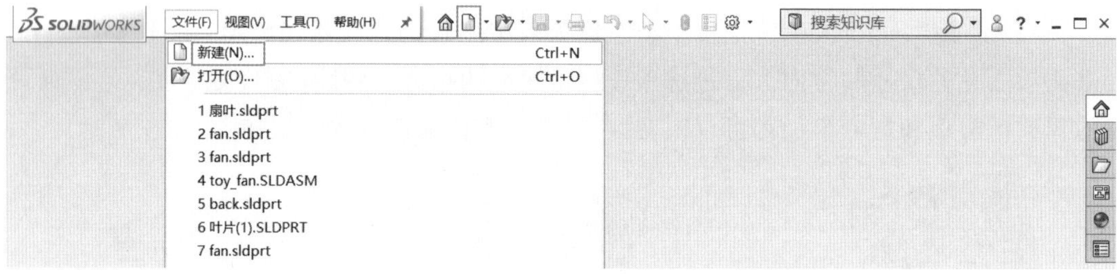

图 1-6-5　新建文件

在弹出的“新建 SOLIDWORKS 文件”对话框中选择“零件”图标,然后单击“确定”按钮,如图 1-6-6 所示。

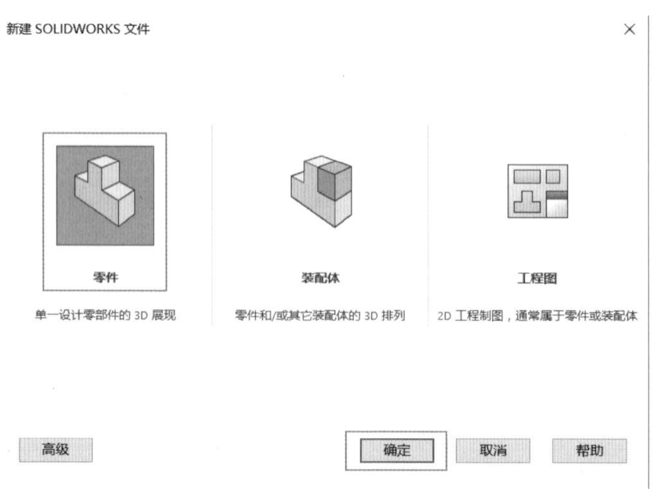

图 1-6-6　新建零件

在标准工具栏上单击“保存”按钮,在“另存为”对话框中选择好存储路径后,将文件名改为“松圈器皮带轮罩”,之后单击“保存”按钮来保存零件,如图 1-6-7 所示。

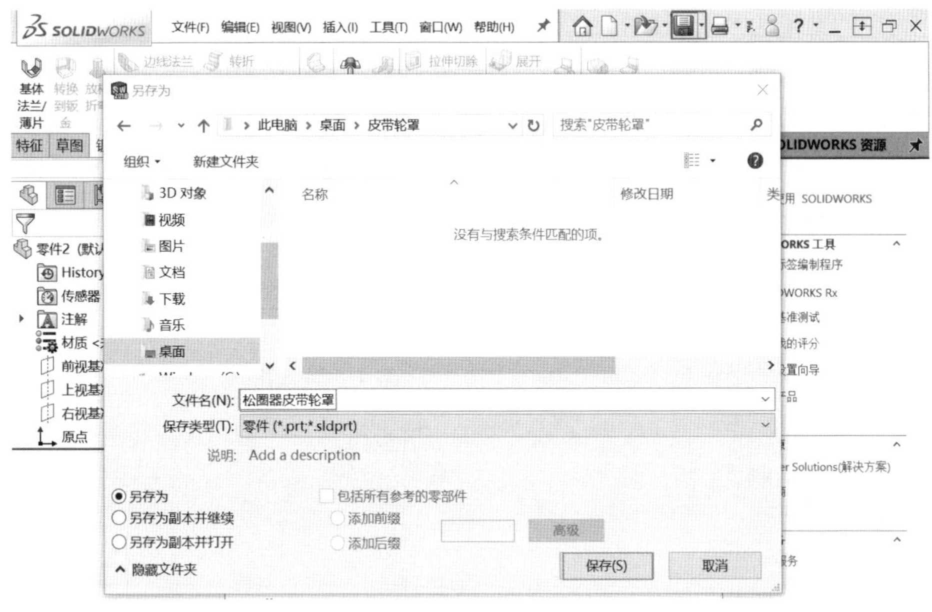

图 1-6-7　保存并命名文件

步骤 2:调出“钣金”面板

将鼠标移动至面板名称栏,单击鼠标右键,在展开菜单中单击“钣金”(使其为勾选状态),“钣金”面板被调出,如图 1-6-8 所示。

步骤 3:绘制第一个基体法兰的草图

使用“前视基准面”绘制草图,利用“草图”面板上的“圆”“直线”“剪裁实体”“智能尺寸”等工具绘制图 1-6-9 所示的草图。该草图用于建立钣金零件中的第一个基体法兰特征,完成后退出草图。

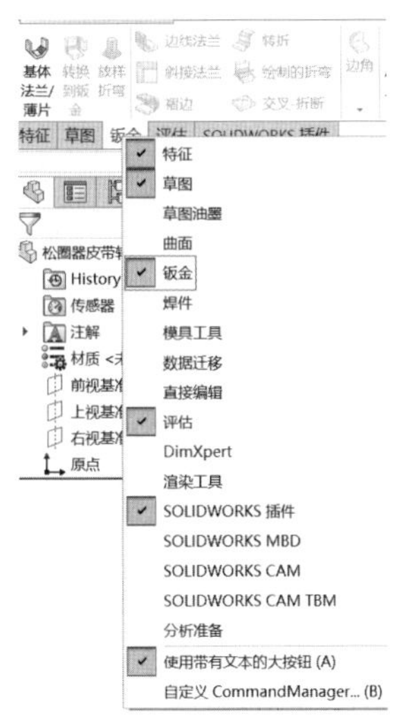

图 1-6-8　调出“钣金”面板

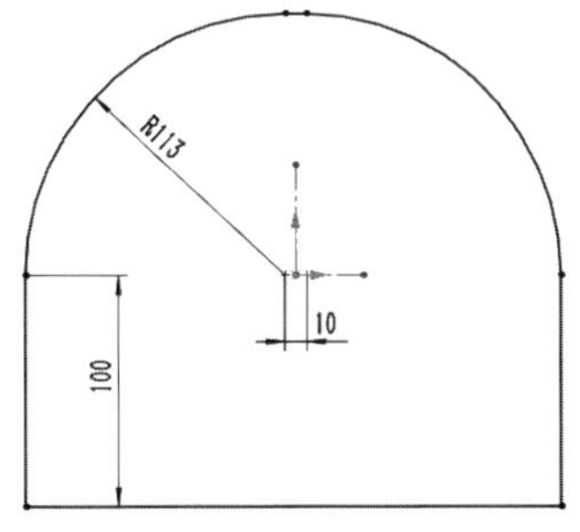

图 1-6-9　绘制草图

步骤 4:创建基体-法兰特征

使用绘制的草图建立基体法兰,首先选中草图,单击“钣金”面板上的“基体法兰/薄片”

按钮，打开“基体法兰”属性管理器设置如下：在“钣金参数”选项区给定法兰的厚度为“1.00 mm”，钣金零件的默认“折弯系数”为“K 因子”，使用默认数值“0.5”，在“自动切释放槽”选项区设置类型为“矩形”，使用释放槽比例，比例值为“0.5”，如图 1-6-10 所示，单击“确定”按钮。和实体建模不同，钣金建模在 FeatureManager 设计树中，基体法兰特征创建了三个特征，如图 1-6-11 所示。

图 1-6-10 基体法兰参数设置

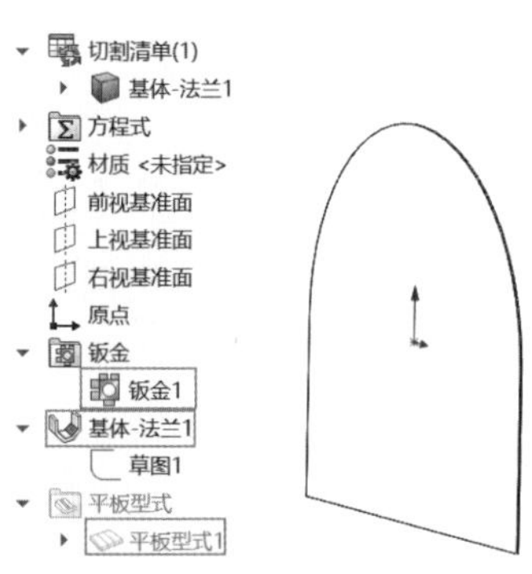

图 1-6-11 创建三个特征

钣金：包含默认的折弯参数，如折弯半径、折弯系数及释放槽类型。用鼠标右键单击“钣金 1”特征，然后在弹出的快捷工具栏上单击“编辑特征”按钮，如图 1-6-12 所示，在属性管理器中将折弯半径设置为“0.50 mm”，单击“确定”按钮，如图 1-6-13 所示，“钣金 1”特征在钣金文件夹内部。

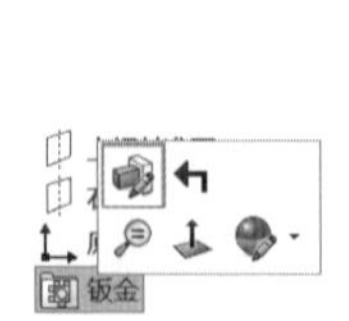

图 1-6-12 编辑钣金特征

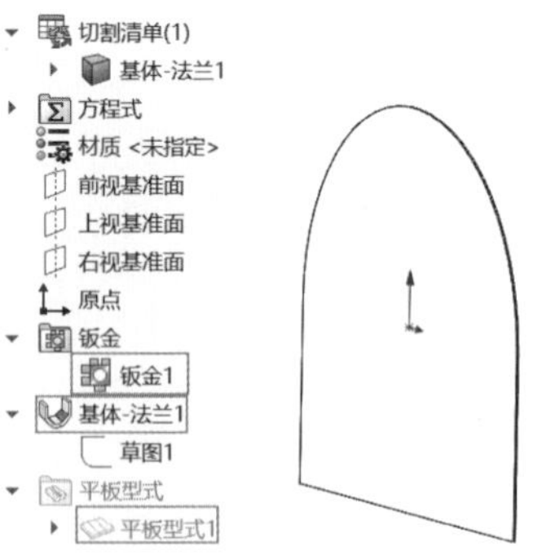

图 1-6-13 钣金参数设置

基体-法兰：用于生成实体的特征，钣金件通常都是由“基体-法兰”开始的。要编辑“基体法兰”参数，可用鼠标右键单击“基体-法兰 1”，然后在快捷工具栏上单击“编辑特征”按钮。

平板型式：用于展开钣金零件。默认情况下，平板型式特征是被压缩的，因为零件处于折弯状态。若想平展零件，可用鼠标右键单击“平板型式 1”，然后在快捷工具栏上单击“解除压缩”按钮。平板型式 1 特征在平板型式文件夹内部。

提示

当平板型式特征被压缩时，在 FeatureManager 设计树中，新特征均自动插入平板型式特征上方。当平板型式特征解除压缩后，在 FeatureManager 设计树中，新特征插入平板型式特征下方，并且不在折叠零件中显示。

步骤 5：绘制第二基体-法兰的草图

选择“前视基准面”，或者选择“基体-法兰 1”的前面作为草图绘制面，单击“草图”面板上的“绘制草图”按钮，再单击“转换实体引用”按钮，选择“基体-法兰 1”的前面作为要转换的实体，如图 1-6-14 所示，单击“确定”按钮，将基体法兰 1 的边线激活到当前草图平面上，将最下面的线设为几何构造线，如图 1-6-15 所示，之后单击“退出草图”按钮。

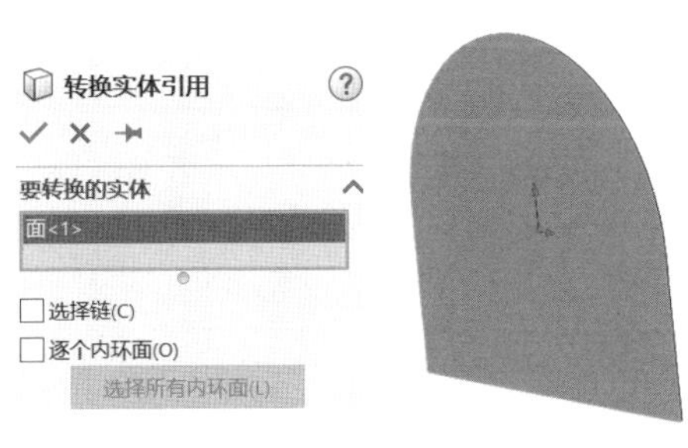

图 1-6-14　转换实体引用设置

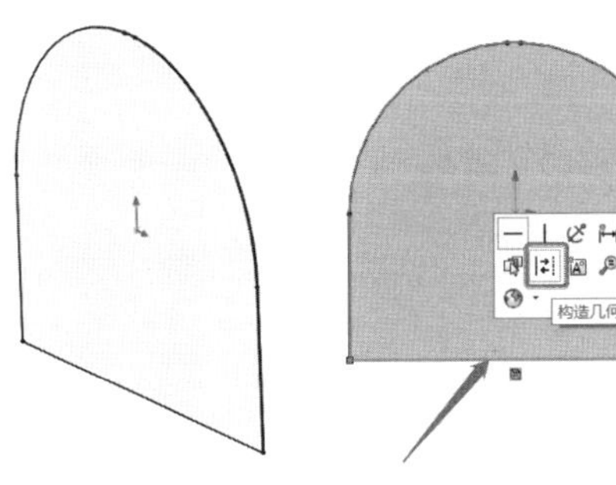

图 1-6-15　转换实体引用画草图

步骤 6：创建基体-法兰 2

选中上步绘制的开环草图，单击“钣金”面板上的“基体法兰/薄片”按钮，在“基体法兰”属性管理器“方向 1”选项区设置“给定深度”值为“65.00 mm”，单击“给定深度”前面的方向图标或者视图里的灰色箭头可以改变法兰的方向，“钣金参数”选项区中厚度和折弯半径为默认参数，勾选“反向”选项，其他参数都为默认值，如图 1-6-16 所示，如果不勾选“反向”选项，法兰则位于基体-法兰 1 之外，如图 1-6-17 所示，单击“确定”按钮，生成第二基体法兰，如图 1-6-18 所示。

图 1-6-16　创建基体-法兰

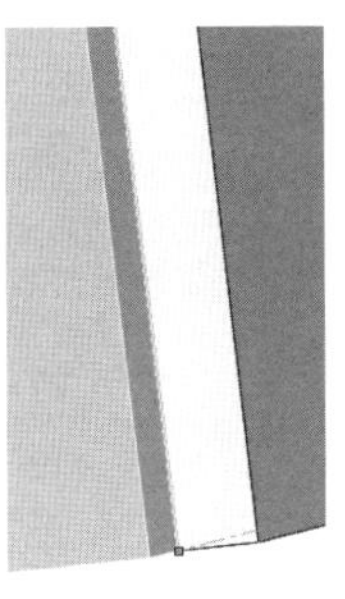

图 1-6-17　不勾选“反向”选项的结果

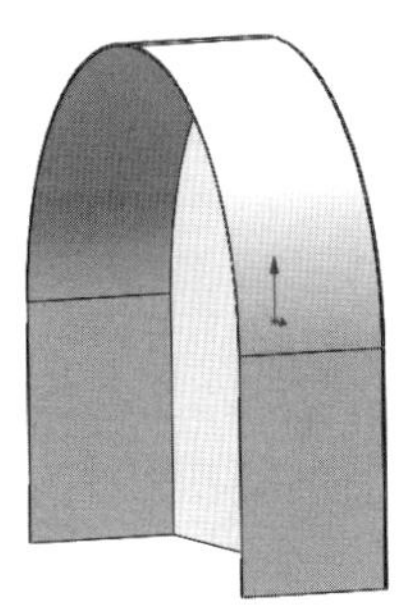

图 1-6-18　基体法兰

提示

实际工艺中，此钣金零件是通过两个板焊接而成的，因此在设计树“切割清单”中可以看到两个实体，“平板型式”中也有两个。两个实体可以单独分别展开，但是无法同时展开，如图 1-6-19 所示，通过“解除压缩”和“压缩”功能来切换展开状态，在进行下一步之前，退出展平状态。

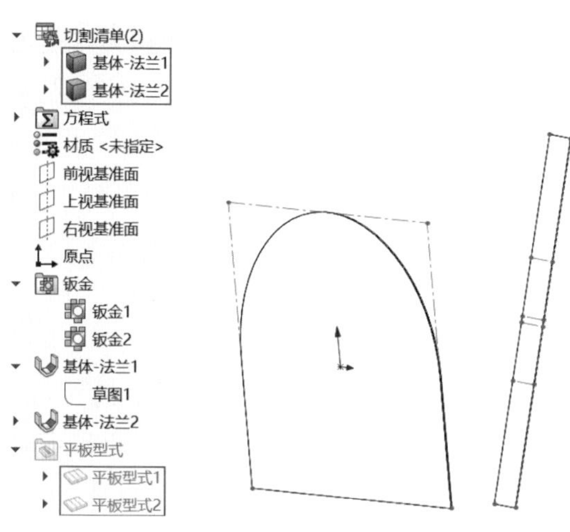

图 1-6-19　两个法兰及其展开

也可以利用“钣金”面板上的“展开”“折叠”“展平”工具（、、）来实现钣金件的不同状态。“展平”是指“钣金实体”展开，为钣金零件显示平板型式；“展开”是指“某个折弯”展开，与之对应的“折叠”也是指“某个折弯”的折叠。

步骤 7：创建边线-法兰特征

单击“钣金”面板上的“边线法兰”按钮，出现“边线-法兰”属性管理器，“法兰参数”选项区中边线选择底部左、右两边直线，勾选“使用默认半径”选项，“角度”设为“90.00 度”，“法兰长度”设为“给定深度”，值为“22.00 mm”，内部虚拟交点，法兰位置设为材料在内，单击“确定”按钮，生成边线-法兰，如图 1-6-20 所示。

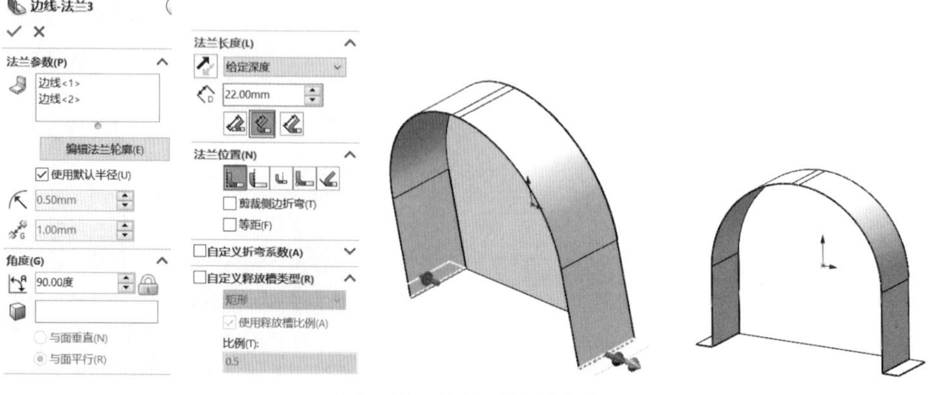

图 1-6-20　创建两侧边线法兰

步骤 8:绘制切除特征草图

选择上步创建的右边边线法兰的上面作为草图绘制面,如图 1-6-21 所示,单击“草图”面板上的“草图绘制”按钮,单击“正视于”按钮,改变视图方向,利用“圆”“直线”“中心线”“点”等工具绘制草图,单击“智能尺寸”按钮标注草图尺寸及定位尺寸,如图 1-6-22 所示,之后退出草图,完成草图绘制。

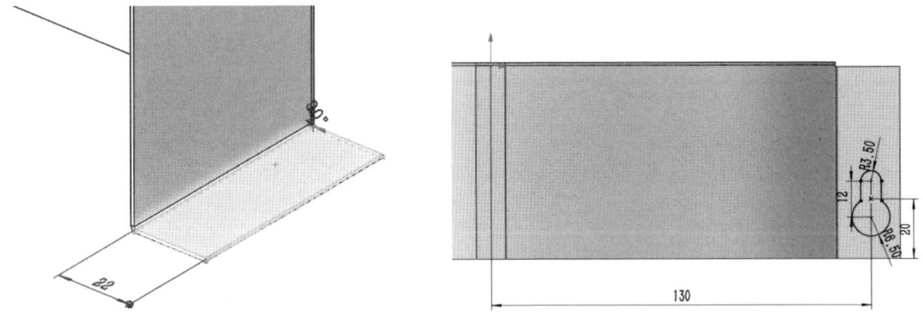

图 1-6-21　草图绘制面　　图 1-6-22　绘制草图

步骤 9:创建拉伸切除特征

选择新生成的草图,单击“钣金”面板上的“拉伸切除”按钮,出现“切除-拉伸”属性管理器,“方向 1”设为“给定深度”,勾选“与厚度相等”选项,如图 1-6-23 所示,单击“确定”按钮,生成拉伸切除特征,如图 1-6-24 所示。

图 1-6-23　参数设置

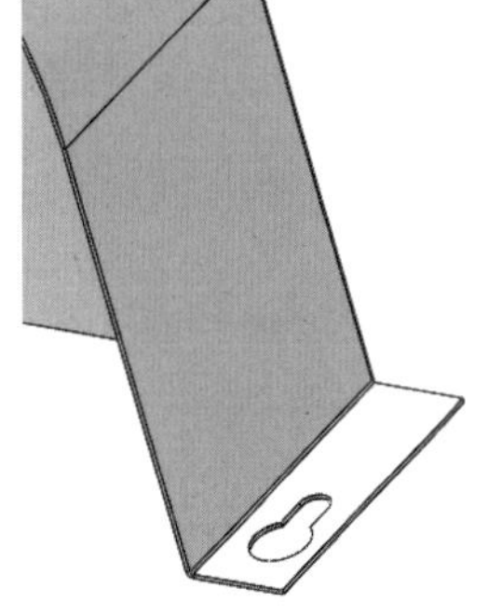

图 1-6-24　拉伸切除特征完成

步骤 10:镜像拉伸切除特征

选中左侧设计树中的“切除-拉伸 1”,单击“特征”面板上的“镜像”按钮,弹出“镜像”属性管理器,“镜像面/基准面”设为“右视基准面”,如图 1-6-25 所示,如果基准面没有显示,单击“隐藏/显示项目”按钮下拉工具栏中“隐藏/显示主要基准面”按钮,可以切换基准面的显示和隐藏,如图 1-6-26 所示。单击“确定”按钮,镜像结果如图 1-6-27 所示。

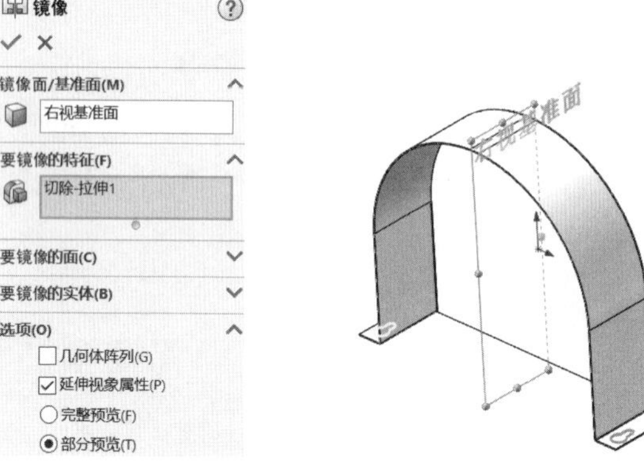

图 1-6-25 镜像设置

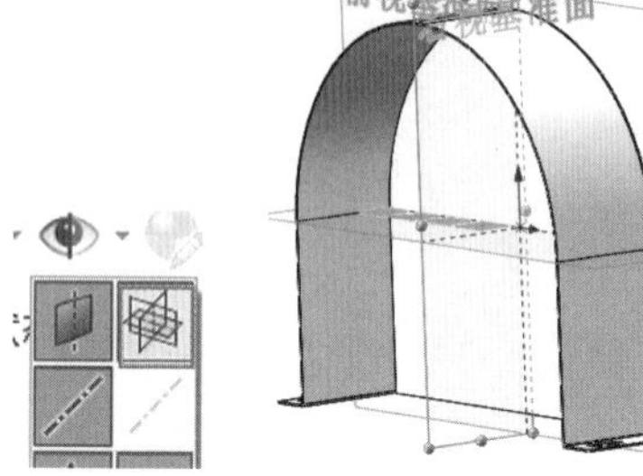

图 1-6-26 基准面的显示与隐藏

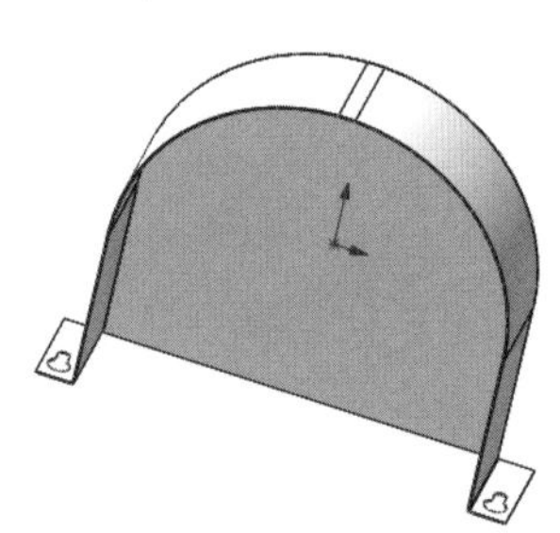

图 1-6-27 镜像结果

步骤 12:保存并关闭零件

略。

任务小结

本任务完成了松圈器皮带轮罩的设计,学生应能够通过钣金模块进行钣金设计,对钣金零件设计工具及方法有一定的了解,并掌握以下能力:

(1)Solidworks 钣金零件设计工具和相关概念。

(2)钣金零件设计方法。

(3)利用钣金工具“基体法兰/薄片”“边线法兰”等建立钣金零件。

(4)多实体钣金零件设计。

(5)钣金零件的展开和折叠。

拓展训练

绘制图 1-6-28 所示的松圈器架门。除了前面学到的一些命令,还要学习一下钣金成形工具。

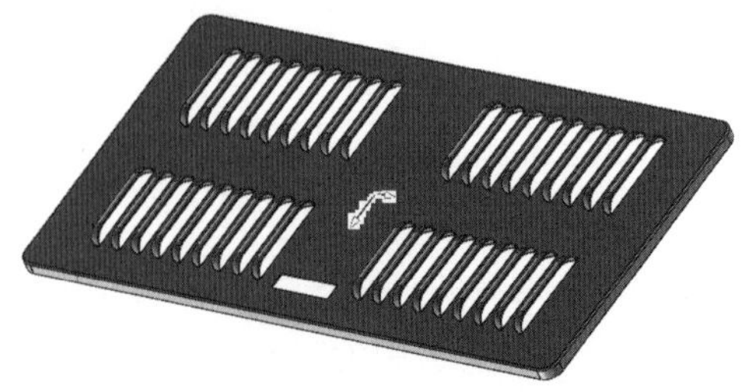

图 1-6-28 松圈器架门

成形工具可以认为是作为冲裁、伸展或成形钣金的冲模,应用成形工具可以很方便地在钣金零件中生成一些特定的冲压形状,如百叶窗、凸缘或加强筋。成形工具只能应用到钣金零件中并且只能通过设计库使用。本钣金零件需要用到百叶窗，下面来介绍钣金零件的生成过程。

步骤 1：定制符合产品规格的百叶窗

在任务窗格中单击按钮，打开“设计库”选项卡，导航到成形工具/百叶窗，此文件夹下有一个百叶窗的成形工具，双击 louver 打开。或者单击菜单栏“文件”→“打开”命令，选择 C:\ProgramData\SOLIDWORKS\SOLIDWORKS 2018\design library\forming tools\louvers 中的 louver. sldprt 打开百叶窗特征，如图 1-6-29 所示。单击“另存为”按钮，重新命名为“百叶窗”，单击“保存”按钮，保存在相同路径下。在设计树中单击“Base-Extrude”，单击“编辑特征”按钮，将尺寸修改为“110. 00 mm”，单击“确定”按钮，如图 1-6-30 所示。单击“Base-Extrude”下的“Layout Sketch”，单击“编辑草图”，打开后把尺寸修改为“100 和 15”，如图 1-6-31 所示，单击“退出草图”按钮。单击“保存”按钮，符合产品规格的百叶窗生成，如图 1-6-32 所示。

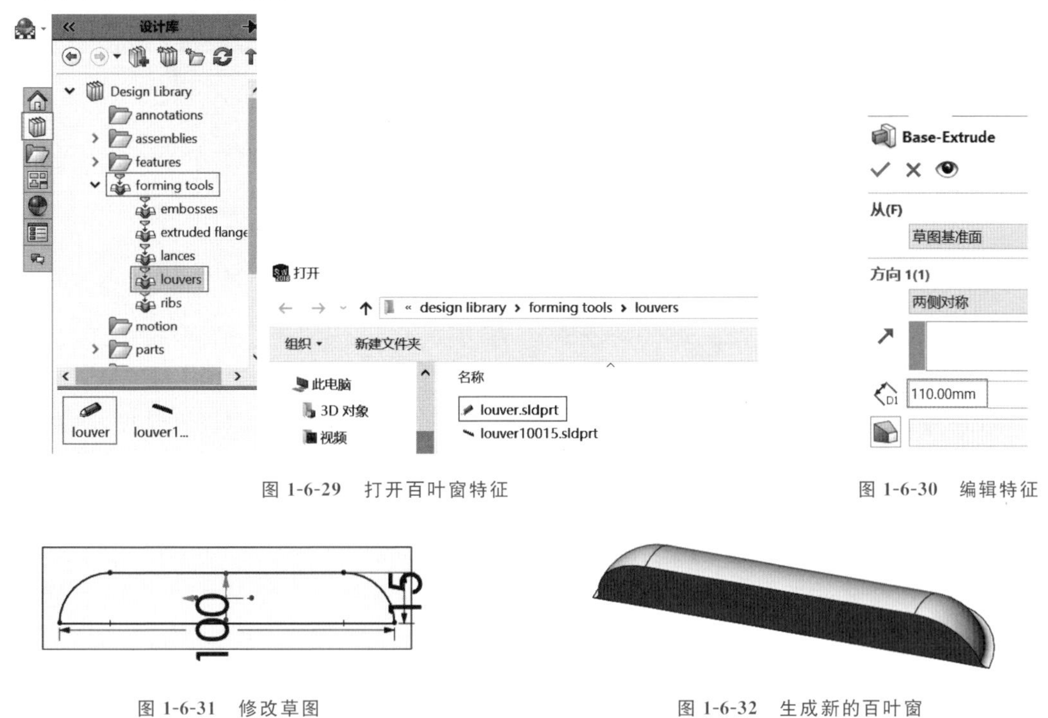

图 1-6-29　打开百叶窗特征

图 1-6-30　编辑特征

图 1-6-31　修改草图

图 1-6-32　生成新的百叶窗

步骤 2：创建基体-法兰特征

新建零件“松圈器架门”，在“前视基准面”上利用“中心矩形”“边角矩形”“中心线”“圆角”“添加几何关系”“智能尺寸”等命令绘制草图，如图 1-6-33 所示。

单击“钣金”面板上的“基体法兰/薄片”按钮，选择草图，“钣金参数”中厚度设为“1. 50 mm”，勾选“反向”选项，其余为默认值，单击“确定”按钮，基体法兰生成。

步骤 3：创建边线-法兰特征

单击“钣金”面板上的“边线法兰”按钮，选择基体法兰的后面的所有边线，其他参数设置如图 1-6-34 所示，单击“确定”按钮，生成边线-法兰特征，如图 1-6-35 所示。

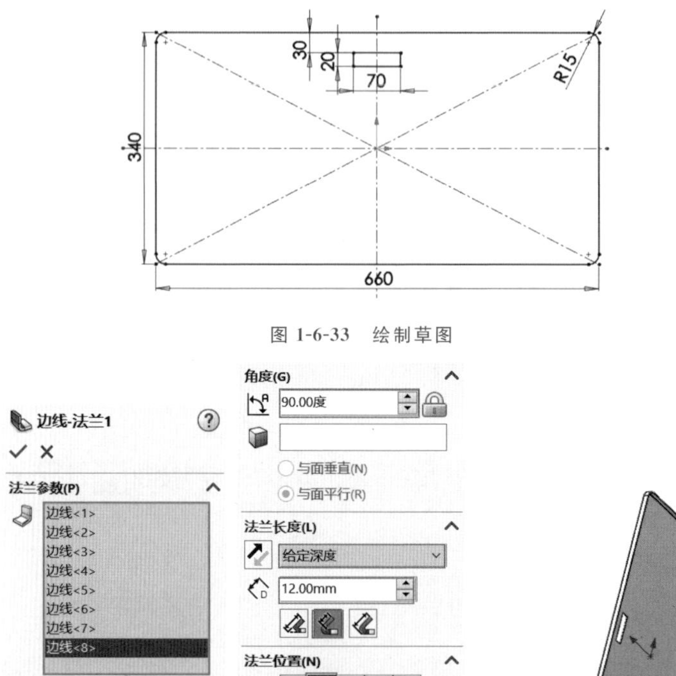

图 1-6-33 绘制草图

图 1-6-34 边线-法兰参数设置　　图 1-6-35 边线-法兰特征

步骤 4:插入百叶窗成形工具

在任务窗格中单击 按钮,打开“设计库”选项卡,导航到成形工具/百叶窗,将百叶窗拖到需要放置的钣金零件的面上,出现“成形工具特征”属性管理器,其中“类型”选项卡中都为默认设置,打开“位置”选项卡,利用“草图”面板上的“智能尺寸”命令对百叶窗进行定位,如图 1-6-36 所示,单击“确定”按钮 ,生成一个百叶窗特征。

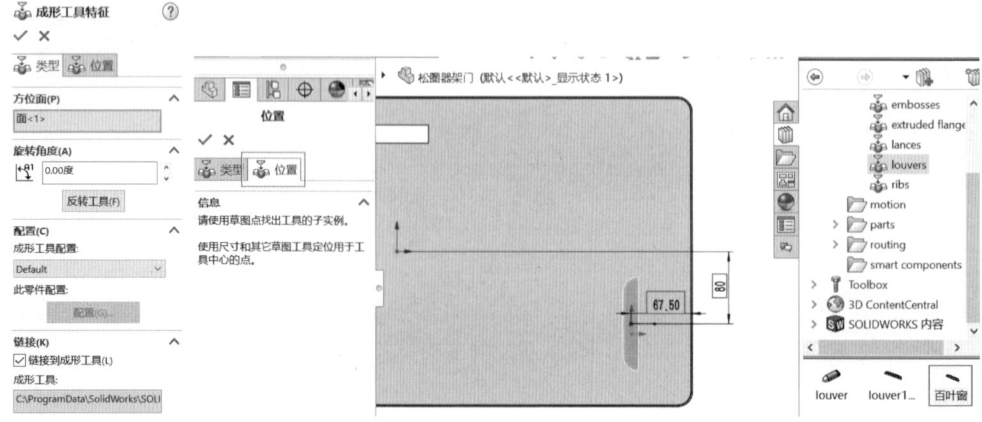

图 1-6-36 插入百叶窗

步骤 5:阵列百叶窗特征

单击“特征”面板上的“线性阵列”按钮，在“方向 1”选项框中选择下方的边线，其他设置如图 1-6-37 所示，单击“确定”按钮。

步骤 6:镜像百叶窗

单击“特征”面板上的“镜像”按钮，设置“镜像面/基准面”为“上视基准面”，要镜像的特征选择“阵列(线性)1”，如图 1-6-38 所示，单击“确定”按钮。

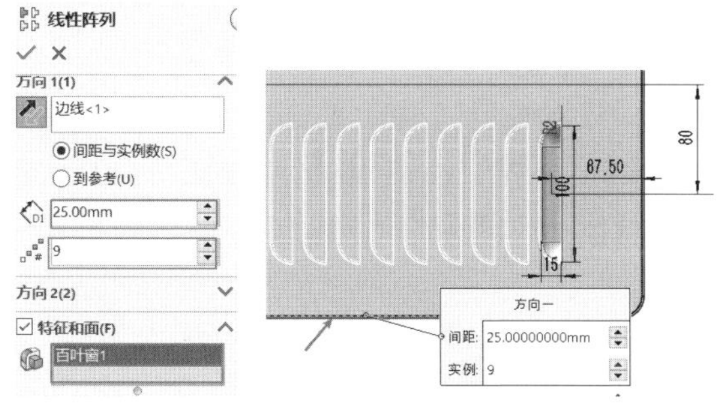

图 1-6-37　阵列百叶窗

镜像
镜像面/基准面(M)
上视基准面
要镜像的特征(F)
阵列(线性)1

图 1-6-38　镜像百叶窗

步骤 7:阵列百叶窗

单击“特征”面板上的“线性阵列”按钮，在“方向 1”选项框中选择下方的边线，其他设置如图 1-6-39 所示，单击“确定”按钮，完成松圈器架门设计，如图 1-6-40 所示。

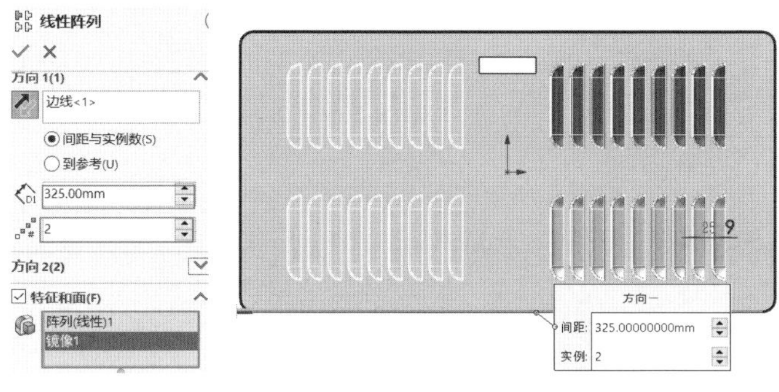

图 1-6-39　阵列特征

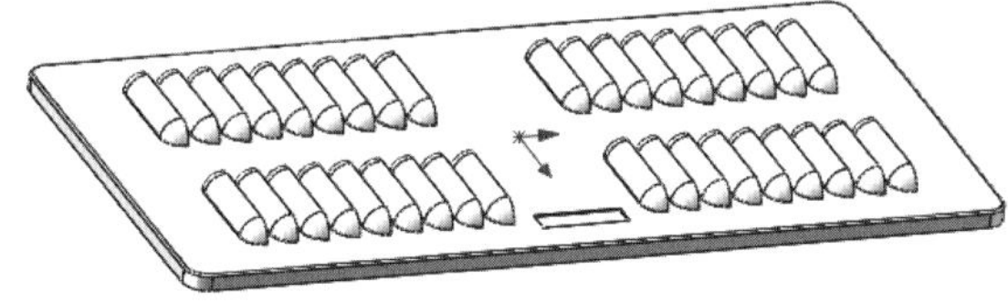

图 1-6-40　完成后的结果

步骤 8:外观设计保存并关闭零件

略。

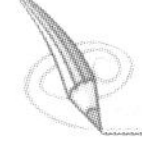

课后练习

利用本书资源中“1110-24-004 操作板. SLDDRW”工程图进行实体建模。

任务七 焊件设计(松圈器焊接架)

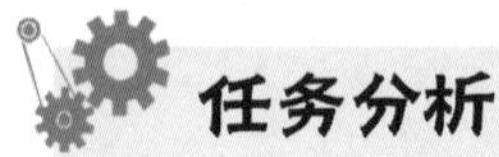

任务分析

松圈器焊接架主要由方钢和角钢组成,为了安装面板和电动机,焊接了一些垫铁和板材,如图 1-7-1 所示。目前很多机床基体都是采用这种焊件的结构,比起铸铁结构其质量更轻,制作难度低,交货周期短。但这种结构不建议用于对震动要求高的场合,比如精密加工机床,还是铸铁基体更加稳定,变形小。

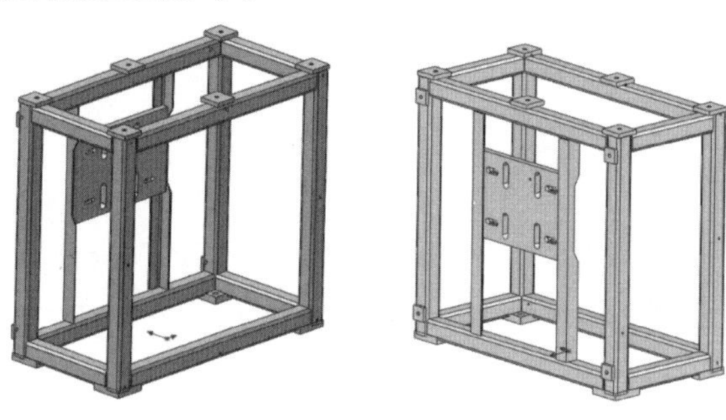

图 1-7-1 松圈器焊接架

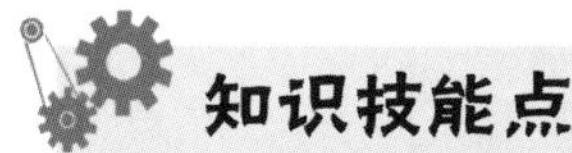

知识技能点

焊件是由多个焊接在一起的零件组成的。尽管在材料明细表中把它看作一个单独的零件,但实际上焊件是一个装配体。因此,应该把焊件作为多实体零件来进行建模,一个特殊的焊件特征会指明这个多实体零件为焊件。这样,在焊件环境中用户就可以使用一系列专用的工具和功能了。用户可以:

(1)插入结构构件、角撑板、顶端盖及圆角焊缝。

(2)用一个特殊的工具对结构构件进行剪裁和延伸。

(3)创建并管理工程图中的焊件切割清单。

(4)子焊件实体组。

本任务利用松圈器焊接架的设计,分别学习"3D 草图""结构构件""裁剪/延伸"等常用焊件工具的使用。以下几个重要的知识技能点需要掌握:

➢ 3D 3D 草图:焊件一般都是利用型材进行焊接而成的,如方钢、槽钢、工字钢等。焊件一般都是空间各个方向都有分布,因此制作焊件之前,要绘制空间方向的"3D 草图",类似"扫略"功能的引导线。

➢ 结构构件：插入结构构件要使用 2D 和 3D 草图中的直线与圆弧段。运用这种技术，可以先建立结构构件的线架布局图。插入结构构件一般采用如下步骤：

- 指定一个轮廓类型。
- 选择草图段。
- 如果需要的话，指定轮廓的方向和位置。
- 指定结构构件之间的边角条件。

➢ 剪裁/延伸：如果结构构件作为单独的特征直接插入，系统会自动进行剪裁。但是，由于很多原因，一般结构构件都是通过多步操作插入的，这样就需要对这些插入的结构构件和现有的结构构件进行剪裁。

任务实施

焊件设计
(松圈器焊接架)

步骤 1：创建焊件 3D 草图

新建一个零件模型，并保存命名为“1110-14-008 松圈器焊接架”。首先，确认“焊件”标签是否在当前界面显示，若没有，则在面板标签栏的任意位置单击鼠标右键，在弹出的快捷菜单中将“焊件”勾选上即可，如图 1-7-2 所示。

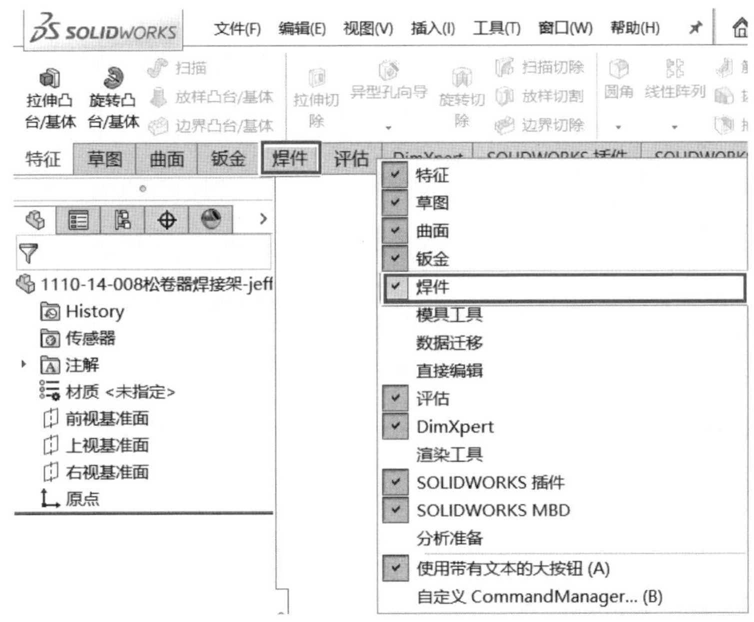

图 1-7-2　添加“焊件”标签

单击“焊件”标签，打开“焊件”面板，然后单击“3D 草图”按钮，进入 3D 草图绘制环境。打开“直线”按钮下拉菜单，单击“中心线”按钮，在 *XY* 基准面上绘制两条中心线，一条与 *X* 轴平行，另一条与 *Y* 轴平行。绘制中心线时会出现引导线，当与引导线重合的时候，软件会自动捕捉沿 *X* 轴方向或沿 *Y* 轴方向，如图 1-7-3 所示。

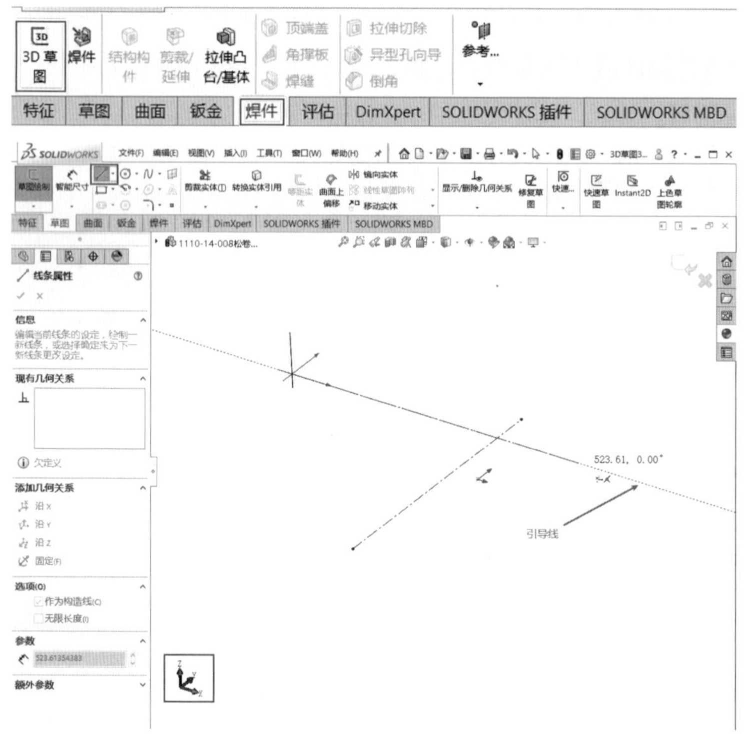

图 1-7-3　创建 3D 草图

然后，单击“添加几何关系”按钮，在左侧属性管理器的“所选实体”选项框中选中与 X 轴平行的中心线，再选中 XY 基准面的坐标原点，然后单击“添加几何关系”选项区中的“重合”按钮，这样就做出了一条与 X 轴重合的中心线，如图 1-7-4 所示。用同样的方法，让另一条中心线与 Y 轴重合。

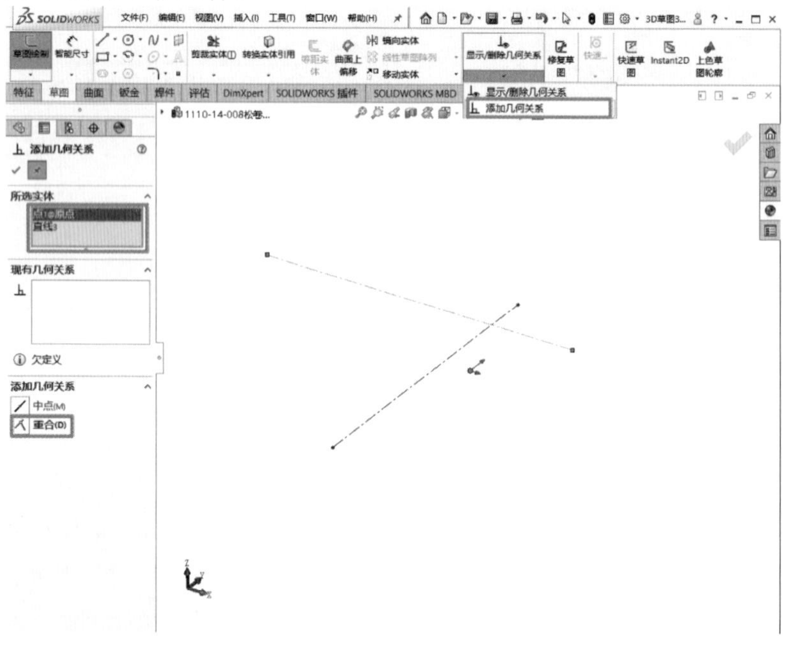

图 1-7-4　添加几何关系

在 XY 基准面上按图 1-7-5 所示绘制架体底面框架引导线。注意绘制线条的时候一定要与引导线重合，这样才能自动生成与轴的约束。

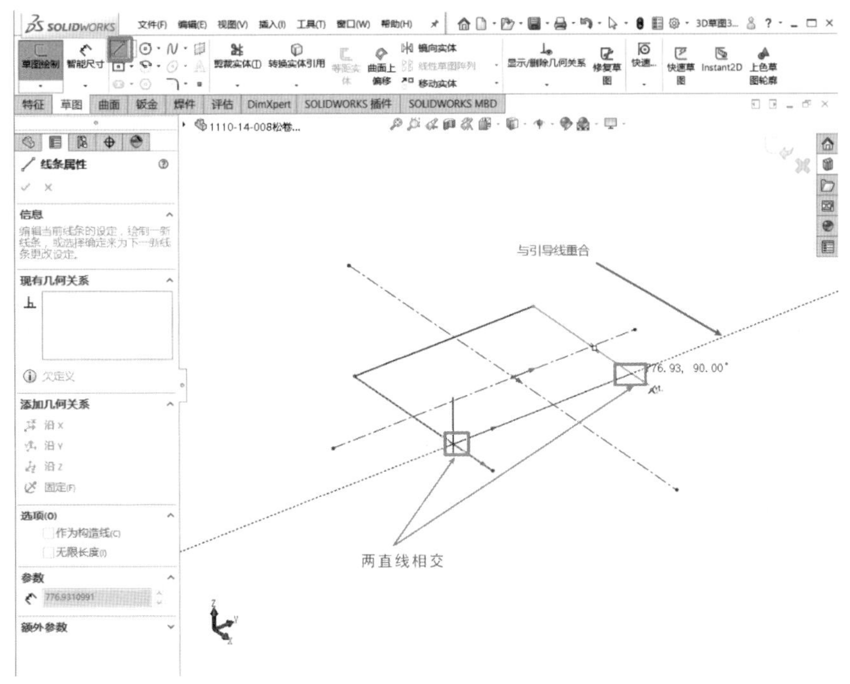

图 1-7-5　绘制架体底面框架引导线

按图 1-7-6 所示，在 XY 基准面上对架体底面引导线进行尺寸约束。

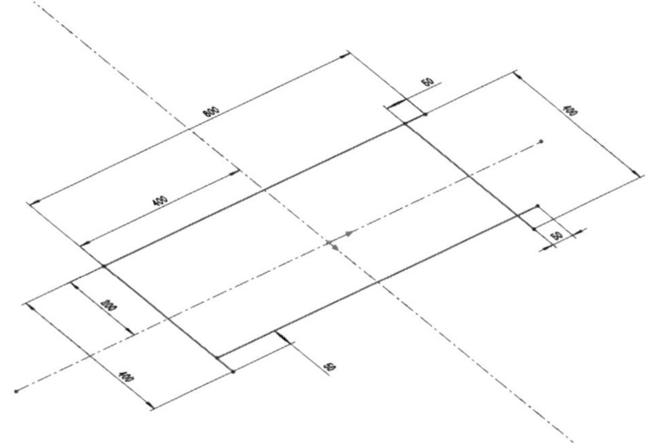

图 1-7-6　对架体底面引导线进行尺寸约束

这时如果用鼠标拖动任意一条直线，整个草图还是能够被拖动的，证明没有被完全定义。需要在设计树中用鼠标右键单击“前视基准面”，在弹出的快捷工具栏中单击“显示”按钮 ，让前视基准面显示出来，然后添加前视基准面和直线的“在平面上”的约束。这样，架体底面引导线就被约束在 XY 基准面上。单击“确定”按钮 完成约束后，所有直线变为黑色，说明完全约束了，如图 1-7-7 所示。最后可以将前视基准面隐藏。

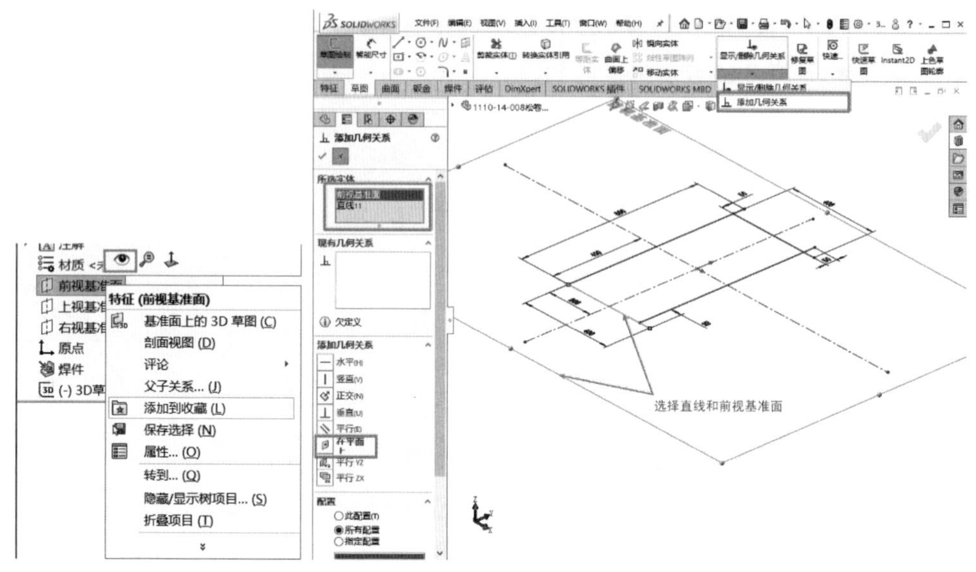

图 1-7-7　添加几何关系

单击"直线"按钮，从四个角点在 *YZ* 基准面上绘制四条竖直向上的直线，注意与引导线重合。按键盘上的"Tab"键将基准面从"*XY*"基准面切换到"*YZ*"基准面，如图 1-7-8 所示。

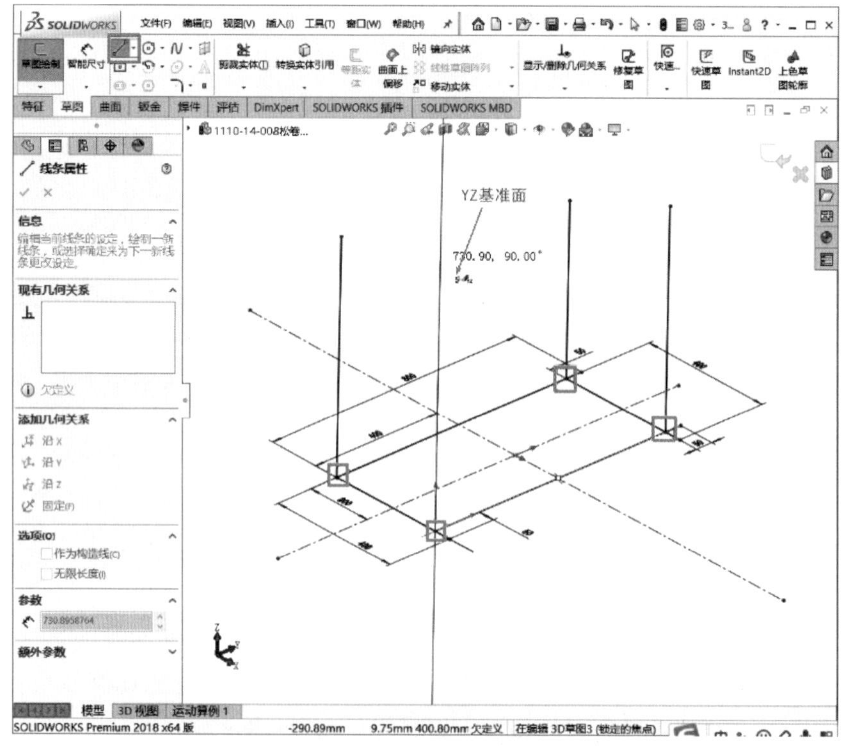

图 1-7-8　绘制四根立柱的引导线

对其中一条竖直线进行尺寸约束"716 mm"，利用"添加几何关系"命令对四条竖直线添加"相等"的几何关系，如图 1-7-9 所示。

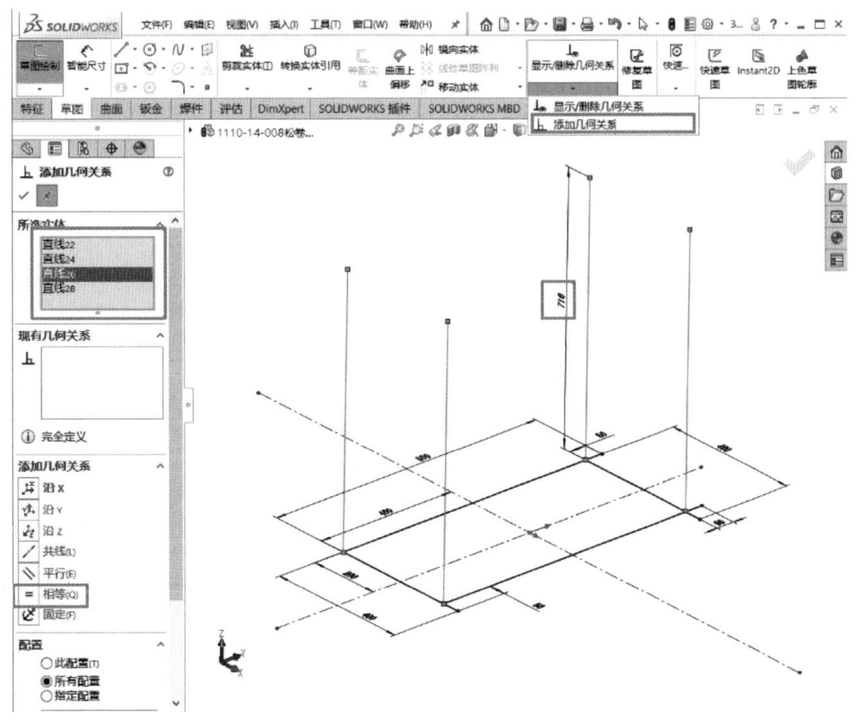

图 1-7-9　对四条竖直线添加几何关系

按键盘上的“Tab”键将基准面切换为 *XY* 基准面，按照图 1-7-10 所示绘制上表面四条直线。然后按键盘上的“Tab”键将基准面切换为“*YZ*”基准面，绘制一条竖直直线，并做尺寸约束。按绘图区域右上角“确定”按钮✔完成 3D 草图的绘制。

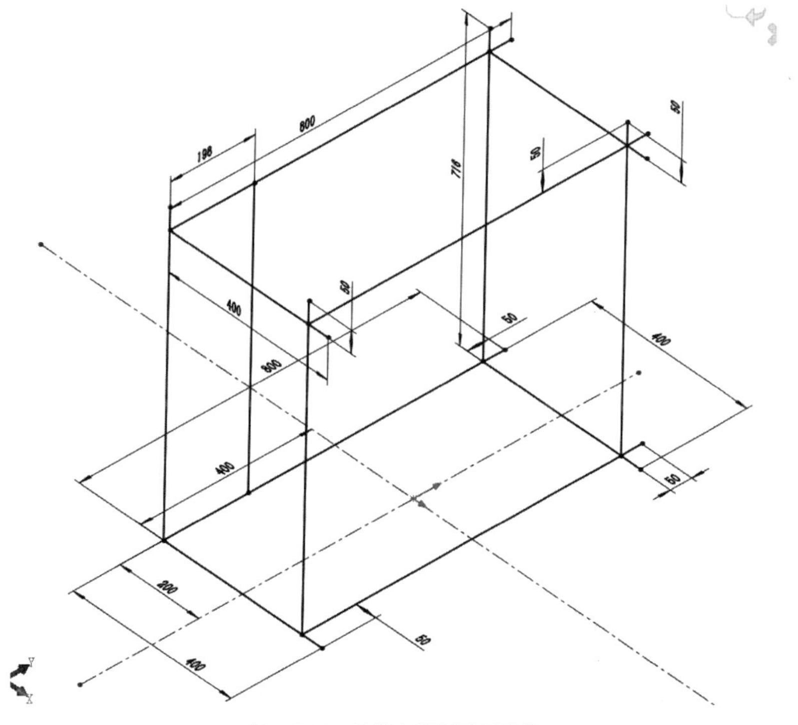

图 1-7-10　绘制上表面四条直线

步骤 2:创建结构构件

单击“结构构件”按钮，在左侧弹出“结构构件”属性管理器，设置如下:“标准”选择“iso”,“Type”选择“方形管”,“大小”选择“40×40×4”。然后在图形区域选择四根竖直线，如图 1-7-11 所示。做出四根一组的竖直方管。单击图形区右上角“确定”按钮，完成第一个结构构件。

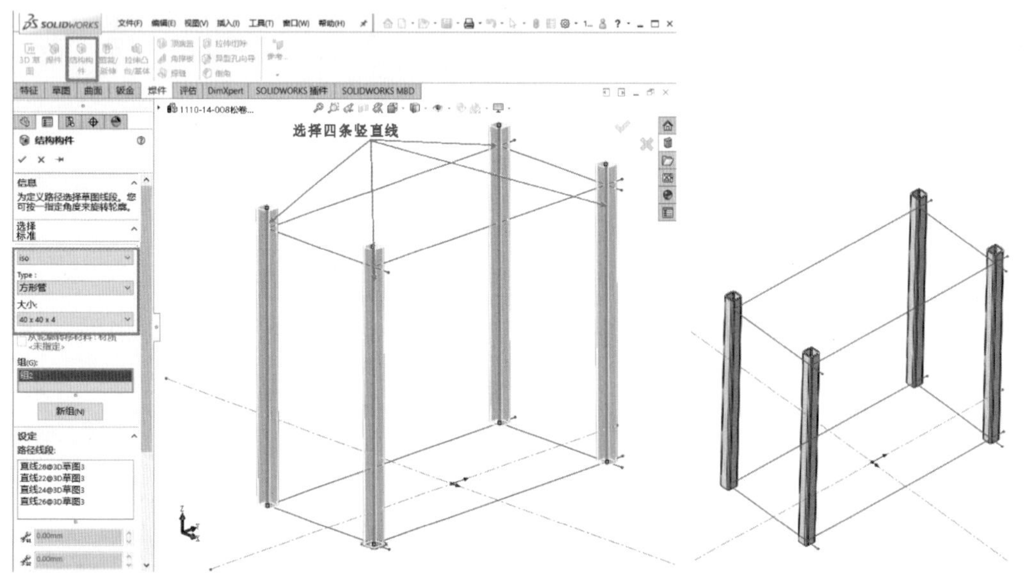

图 1-7-11 创建竖直的方形管

因为目前 SolidWorks 中还没有 GB 国标的“50×50×4”的方形管，所以需要手动进行草图更改，并且调整草图位置，为更好地剪裁做准备。在设计树中选择方形管下面的“Sketch1”单击鼠标右键，在弹出的快捷工具栏中单击“编辑草图”按钮，进入草图编辑环境。双击“40”尺寸，在弹出的对话框中将其更改为“50”，单击“确定”按钮完成更改，如图 1-7-12 所示。

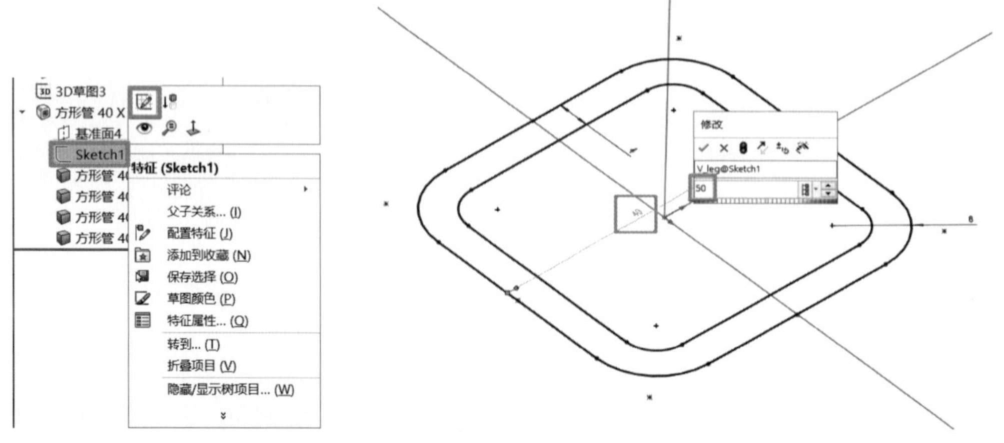

图 1-7-12 修改方形管草图

在“移动实体”按钮下拉菜单中，单击“复制实体”按钮，在左侧属性管理器中，框选所有方管的界面线条作为“要复制的实体”，“△X”和“△Y”增量分别设为“25.00 mm”。单击“确定”按钮✔完成复制，如图 1-7-13 所示。

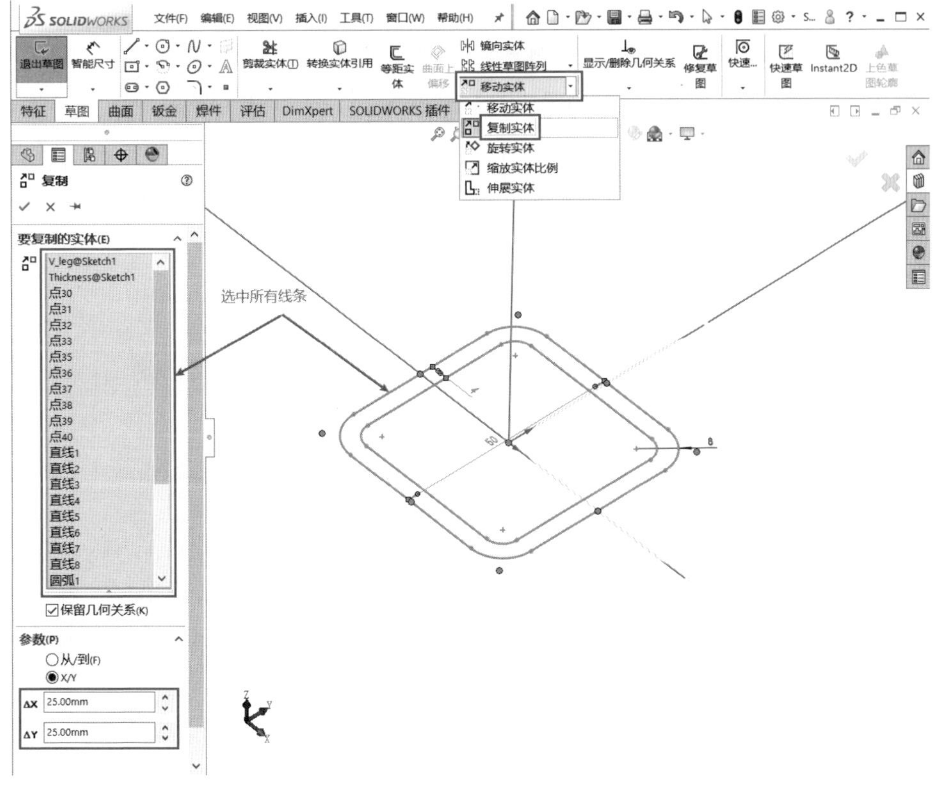

图 1-7-13　复制实体

将原始的方管界面线变为构造线，单击绘图区域右上角“确定”按钮✔完成草图编辑，这样 50×50×4 的方管即更改完成，并且位置也发生了变化，如图 1-7-14 所示。

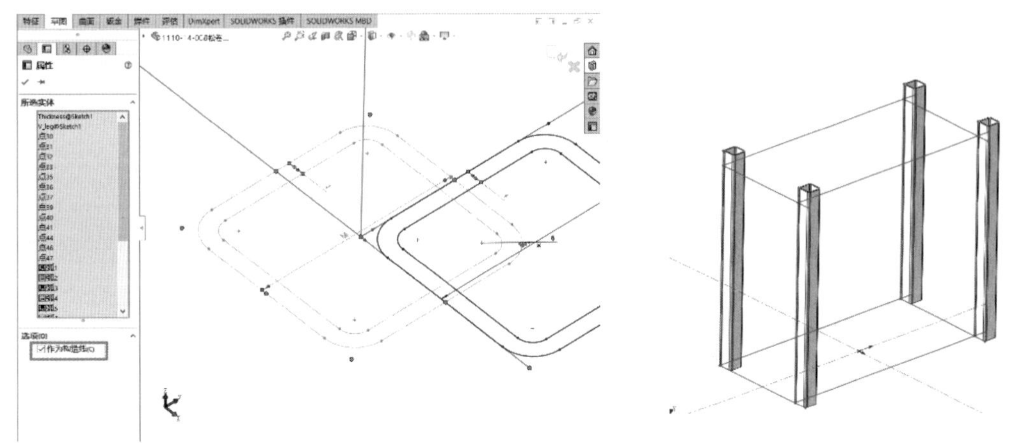

图 1-7-14　50×50×4 的方管

用同样的方法，制作长横梁和短横梁两组结构构件，制作过程中同样需要更改构件的草图，将尺寸更改为“50”，并将草图进行偏移，操作与上面步骤相同，完成效果如图 1-7-15 所示。

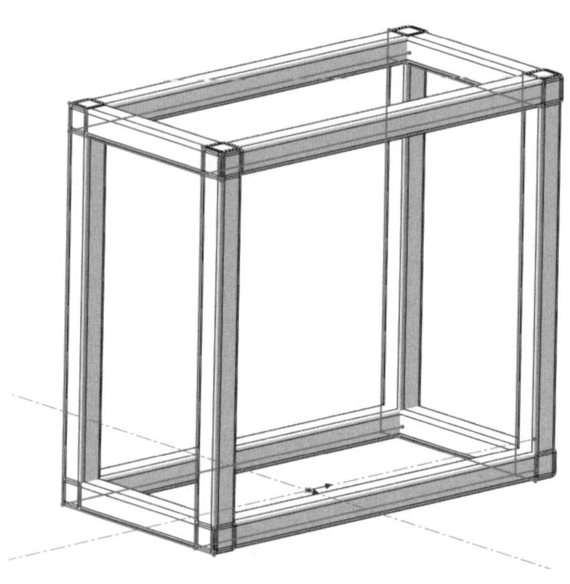

图 1-7-15 制作长横梁和短横梁

单击“结构构件”按钮插入一个结构构件，在左侧的属性管理器中，“Type”选择“角铁”，然后在图形区域选择竖直线，如图 1-7-16 所示，插入一个角铁结构构件。如果方向不对，可以在左侧属性管理器最下面更改角度为“270.00 度”。用上述同样方法编辑角铁的草图，将尺寸“35”改为“40”。

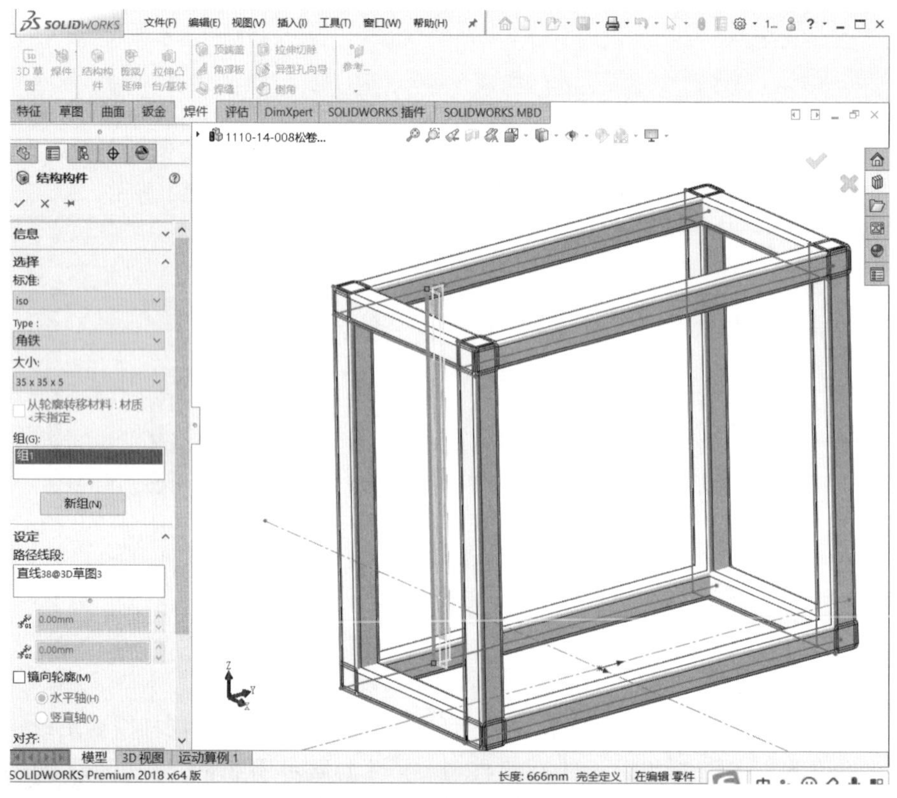

图 1-7-16 插入角铁结构构件

以角铁的侧面为基准，平移“189 mm”创建一个基准平面，如图 1-7-17 所示。

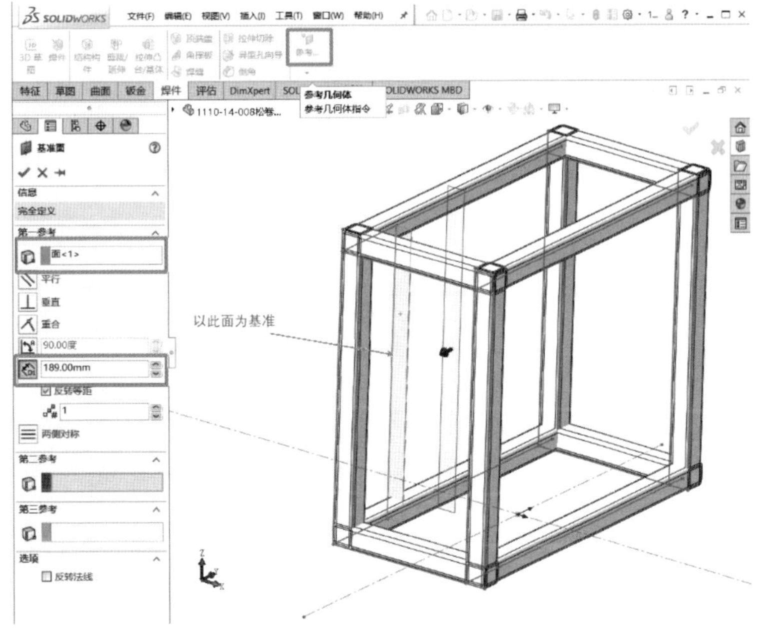

图 1-7-17　创建基准平面

打开“特征”面板，在“线性阵列”按钮下拉菜单中单击“镜像”按钮，“镜像面/基准面”选择刚建立的“基准面 8”，“要镜像的实体”选择刚制作的角铁，如图 1-7-18 所示。

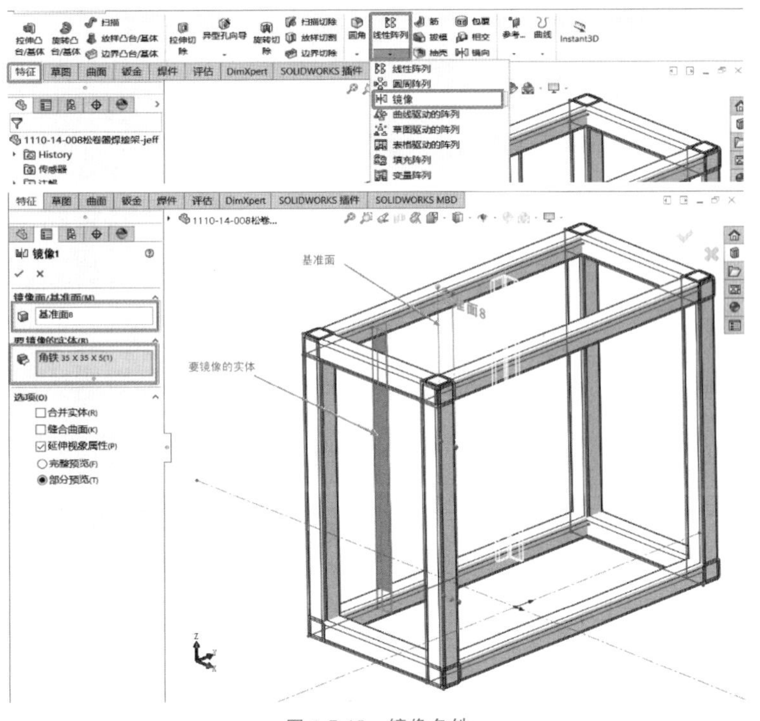

图 1-7-18　镜像角铁

步骤 3：剪裁和延伸

单击“焊件”面板上的“剪裁/延伸”按钮，左侧出现“剪裁/延伸”属性管理器，“边角类型”选择（终端裁剪），“要裁剪的实体”选择 8 根水平的方管，“剪裁边界”选择 4 根竖直方管，按“确定”按钮完成裁剪，如图 1-7-19 所示。

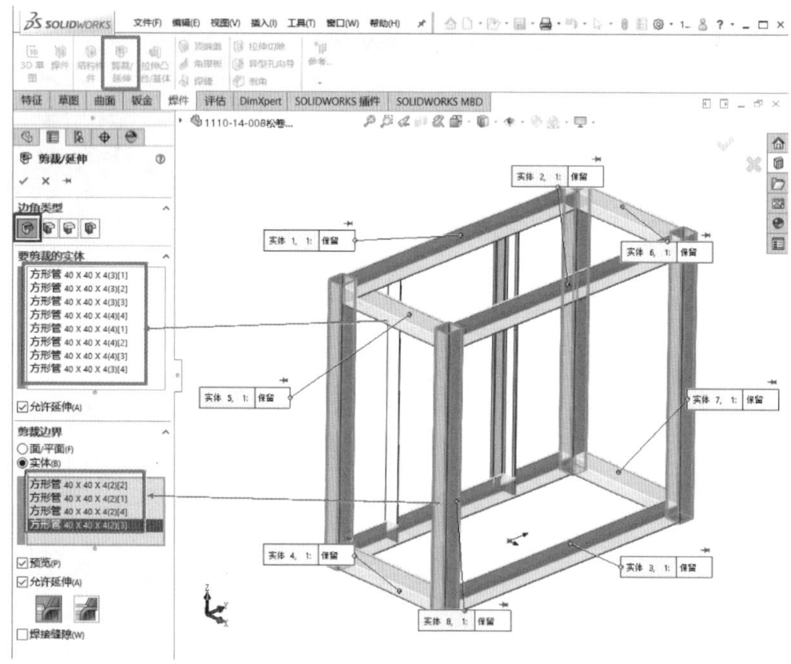

图 1-7-19　剪裁焊件

用同样的方法，将两根竖直角铁进行剪裁，如图 1-7-20 所示。

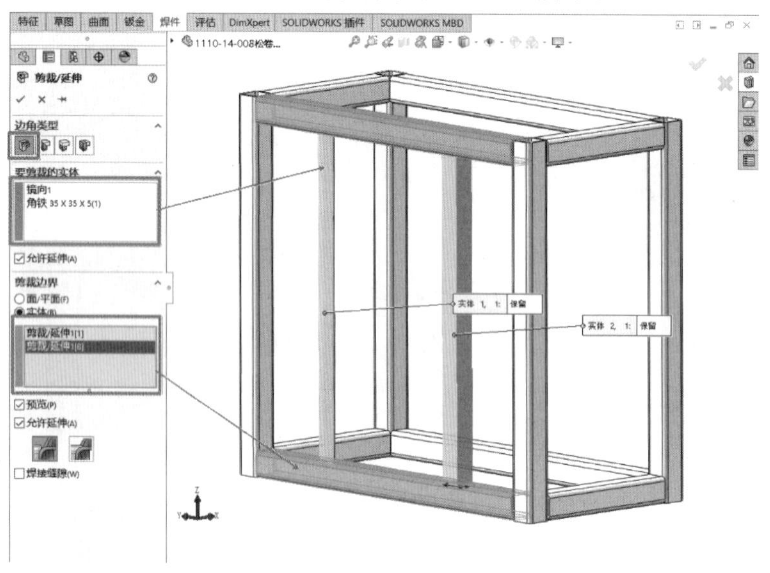

图 1-7-20　剪裁角铁

按图 1-7-21 所示，在一根竖直方管上表面创建一张平面草图，并将正方形的两条边与方管的两条边线做“共线”约束。然后利用这个草图创建一个拉伸凸台，向上拉伸 12 mm，不要合并结果。

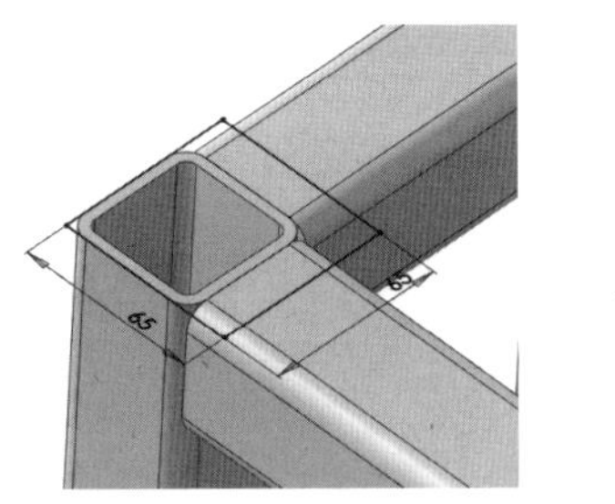

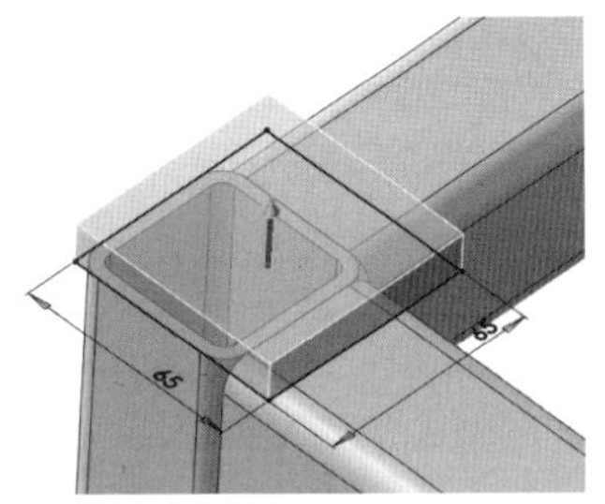

图 1-7-21　在竖直方管上表面创建方板

将上面拉伸后的方板进行两个方向的线性阵列，沿长边方向阵列 3 个，距离为“367.50 mm”；沿短边方向阵列 2 个，距离为“335.00 mm”，如图 1-7-22 所示。

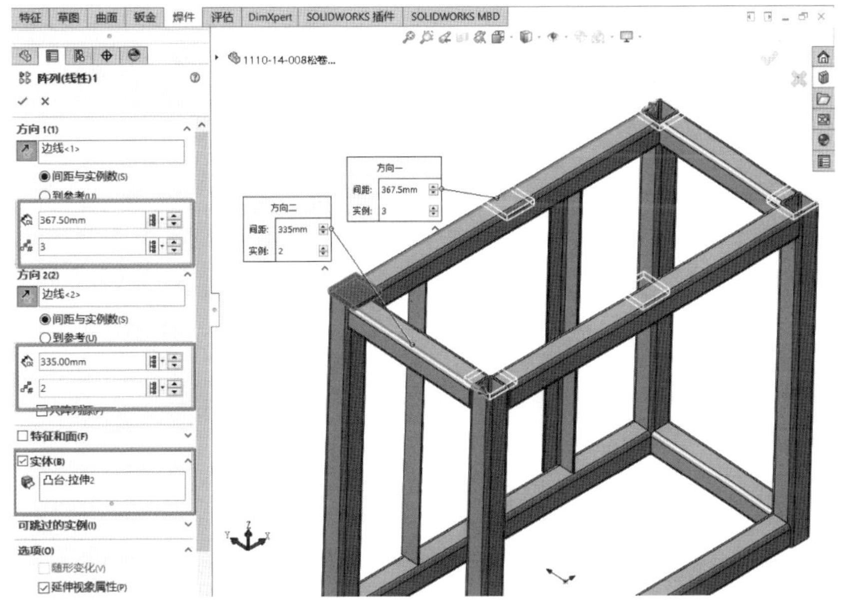

图 1-7-22　阵列拉伸实体(1)

按图 1-7-23 所示，在一根竖直方管下表面创建一张平面草图，并将正方形的两条边与方管的两条边线做“共线”约束。然后利用这个草图创建一个拉伸凸台，采用双向拉伸，向下拉伸12 mm，向上拉伸 8 mm，不要合并结果。

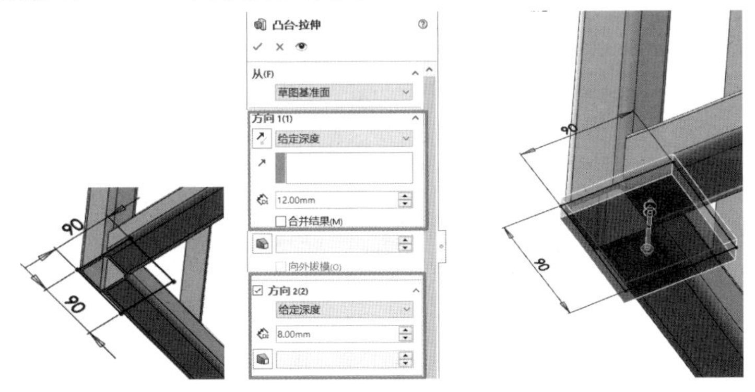

图 1-7-23　在竖直方管下表面创建方板

将上面拉伸后的方板进行两个方向的线性阵列，沿长边方向阵列 2 个，距离为“710.00 mm”；

沿短边方向阵列 2 个，距离为“310.00 mm”，如图 1-7-24 所示。

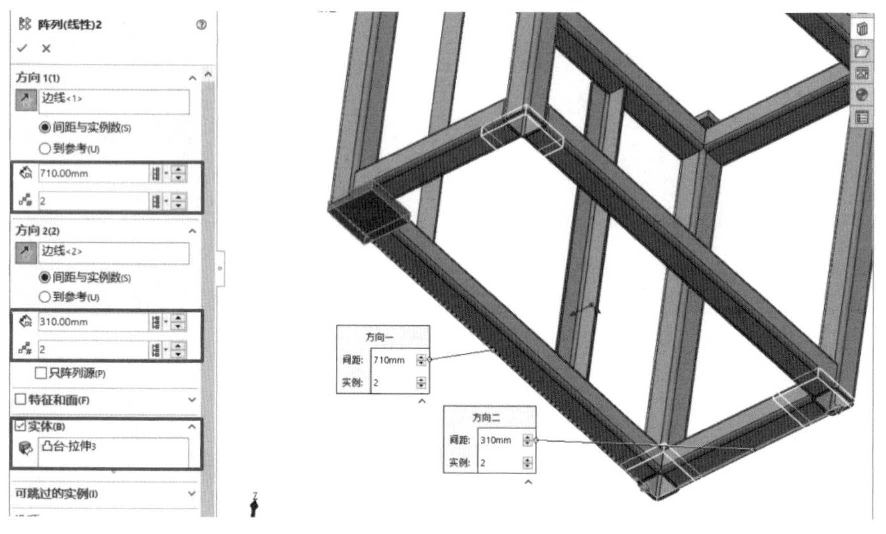

图 1-7-24 阵列拉伸实体(2)

如图 1-7-25 所示，在一根竖直方管侧面创建一张平面草图，按图中的尺寸进行约束。然后利用这个草图创建一个拉伸凸台，采用单侧拉伸，向外拉伸 10 mm，不要合并结果。

图 1-7-25 在竖直方管侧面创建方板

将上面拉伸后的方板进行两个方向的线性阵列，沿长边方向阵列 2 个，距离为“750.00 mm”；沿短边方向阵列 2 个，距离为“600.00 mm”，如图 1-7-26 所示。

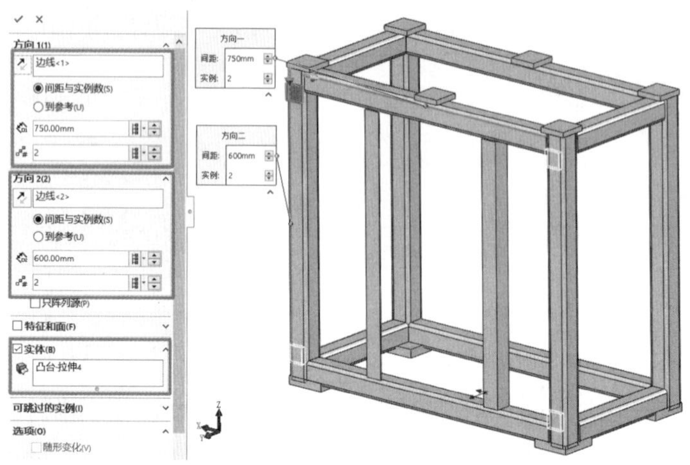

图 1-7-26 阵列拉伸实体(3)

如图 1-7-27 所示，在角铁的内表面建立一张平面草图，按图中的尺寸进行约束，并向外拉伸 20 mm，不要合并结果。

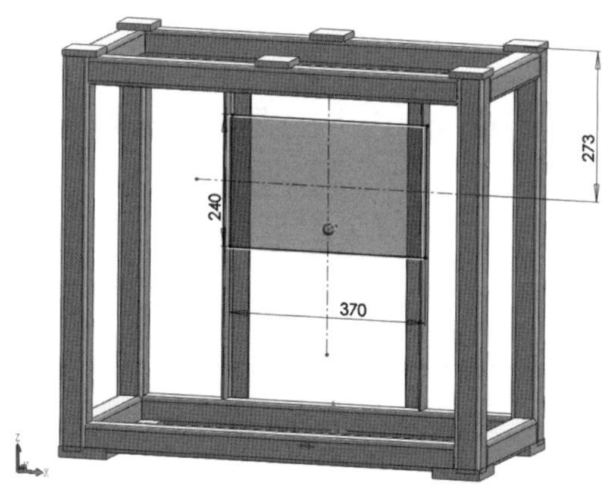

图 1-7-27　在角铁内表面创建拉伸凸台

至此，完成了松圈器焊接架的设计，保存文件。

任务小结

通过松圈器焊接架设计任务的学习，学生应能够掌握“3D 草图”“结构构件”“剪裁/延伸”等常用焊件工具，并掌握以下的技能：

(1)3D 草图的制作。

(2)结构构件的创建及编辑。

(3)剪裁/延伸工具的使用。

拓展训练

绘制如图 1-7-28 所示的床身框架(焊接)。

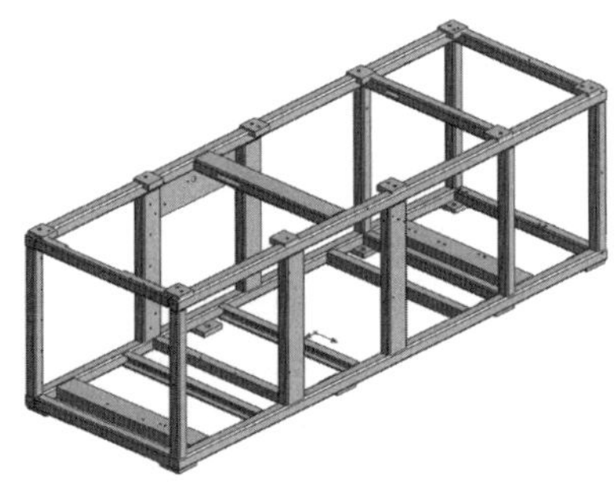

图 1-7-28　床身框架

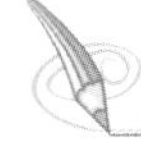

课后练习

利用本书资源中“1110-01-001 料架底座(焊接件). SLDDRW”进行焊件实体建模。

任务八 曲面设计(电器柜散热风扇扇叶)

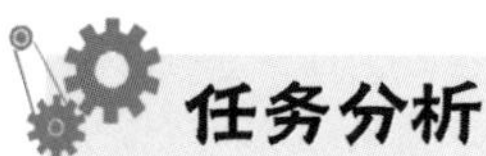

任务分析

曲面建模也称为 NURBS 建模,NURBS 是 Non-Uniform Rational B-Splines 的缩写,是"非统一均分有理性 B 样条"的意思。一般来说,创建曲面都是从曲线开始的。可以通过点创建曲线进而来创建曲面,也可以通过抽取或使用视图区已有的特征边缘线创建曲面。其一般的创建过程:

(1)首先创建曲线。可以用测量得到的云点创建曲线,也可以从光栅图像中勾勒出用户所需曲线。

(2)根据创建的曲线,利用"过曲线""直纹""过曲线网格""扫掠"等选项,创建产品的主要或者大面积的曲面。

(3)利用"桥接面""二次截面""软倒圆""N-边曲面"选项,对前面创建的曲面进行过渡接连;利用"剪裁分割"等命令编辑调整曲面;利用"光顺"命令来改善模型质量。最终得到完整的产品初级模型。

(4)利用渲染插件添加材质以及环境背光等,最后得出效果图。

(5)风扇在各个领域应用非常广泛,小到家用电器,大到工业机床、飞机、轮船等需要散热的场合都会用到。因此扇叶是非常典型的曲面设计案例,需要用到"拉伸曲面""分割线""投影曲线""边界曲面""加厚"等常用曲面工具。下面就以机床电器柜中的散热风扇扇叶为例,讲解其制作过程。

知识技能点

曲面是一种厚度为零的几何体。若想创建曲面,需使用与创建实体(如拉伸、旋转、及扫描)相同的许多工具。曲面还使用其他功能或特征,如剪裁、解除剪裁、延伸以及缝合。曲面比实体要具有优势。它们比实体更灵活,因为可等到设计的最终步骤完成后再定义曲面之间的边界。

本任务利用电器柜散热风扇扇叶的曲面设计,分别学习"拉伸曲面""分割线""投影曲线""边界曲面""加厚"等常用曲面工具的使用。以下几个重要的知识技能点需要掌握:

➢ 实体与曲面:在 SolidWorks 中,实体与曲面是非常相似甚至接近相同的,这也是为什么可以轻松地利用两者来进行高级建模的原因。理解实体与曲面两者的差异以及相似之处,将非常有利于正确地建立曲面或者实体。可以通过下面的规则来区分实体或者曲面:对于一个实体,其中任意一条边线同时属于且只属于两个面。也就是说,在一个曲面实体中,其中一条边线可以是仅属于一个面的。

➢ 拉伸曲面：该命令类似于“拉伸凸台/基体”，只不过它生成的是一个曲面不是一个实体，它的端面不会被盖上，同时也不要求草图是闭合的。

操作步骤：

- 在“曲面”面板上单击“拉伸曲面”按钮。
- 从菜单栏中选择“插入”→“曲面”→“拉伸曲面”命令。

➢ 分割线：该命令将实体（草图、实体、曲面、面、基准面或曲面样条曲线）投影到表面、曲面或平面。它将所选面分割成多个单独面。用户可使用这一个命令分割多个实体上的曲线。

操作步骤：

- 在“曲面”面板上单击“曲线”按钮下拉菜单中的“分割线”按钮。
- 从菜单栏中选择“插入”→“曲线”→“分割线”命令。

➢ 投影曲线：该命令可以将绘制的曲线投影到模型面上来生成一条 3D 曲线，也可以用另一种方法生成曲线，首先在两个相交的基准面上分别绘制草图，此时系统会将每一个草图沿所在平面的垂直方向投影得到一个曲面，最后这两个曲面在空间相交而生成一条 3D 曲线。

操作步骤：

- 在“曲面”面板栏上单击“曲线”按钮下拉菜单中的“投影曲线”按钮。
- 从菜单栏中选择“插入”→“曲线”→“投影曲线”命令。

➢ 边界曲面：可用于生成在两个方向上（曲面所有边）相切或曲率连续的曲面。大多数情况下，这样产生的结果比放样工具产生的结果质量更高。消费性产品设计师以及其他需要高质量曲率连续曲面的用户可以使用此工具。

操作步骤：

- 在“曲面”面板上单击“边界曲面”按钮。
- 从菜单栏中选择“插入”→“曲面”→“边界曲面”命令。

➢ 加厚：通过加厚一个或多个相邻曲面来生成实体特征。

操作步骤：

- 在“曲面”面板上单击“加厚”按钮。
- 或从下拉菜单中选择“插入”→“凸台/基体”→“加厚”。

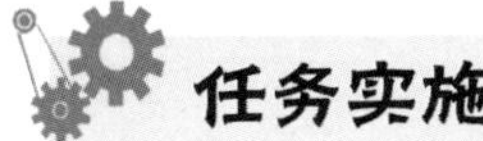

任务实施

曲面设计（电器柜散热风扇扇叶）

步骤 1：新建一个扇叶零件

在菜单栏中选择“文件”→“新建”命令或单击标准工具栏上的“新建”按钮，如图 1-8-1 所示。

在弹出的“新建 Solidworks 文件”对话框中选择“零件”图标，然

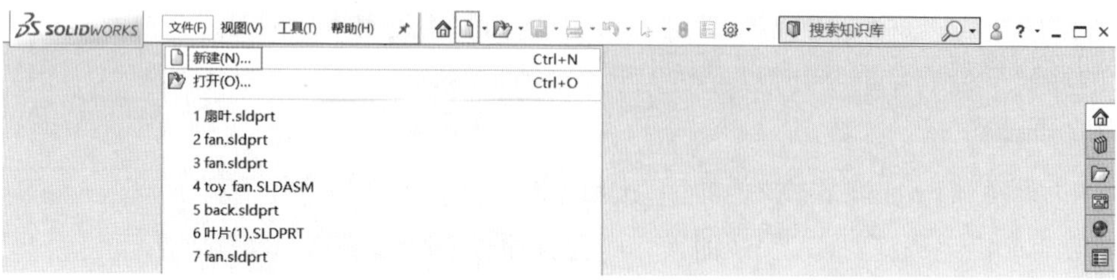

图 1-8-1　新建文件

后单击“确定”按钮，如图 1-8-2 所示。

单击标准工具栏上的“保存”按钮，在“另存为”对话框中选择好存储路径后，将文件名改为“扇叶”，之后单击“保存”按钮，如图 1-8-3 所示。

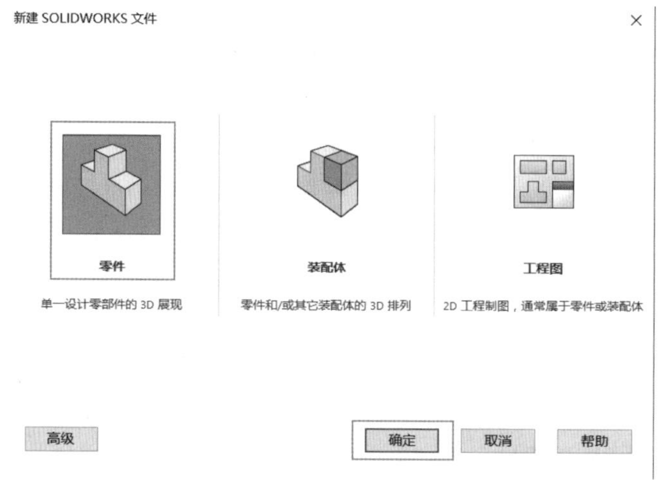

图 1-8-2　新建零件

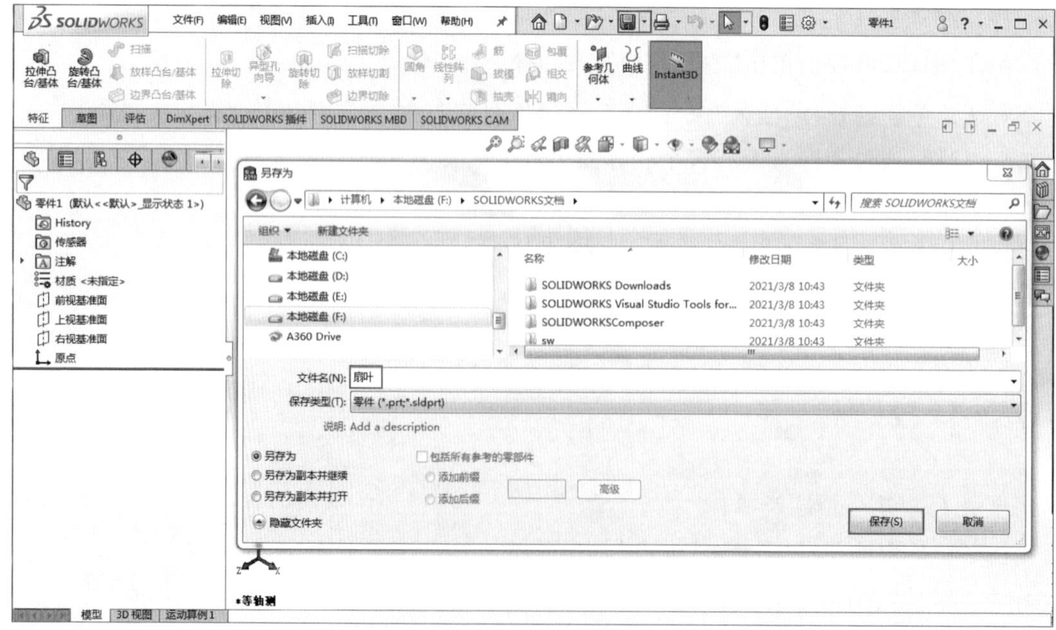

图 1-8-3　零件另存为

步骤 2:创建曲面拉伸草图

在左侧设计树中选择“右视基准面”,然后单击“草图”面板上的“草图绘制”按钮,这样就在右视基准面上创建了一张草图,如图 1-8-4 所示。

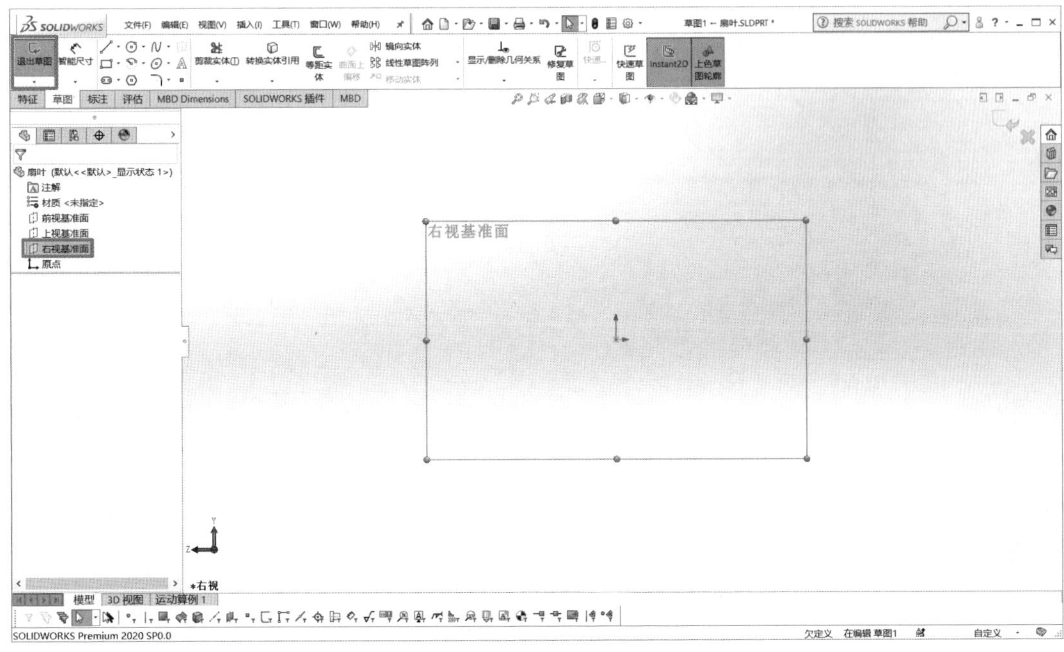

图 1-8-4　创建草图(1)

单击“草图”面板上的“圆”按钮,捕捉到坐标原点以坐标原点为中心,绘制两个同心圆,直径分别为 ϕ8 mm 和 ϕ80 mm,如图 1-8-5 所示。

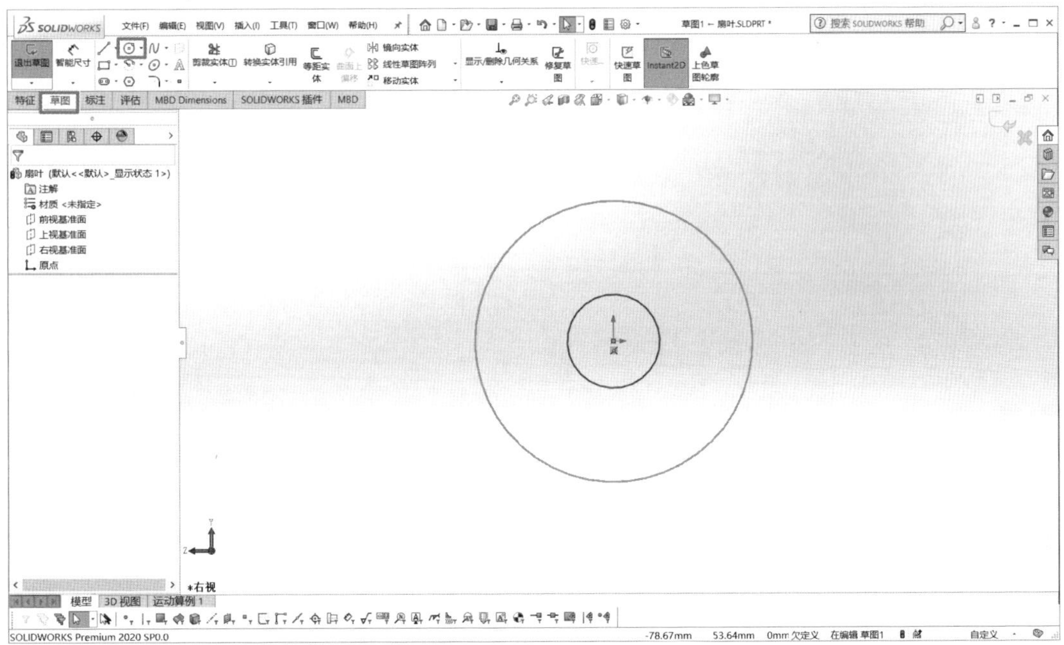

图 1-8-5　绘制草图

单击“草图”面板上的“智能尺寸”按钮，分别选择大圆和小圆的边线进行尺寸标注，并输入相应的尺寸。最后单击绘图区域右上角“确定”按钮，完成草图编辑，如图 1-8-6 所示。

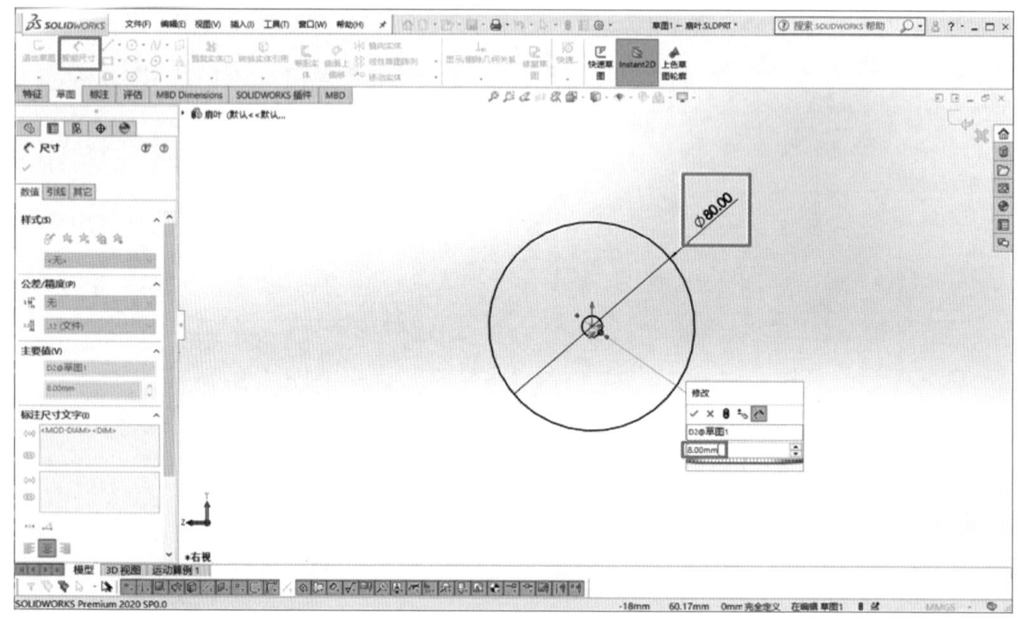

图 1-8-6 约束草图

步骤 3：创建曲面拉伸片体

在绘图区域按住鼠标中键（滚轮），让草图旋转一个角度。在设计树中选中“草图 1”，然后单击“曲面”面板上的“拉伸曲面”按钮，左侧的设计树自动切换为“曲面-拉伸”属性管理器，在“方向”选项框中选择“两侧对称”，拉伸深度输入“10.00 mm”，单击绘图区域右上角“确定”按钮，完成“曲面拉伸 1”，如图 1-8-7 所示。

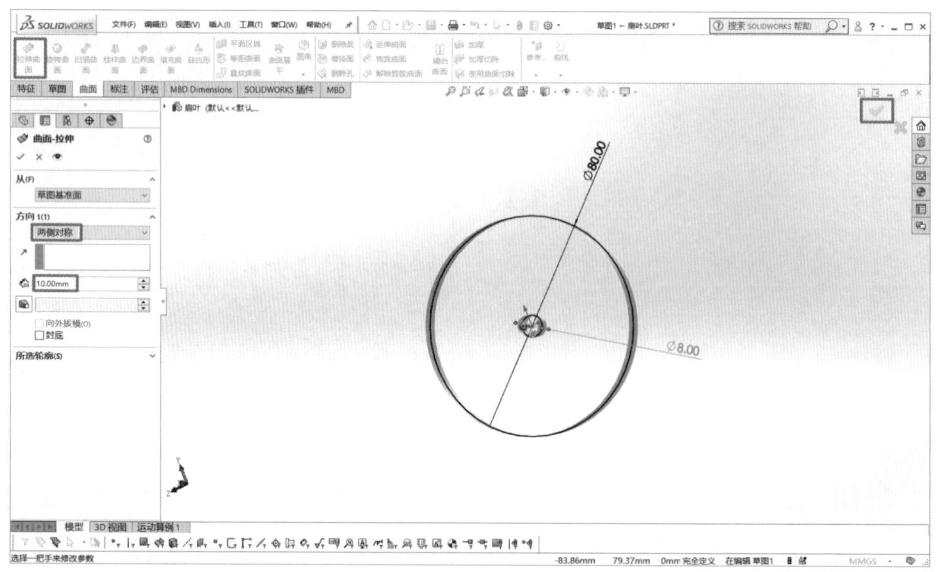

图 1-8-7 创建曲面拉伸特征

提示

鼠标左键为选择键，中键(滚轮)按住为旋转视图，转动滚轮为缩放视图。

如果软件界面中没有“曲面”面板，在面板标签栏任意位置单击鼠标右键，将弹出快捷菜单，将“曲面”选项勾选上即可调出该面板，如图1-8-8所示。

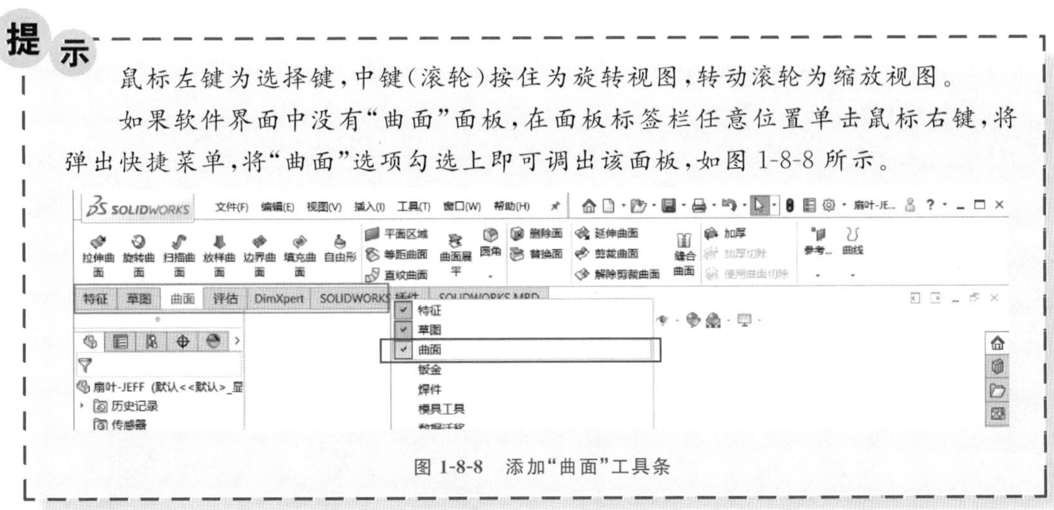

图 1-8-8　添加“曲面”工具条

步骤4：创建一个基准轴和一个基准面

单击“特征”面板上“参考几何体”按钮下拉菜单中的“基准轴”按钮，在左侧属性管理器中选择“圆柱/圆锥面”选项，然后在绘图区域中选择ϕ8 mm的小圆柱片体，最后单击“确定”按钮完成“基准轴1”的建立，如图1-8-9和图1-8-10所示。

图 1-8-9　创建基准轴1

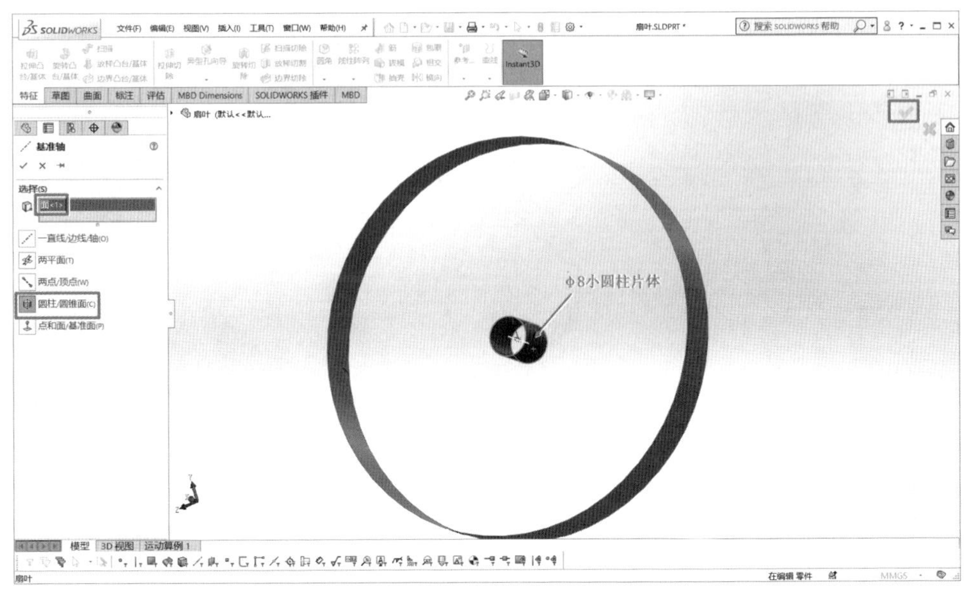

图 1-8-10　创建ϕ8 mm的小圆柱片体

为了节省资源，软件默认的基准轴和基准面都是隐藏的，可以在左侧设计树中需要的基准面或基准轴上单击鼠标右键，在弹出的快捷工具栏上单击“显示”按钮 即可。如果不需要了，用同样的方法单击“隐藏”按钮 即可。

将上视基准面和基准轴显示出来。如图 1-8-11 所示。

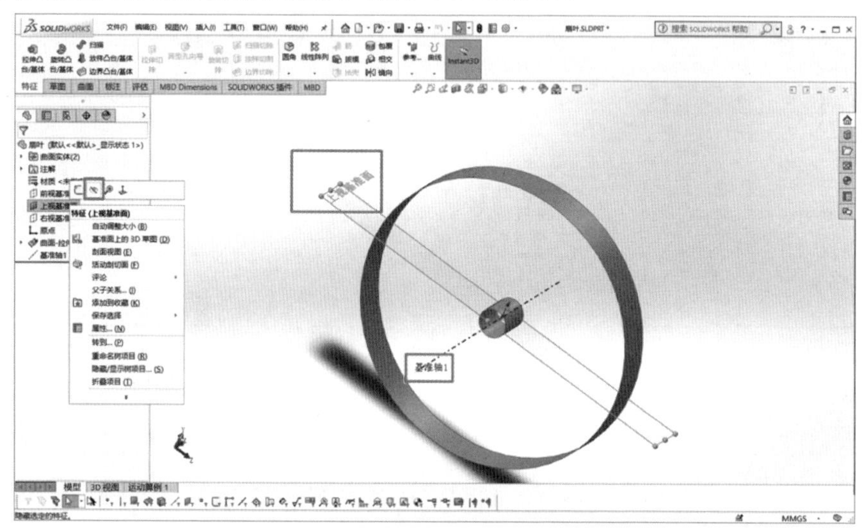

图 1-8-11　显示上视基准面和基准轴

单击“特征”面板上“参考几何体”按钮 下拉菜单中的“基准面”按钮，“第一参考”选择上一步显示出来的“上视基准面”，两面夹角输入“60.00 度”；“第二参考”选择显示出的“基准轴 1”，最后单击绘图区域中右上角“确定”按钮，完成“基准面 1”的创建，如图 1-8-12 所示。

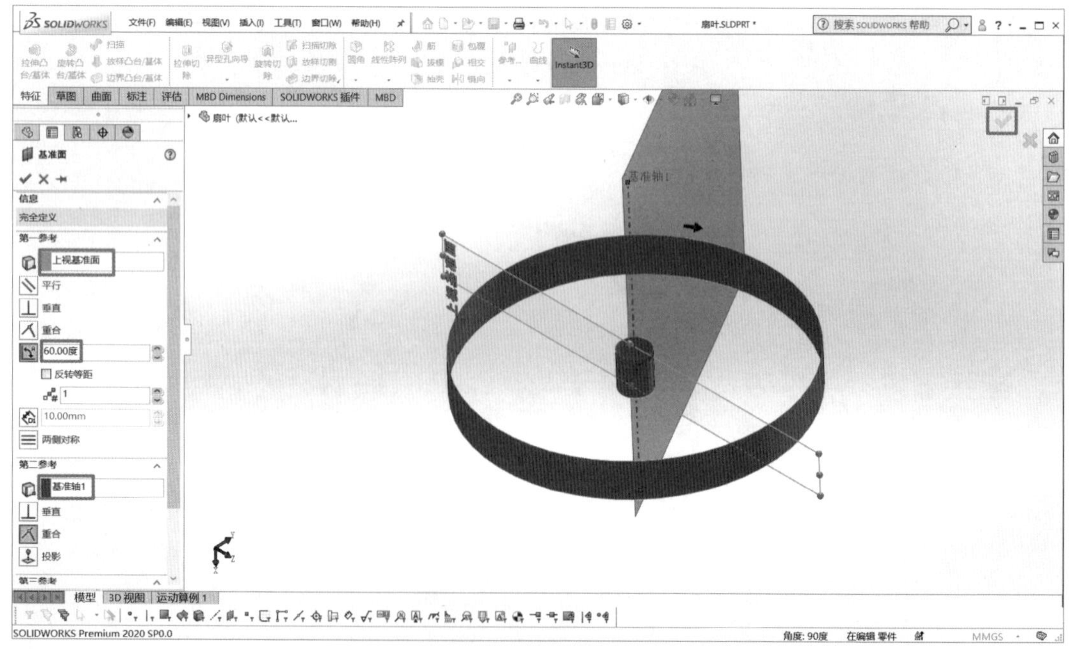

图 1-8-12　创建基准面 1

步骤 5:创建四条分割线

单击“曲面”面板上“曲线”按钮下拉菜单中的“分割线”按钮，在左侧属性管理器中设置“分割类型”为“交叉点”，在“选择”选项区，第一个选项中选择“基准面 1”，第二个选项框中选择大圆柱片体。这样好像“基准面 1”是一把刀，把大圆柱片体切成了两个片体。最后单击绘图区域右上角“确定”按钮完成“分割线 1”的创建，如图 1-8-13 和图 1-8-14 所示。

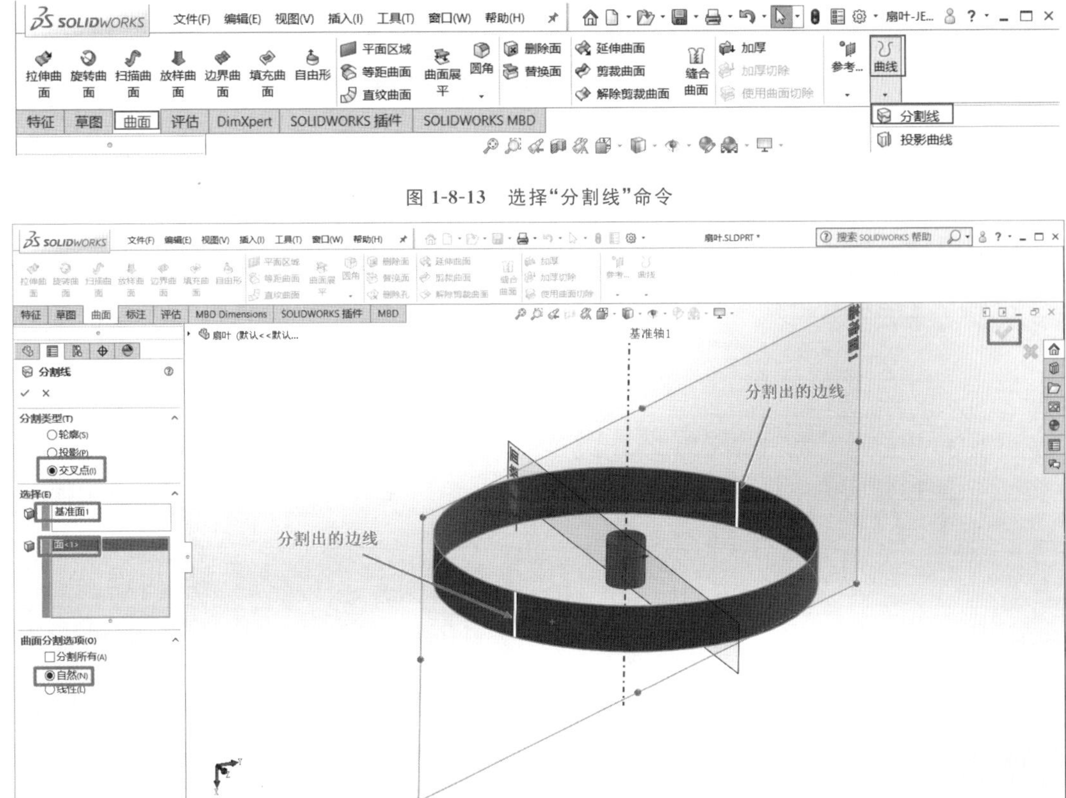

图 1-8-13　选择“分割线”命令

图 1-8-14　创建分割线 1

单击“曲面”面板上“曲线”按钮下拉菜单中的“分割线”按钮，在左侧属性管理器中设置“分割类型”为“交叉点”，在“选择”选项区，第一个选项框中选择“上视基准面”，第二个选项框中选择刚才分割好的两个大圆柱片体。最后单击绘图区域右上角“确定”按钮完成“分割线 2”的创建，如图 1-8-15 所示。

用同样的方法，利用“基准面 1”和“上视基准面”把 $\phi8$ mm 的小圆柱片体分割成四个片体，创建出“分割线 3”和“分割线 4”，最后将“基准面 1”“基准轴 1”和“上视基准面”隐藏。最终结果如图 1-8-16 所示。

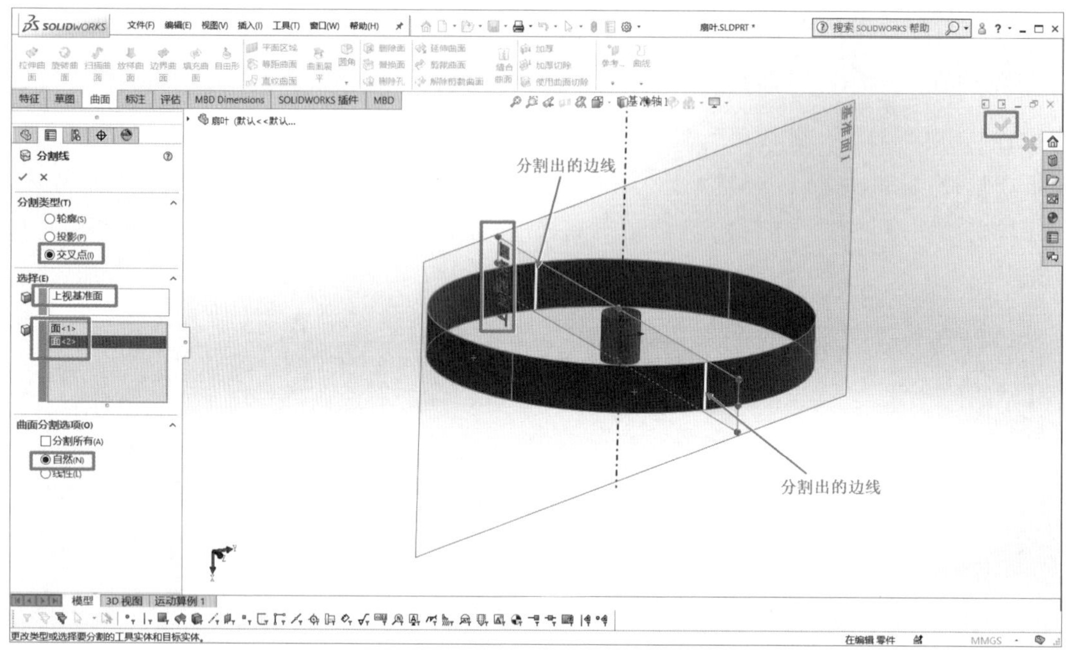

图 1-8-15　创建分割线 2

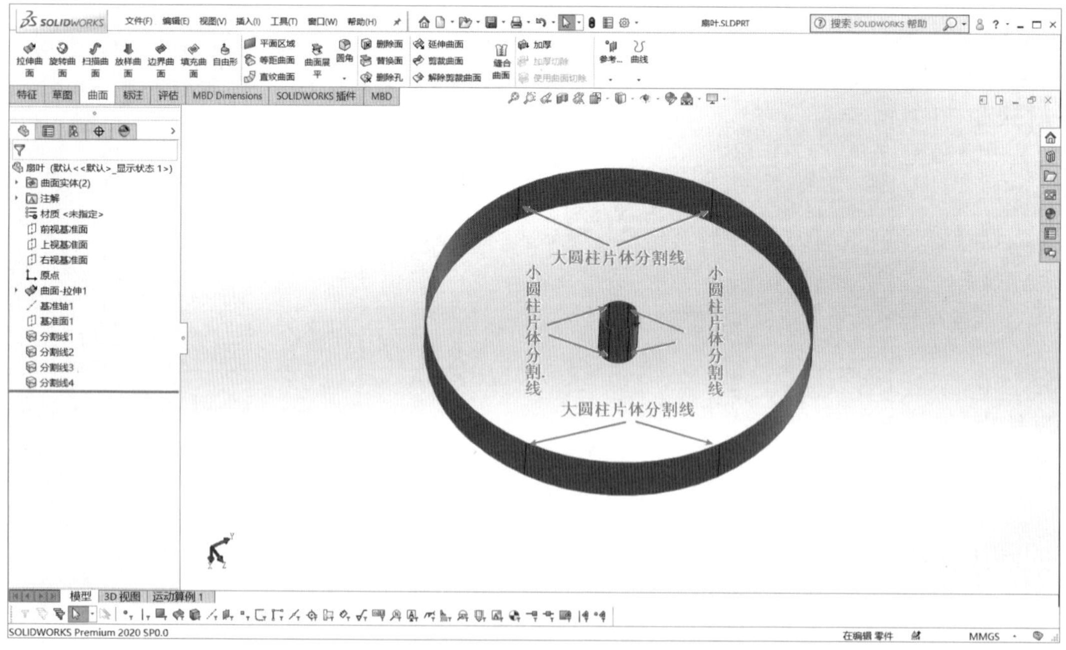

图 1-8-16　创建其余分割线

步骤 6:创建扇叶投影曲线

在左侧设计树中选中“前视基准面”,然后在“草图”面板上单击“草图绘制”按钮,新建一张草图,如图 1-8-17 所示。

单击“视图定向”按钮下拉菜单中的“正视于”按钮,或使用快捷键“Ctrl+8”,将视

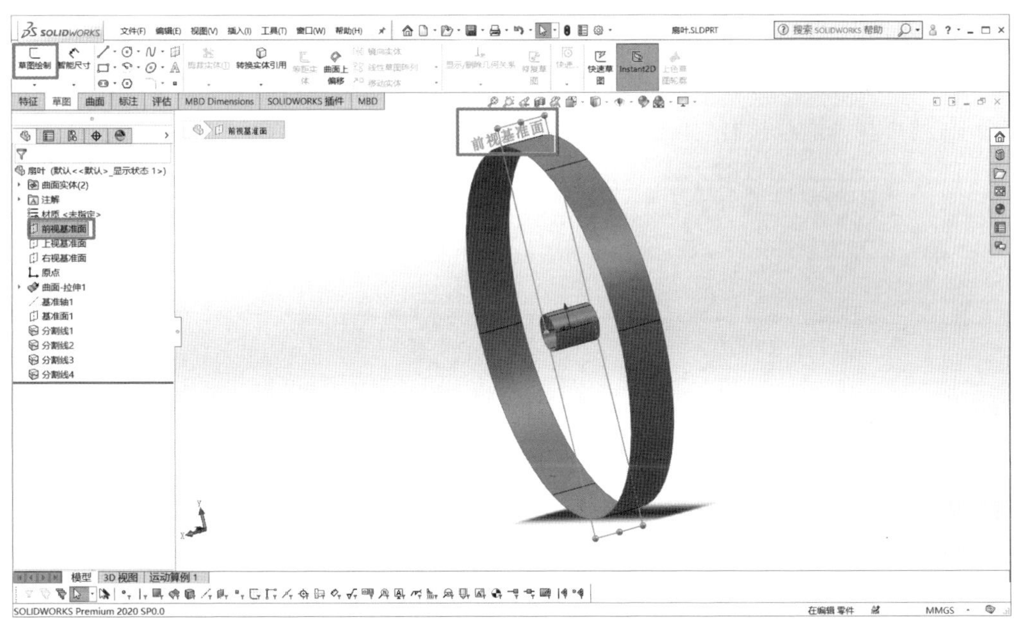

图 1-8-17　创建草图(2)

图对正草图,如图 1-8-18 所示。

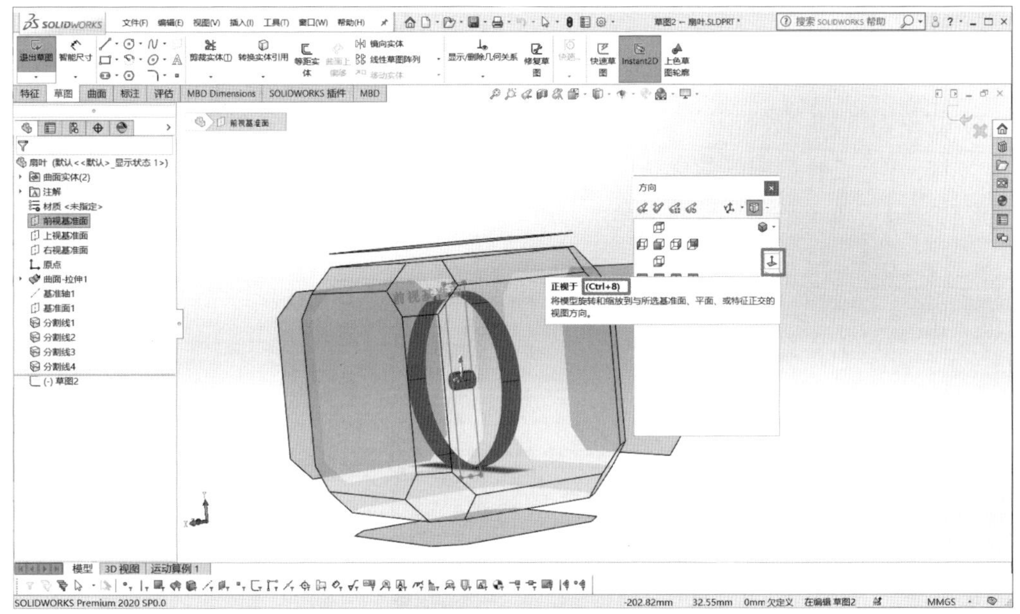

图 1-8-18　视图定向

提示

"视图定向"有上视、左视、右视、等轴测等不同视角。也可以按键盘上的"空格"键,快捷调用"视图定向"菜单。

单击“草图”面板上的“样条曲线”按钮 ，从第一条分割线为起点，以第二条分割线末终止，绘制一条三点样条曲线，绘制第三个点后单击鼠标右键，在弹出的快捷菜单中选择“选择”命令，结束样条曲线绘制，如图 1-8-19 所示。

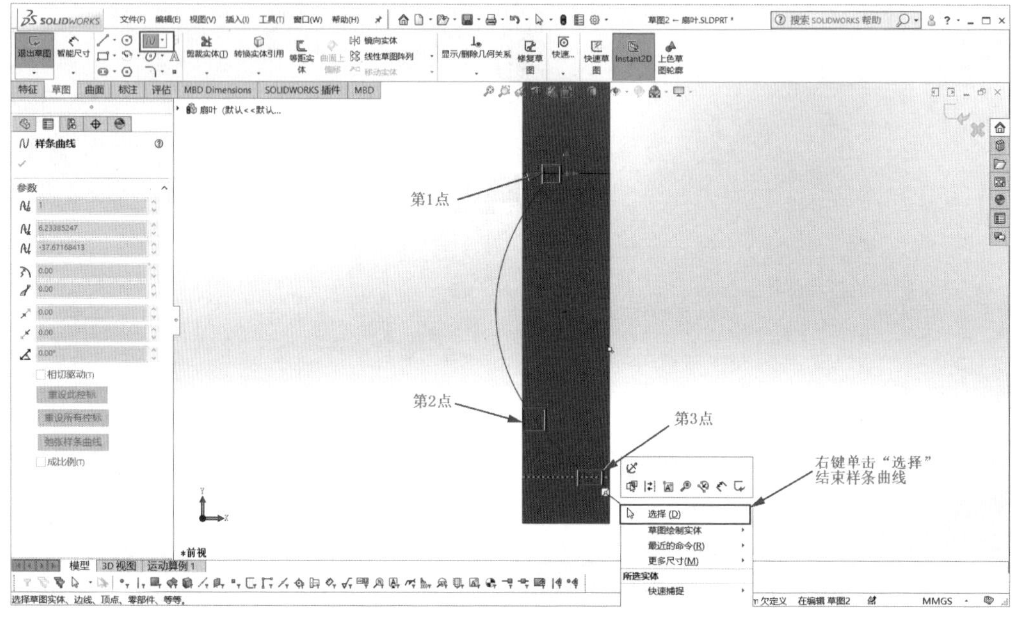

图 1-8-19 绘制样条曲线

利用“草图”面板上的“智能尺寸”命令，按下图尺寸进行标注。按下键盘上的“Esc”键退出尺寸标注。选择绘制好的样条曲线，然后拖动曲线上两个调节手柄将样条曲线调节为图示形状。最后单击绘图区域右上角“确定”按钮 完成“草图 2”的绘制，如图 1-8-20 所示。

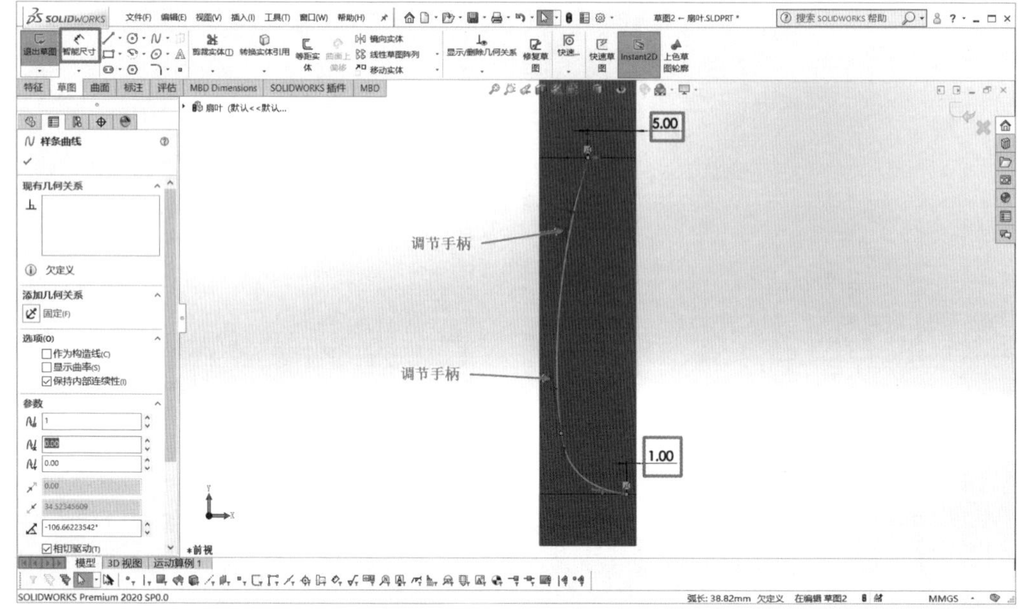

图 1-8-20 调整样条曲线

单击“曲面”面板上“曲线”按钮下拉菜单中的“投影曲线”按钮，在左侧属性管理器中进行如下设置：“投影类型”选择“面上草图”，“要投影的草图”选择上一步创建的“草图2”，“投影面”选择已经分割好的大圆柱片体中的一个小面。最后单击绘图区域右上角“确定”按钮，完成“曲线 1”的创建，如图 1-8-21 和图 1-8-22 所示。

图 1-8-21　选择“投影曲线”命令

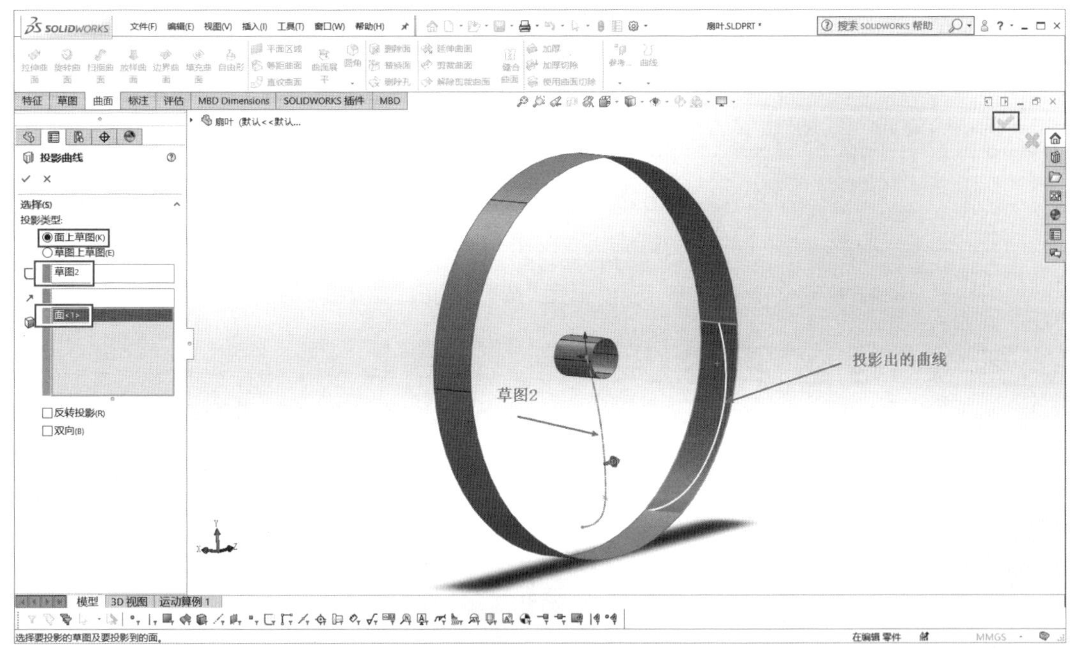

图 1-8-22　创建曲线 1

之后投影小圆柱片体上的曲线。首先按住键盘上的“Ctrl”键不放，在绘图区域中分别单击大圆柱片体上的四个分割面，把其全部选中，然后在选中的曲面上单击鼠标右键，在弹出的快捷工具栏中单击“隐藏”按钮，把大圆柱片体隐藏掉，以便于绘制小圆柱片体的投影草图线，如图 1-8-23 所示。

与大圆柱片体上的步骤基本一致，在左侧设计树中选中“前视基准面”，然后在“草图”工具条中单击“草图绘制”按钮，新建一张草图。单击“视图定向”下拉菜单中的“正视于”按钮，或使用快捷键 Ctrl＋8，将视图对正草图。

单击“草图”工具条中的“直线”按钮，从小圆柱片体的第一条分割线为起始，以第二条分割线未终止，绘制一条直线，单击鼠标右键在下拉菜单中单击“选择”，结束直线绘制。

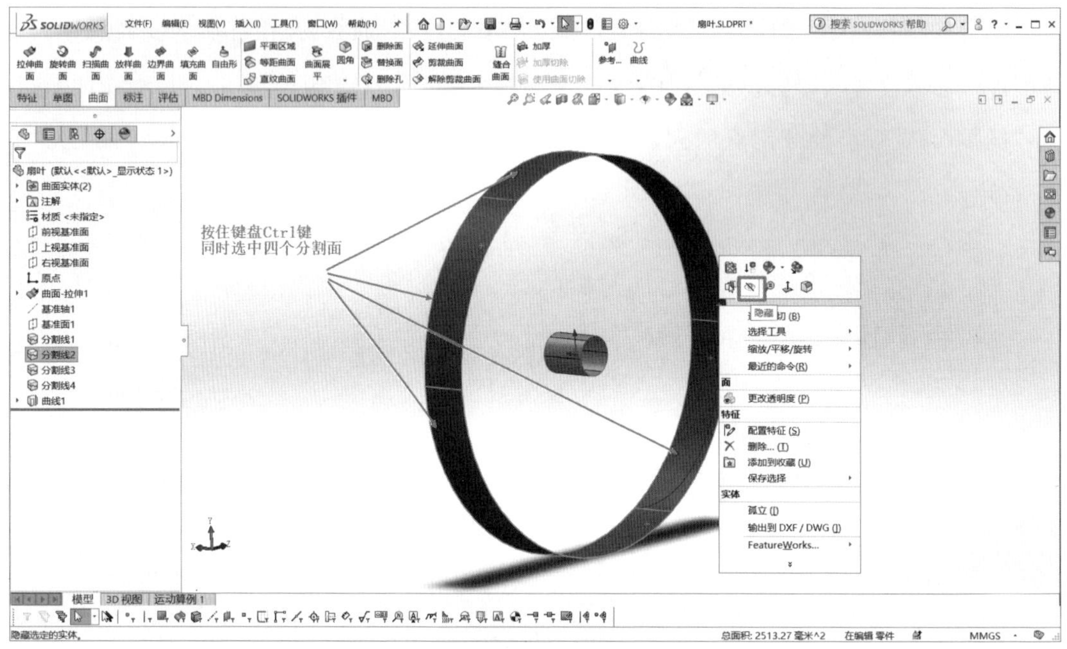

图 1-8-23　隐藏大圆柱片体

利用“草图”面板上的“智能尺寸”命令，按下图尺寸进行标注。按键盘上的“Esc”键退出尺寸标注。最后单击绘图区域右上角“确定”按钮✔完成“草图 3”绘制，如图 1-8-24 所示。

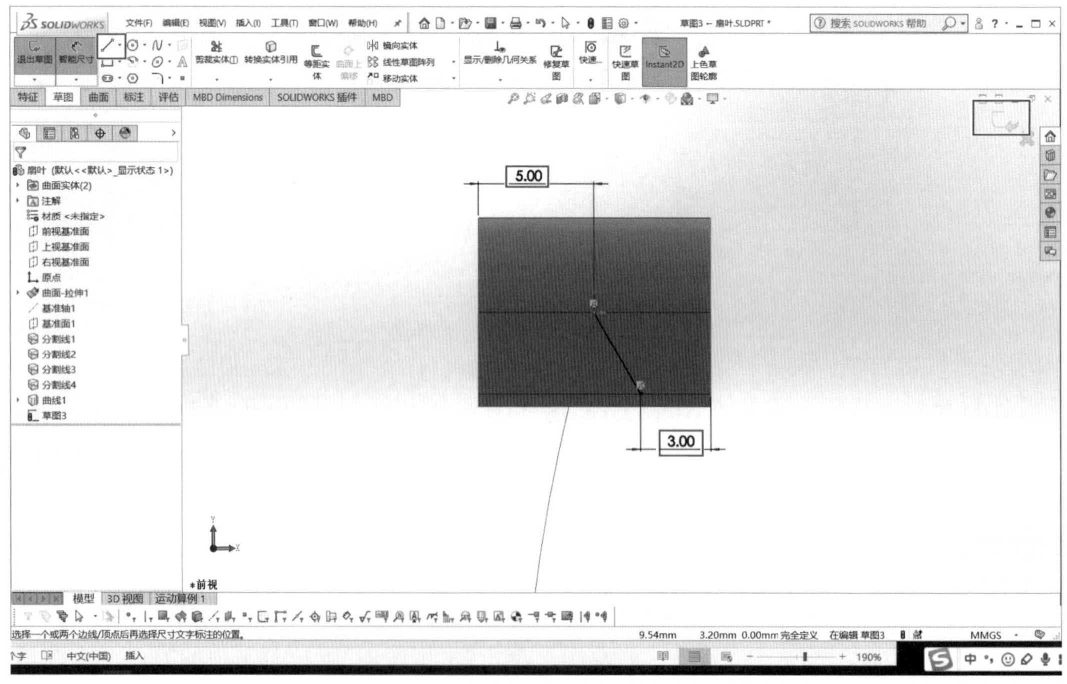

图 1-8-24　创建草图 3

接下来制作小圆柱片体上的投影曲线，与大圆柱片体上投影曲线制作步骤一样。单击“曲面”面板上“曲线”按钮下拉菜单中的“投影曲线”按钮，在左侧属性管理器中进行如下设置：“投影类型”选择面上草图，“要投影的草图”选择上一步创建的“草图3”，“投影面”选择上面分割好的小圆柱片体中的一个小面。最后单击绘图区域右上角“确定”按钮，完成“曲线2”的创建，如图1-8-25所示。

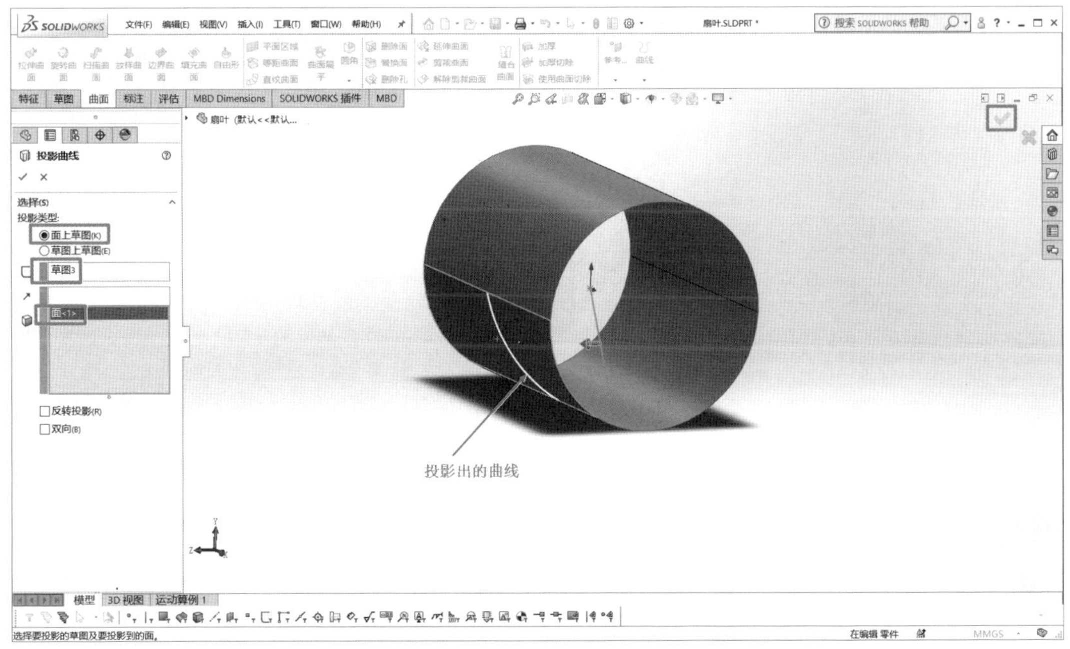

图1-8-25　投影创建曲线2

最后，在左侧设计树中用鼠标右键单击“曲面-拉伸1”，在弹出的快捷工具栏中单击“隐藏”按钮。然后再次用鼠标右键单击“曲面-拉伸1”，在弹出的快捷工具栏中单击“显示”按钮。这样就可以把前面隐藏的大圆柱片体显示出来。

步骤7：创建扇叶曲面

单击“草图”面板上“草图绘制”按钮下拉菜单中的“3D草图”按钮，进入草图编辑状态后，单击“直线”按钮，从小圆柱片体上投影曲线的端点起始，到大圆柱片体上投影曲线的端点结束，绘制一条直线，单击鼠标右键在下拉菜单中单击“选择”按钮结束直线绘制。最后单击绘图区域右上角“确定”按钮，完成“3D草图1”的绘制。

用同样的方法，完成“3D草图2”的绘制，如图1-8-26～图1-8-28所示。

图1-8-26　选择“3D草图”命令

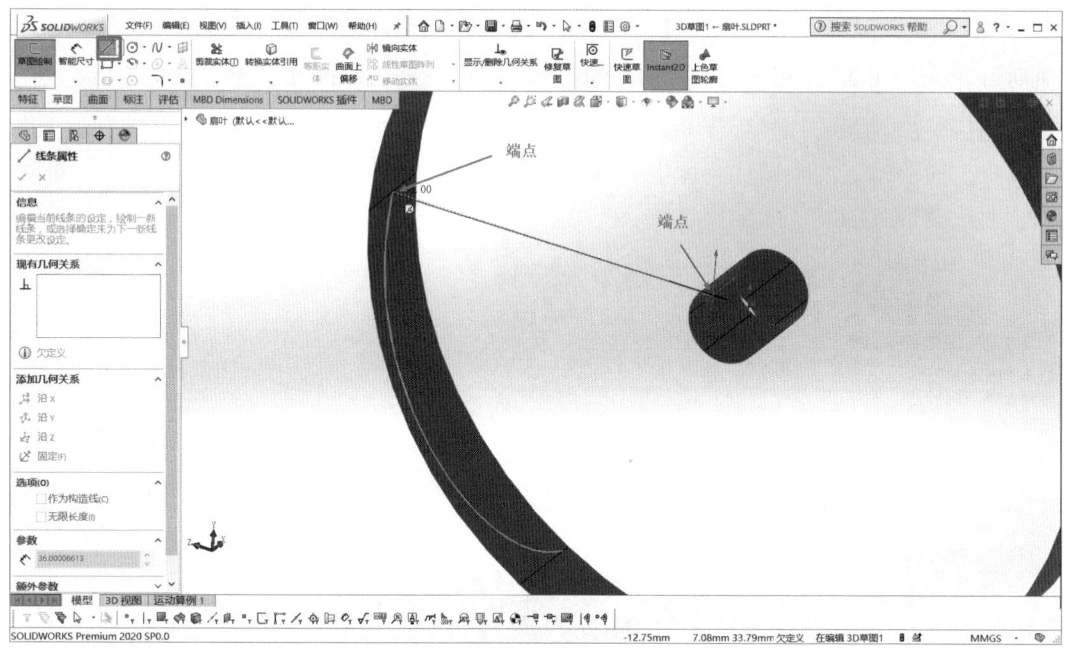

图 1-8-27 创建 3D 草图 1

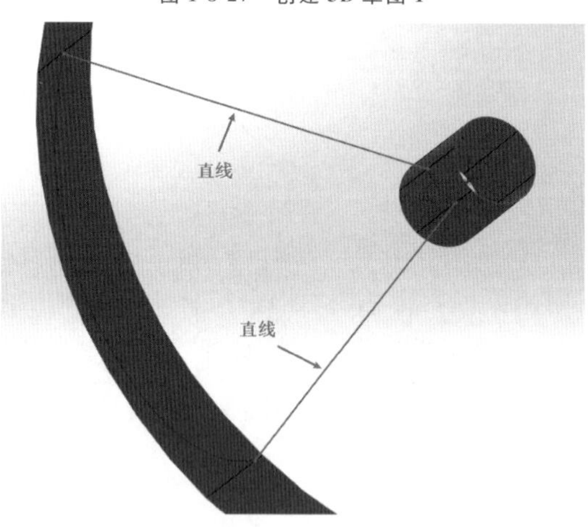

图 1-8-28 创建 3D 草图 2

单击“曲面”面板上的“边界曲面”按钮，在左侧属性管理器的“方向 1”选项框中选择“3D 草图 1”和“3D 草图 2”，在“方向 2”选项框中选择“曲线 1”和“曲线 2”，最后单击绘图区域右上角“确定”按钮完成“边界-曲面 1”的创建，如图 1-8-29 所示。

步骤 8：创建扇叶实体

单击“曲面”面板上的“加厚”按钮，在左侧属性管理器中进行如下设置：“要加厚的曲面”选择上一步制作好的“边界-曲面 1”，“厚度”选择“两侧加厚”，厚度值为 0.5 mm。最后单击绘图区域右上角“确定”按钮完成“加厚 1”实体的创建，如图 1-8-30 所示。

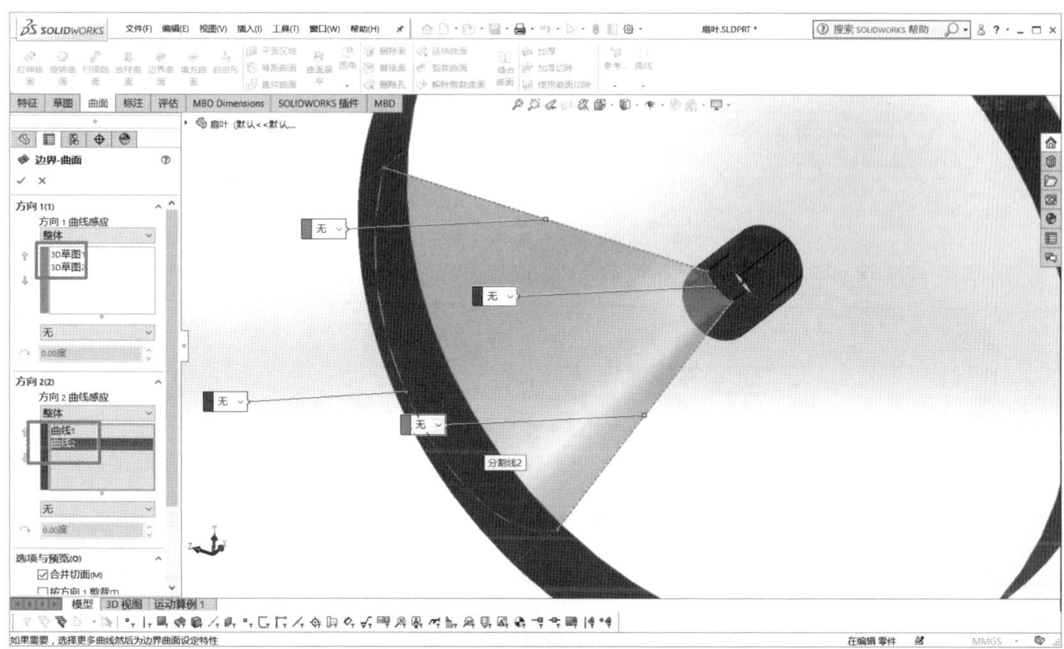

图 1-8-29　创建边界-曲面 1

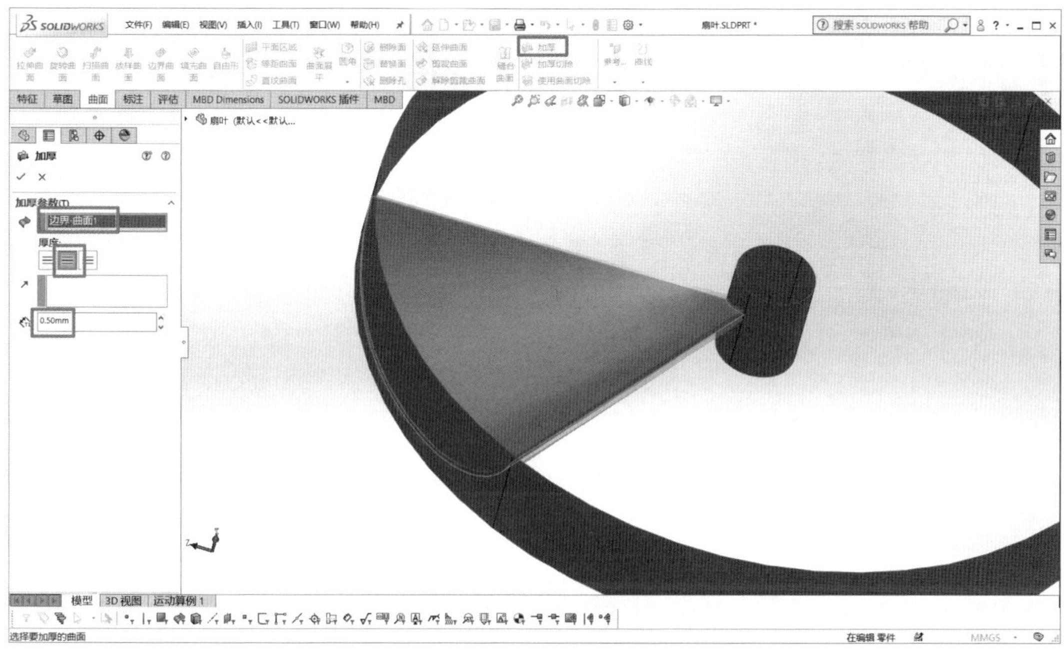

图 1-8-30　创建加厚实体

在左侧设计树中用鼠标右键单击“基准轴 1”，在弹出的快捷工具栏中单击“显示”按钮👁，将基准轴 1 显示出来备用。单击“特征”面板上的“线性阵列”按钮下拉菜单中的“圆周阵列”按钮，进入圆周阵列环境，如图 1-8-31 所示。

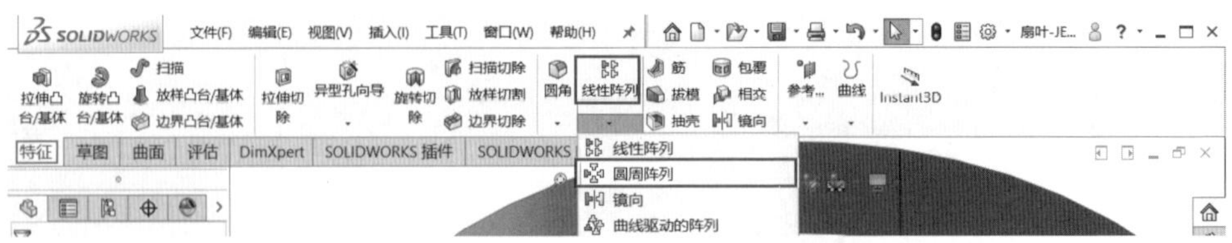

图 1-8-31 选择"圆周阵列"命令

在左侧属性管理器中进行如下设置："方向"选择"基准轴 1"，选择"等间距"，角度为 360°，实例数为 3，勾选"实体"复选框，"要阵列实体"选择"加厚 2"实体。最后单击绘图区域右上角"确定"按钮✔，完成扇叶实体的阵列，如图 1-8-32 所示。

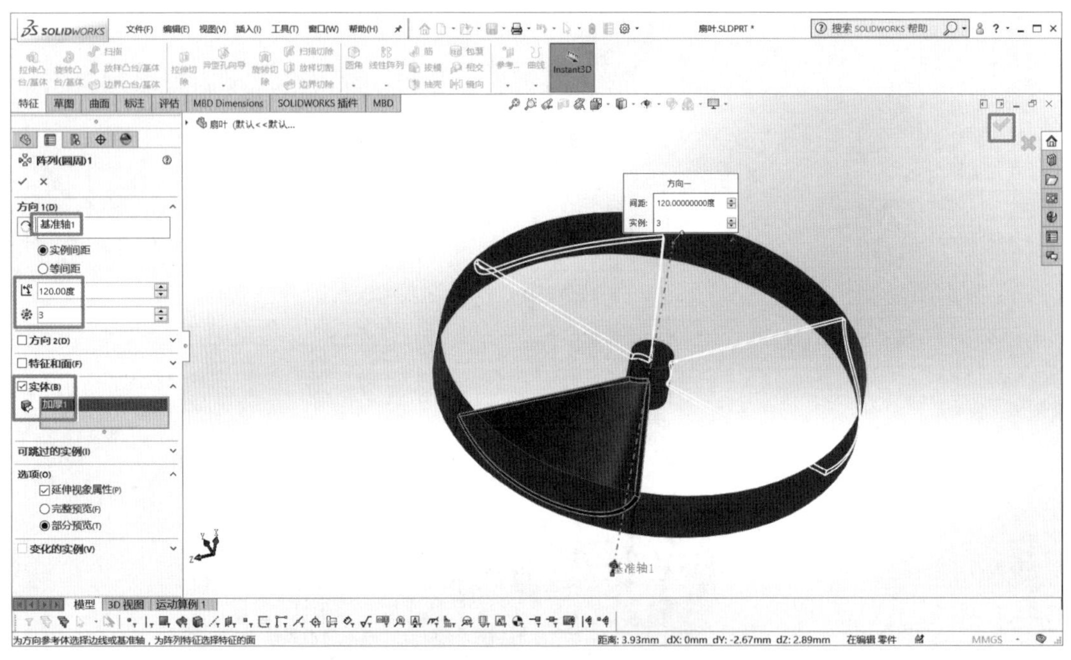

图 1-8-32 阵列扇叶实体

步骤 9：创建扇叶安装部分

按前面所讲步骤，选择"前视基准面"创建一张新的草图，并正视于这张草图。单击"草图"面板上的"矩形"按钮，绘制一个长 4 mm、宽 3 mm 的矩形，并按图 1-8-33 所示标注相应位置尺寸。之后单击绘图区域右上角"确定"按钮✔完成"草图 4"的创建，如图 1-8-33 所示。

在左侧设计树中选择"草图 4"，单击"特征"面板上的"旋转凸台/基体"按钮，在左侧属性管理器中进行如下设置："旋转轴"选择上一步建立好的"基准轴 1"，"方向"选择"给定深度"，角度为 360°，并勾选"合并结果"复选框。最后，单击绘图区域右上角"确定"按钮✔，完成"旋转 1"实体的创建，如图 1-8-34 所示。

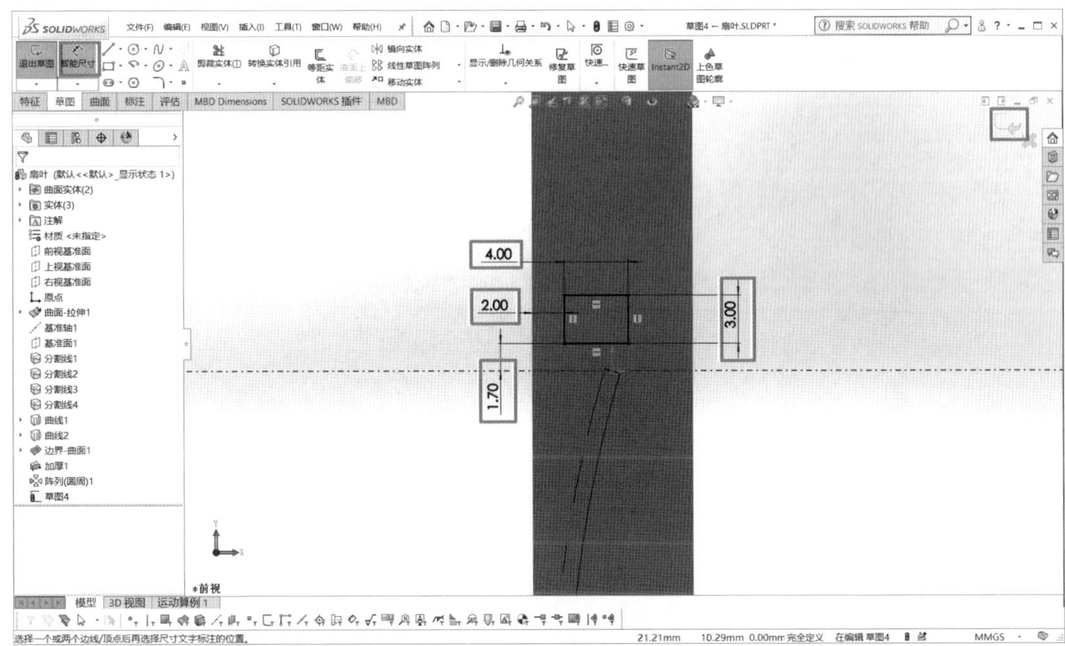

图 1-8-33　创建草图 4

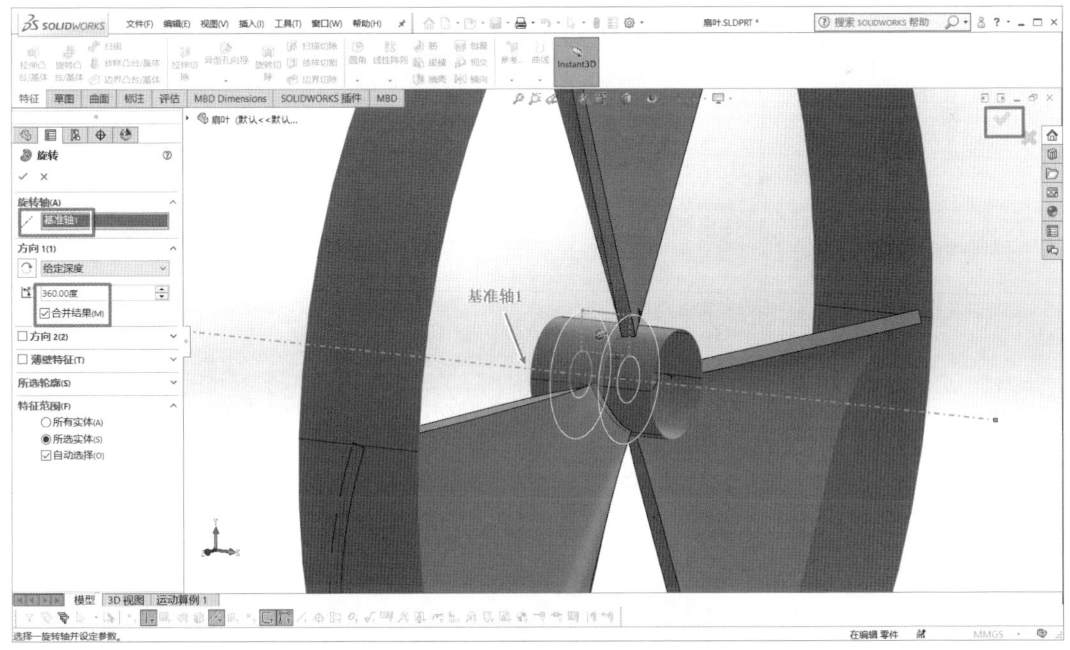

图 1-8-34　创建旋转实体

步骤 10:创建扇叶细部圆角

在左侧设计树中用鼠标右键单击“曲面-拉伸 1”和“基准轴 1”,将它们隐藏。单击“特征”面板上的“圆角”按钮,在左侧属性管理器中进行如下设置:“要圆角化的项目”选择每个扇叶顶端的两条边线,一共六条。“圆角参数”选择“对称”,“圆角半径”输入“2.00 mm”,如图 1-8-35 所示。

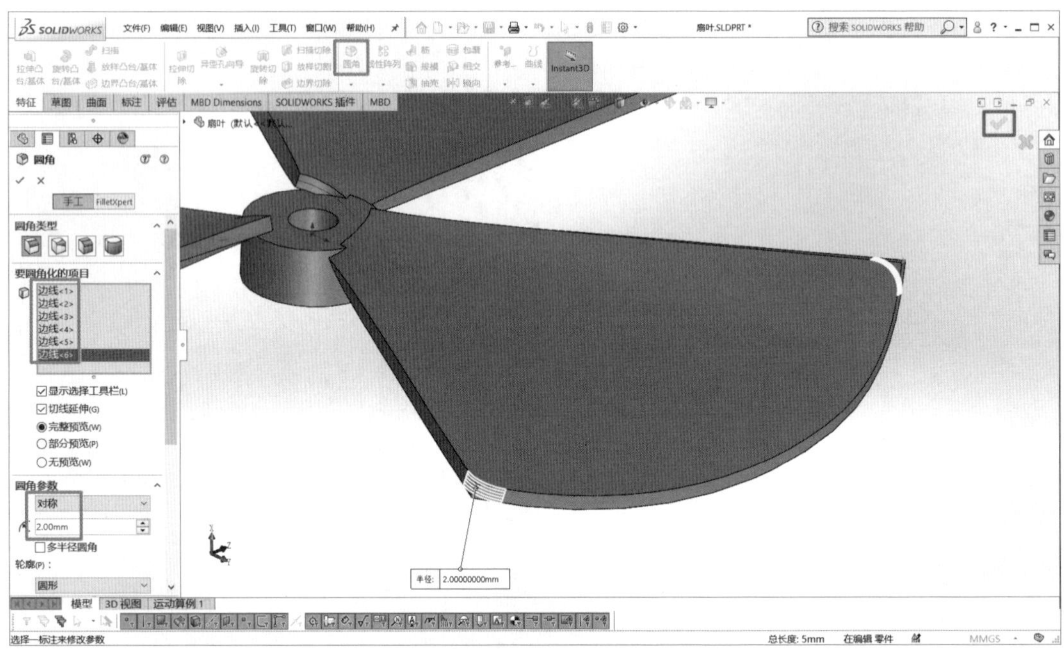

图 1-8-35 创建圆角特征

用同样的方法创建圆角特征,“要圆角化的项目”选择每个扇叶的两条轮廓边线,一共六条,软件会自动把相连的轮廓一次选中。“圆角参数”选择“对称”,“圆角半径”输入“0.20 mm”,如图 1-8-36 所示。

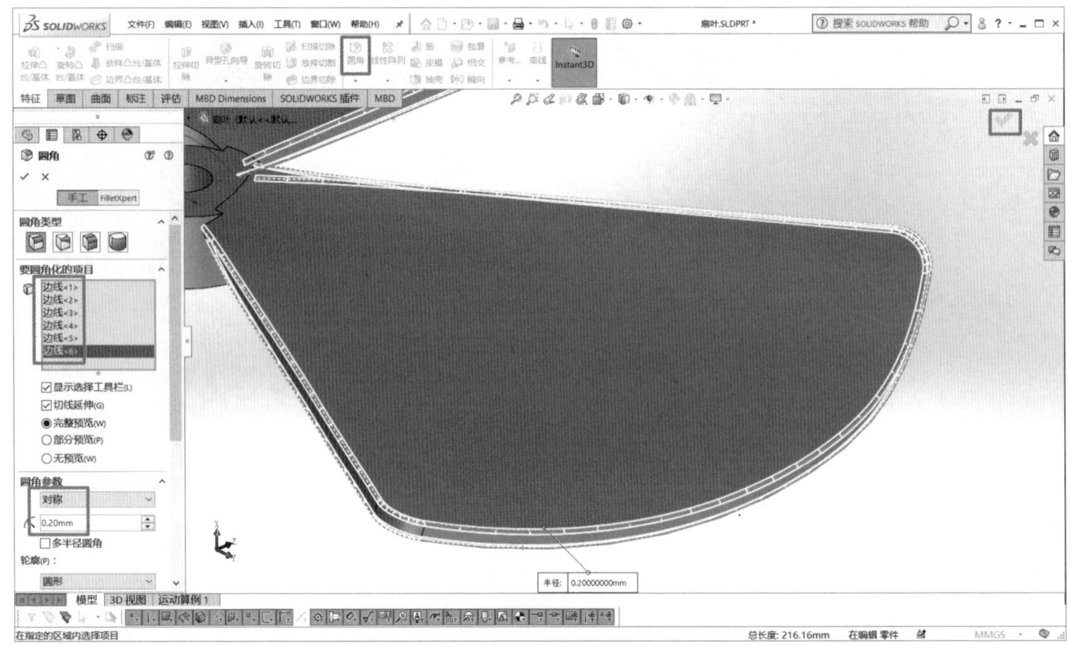

图 1-8-36 添加剩余部位的圆角特征

至此,以扇叶为例的一个完整的曲面设计过程就完成了。

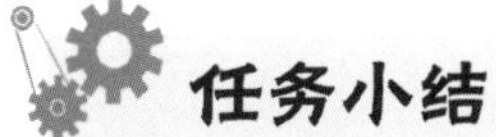

任务小结

通过电器柜散热风扇扇叶设计任务的学习，学生应能够区分实体和片体，对基本的曲面建模方式有了一定的了解，并掌握以下能力：

(1)基准轴和基准面的创建和使用。

(2)分割线的作用和使用方法。

(3)投影曲线的创建方法和技巧。

(4)拉伸曲面和边界曲面的创建方法和技巧。

拓展训练

绘制图 1-8-37 所示的山地自行车座。

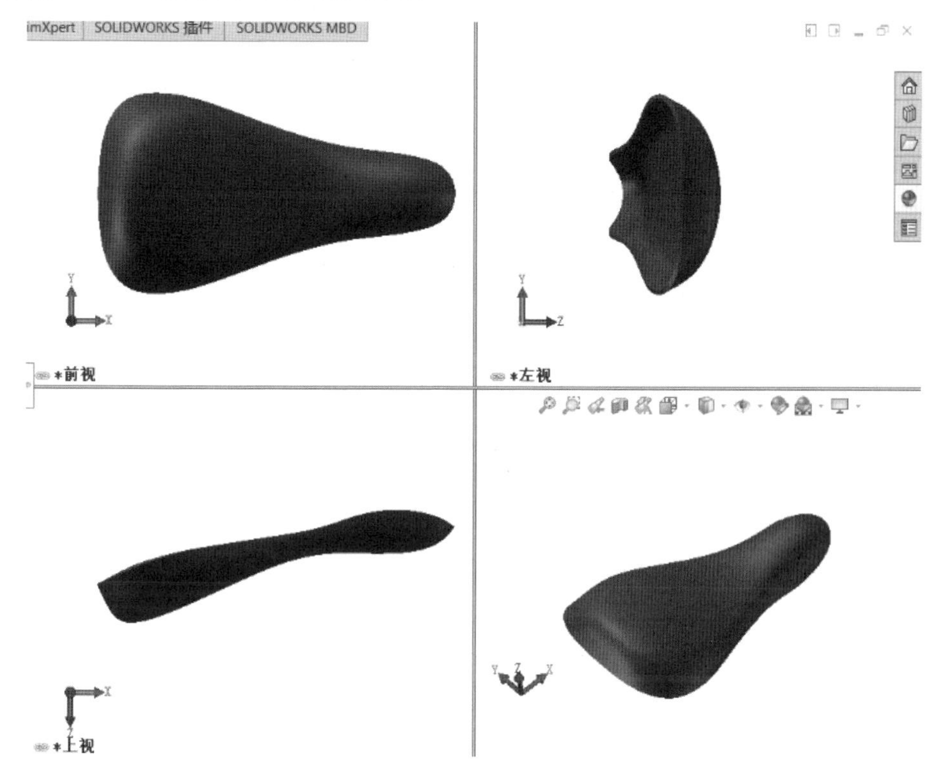

图 1-8-37　山地自行车座

分析：在这个例子中，拓展了“曲面放样”和“曲面缝合”两个曲面制作的重要功能。

步骤 1：创建两个曲面拉伸

在“前视基准面”上创建“草图 1”，如图 1-8-38 所示。

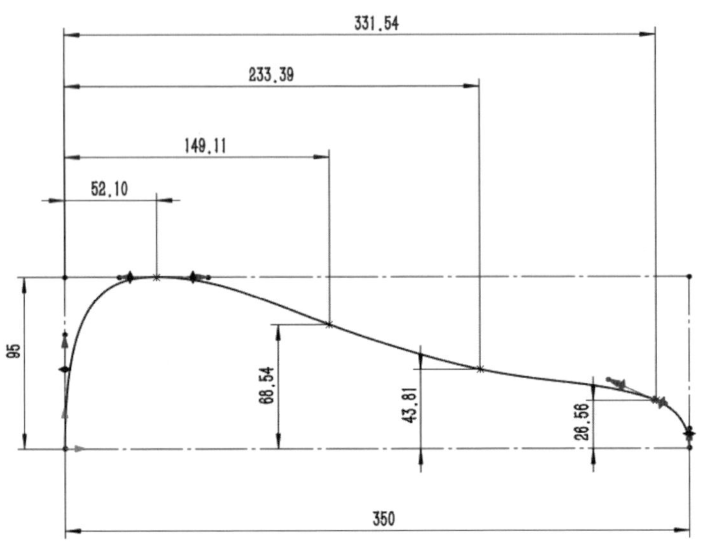

图 1-8-38　创建“草图 1”

利用“草图 1”创建“曲面-拉伸 1”，采用两侧对称拉伸，拉伸距离为 300 mm，如图 1-8-39 所示。

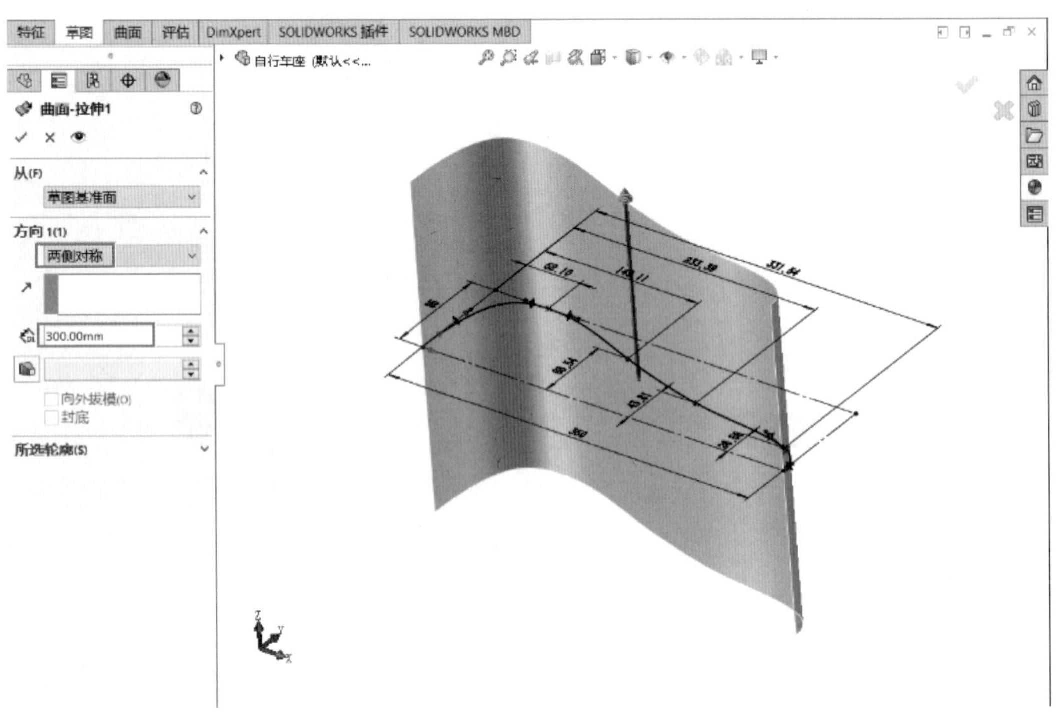

图 1-8-39　创建“曲面-拉伸 1”

在“上视基准面”上创建“草图 2”，如图 1-8-40 所示。

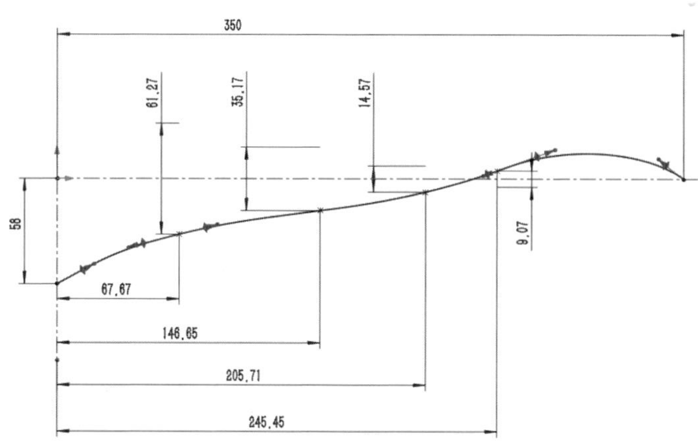

图 1-8-40　创建“草图 2”

利用“草图 2”创建“曲面-拉伸 2”，采用两侧对称拉伸，拉伸距离为 300 mm。利用两个曲面拉伸的片体相交的曲线，制作“3D 草图 1”。单击“草图”面板上的“转换实体引用”按钮下拉菜单中的“交叉曲线”按钮，在左侧的属性管理器中选择两个曲面拉伸片体，然后单击“确定”按钮，就可以自动生成两个面的交叉曲线，即“3D 草图 1”，如图 1-8-41 所示。

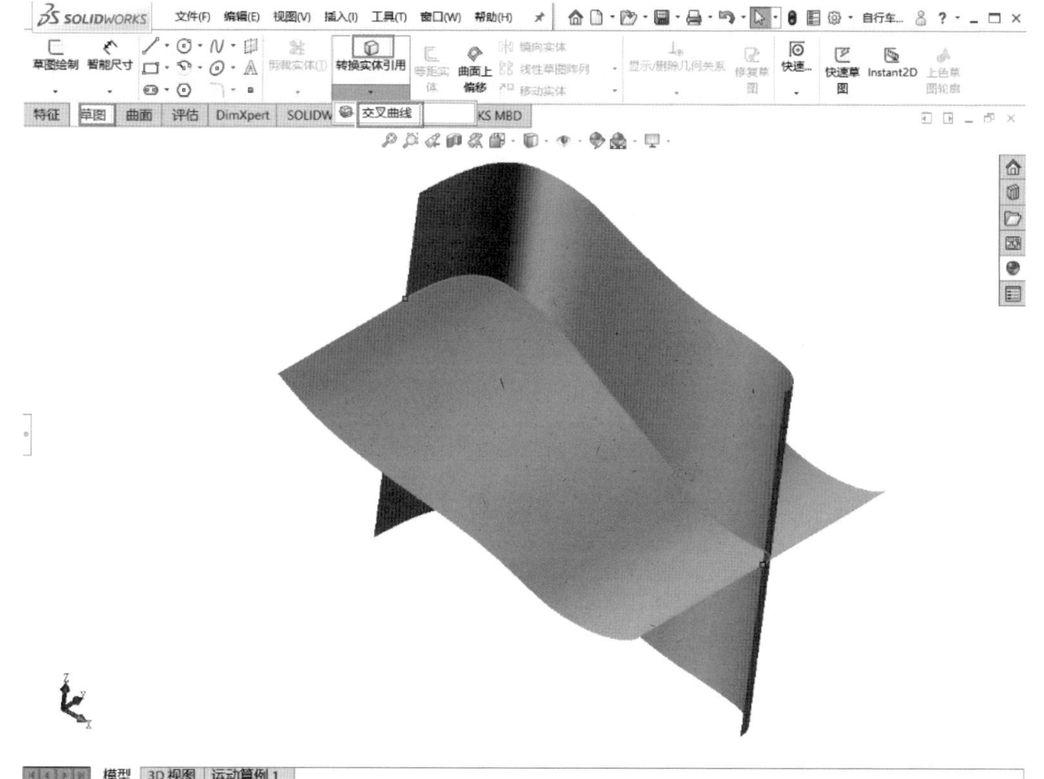

图 1-8-41　生成交叉曲线

在“上视基准面”上绘制“草图 3”，如图 1-8-42 所示。

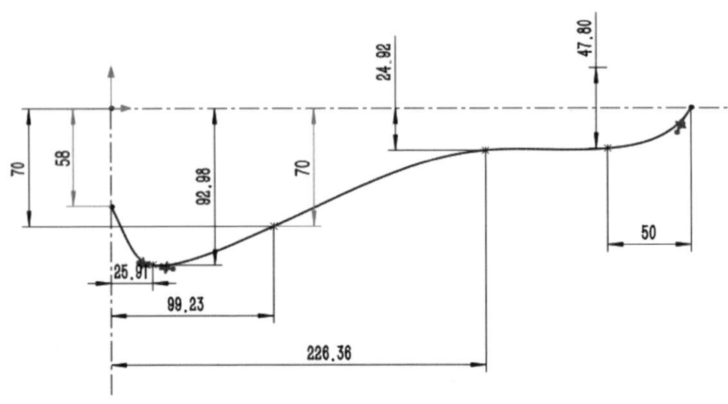

图 1-8-42　绘制"草图 3"

利用"右视基准面"平行关系和"草图 3"曲线从左向右的第五个点，创建"基准面 1"，如图 1-8-43 所示。

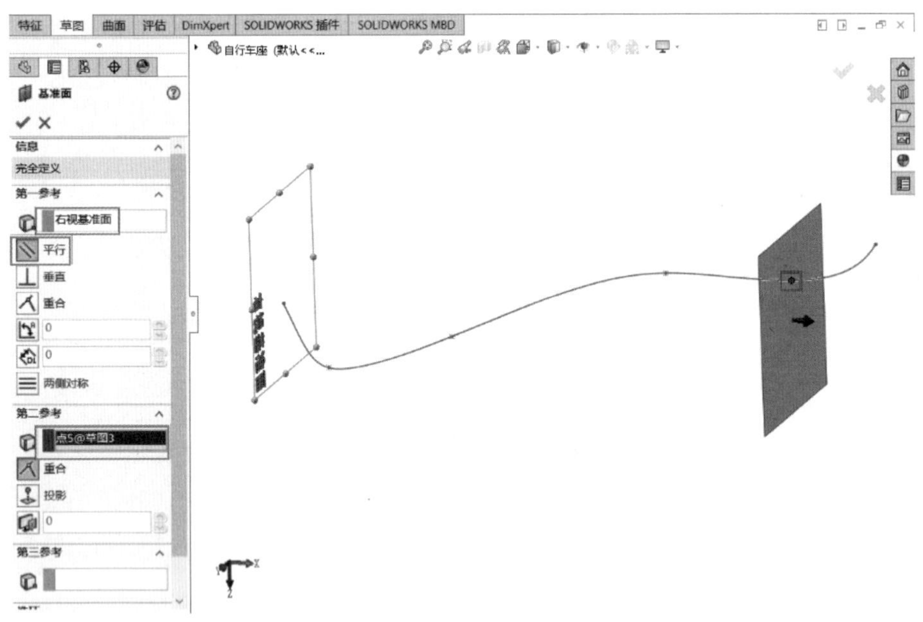

图 1-8-43　创建"基准面 1"

同样的方法，利用"右视基准面"平行关系和"草图 3"曲线从左向右的第三个点，创建"基准面 2"。

以上一步创建的"基准面 1"为基准，创建"草图 4"，如图 1-8-44 所示。

以上一步创建的"基准面 2"为基准，创建"草图 5"，如图 1-8-45 所示。

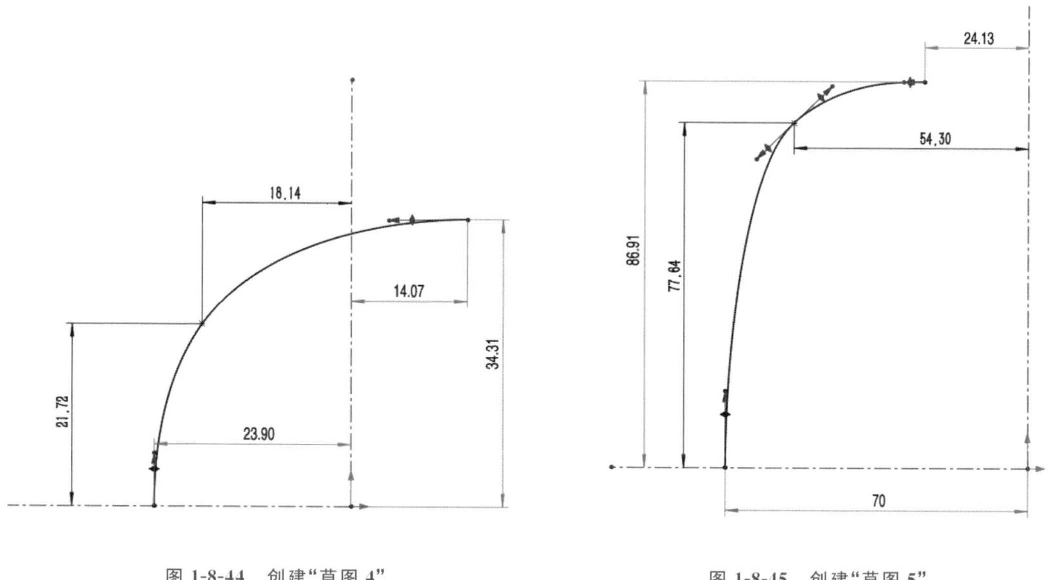

图 1-8-44　创建“草图 4”　　图 1-8-45　创建“草图 5”

单击“曲面”面板上的“放样曲面”按钮，在左侧属性管理器中进行如下设置：“轮廓”选择“3D 草图 1”和“草图 3”，“引导线”选择“草图 4”和“草图 5”，之后单击“确定”按钮✔，完成“曲面-放样 1”的创建，如图 1-8-46 所示。

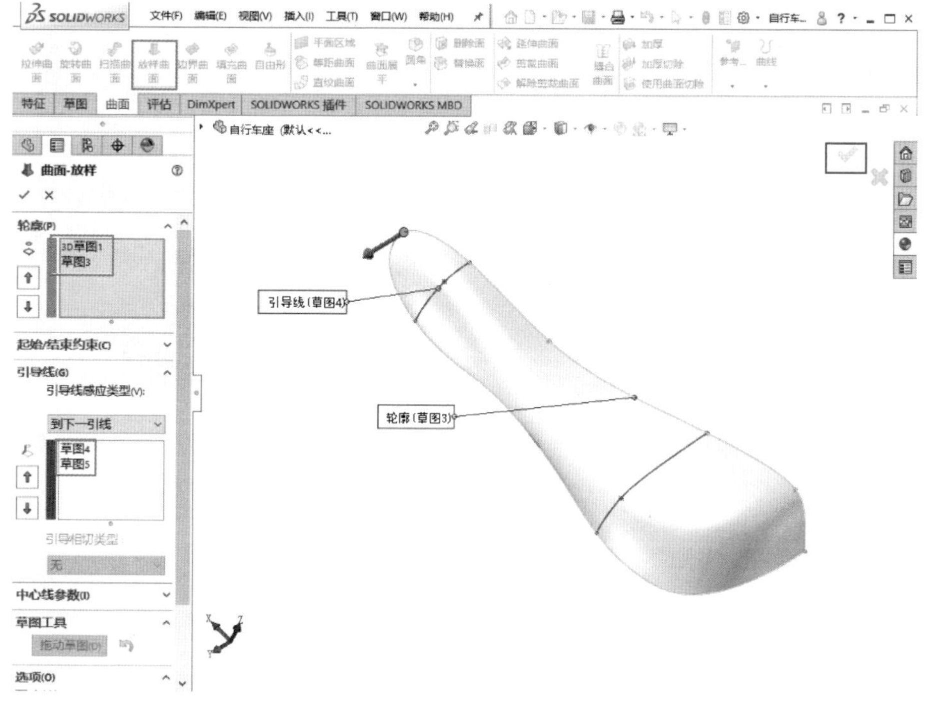

图 1-8-46　创建“曲面-放样 1”

单击“特征”面板上的“线性阵列”按钮下拉菜单中的“镜像”按钮，在左侧属性管理器中进行如下设置：“镜像面/基准面”选择“上视基准面”，“要镜像的实体”选择刚建立的“曲面-放样 1”。最后单击“确定”按钮✔，完成“镜像 1”的创建，如图 1-8-47 所示。

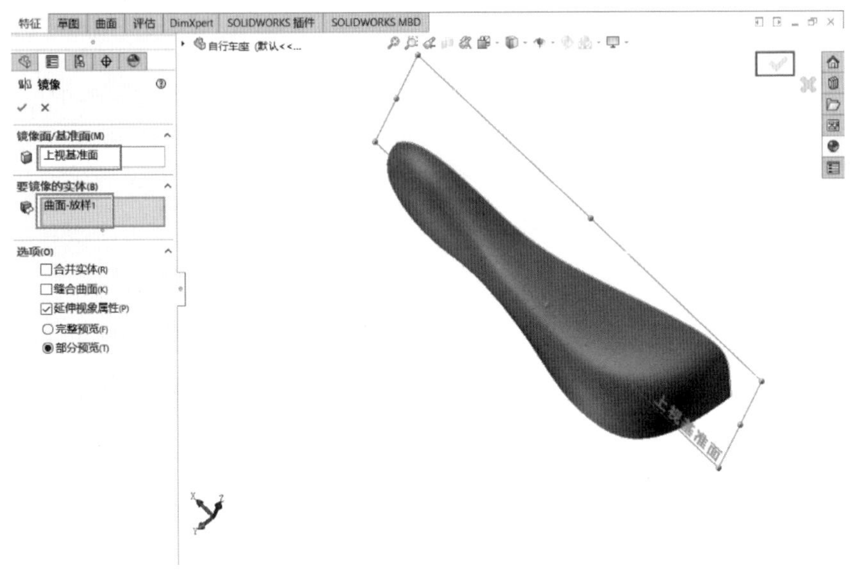

图 1-8-47　创建“镜像 1”

单击“曲面”面板上的“缝合曲面”按钮，在左侧属性管理器中选择“曲面-放样 1”和“镜像 1”两个曲面，最后单击“确定”按钮，完成“曲面-缝合 1”的创建。这样两张曲面就像缝衣服一样被缝在了一起，如图 1-8-48 所示。

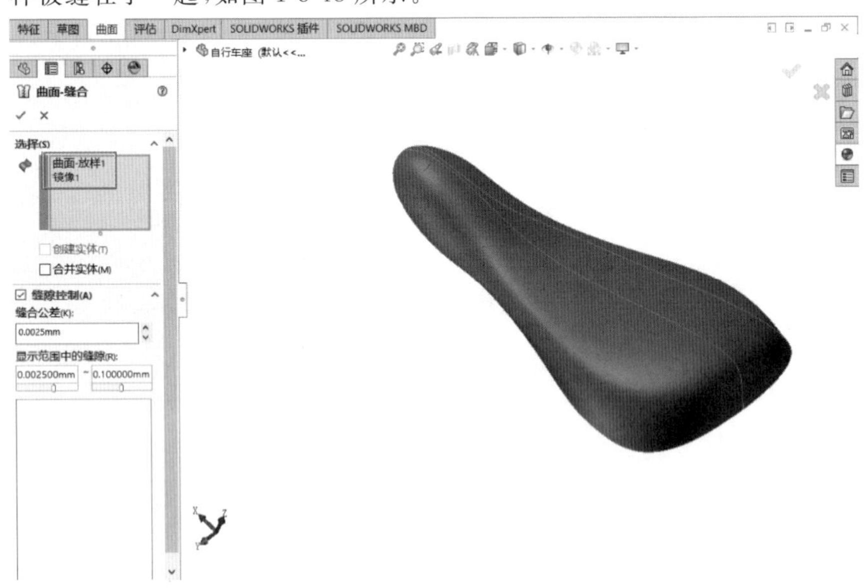

图 1-8-48　创建“曲面-缝合 1”

最后，利用前面讲过的“加厚”命令，单侧加厚 5 mm，完成自行车座的曲面建模设计。

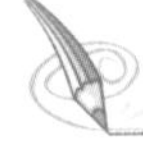

课后练习

利用本书资源中“1110-10-004 后挡板. SLDDRW”工程图进行实体建模。

项目二 零部件装配

装配体文件是 SolidWorks 中的文件类型之一，当建模完成零件创建后，在装配体环境下将零件组合到一起，生成一个虚拟的产品模型。通过添加合适的尺寸和几何关系约束(在 SolidWorks 中叫作配合)，装配体能够模拟实际机构，进行运动仿真、干涉检查、计算质量等；此外，通过装配体还可以进行一些高级装配和设计零件的操作。

装配体是由零件或者子装配体所组成的，在 SolidWorks 里装配体的文档名称扩展名为 .sldasm。装配体文件有别于零件文件，在零件文件中通过使用各种特征命令来完成零件建模，一个零件可以看成是由一系列的特征组合生成的；在装配体文件中，通常不进行零件建模，而是将已有零件直接插入当前装配体，将这些零件通过配合关系进行组合。

任务一 松圈器装配

任务分析

松圈器是专用机床中非常重要的一个部件，它是将从料架过来的薄片材料进行放松同步，然后进入涨紧器，最后再进入成形装置。从整体结构上来看，下轴带动一个钢辊，上轴带动一个胶辊，侧面有两个导向辊，压紧力利用上方的压紧气缸来进行调节，旋转动力是由松圈器架里面的电动机提供的，它带动齿带轮实现转动。

装配过程应尽量贴近实际装配过程。通过结构的分析，可以看出整个松圈器部件先进行下轴子部件、上轴子部件的装配，然后再把两个子部件装配到松圈器底板上，最后装配上盖和气缸等，即可完成松圈器部件的整体装配，如图 2-1-1 所示。

图 2-1-1 松圈器的装配

知识技能点

装配就是将两个或多个零件模型(或部件)按照一定的约束关系进行安装,形成产品的过程。SolidWorks 中的装配虽然不是装配车间的真实装配,但整个装配关系一定要遵照实际装配过程来进行。

本任务通过专用机床中的松圈器部件的装配介绍,学习“插入零部件”“移动与旋转零部件”“零部件的配合”“干涉检查”“ToolBox”等常用装配功能。以下几个重要的知识技能点需要掌握:

➢ 插入零部件( ):将一个零部件(单个零件或子装配体)插入装配体中后,这个零部件文件会与装配体文件链接。零部件出现在装配体中;零部件的数据还保持在源零部件文件中。对零部件文件所进行的任何改变都会更新装配体。

➢ 移动与旋转零部件(与):可以通过“移动零部件”和“旋转零部件”命令来拖动或者旋转零部件,调整各零部件之间的相对位置关系,以方便添加配合关系,或者选择零件实体等。

➢ 零部件的配合( ):当将一个零部件插入装配体文件中后,该零部件在模型空间具有 6 个自由度,即沿坐标系 3 个坐标轴的移动和旋转。配合关系是用来限制零部件的自由度的,使得零部件只在其运动方向上具有自由度。这些配合关系可以添加在零部件与装配体中的参考基准面之间,也可以在零部件之间添加配合关系,使得虚拟的模型能够模拟实际机构的运动状态。标准配合包括如下几何关系:重合、平行、垂直、相切、同轴心、距离和角度。通过“高级配合”选型里的“距离”配合或者“角度”配合来添加限制配合,限制配合允许零部件在距离配合和角度配合的一定数值范围内移动。

➢ 干涉检查( ):在 SolidWorks 里设计的装配体,如果零件的尺寸不合理,将使得零件模型之间相互交叠,或者零件在允许自由度内的运动过程中与其他零件发生交叠,即零件之间产生了干涉。

➢ **ToolBox**(Toolbox):ToolBox 是集成在 SolidWorks 中的一个很实用的工具,它包含丰富的标准件库,通过简单的拖拽即可完成标准件的调入、装配,十分方便。ToolBox 实际上是一个可以调用、读取的数据库,其中包含所支持标准的零件文件、标准件信息、配置和属性等。在用户使用其中的零部件时,ToolBox 会自动生成相关零件并添加该配置的信息。

任务实施

步骤 1:创建下轴子部件装配

单击标准工具栏中的“新建”按钮，在弹出的“新建 SOLIDWOKS 文件”对话框中选择“装配体”图标，之后单击“确定”按钮。单击标准工具栏中的“保存”按钮，在弹出的“另存为”对话框中将文件名改为“1110-03-100 下轴子部件”，然后单击“保存”按钮，如图 2-1-2 所示。

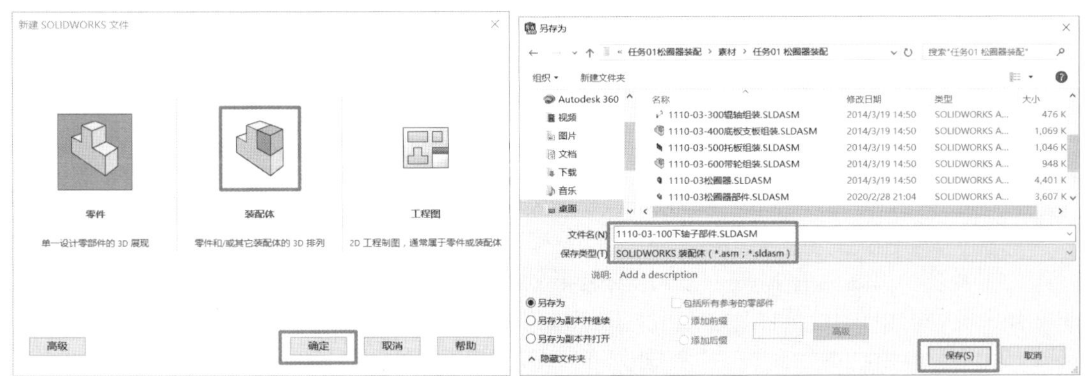

图 2-1-2　新建并保存文件

进入装配环境后，首先单击“装配体”面板上的“插入零部件”按钮，在左侧属性管理器中，单击“浏览”按钮，在弹出的“打开”对话框中选择“1110-03-017 下轴. SLDPRT”零件，然后单击“打开”按钮，如图 2-1-3 所示。

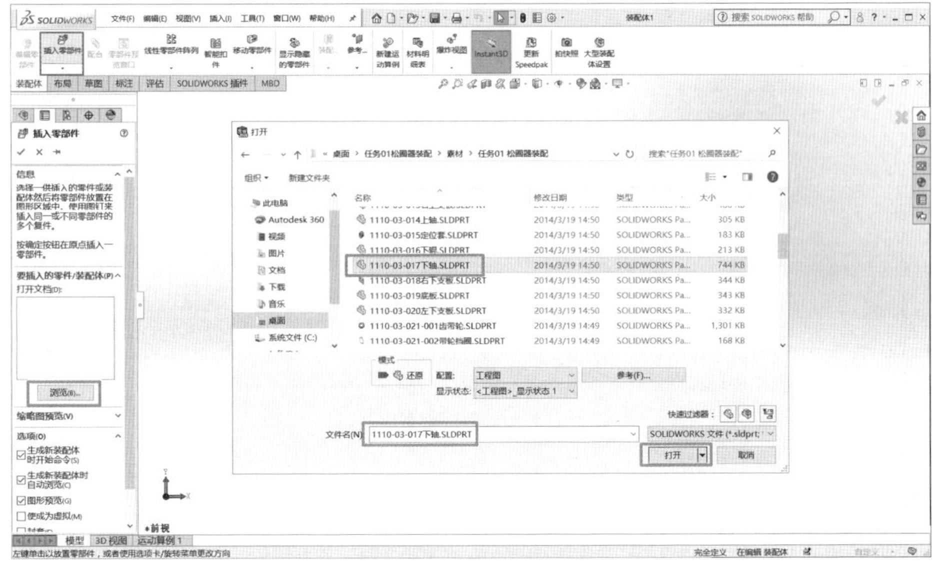

图 2-1-3　打开文件

“1110-03-017 下轴. SLDPRT”零件会进入绘图区域，按住鼠标中键(滚轮)调整视角，单击将“下轴”放入绘图区域。左侧设计树中相应出现了“下轴”零件，如图 2-1-4 所示。

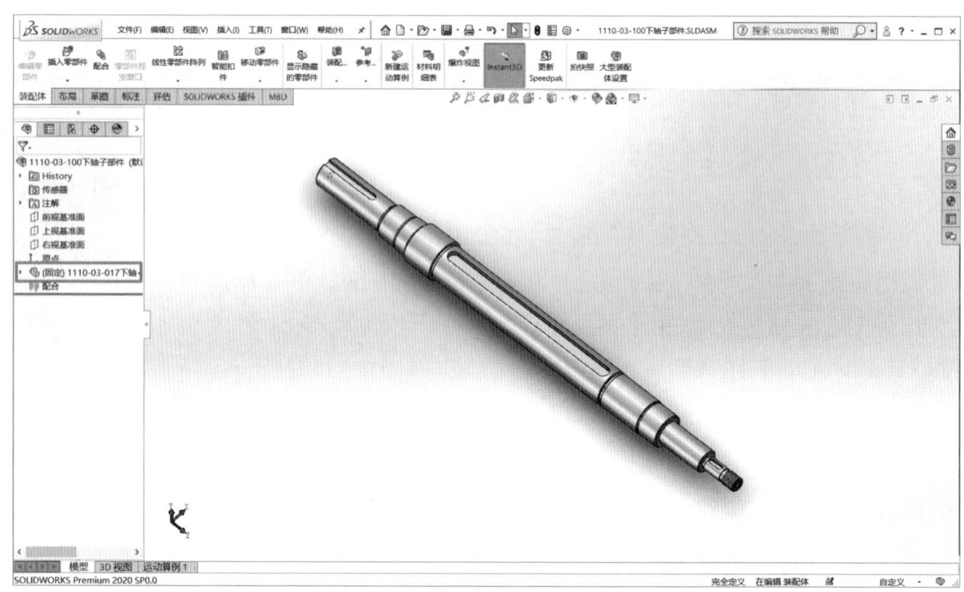

图 2-1-4　导入“下轴”零件

为了与实际装配顺序保持一致，先安装下轴上的长键。键属于标准件，SolidWroks 拥有非常强大的“ToolBox”标准件库。使用“ToolBox”标准件库的操作如下：选择菜单栏“工具”→“插件”命令，在弹出的“插件”对话框中将“SOLIDWORKS Toolbox Library”和“SOLIDWORKS Toolbox Utilities”选项前面和后面的复选框都选中，之后单击“确定”按钮。按上述操作后“ToolBox”标准件库变为可用，并在每次软件启动后都可用，如图 2-1-5 所示。

图 2-1-5　启用“ToolBox”标准件库

单击绘图区域右侧任务窗格的 按钮，打开“设计库”选项卡，展开“ToolBox”条目，展开“GB”（中国国标）条目，展开“销和键”条目，单击“平行键”条目，在下面的窗口会有常用平行键的预览，选择“普通平键”，用鼠标左键将其拖拽到绘图区域中，在左侧的属性管理器中设置其属性，“大小”为“10”mm，“长度”为“170”mm，“类型”为“A”。单击绘图区域右上角“确定”按钮，然后按一下键盘上的“Esc”键退出插入模式，完成一个平键的插入，如图 2-1-6 所示。

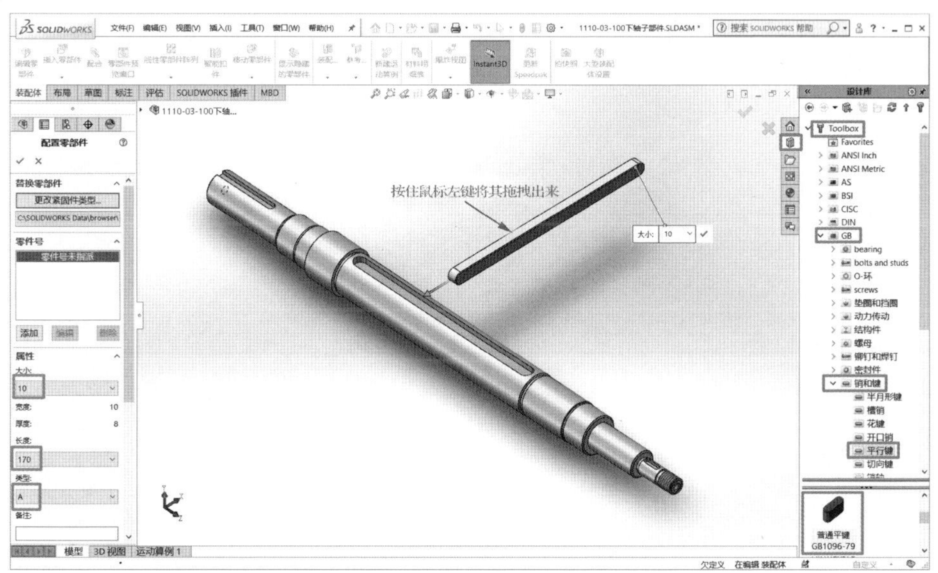

图 2-1-6　插入普通平键

选择“装配体”面板上的“移动零部件”按钮 下拉菜单中的“旋转零部件”按钮，左侧属性管理器的“旋转”选项框中选择“自由拖动”，在绘图区域用鼠标左键将平键底面和长度方向调整到与下轴基本一致，为实现“配合”做好准备。最后单击绘图区域右上角“确定”按钮，如图 2-1-7 所示。

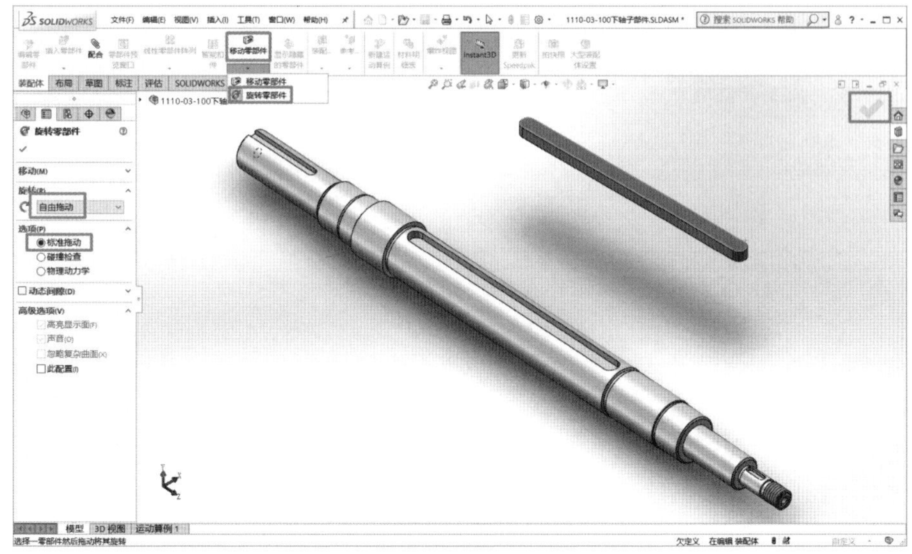

图 2-1-7　拖动平键至合适位置

单击“装配体”面板上的“配合”按钮，在左侧属性管理器中选择“标准配合”选项区中的“重合”按钮，然后在绘图区域中选择长键的下表面和键槽的底面。单击悬浮窗口右侧“确定”按钮后，完成第一个配合。接下来在绘图区域中选择长键的侧面和键槽的侧面，单击悬浮窗口右侧“确定”按钮后，完成第二个重合的配合，如图 2-1-8 所示。

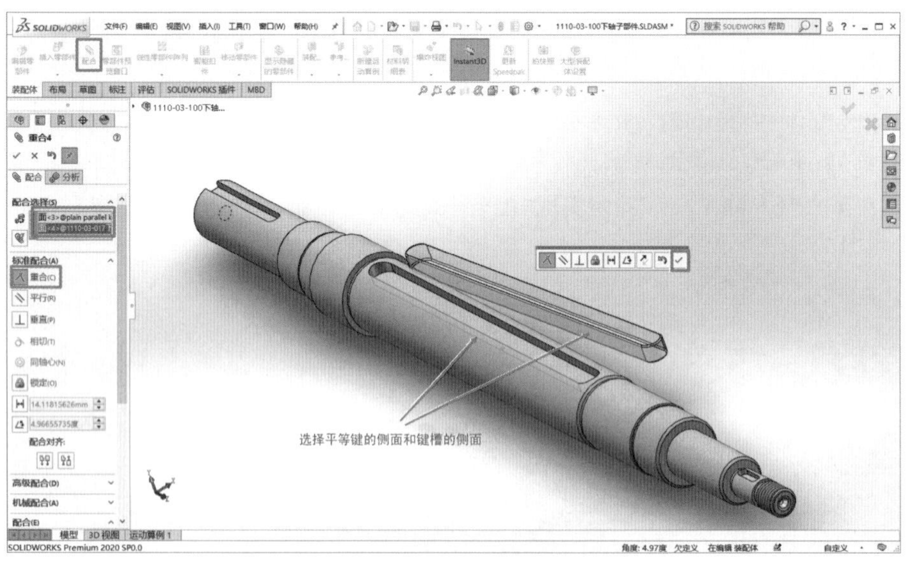

图 2-1-8　添加“重合”关系

此时，用鼠标左键拖拽长键发现其还是可以沿着键槽长度方向被拖动，这说明长键还没有完全约束，还差一个“同轴心”配合。在左侧属性管理器中选择“同轴心”配合，然后在绘图区域中分别选择长键和键槽的圆头表面，单击悬浮窗口右侧“确定”按钮后，完成同轴心配合。这时再用鼠标左键去拖拽长键已经不能移动了，说明长键已经被完全约束。最后单击绘图窗口右上角“确定”按钮，完成长键的配合，退出配合环境，如图 2-1-9 所示。

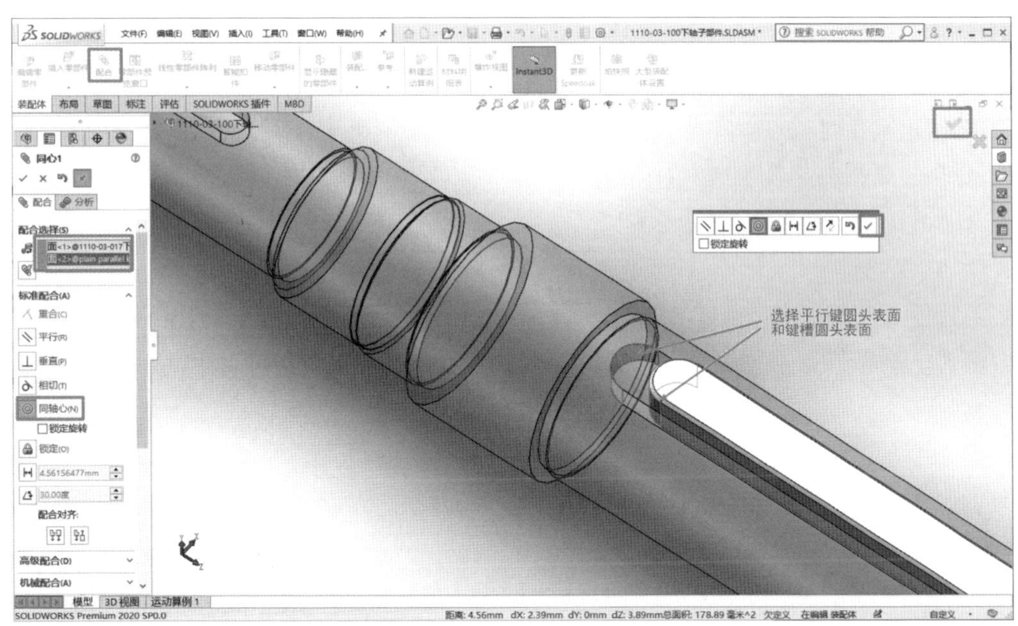

图 2-1-9　添加“同轴心”关系

接下来，将“1110-03-016 下辊. SLDPRT”零件装配到下轴。与插入下轴的步骤一样，选择“装配体”面板上的“插入零部件”按钮 ，浏览到相应目录，插入“1110-03-016 下辊. SLDPRT”零件。然后使用“旋转零部件”功能将下辊旋转到与下轴轴线基本平行。单击“装配体”面板上的“配合”按钮 ，按图 2-1-10 所示，对下辊的中孔与下轴做“同轴心”配合，下辊的键槽侧面与长键侧面做“重合”配合，下辊的端面与下轴轴台的端面做“重合”配合。最后单击绘图窗口右上角“确定”按钮 ，完成下辊的配合，退出配合环境。

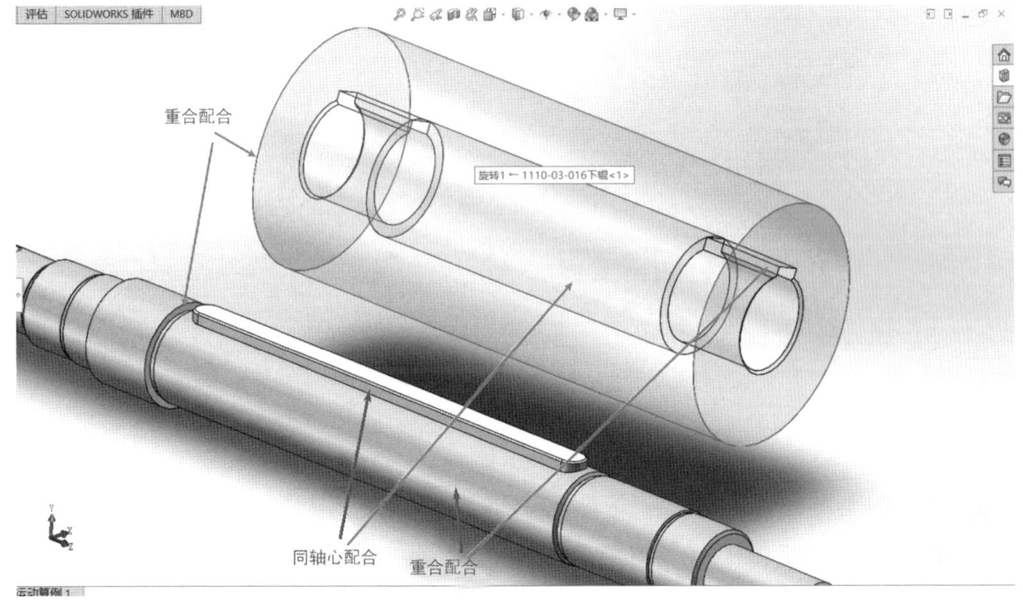

图 2-1-10　下辊配合关系

提示

如果在配合的时候选择错了，可以在选择框中单击鼠标右键，在弹出的快捷菜单中单击“消除选择”命令后重新选择。每装配一个零件或标准件，左侧的设计树中都会增加相应的元素，包括配合关系。也可以通过鼠标右键单击不同元素进行编辑或删除，如图 2-1-11 所示。

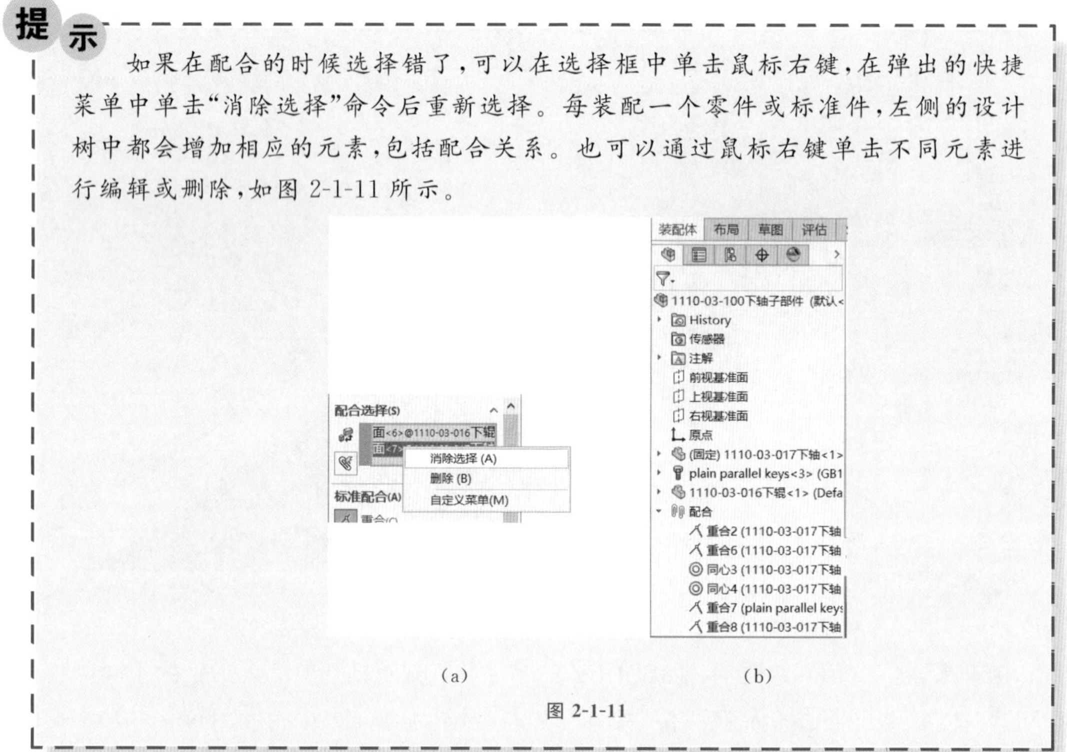

(a) (b)

图 2-1-11

接下来，为了让轴承内圈能够很好地定位，需要装配“1110-03-015 定位套. SLDPRT”，方法与前面一样，不再赘述，如图 2-1-12 所示。

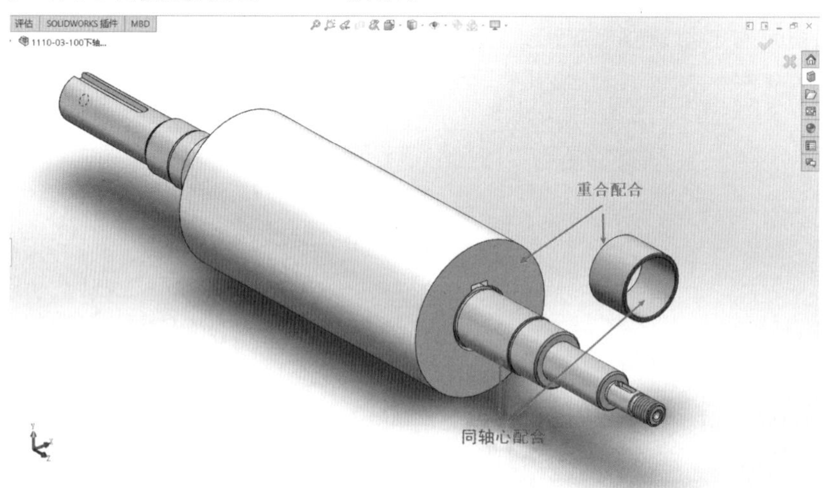

图 2-1-12 定位套配合关系

之后在下轴两侧安装两个“深沟球轴承 6006”，尺寸：外径为 55 mm，内径为 30 mm，厚度为 13 mm。轴承属于标准件，单击绘图区域右侧任务窗格的 按钮，打开“设计库”选项卡，展开“ToolBox”条目，展开“GB”(中国国标)条目，展开“bearing”(轴承)条目，选择“滚动轴承”，在下面的窗口中按住鼠标左键，将“深沟球轴承”拖动到绘图区域中下轴直径 $\phi 30$ mm

的地方，“ToolBox”会智能地为该轴选择一个比较合适的轴承。但参数不正确，需在左侧属性管理器中将“尺寸系列代号”选为“10”，“大小”选为“6006”，单击绘图区域右上角“确定”按钮✔，然后按“Esc”键退出轴承插入模式，完成一个轴承的插入，如图 2-1-13 所示。

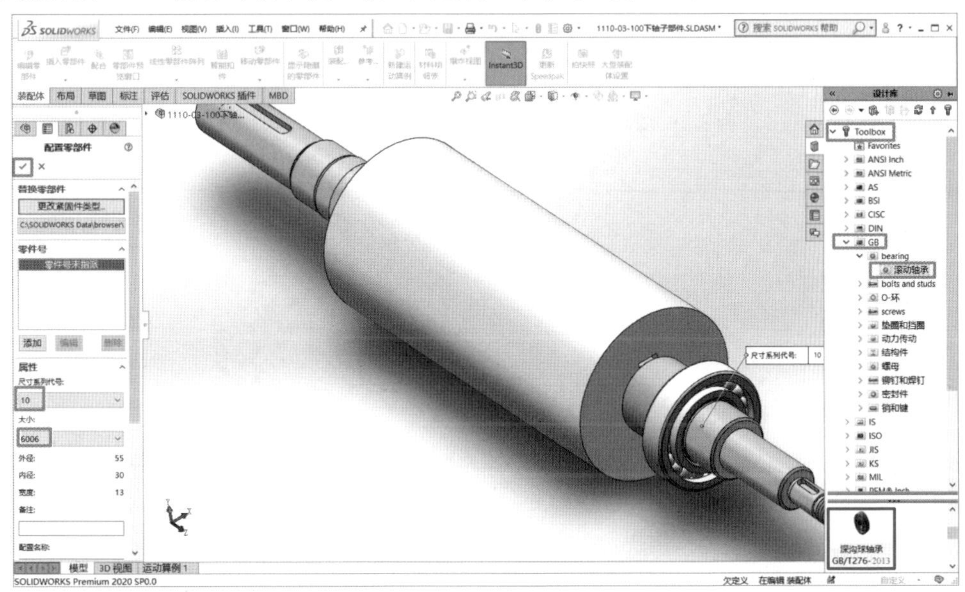

图 2-1-13　利用“ToolBox”插入深沟球轴承

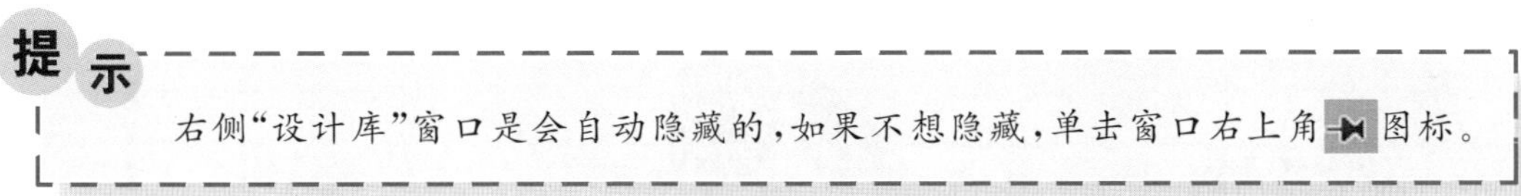

提示

右侧“设计库”窗口是会自动隐藏的，如果不想隐藏，单击窗口右上角⊣⊢图标。

单击“装配体”面板上的“移动零部件”按钮，然后在绘图区域中用鼠标左键拖拽刚装入的轴承，可以看到轴承智能地沿着“下轴”的轴向移动，说明添加轴承的时候 SolidWorks 自动给轴承内圈和下轴添加了一个“同轴心”配合。为了让轴承安装到位，再增加一个轴承内圈端面与“定位套”端面的“重合”配合，如图 2-1-14 所示。用同样的方法装配“下轴”另一端的轴承，装好的效果如图 2-1-15 所示。

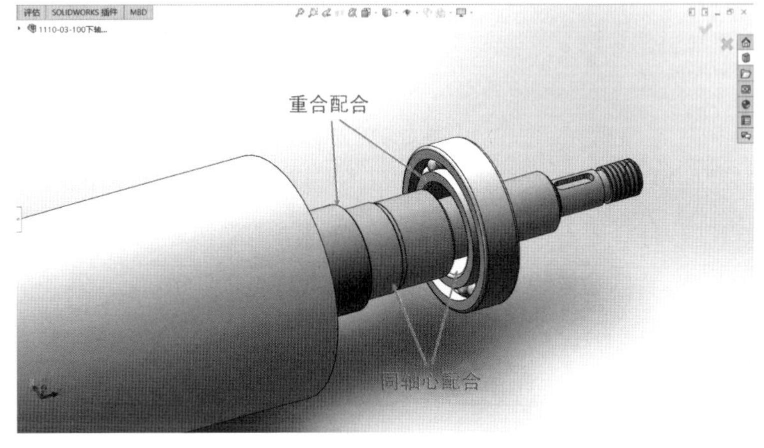

图 2-1-14　轴承配合关系

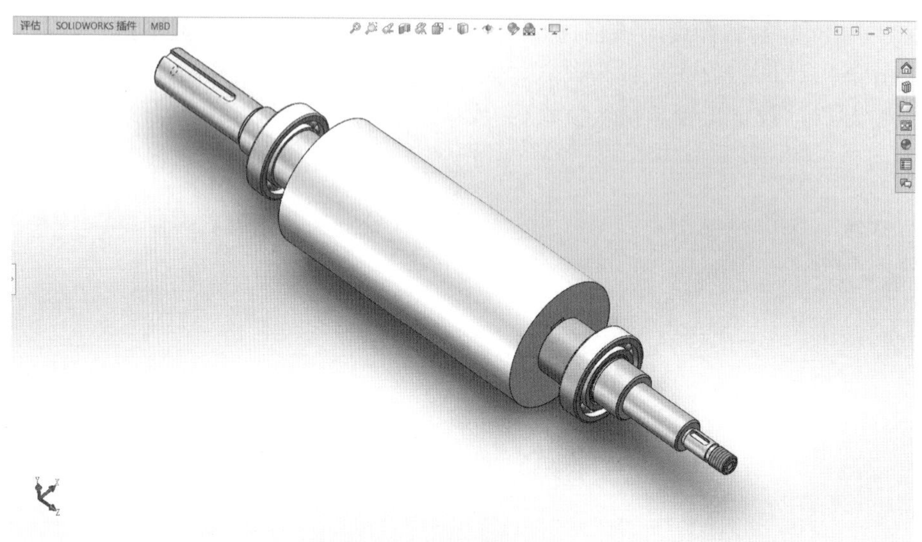

图 2-1-15　轴承安装完成

在“下轴”两侧的轴挡圈槽(轴承内圈外侧的槽)中装配两个“轴用弹性挡圈-A 型”,大小为“30”,装好的结果如图 2-1-16 所示。

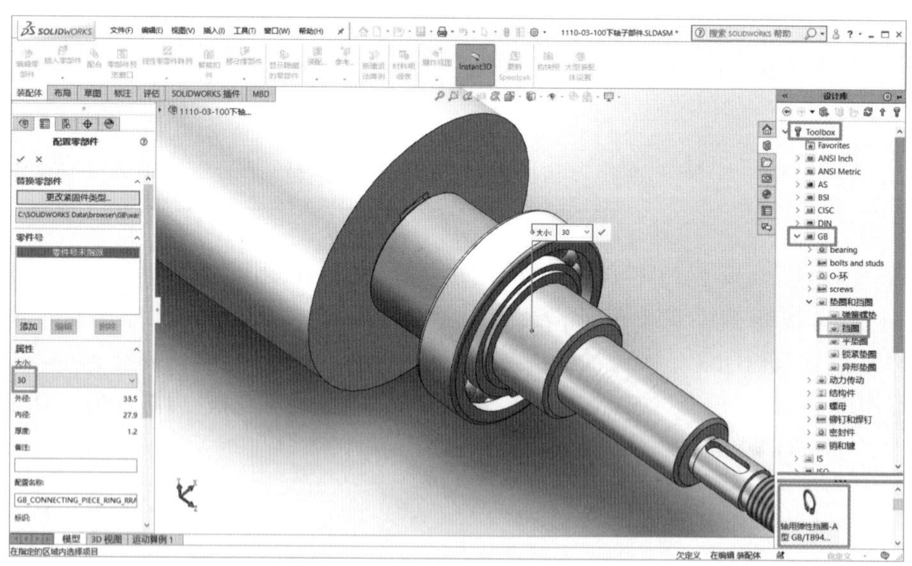

图 2-1-16　轴用弹性挡圈安装完成

单击“装配体”面板上的“插入零部件”按钮 ,浏览到相应目录中,选择“1110-03-018 右下支板. SLDPRT”,将其插入装配环境。在“右下支板”孔中的挡圈槽中装配两个“孔用弹性挡圈”,大小为“55”,装好的效果如图 2-1-17 所示。

如图 2-1-18 所示,将“右下支板”的大孔与“轴承”外圈做“同轴心”配合;将“孔用弹性挡圈”的侧面与“轴承”外圈侧面做“重合”配合。

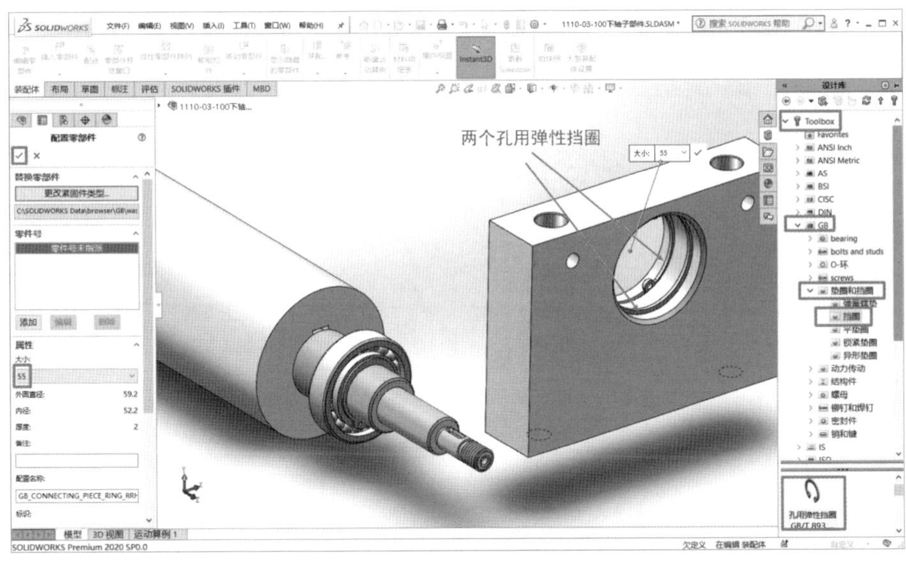

图 2-1-17　孔用弹性挡圈安装完成

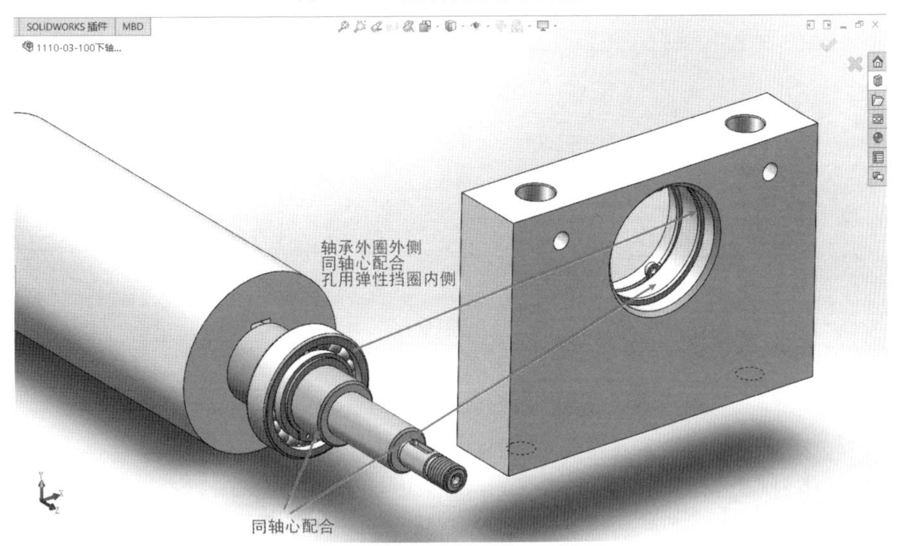

图 2-1-18　右下支板与轴承装配

插入“1110-03-020 左下支板.SLDPRT”零件，将“左下支板”与“右下支板”两个外侧面做距离为“280 mm”的“距离”配合；“左下支板”与“右下支板”的两个底面做“重合”配合；“左下支板”的大孔与轴承外圈做“同轴心”配合，如图 2-1-19 所示。

在轴头处先装配一个“4×4×14”的普通平键，然后单击“插入零部件”按钮，浏览找到目录下“手轮 12×125.SLDPRT”零件。利用前面讲过的方法，通过“同轴心”、键和键槽、手轮端面与轴台端面的配合来定位手轮。最后安装一个“盖形螺母 M12”，如图 2-1-20 所示。

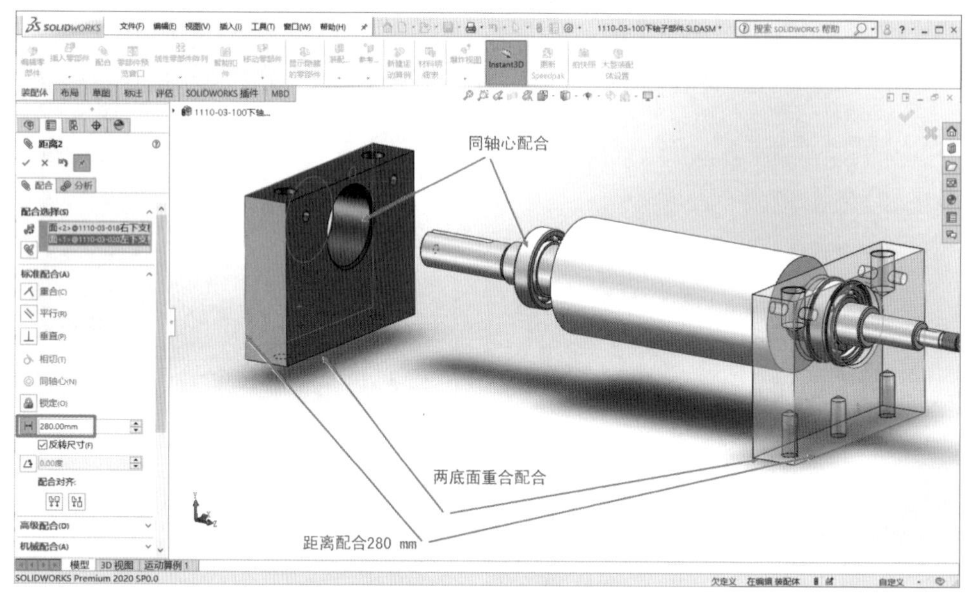

图 2-1-19 左下支板装配

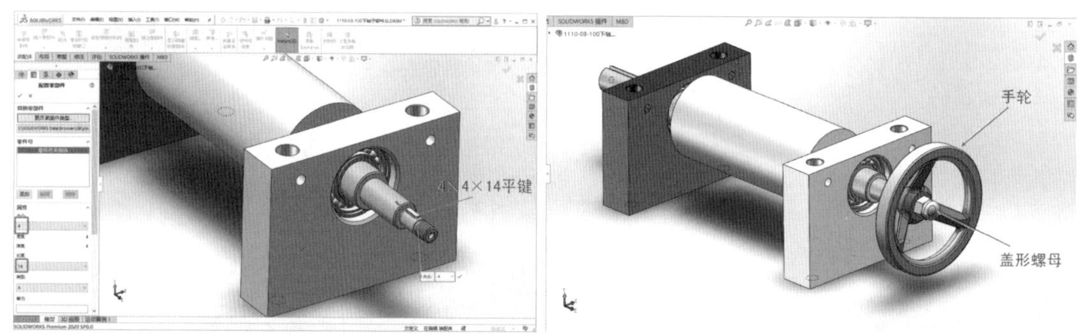

图 2-1-20 普通平键、手轮、盖形螺母的装配

按住鼠标中键(滚轮)旋转视角，在另一端轴头处安装“1110-03-025 隔套. SLDPRT”和“6×50 C 型普通平键”。接下来插入一个装配体文件“1110-03-600 带轮组装. SLDASM”，通过“同轴心”和键与键槽的配合装配到下轴轴端。最后通过“ToolBox”插入“GB_T892-1986 螺栓紧固轴端挡圈 B32”和“内六角圆柱头螺钉 M6×16”，装配到轴端，如图 2-1-21 所示。

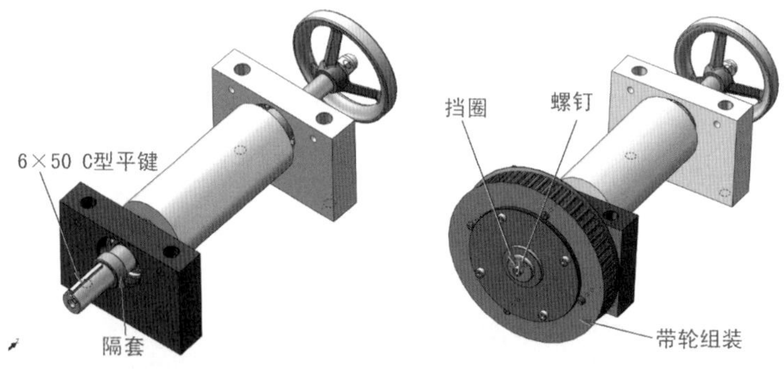

图 2-1-21 剩余部件装配

至此，完成了下轴子部件装配。

步骤 2：创建上轴子部件装配

与下轴子部件装配过程非常相似，首先新建一个装配体并命名为“1110-03-200 上轴组装.SLDASM”保存。

按照图 2-1-22 所示的顺序号，进行“1110-03-014 上轴”“GB1096-1979 普通平键 10X170”“1110-03-008 胶辊”“1110-03-015 定位套”“GB_T276-1994 深沟球轴承 6006(尺寸10)”“GB_T894-1-1986 轴用弹性挡圈 A30”的装配。

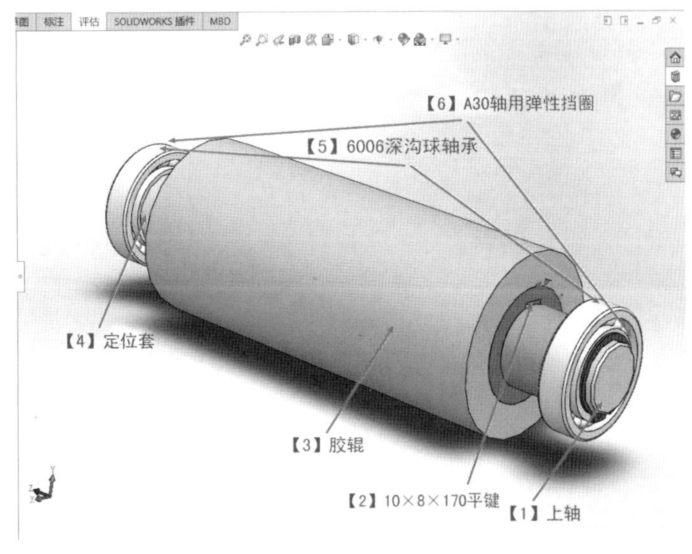

图 2-1-22　上轴子部件装配

按照图 2-1-23 所示的顺序号，进行“1110-03-013 右上支板”“GB_T893-1-1986 孔用弹性挡圈 55”“1110-03-007 左上支板”“LMH-16UU 直线轴承(示意图)”“GB_T70-1-2000 内六角圆柱头螺钉 M4×10”的装配。“左上支板”与“右上支板”两个外侧面的配合距离为“280 mm”。

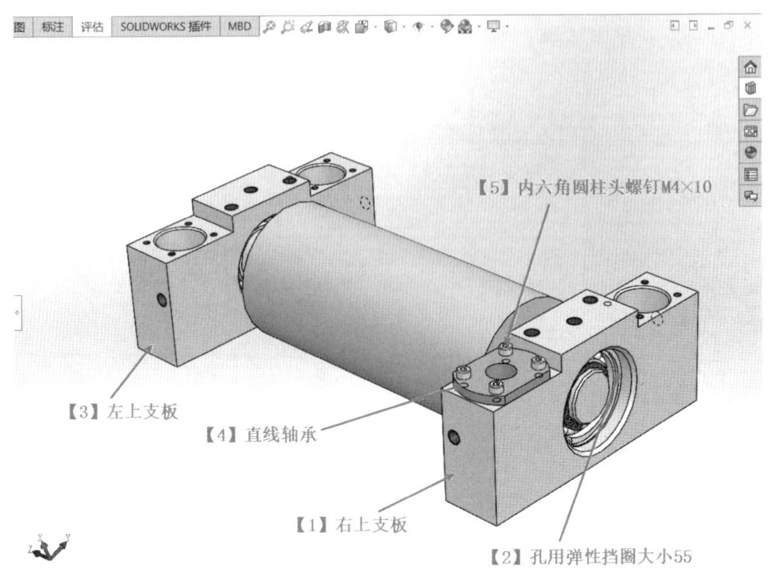

图 2-1-23　左上、右上支板装配

通过观察会发现“直线轴承”和“圆柱头螺钉”共需要装配四套，为了简化装配过程，可以采用“零部件阵列”的方式。根据结构可以看出，目前需要的是一个线性阵列。首先要确定阵列的两个方向距离。打开“评估”面板，单击“测量”按钮，然后在绘图区域分别选择“左上支板”和“右上支板”的两个孔，测量出宽度方向孔距为“245 mm”。用同样的方法测量出长度方向孔距为“110 mm”，如图 2-1-24 所示。

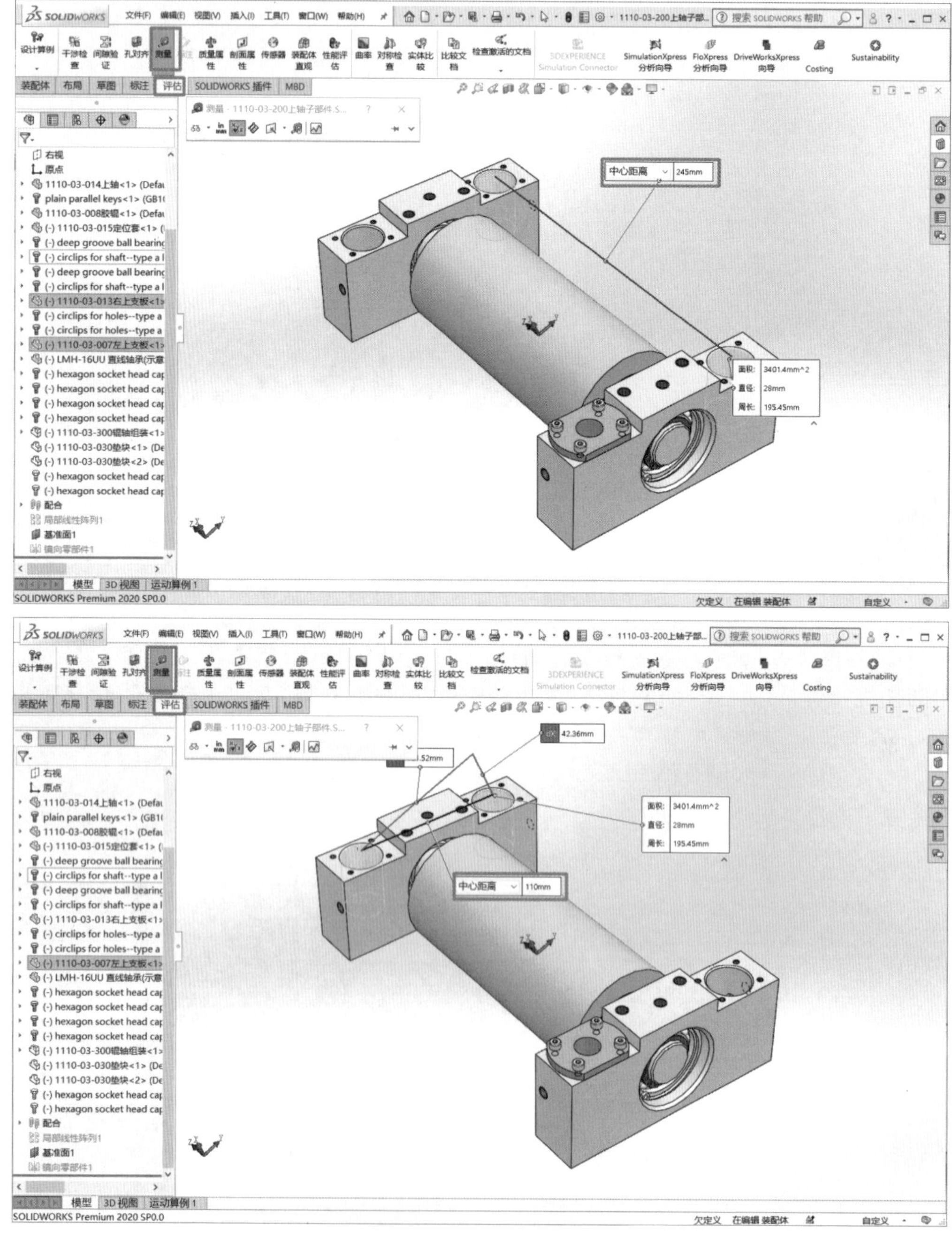

图 2-1-24　测量孔距

选择"装配体"面板上的"线性零部件阵列"按钮，按照图 2-1-25 所示分别选择"边线 1"和"边线 2"来确定线性阵列的两个方向，"方向 1"的阵列距离是"245 mm"，数量为"2"；"方向 2"的阵列距离是"110 mm"，数量为"2"；激活"要阵列的零部件"选项框，然后在绘图区域中选择已经安装的"直线轴承"和 4 颗"螺钉"。如果阵列方向反了，可以单击"边线"选项框旁边的"反向"按钮来切换方向。最后单击绘图区域右上角"确定"按钮完成阵列。

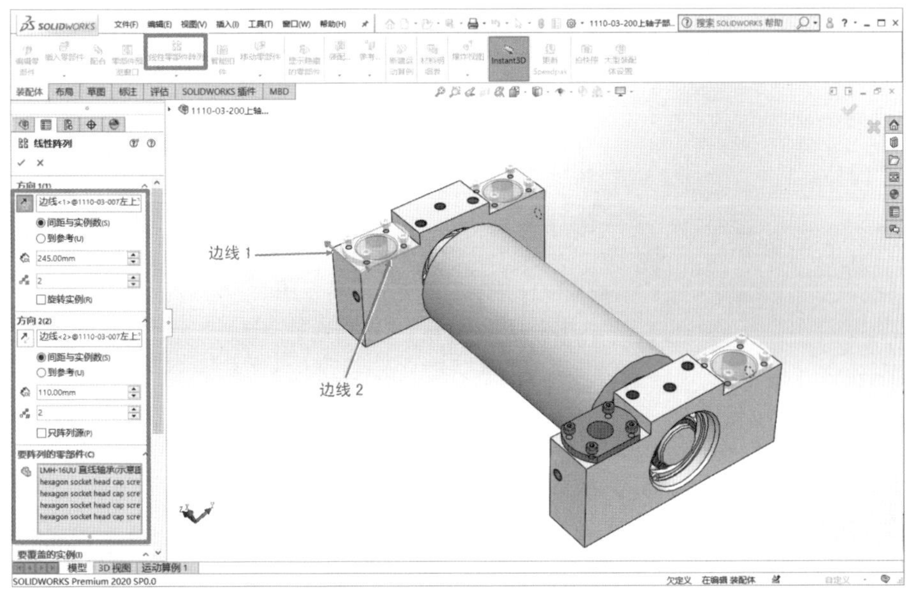

图 2-1-25　阵列零部件

接下来进行两侧引导钢辊的装配。按照图 2-1-26 所示的顺序将"1110-03-003 辊轴""1110-03-002 辊""GB_T893-1-1986 孔用弹性挡圈 35""GB_T276-1994 深沟球轴承 6202""GB_T894-1-1986 轴用弹性挡圈 A 15""1110-03-001 挡圈""GB_T70-1-2000 内六角圆柱头螺钉 M5×16"装配到一起。最后，用两个"1110-03-030 垫块"和两个"GB_T70-1-2000 内六角圆柱头螺钉 M8×20"将钢辊组件安装到左上、右上支板的螺孔中。

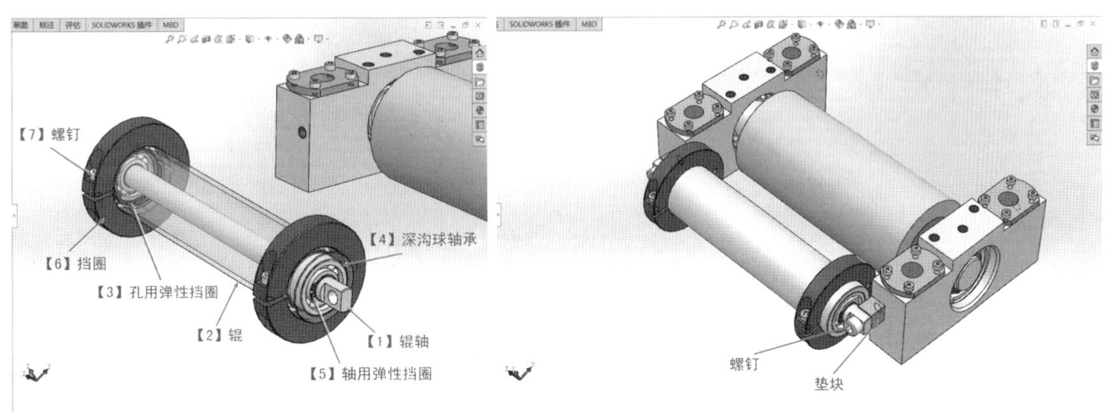

图 2-1-26　两侧引导钢辊的装配

利用“测量”工具测出“右上支板”两个侧面的垂直距离为“160 mm”，在它的中央位置建立一个参考面，单击“装配体”面板上“参考几何体”按钮下拉菜单中的“基准面”按钮，选择图 2-1-27 中标识的面为“第一基准面”，“距离”为“80 mm”，创建一个上轴子部件的中央截面，为下一步镜像零部件做准备，如图 2-1-27 所示。

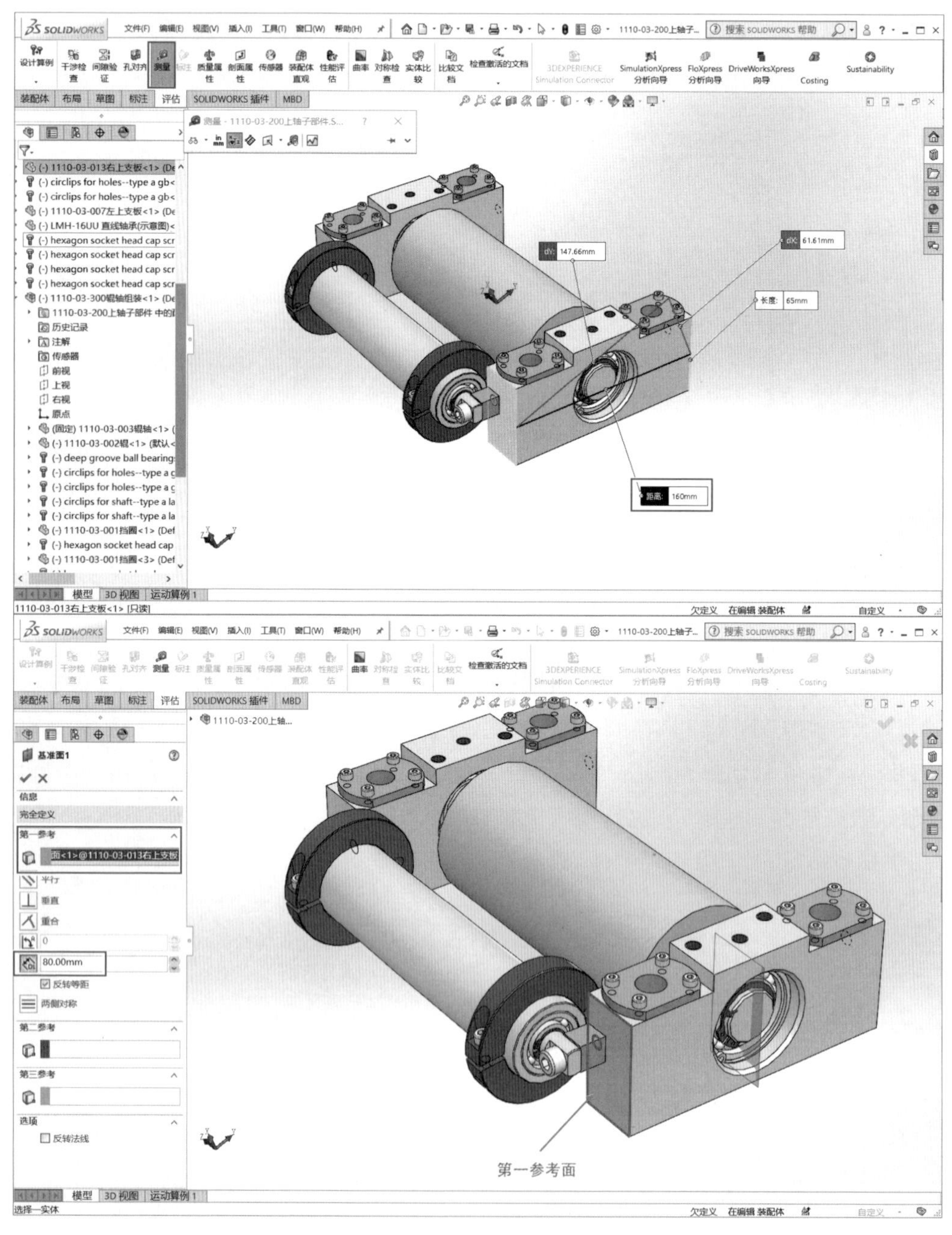

图 2-1-27　创建基准面

两块支板的另一侧也有同样一套引导钢辊，为了方便使用镜像零部件的方法，将上面装配好的钢辊直接镜像过去，如图 2-1-28 所示。

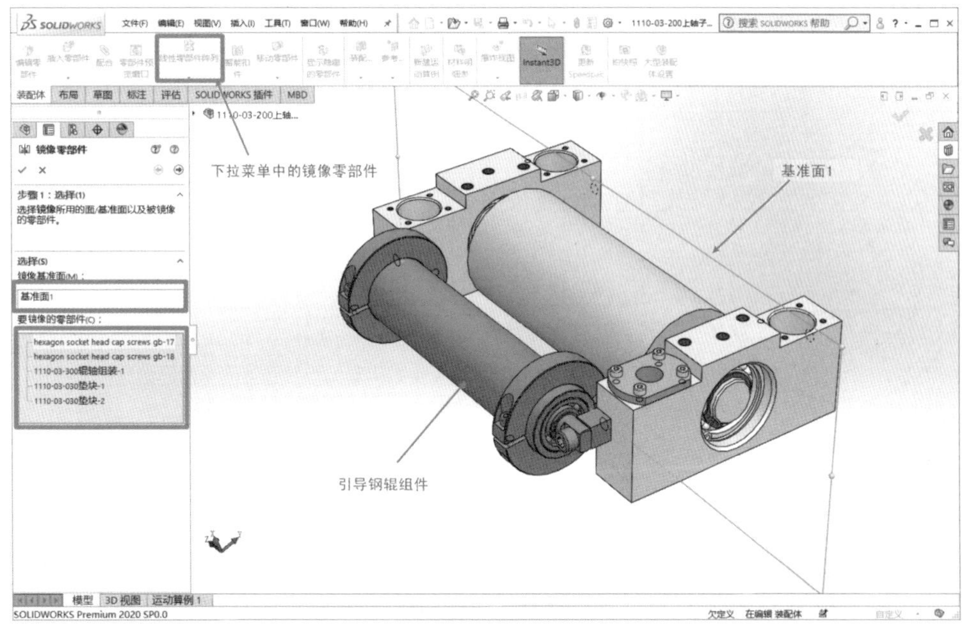

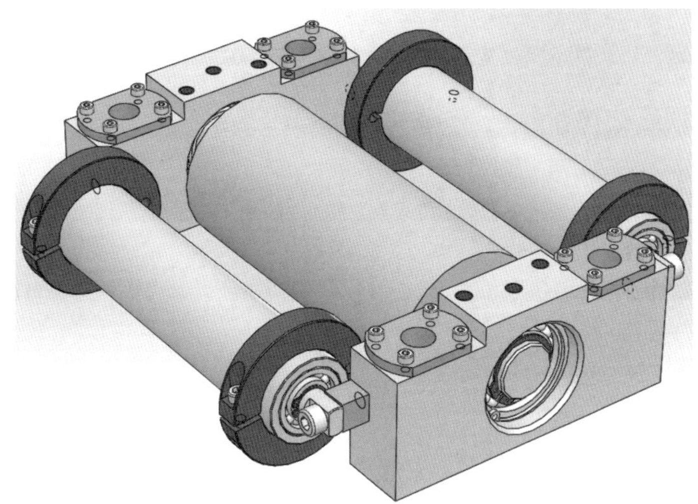

图 2-1-28　镜像引导钢辊

至此，上轴子部件装配完成。

步骤 3：外购件气缸制作

【方法一】　手动建模完成。

(1)查找不同品牌外购件手册，确定气缸外形尺寸等参数。本例以“Airtac”亚德客SDAD-50×10 超薄气缸作为张紧器的外购件。查找亚德客样本手册，根据参数示意图 2-1-29，配合型号列表中的相应参数，确定 SDAD-50×10 超薄气缸尺寸。

(2)根据查找到的参数对超薄气缸进行零件的建模。

绘制图 2-1-30 所示的草图。

如图 2-1-31 所示，两侧对称拉伸，拉伸距离为 48 mm。

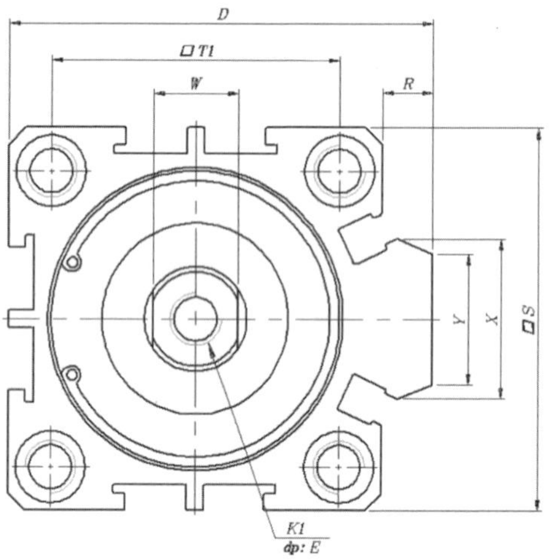

(a)

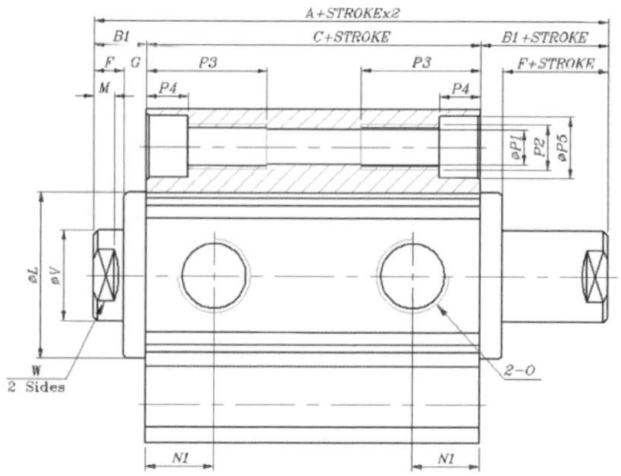

(b)

	MODEL (SDAD-50x5) 订购码	* TYPE 型号	* MAGNET 磁石代号	BORE 内径 [mm]	* STROKE 行程-列表...	* ASTROKE 调整行程 [mm]	* RTYPE 活塞杆牙型
1	SDAD-50x10	SDAD:超薄气缸(双轴复动型)	不附磁石	50	10	0	内牙型

* THREAD 牙型代码	* SENSORSWITCH 感应开关型号	* SENSORNUMBER 感应开关数量	* POSAS 可调螺母...	* POS 气缸杆位...	A [mm]	B1 [mm]	B2 [mm]
PT牙	N/A	N/A	0	0	46	9	-

B2 [mm]	C [mm]	D [mm]	E [mm]	F [mm]	G [mm]	H [mm]	I [mm]	J [mm]
-	28.0	71.5	8	5	4.0	-	-	-

J1 J1	K1 K1	K2 K2	K3 K3	L [mm]	M [mm]	N1 [mm]	O 0	P1 [mm]
-	M10x1.5	-	-	38.0	3	10.5	1/4″	6.5

P2 P2	P3 [mm]	P4 [mm]	P5 [mm]	Q [mm]	R [mm]	S [mm]	T1 [mm]	T2 [mm]
M8x1.25	25	8.5	11.0	-	9.5	62	48.0	-

V [mm]	W [mm]	X [mm]	Y [mm]
20	17	30	20

(c)

图 2-1-29 气缸参数示意图

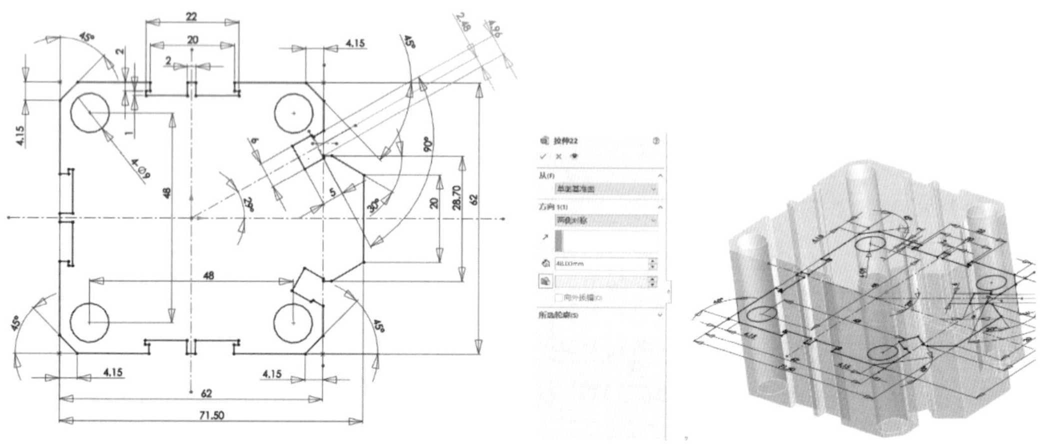

图 2-1-30 绘制气缸草图

图 2-1-31 创建拉伸特征

如图 2-1-32 所示，在上表面绘制直径为 38 mm 的圆并拉伸 4 mm，合并结果。

图 2-1-32　创建 $\phi 38$ mm 的圆形凸台

如图 2-1-33 所示，在中心界面绘制直径为 35 mm 的圆，两侧对称拉伸切除气缸腔体，拉伸距离 28 mm。

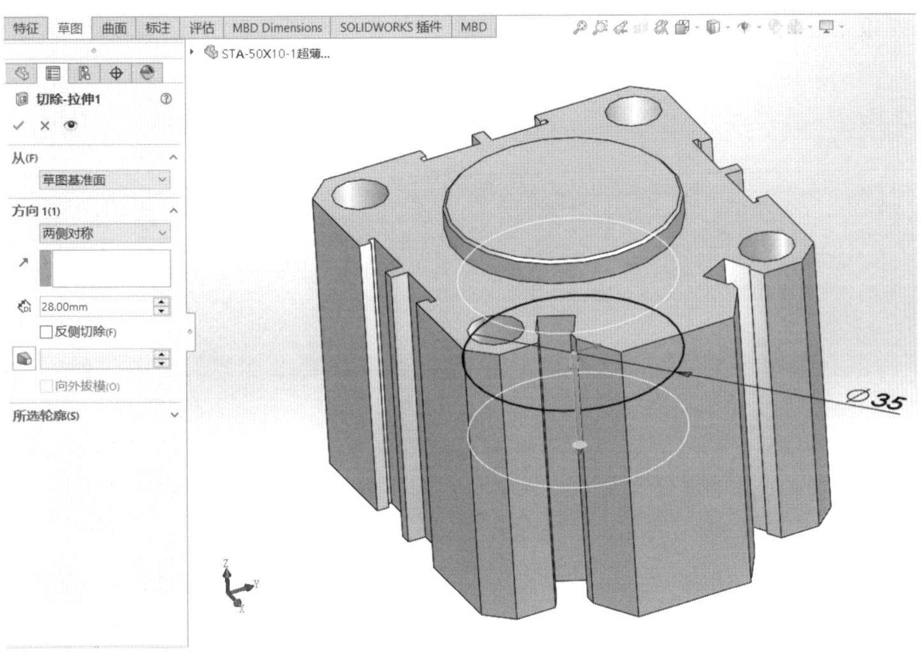

图 2-1-33　创建 $\phi 35$ mm 的圆形凸台

如图 2-1-34 所示，在圆形凸台顶面绘制直径为 20 mm 的圆，向下拉伸切除，选择“成形到下一面”，选择气缸腔体上表面，制作气缸活塞杆圆孔。

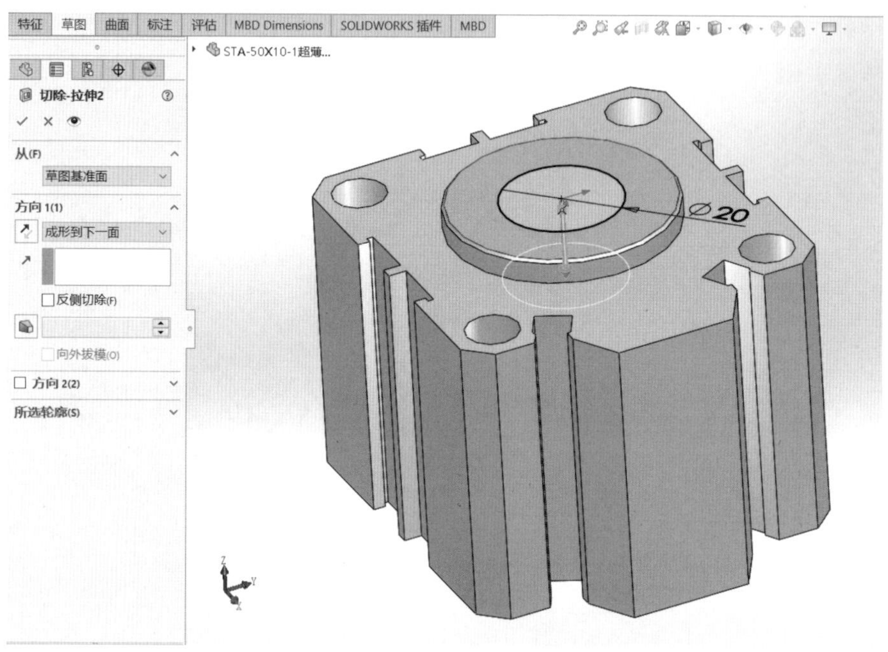

图 2-1-34 创建气缸活塞杆圆孔

如图 2-1-35 所示，利用“异形孔向导”命令绘制两个 G1/4 螺纹孔。孔类型选择“直管螺纹孔”，终止条件选择“成形到下一面”。孔的位置参考样本册参数“N1＝10.5”。

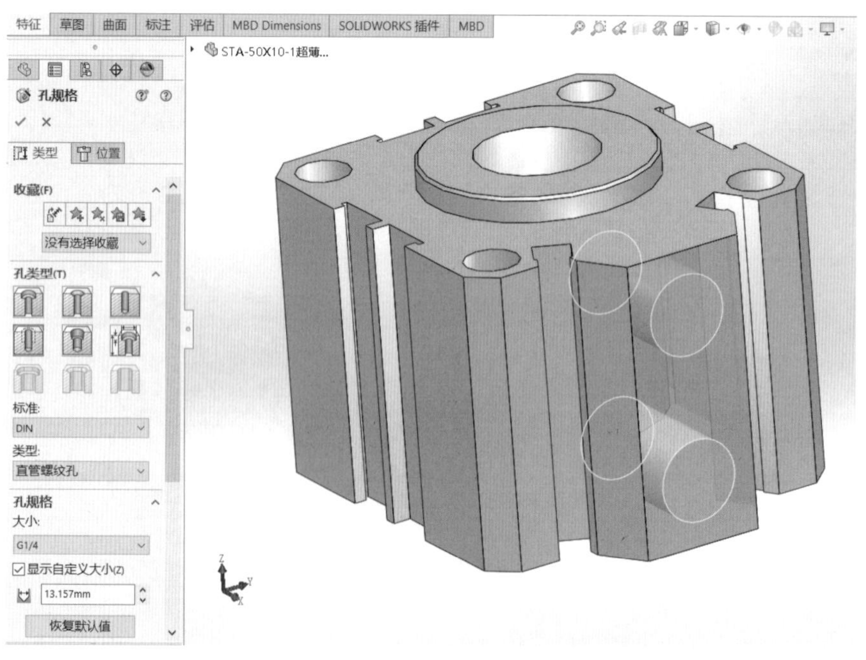

图 2-1-35 创建两个 G1/4 螺纹孔

对各边进行倒角处理,对称倒角尺寸为 C0.5 mm。

如图 2-1-36 所示,对气缸活塞和活塞杆进行建模。

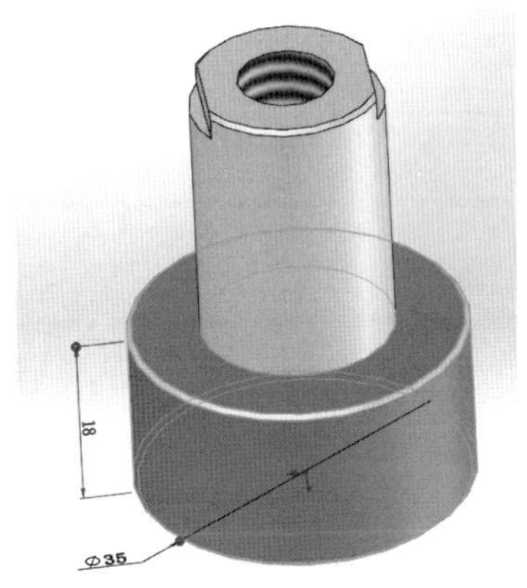

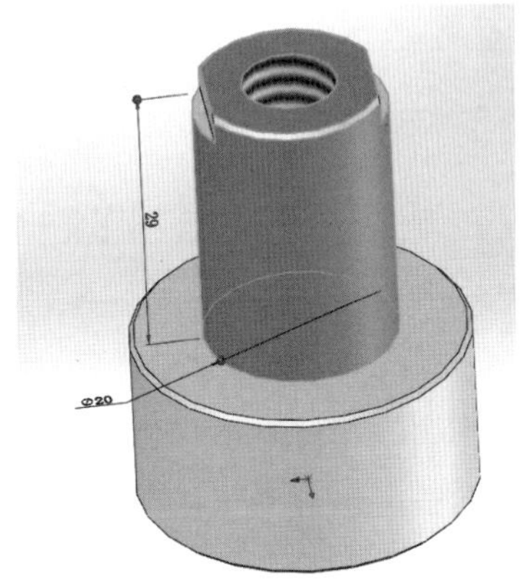

图 2-1-36 气缸活塞建模

如图 2-1-37 所示,利用拉伸切除绘制活塞杆扳手平台,并利用“异形孔向导”命令绘制活塞杆中心 M10×1-5 螺纹孔。

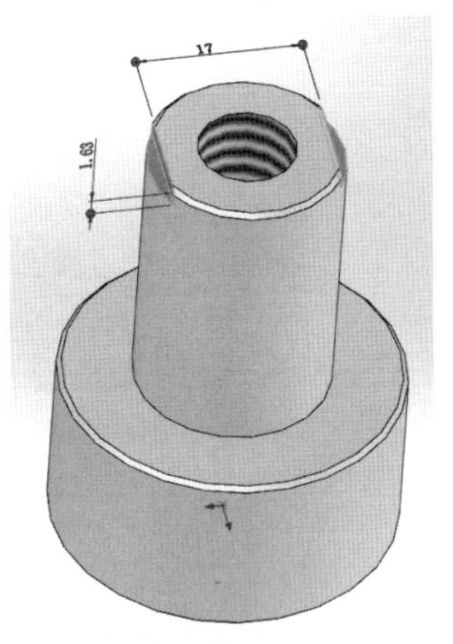

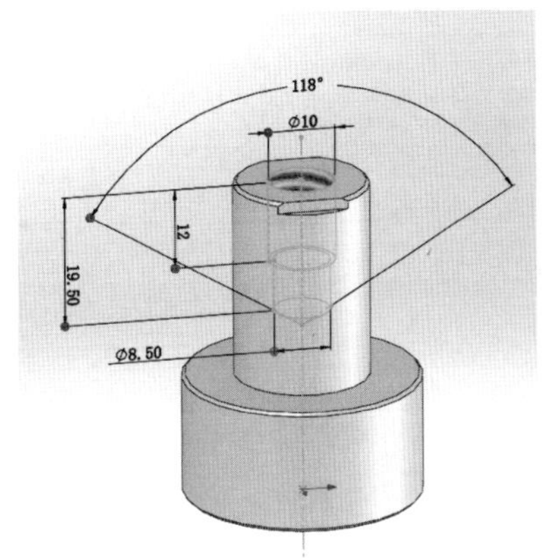

图 2-1-37 气缸活塞杆建模

将活塞和活塞杆利用“同轴心”和“重合”约束,装入气缸体中,形成 SDAD-50×10 超薄气缸组件,为张紧器总装配备用。

【方法二】 利用第三方软件自动进行建模。以“Airtac”亚德客第三方软件为例,进行超薄气缸自动建模。

(1)找“Airtac”亚德客供应商索要 AIRTAC_3D 软件,安装界面如图 2-1-38 所示。

(2)在左侧目录树中选择“SDAD SDAJ-超薄气缸”选项并双击,进入此类型气缸参数选择界面,如图 2-1-39 所示。

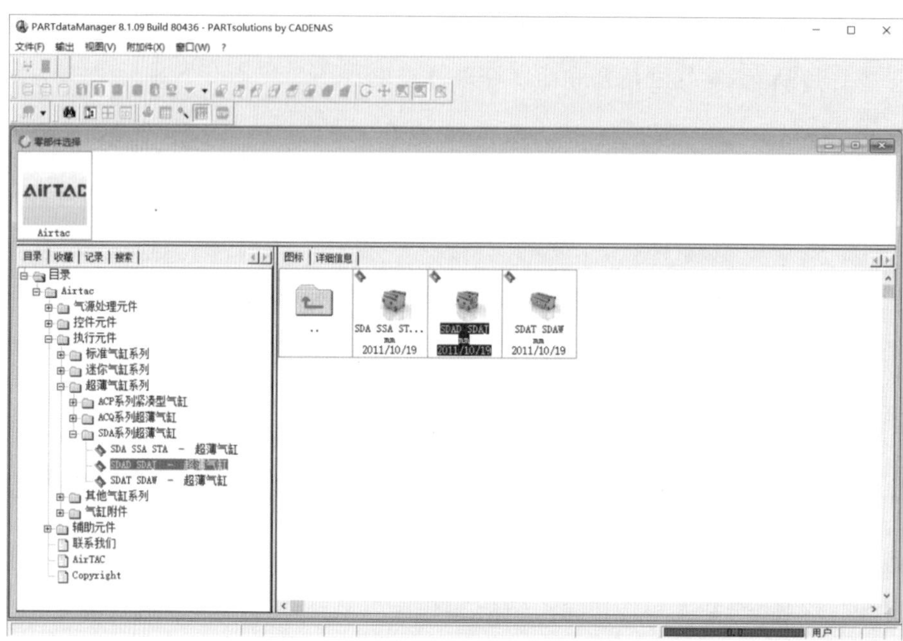

图 2-1-38 AIRTAC_3D 软件安装界面

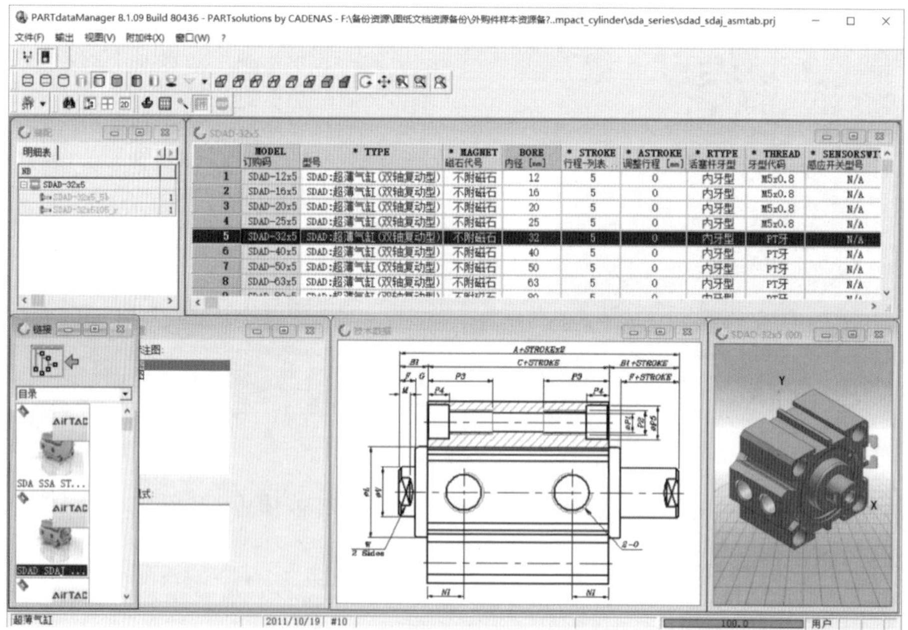

图 2-1-39 气缸参数选择界面

(3)如图 2-1-40 所示,气缸参数选择“SDAD-50×5”。

(4)由于需要的行程是 10 mm,因此在“STORKE 行程-列表”列中单击图 2-1-40 中加框部分,弹出图 2-1-41 所示的对话框。选择“10”,并单击“确定”按钮。

(5)如图 2-1-42 所示,一个缸径为 50 mm,行程为 10 mm 的超薄气缸设置完成。

(6)如图 2-1-43 所示,选择菜单栏“输出”→“文件”→“SolidWorks 3D”选项,弹出如图 2-1-44 所示的对话框,选择存储路径和软件版本后单击“确定”按钮。

SDAD-50x5

	MODEL 订购码	* TYPE 型号	* MAGNET 磁石代号	BORE 内径 [mm]	* STROKE 行程-列表...
1	SDAD-12x5	SDAD:超薄气缸(双轴复动型)	不附磁石	12	5
2	SDAD-16x5	SDAD:超薄气缸(双轴复动型)	不附磁石	16	5
3	SDAD-20x5	SDAD:超薄气缸(双轴复动型)	不附磁石	20	5
4	SDAD-25x5	SDAD:超薄气缸(双轴复动型)	不附磁石	25	5
5	SDAD-32x5	SDAD:超薄气缸(双轴复动型)	不附磁石	32	5
6	SDAD-40x5	SDAD:超薄气缸(双轴复动型)	不附磁石	40	5
7	SDAD-50x5	SDAD:超薄气缸(双轴复动型)	不附磁石	50	5
8	SDAD-63x5	SDAD:超薄气缸(双轴复动型)	不附磁石	63	5
9	SDAD-80x5	SDAD:超薄气缸(双轴复动型)	不附磁石	80	5

图 2-1-40　选择气缸参数

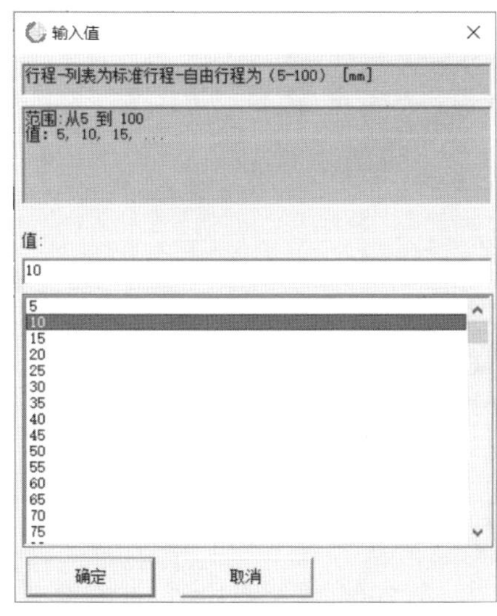

图 2-1-41　修改行程参数

SDAD-50x10

	MODEL 订购码	* TYPE 型号	* MAGNET 磁石代号	BORE 内径 [mm]	* STROKE 行程-列表...
1	SDAD-12x5	SDAD:超薄气缸(双轴复动型)	不附磁石	12	5
2	SDAD-16x5	SDAD:超薄气缸(双轴复动型)	不附磁石	16	5
3	SDAD-20x5	SDAD:超薄气缸(双轴复动型)	不附磁石	20	5
4	SDAD-25x5	SDAD:超薄气缸(双轴复动型)	不附磁石	25	5
5	SDAD-32x5	SDAD:超薄气缸(双轴复动型)	不附磁石	32	5
6	SDAD-40x5	SDAD:超薄气缸(双轴复动型)	不附磁石	40	5
7	SDAD-50x10	SDAD:超薄气缸(双轴复动型)	不附磁石	50	10
8	SDAD-63x5	SDAD:超薄气缸(双轴复动型)	不附磁石	63	5
9	SDAD-80x5	SDAD:超薄气缸(双轴复动型)	不附磁石	80	5

图 2-1-42　超薄气缸创建完成

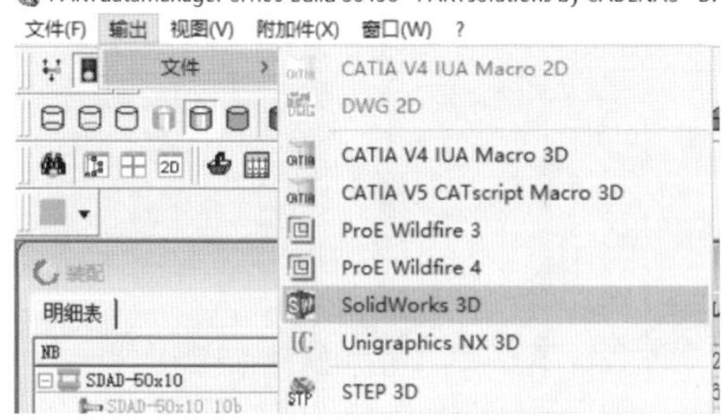

图 2-1-43　选择"SolidWorks 3D"选项

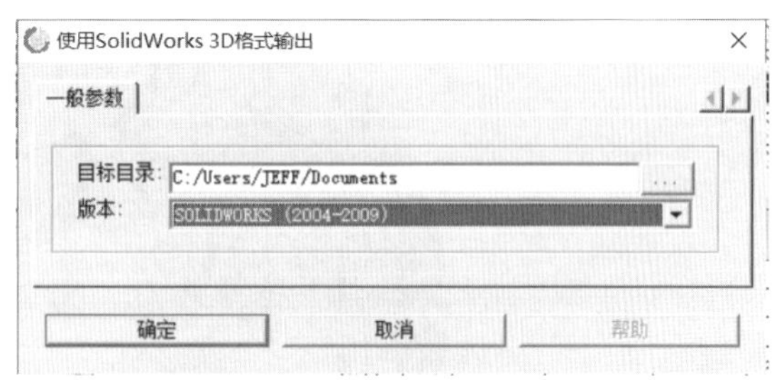

图 2-1-44　设置存储路径和软件版本

(7)找到存储路径下的文件并打开,如图 2-1-45 所示。如果输出 SolidWorks 3D 格式报错,可以尝试输出 STEP. 3D 通用格式,然后用 SolidWorks 软件打开即可使用。

总之,上述两种方法得到的外构件外形都一致,用第三方软件生成速度更快,但生成的模型是一个整体零件,如果将来需要气缸活塞能够移动,可以使用第一种方法来绘制外构件,也可以在第二种方法的基础上进行修改。

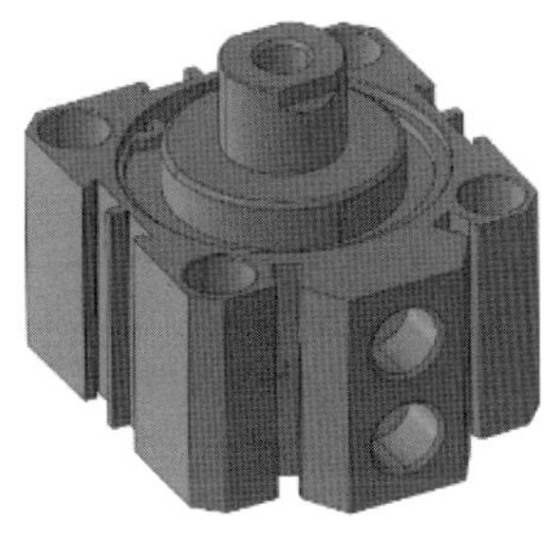

图 2-1-45　打开创建的超薄气缸模型

步骤 4:松圈器整体装配

在本步骤中,要利用前面的子部件和剩余的零件,将松圈器部件装配完成。首先,新建一个装配图,并保存为“1110-03 松圈器部件. SLDASM”。按图 2-1-46 所示将“下轴子部件”和“底板”装配起来。插入“1110-03-019 底板”“1110-03-100 下轴子部件”零件,利用两个销孔的“同轴心”配合和一个底面“重合”配合进行装配。从“ToolBox”标准件库中调用“GB_T70-1-2000 内六角圆柱头螺钉 M12×25”“GB_T70-1-2000 内六角圆柱头螺钉 M12×35”和“GB_T117—2000 圆锥销 10×40”标准件进行装配。

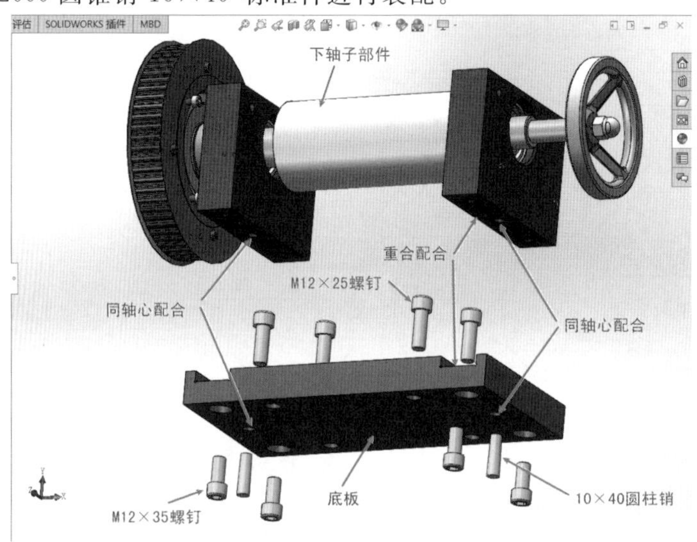

图 2-1-46 下轴子部件与底板装配

接下来装配四个“1110-03-006 销轴”和“GB_T879-1—2000 弹性圆柱销_直槽重型 8×35”。安装好一套后,其余三套可以采用线性阵列方式,如图 2-1-47 所示。

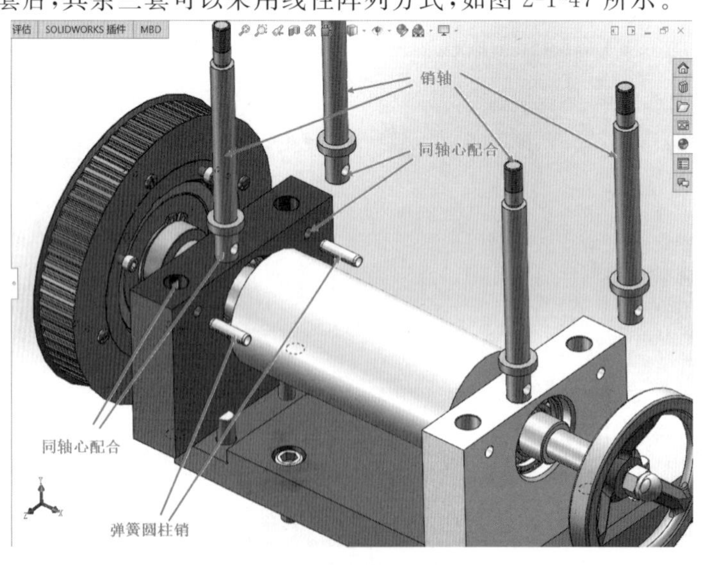

图 2-1-47 销轴与圆柱销装配

按图 2-1-48 所示,装配“1110-03-200 上轴子部件. SLDASM”,选择两根导柱和上支板孔进行“同轴心”配合,胶辊和钢辊采用“相切”配合。装配“1110-03-009 导向柱”“GB_T2089—1994 压缩弹簧 YA2—5×22×50”“1110-03-004 定位套”,完成单侧一组后使用镜像零部件功能完成另一侧装配。接下来，装配“1110-03-005 气缸拉板”和“GB_T70-1—2000 内六角圆柱头螺钉 M8×35”。然后装配“1110-03-012 螺钉”“1110-03-010 托板”“1110-03-011 螺柱”和“GB_T41—2000 1 型六角螺母 C M12”。

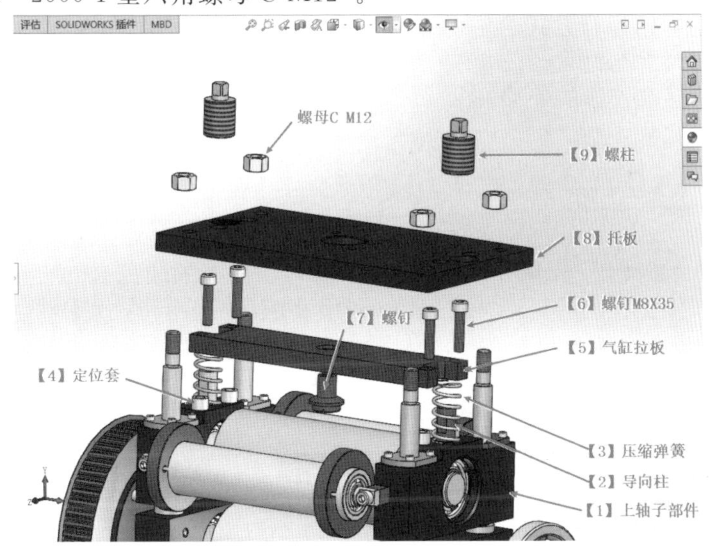

图 2-1-48　上轴子部件装配

最后将步骤 3 中制作好的气缸装配好就大功告成了。插入“SDAD-50×10 超薄气缸. sldasm”，装配 4 个“GB_T70-1—2000 内六角圆柱头螺钉 M6×60”“GB_T95—1985 平垫圈 C 级 6”和“GB_T41—2000 1 型六角螺母 C M6”，如图 2-1-49 所示。

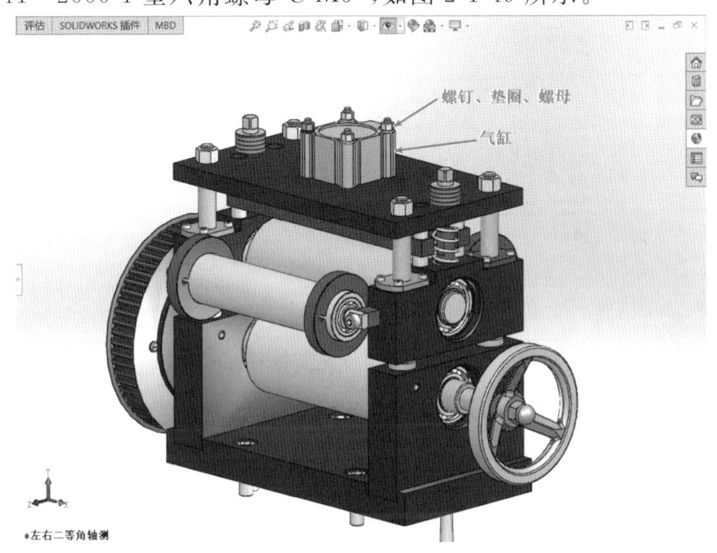

图 2-1-49　气缸等部件装配

至此，松圈器的整体装配就完成了。

任务小结

通过散松圈器装配任务的学习，学生应能够掌握 SolidWorks 装配的一般过程，并掌握以下能力：

(1)零部件的插入与删除。

(2)零部件的移动与旋转。

(3)零部件的常用配合方式。

(4)零部件的镜像与阵列。

(5)ToolBox 标准件库的使用。

(6)外购件的建立过程。

拓展训练

参考“1110-09 疏波器.SLDDRW”工程图来练习疏波器的装配。

分析：锻炼部件工程图的识图能力，能够利用装配序号自行查找零件明细表进行装配，如图 2-1-50 所示。

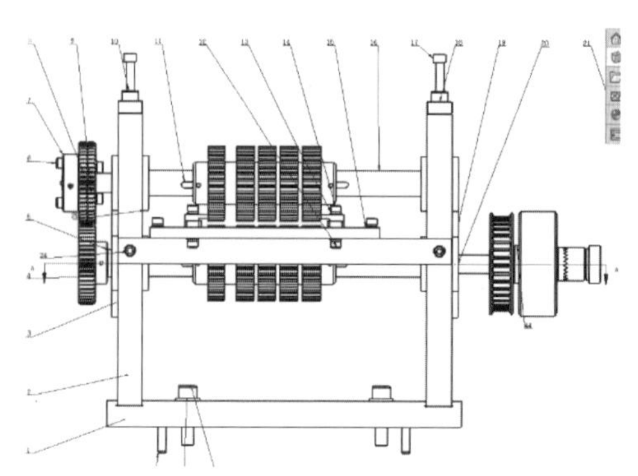

序号	图号/型号/标准号	名称	规格	材料	数量	供应商	类型
10	GB_T70.1—2000	内六角圆柱头螺钉	M10X25		4		标准件
9	1110-09—012	齿轮		45	1		基本件
8	1110-09—008	齿轮		45	1		基本件
7	1110-09—009	相位调整环		45	1		基本件
6	GB_T70.1—2000	内六角圆柱头螺钉	M6X20		2		标准件
5	1110-09-016	轴套		A3	1		基本件
4	1110-09-005	齿轮		45	1		基本件
3	1110-09-003	下垫块		45	2		基本件
2	1110-09-002	支架		45	2		基本件
1	1110-09-001	底座		45	1		基本件

项目号	11-042-A			名称：			图号：
刀具号				疏波器			1110-09
配置号		变动方式		材料：			
规格							
设计		标准化					
绘图		批准		阶段标记	数量	比例	版本：
审核						1:1.5	
工艺				共 1 张	第 1 张		

图 2-1-50 疏波器装配图纸

装配后的效果，如图 2-1-51 所示。

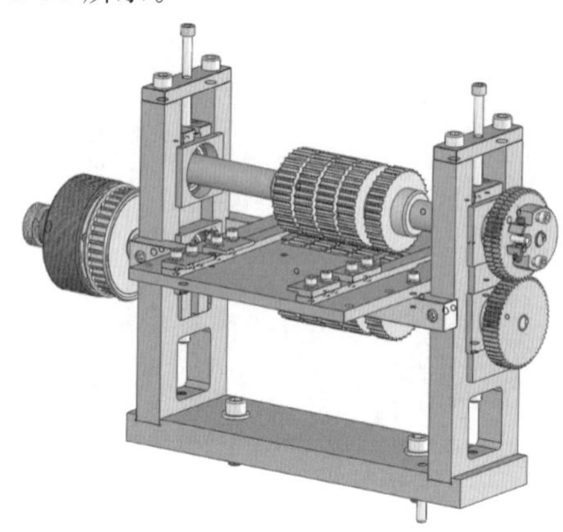

图 2-1-51 疏波器装配效果图

课后练习

利用本书资源中“1110-08 收波装置.SLDDRW”工程图和相应零部件模型进行疏波器的装配。

任务二　松圈器架装配

任务分析

松圈器架是“任务一”中松圈器下面的架体，由方钢焊接成的架体、挡板、台面板、电动机、电动机罩、齿形带等组成，给松圈器提供支撑和传递动力。在此任务中，不对装配的过程做过多的阐述，着重讲解给零部件着色、剖面视图的使用、爆炸视图的制作、运动算例的制作。

知识技能点

通过“任务一”的学习，学生对 SolidWorks 软件的装配过程有了较深的理解，在本任务中主要应掌握的是在装配好模型的基础上更改零部件颜色、使用剖面视图、制作爆炸视图、制作运动算例等技能。

➢ 外观( )：利用“外观”功能，可以改变每个零件的颜色、透明度、纹理等属性，达到一定的美化和渲染的效果。

➢ 剖面视图( )：利用“剖面视图”功能可以对零件或装配体进行不同方向的剖切显示，便于详细观察其内部结构。

➢ 爆炸视图( )：通过制作爆炸视图，可以让客户或其他技术人员更清晰地了解装配体的整体结构和每个零件之间的装配关系。

➢ 运动算例( )：通过运动算例，可以生成装配体外观动态演示、装配体拆解及组装的动态演示，实现产品宣传的功能。

任务实施

步骤 1：松圈器架装配

新建一个名为“1110-14 松圈器架. SLDASM”的装配体，按照工程图“1110-14 松圈器架. SLDDRW”装配，装配结果如图 2-2-1 所示。

松圈器架装配

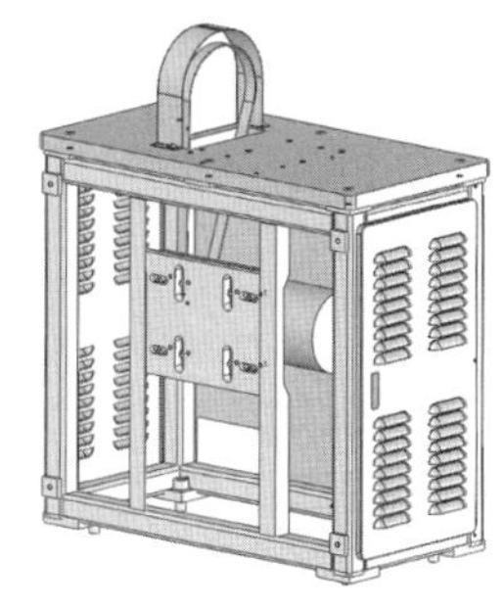

图 2-2-1　松圈器架装配图

步骤 2:对零部件进行着色

首先,对“1110-14-008 松圈器焊接架”进行着色,尽量选择与实物颜色接近的颜色,效果会比较逼真,实物是绿色。在设计树中用鼠标右键单击“1110-14-008 松圈器焊接架”,在弹出的快捷工具栏中单击“外观”按钮下拉菜单中的“颜色”按钮。在弹出的属性管理器中,单击“颜色”选项框,弹出右面的“颜色”对话框,选择“浅绿色”,单击“确定”按钮,然后单击属性管理器左上角的“确定”按钮完成颜色设置,如图 2-2-2 所示

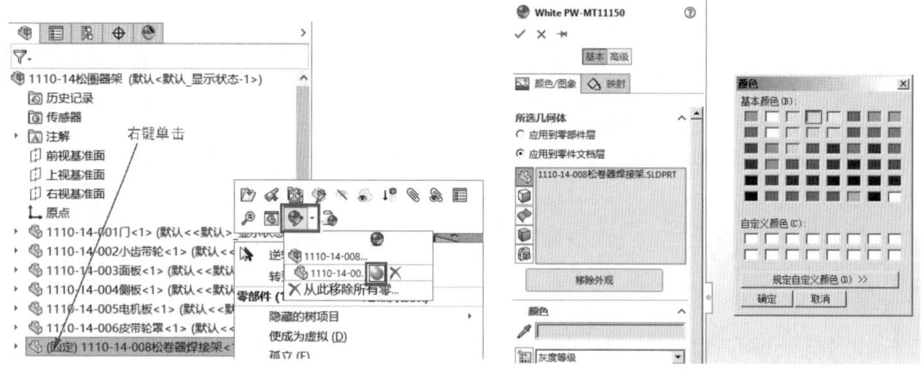

图 2-2-2 零部件着色设置

使用上述方法,将“1110-14-001 门”“1110-14-004 侧板”设置为与“1110-14-008 松圈器焊接架”一样的绿色。将“1110-14-003 面板”设置为深灰色。将“1110-14-002 小齿带轮”“同步带”“1110-14-005 电动机板”设置为黑色。将“1110-14-006 皮带轮罩”设置为黄色。将“变频调速电动机”设置为蓝色。

步骤 3:制作剖面视图

首先,单击绘图区域上方工具栏中的“剖面视图”按钮,在左侧属性管理器中通过选择不同的基准面来切换剖切视角,通过拖拽黄色箭头可以改变剖切深度,也可以在属性管理器相应框内输入精确的属性数值。完成后单击右上方“确定”按钮确认,如图 2-2-3 所示。

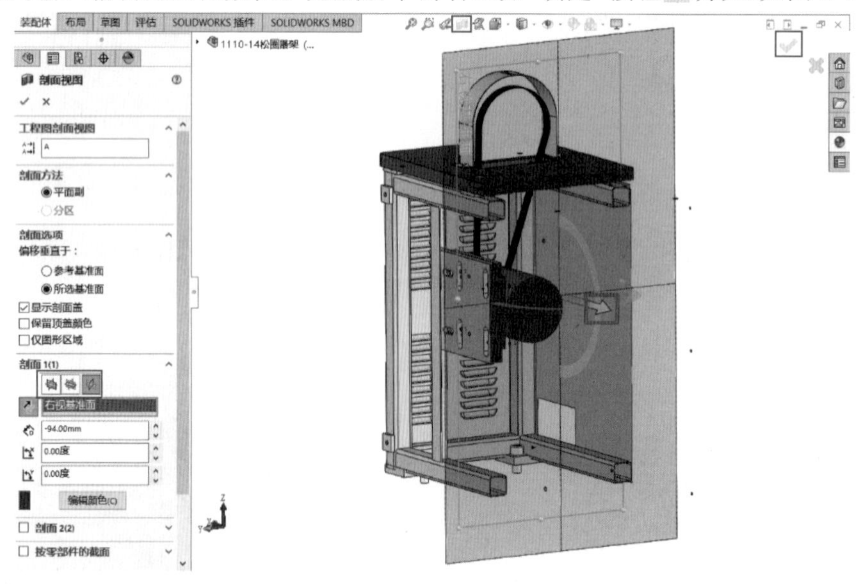

图 2-2-3 制作剖面视图

当不需要剖切视图了，需要回到完整视图时，只需再次单击绘图区域上方工具栏中的“剖面视图”按钮，就可以关闭剖切视图。

如果想从一个特殊的视角进行剖切，则需要先建立一个剖切基准面，如图 2-2-4 所示，建立一个基准面 1，与松圈架器的上表面呈 60°度。接下来利用“剖面视图”功能，选择刚制作好的基准面 1 作为剖切面，效果如图 2-2-5 所示。

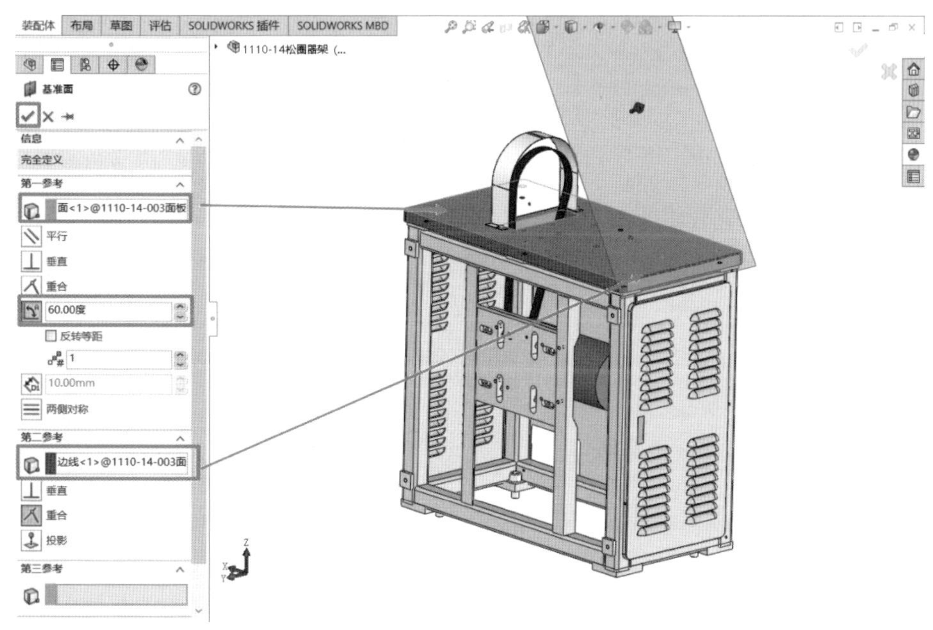

图 2-2-4　创建基准面

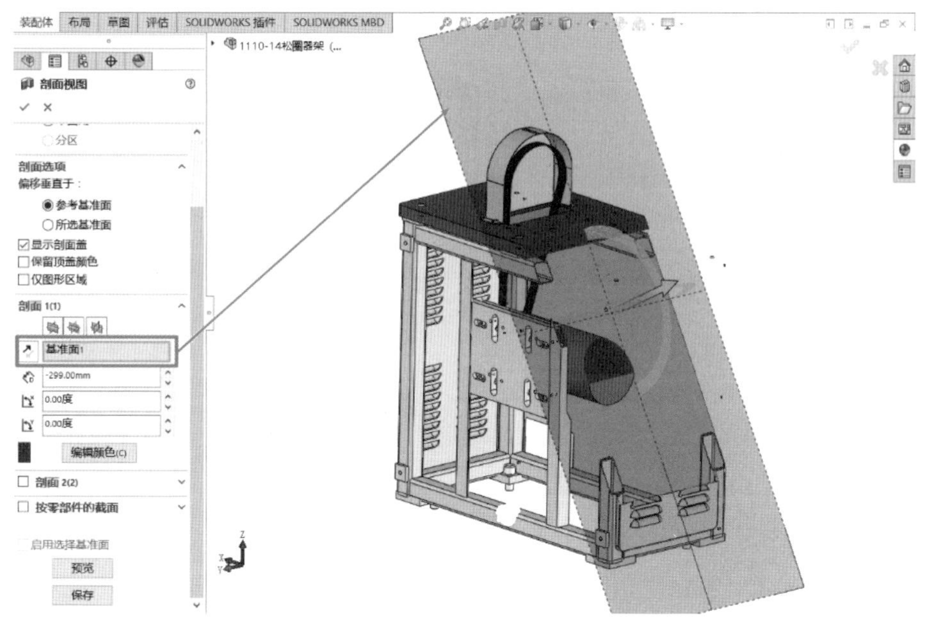

图 2-2-5　特殊视角剖切效果

步骤 4:制作爆炸视图

爆炸图是当今三维 CAD、CAM 软件中的一项重要功能。爆炸图(Exploded Views)是装配(Assembly)功能模块中的一项子功能而已。有了这个相应的操作功能选项,工程技术人员在绘制立体装配示意图时就显得轻松多了,不仅提高了工作效率,还减小了工作的强度。如今这项功能不仅仅用在工业产品的装配使用说明中,而且还越来越广泛地应用到机械制造中,使加工操作人员可以一目了然,而不再像以前一样看清楚一个装配图也要花上半天的时间。

单击"装配体"面板上的"爆炸视图"按钮,首先在绘图区域选择"皮带轮罩",这时出现 X、Y、Z 三个方向移动手柄和三个旋转手柄,拖拽 Z 方向移动手柄让"皮带轮罩"向上移动一定距离,"爆炸步骤"选项框中会自动生成第一个爆炸步骤,然后单击"应用"按钮,如图 2-2-6 所示。

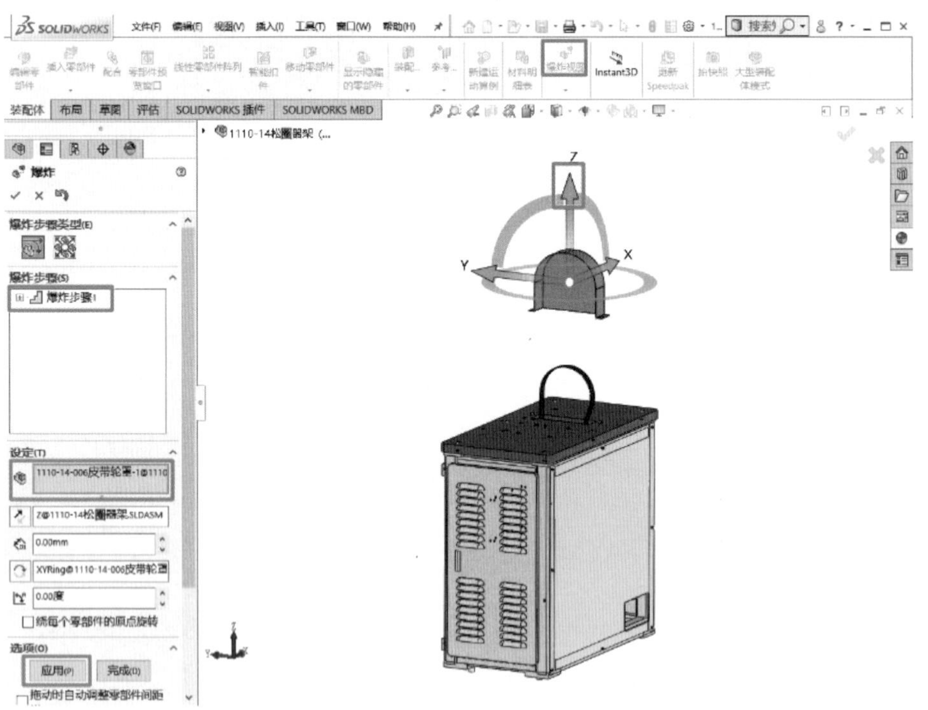

图 2-2-6　创建爆炸视图

接下来选择"面板",先沿 Z 轴向上拖拽一定距离,在绘图区域空白地方单击;之后重新选择"面板",再沿 Y 轴向左拖拽一定距离,"爆炸步骤"选项框中会自动生成第二个和第三个爆炸步骤,然后单击"应用"按钮,如图 2-2-7 所示。

用同样的方法,把"侧板""门""变频调速电动机""小齿带轮""同步带""电机板"按照图 2-2-8 所示制作相应的爆炸步骤,最后单击"确定"按钮完成爆炸图的创建。

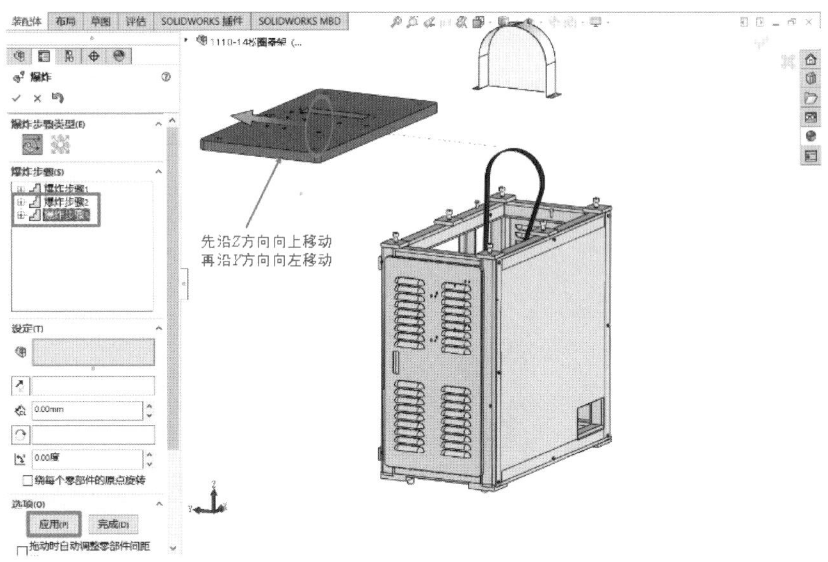

图 2-2-7　自动生成爆炸步骤

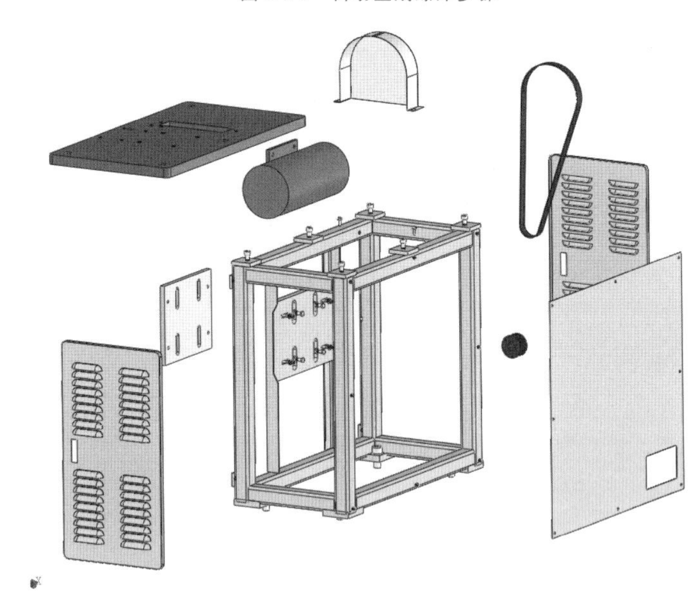

图 2-2-8　完成爆炸图的创建

若想回到没有爆炸之前的状态，可单击设计树右侧的“配置管理器”标签，在爆炸视图上单击鼠标右键，在弹出的快捷菜单中选择“解除爆炸”命令，就可以恢复到没爆炸的状态，如图 2-2-9 所示。

步骤 5：制作运动算例

利用“运动算例”功能可以制作变换视角、爆炸过程等演示动画，为设计人员展示自己的作品提供了非常好的辅助功能。下面就利用“松圈器架”装配体制作一个视角转换加拆解和组装的动画。

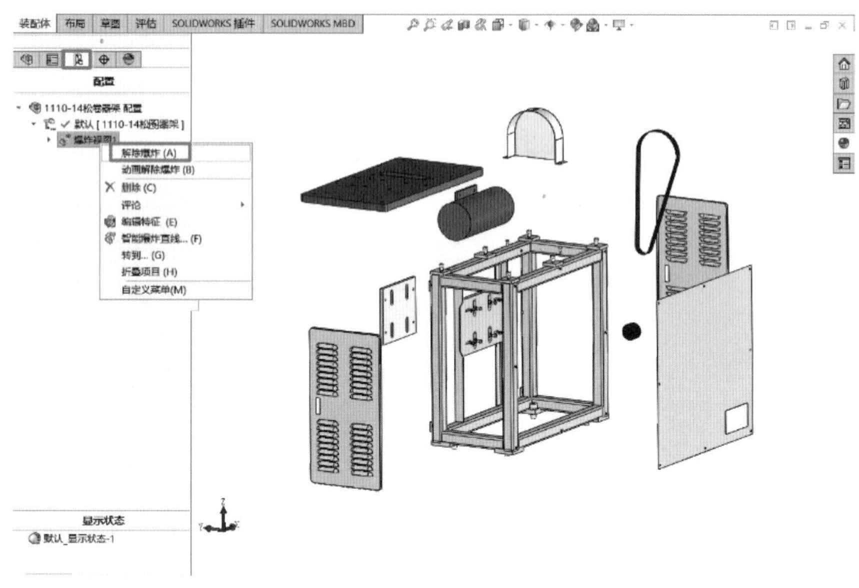

图 2-2-9 解除爆炸

首先,创建 5 个自定义视图,以备旋转动画使用。操作如下:按一下“空格”键,出现视图切换快捷工具,之后单击图 2-2-10(a)所示标识的面,视图会自动正视于此面,再次按一下“空格”键,在弹出的“方向”对话框中单击“新视图”按钮[图 2-2-10(b)],在弹击的“命名视图”对话框中输入视图名称“1”,单击“确定”按钮[图 2-2-10(c)],这样即新建了一个名称为“1”的视图。

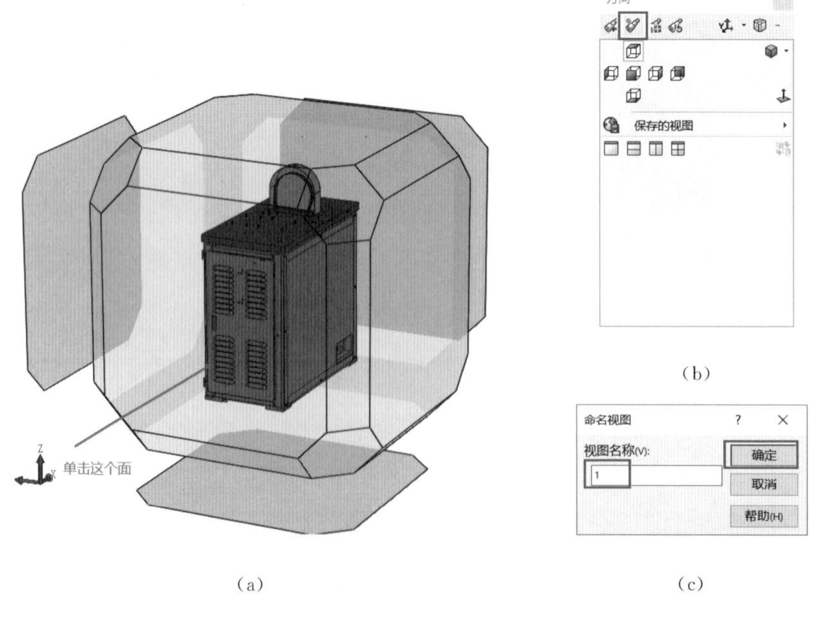

(a) (b) (c)

图 2-2-10 创建视图名称

用同样的办法建立 5 个视图,名称分别为“1”“2”“3”“4”“5”,如图 2-2-11 所示。

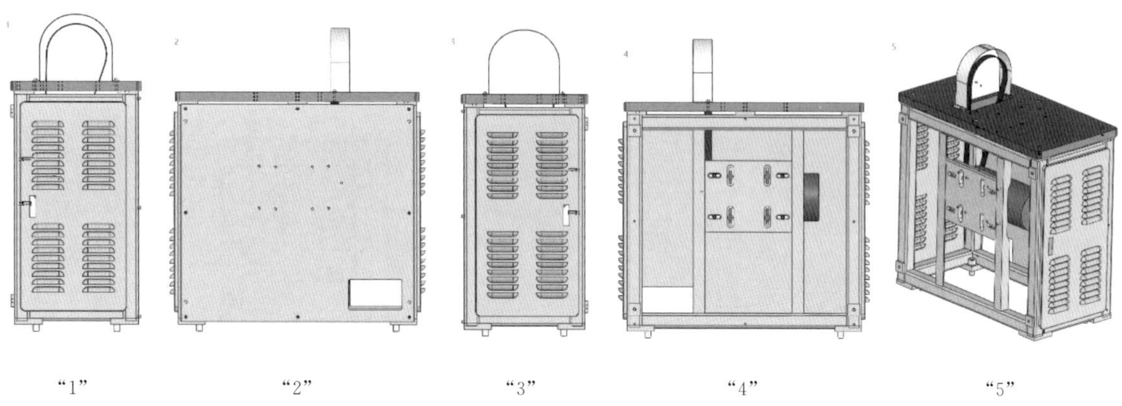

图 2-2-11　创建 5 个视图

接下来，单击软件左下部的“运动算例 1”标签，弹出运动算例编辑框，然后沿着“视向及相机视图”一行，分别在右侧“2 秒”“4 秒”“6 秒”“8 秒”处单击鼠标右键，在弹出的快捷菜单中选择“放置键码”命令，一共放置 4 个键码，如图 2-2-12 所示。

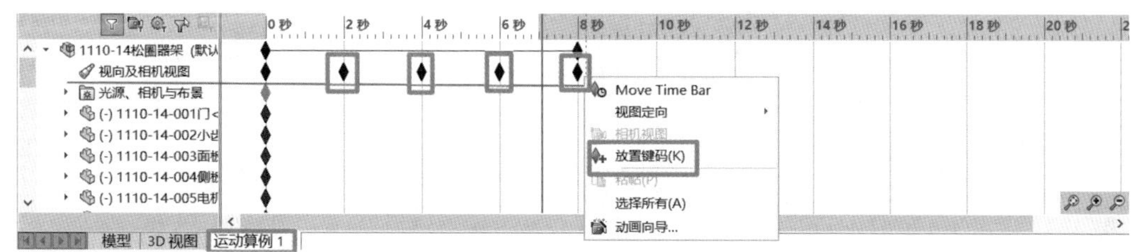

图 2-2-12　设置键码

然后，从第 0 秒那个键码开始，依次用鼠标右键单击键码，分别选择“视图定向”子菜单中的 5 个视图“1”到“5”，把 5 个键码分别定向到刚才建立的 5 个视图，如图 2-2-13 所示。

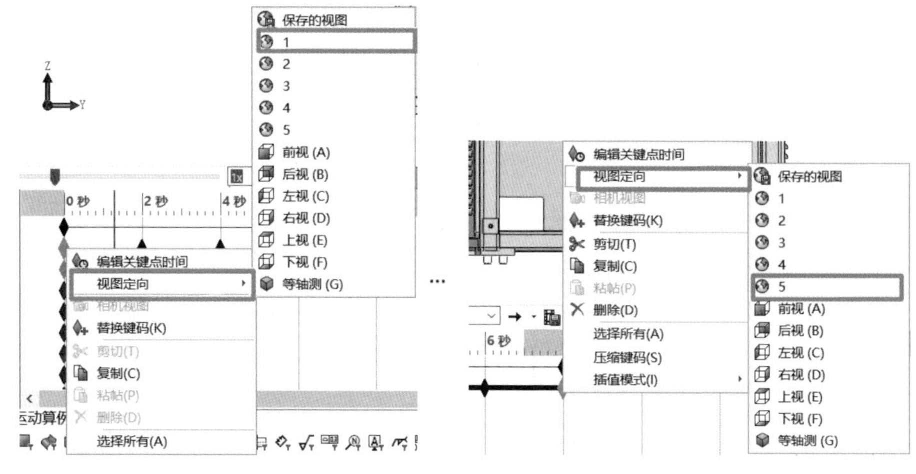

图 2-2-13　设置“视图定向”

然后，单击图中的“播放”按钮 ▶ 或“从头播放”按钮 ❙▶ ，就可以看到三维图形按照设定好的视图顺序自动切换视角，如图 2-2-14 所示。也可以单击“保存为动画”按钮，将动画保存成一段影片，以便提供给客户观看。

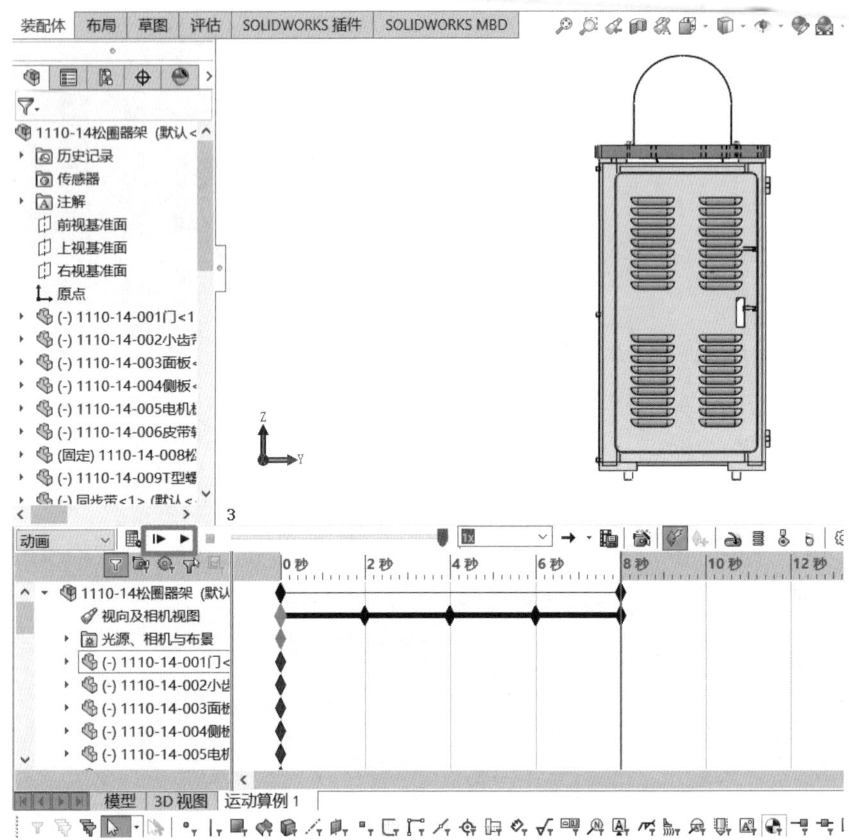

图 2-2-14 播放视图变换动画

接下来，在旋转视图动画的基础上继续制作拆解的爆炸动画，单击“动画向导”按钮 ，在弹出的“选择动画类型”对话框中选择“爆炸”选项，单击“下一步”按钮，将“开始时间”设置为“8”秒，也就是在前面旋转视图动画之后紧接着开始爆炸动画，将“时间长度”设置为“5”秒，也就是爆炸动画延时 5 秒，如图 2-2-15 所示。

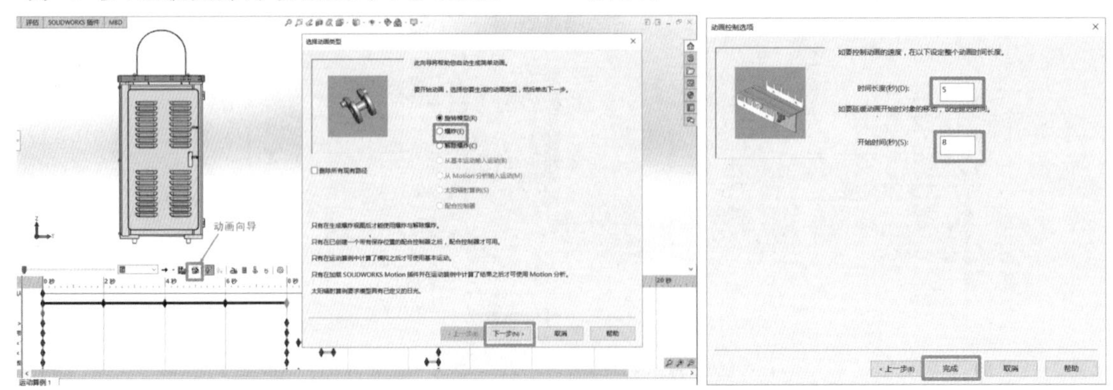

图 2-2-15 制作爆炸动画

用同样的办法，再添加一个“解除爆炸”的动画，如图 2-2-16 所示。

至此，就制作完成了一个旋转视角加拆解和组装的动画。

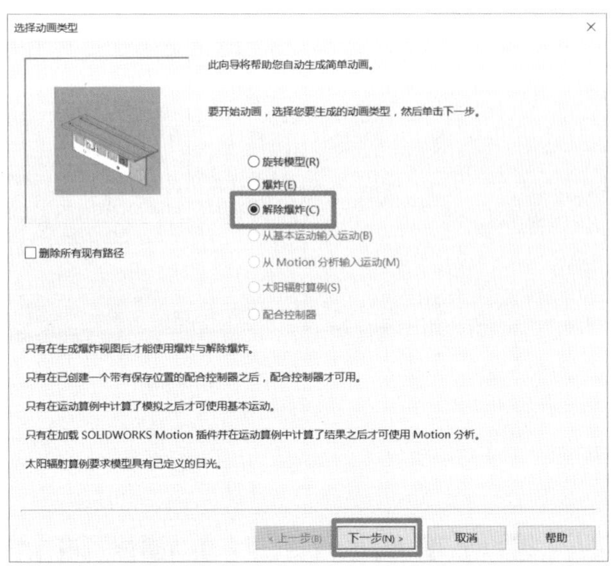

图 2-2-16　制作解除爆炸动画

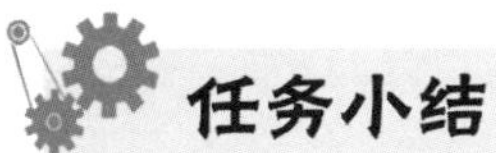

任务小结

通过松圈器架装配任务的学习，学生能够进一步掌握 SolidWorks 装配的功能，并掌握以下能力：

(1)零部件外观的设置。

(2)零部件剖面视图的制作。

(3)零部件爆炸视图的制作。

(4)零部件运动算例的制作。

拓展训练

利用上个任务拓展训练，对制作好的“1110-09 疏波器”的装配体进行零部件着色，制作剖面视图，爆炸视图，及视角转换加拆解和组装的动画。

分析：锻炼零部件外观的设置、零部件剖面视图的制作、零部件爆炸视图的制作和零部件运动算例的制作。

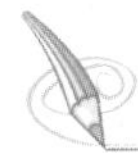

课后练习

利用本书资源中“1110-21 料架防护栏. SLDDRW”工程图和相应零部件模型进行疏波器的装配。

项目三
零部件工程图绘制

任务一　零件工程图绘制（松圈器右上支板）

任务分析

本任务是典型机械零件——松圈器右上支板的工程图绘制，如图 3-1-1 所示。

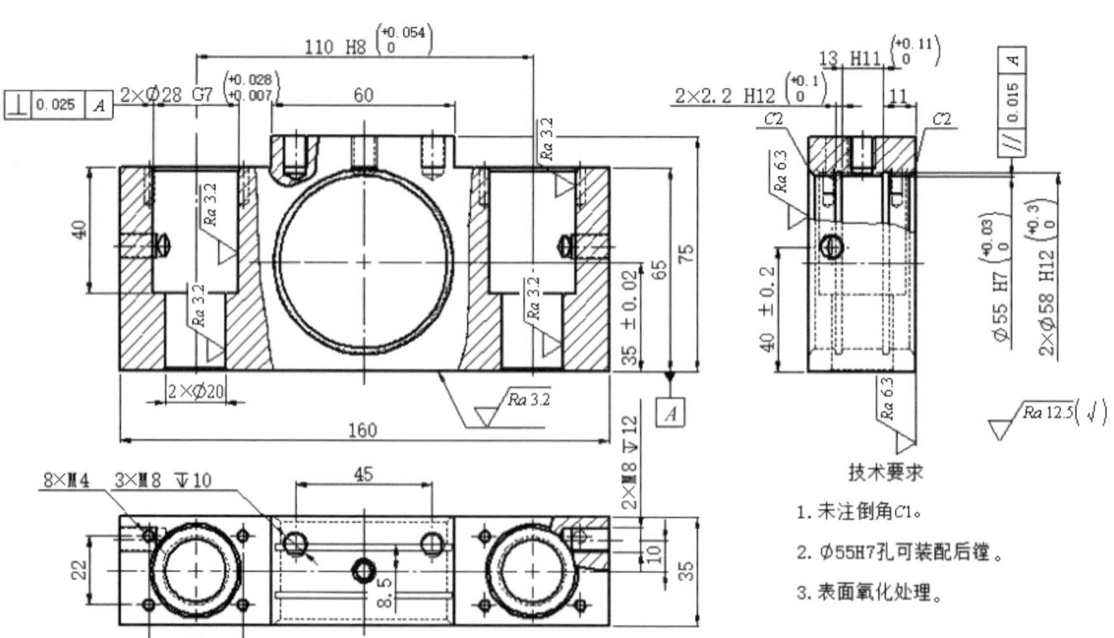

图 3-1-1　松圈器右上支板工程图

零部件工程图一般的创建过程如下：

(1)首先创建零件工程图。新建工程图，设置好图纸格式和图纸模板，准备好模型。

(2)创建视图布局，利用模型创建主视图、投影视图、剖视图，这样可以把设计信息直观地展现在图纸上。

(3)创建注解，添加中心线和中心符号线、尺寸标注。

(4)创建图纸的技术文件，添加主要的技术要求。

(5)保存文件。

知识技能点

工程图简称图样，是根据投影法来表达物体的投影面，根据投影方式的不同可分为正投影和斜投影。最常见的有一维投影、二维投影和轴测投影(又称立体投影或三维投影)。工程图用二维图表或图画来描述建筑图、结构图、机械制图、电气图纸和管路图纸。它通常绘制、打印在纸面上，也可以存储为电子文件。在产品设计过程中，机械设计人员需要与生产部门和装配部门沟通，而工程图就是常用的交流工具。尽管 3D 技术有了很大的发展和进步，但是三维模型不能表达重要的图纸信息，如加工要求的尺寸精度、几何公差和表面粗糙度等，仍然需要二维工程图将其展现清楚。因此，二维工程图的创建是产品设计的最后且重要的阶段，也是设计人员最基本的能力要求。本项目主要介绍工程图的基本知识。

本任务是以松圈器右上支板的工程图绘制为例讲解工程图的基本操作，介绍了“新建”“标准三视图”“剖面视图”“注解”等常用工程图绘图工具。以下几个重要的知识技能点大家掌握：

➢ 工程图：在零件建模和装配体设计完成后，需要在工程图中表达加工信息。工程图与相应的零件和装配体模型是相互链接的文件，修改三维模型会更新相应的工程图。

在 SolidWorks 中，工程图分为图纸格式和图纸两部分，图纸格式在底层，图纸在顶层。图纸格式通常用于设置图纸中固定的内容，如图纸的大小、图框格式、标题栏，也可以加入注释文字。图纸用来建立工程图、绘制图形元素、添加注释文字等。用户的操作多数是在图纸层完成的。在图纸层无法对图纸格式进行编辑。一个工程图中可包括多张图纸。

➢ 新建工程图：在 SolidWorks 中建立工程图是以零件或装配体模型为基础的，所以在建立工程图之前，必须完成零件和装配体的建模。

新建工程图有两种方法：

● 单击标准工具栏上的“新建”按钮 。在弹出的“新建 SOLIDWORKS 文件”对话框中选择“工程图”图标，直接生成默认格式的工程图，或单击“高级”按钮，可以选择不同格式的模板，一般二次开发的模板都从这里选择。如图 3-1-2 所示。

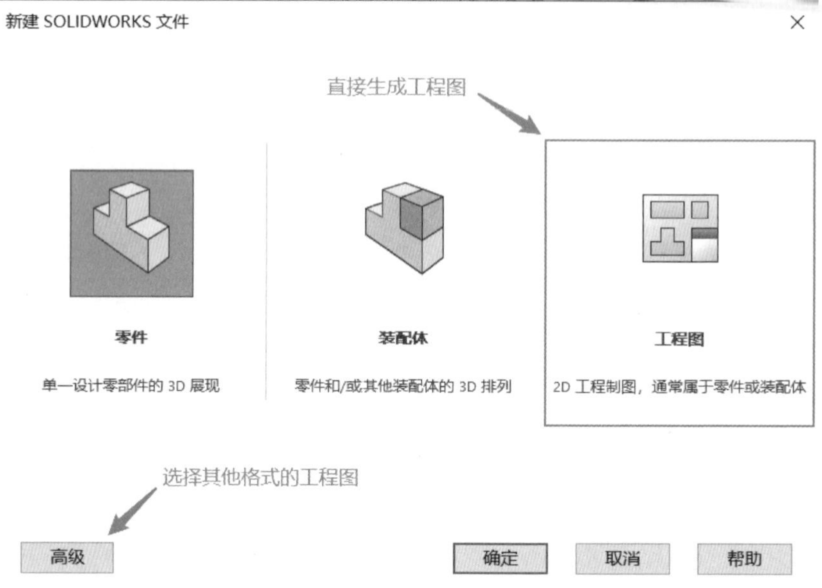

图 3-1-2 “新建 SOLIDWORKS 文件”对话框

● 首先打开要生成工程图的零件或装配体，如图 3-1-3 所示，选择菜单栏“文件”→“从零件制作工程图”命令，弹出“图纸格式/大小”对话框，选择一种图纸格式，单击“确定”按钮进入工程图模式。

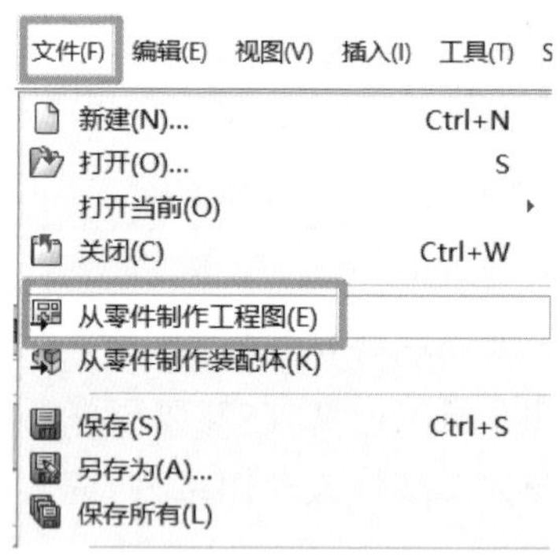

图 3-1-3 选择“从零件制作工程图”命令

➢ 工程图的基本参数的设置：我国国家标准（GB 标准）对工程图做了许多规定，如尺寸文本的方位与字高、尺寸箭头的大小等。下面详细介绍设置符合我国国家标准的工程图环境的一般过程。

操作步骤：

● 选择菜单栏“工具”→“选项”命令，系统弹出“系统选项(S)”对话框。

● 单击“系统选项”标签，打开“系统选项”选项卡，在该选项卡的左侧选择“工程图”，设置如图 3-1-4 所示的参数。

● 单击“文档属性”标签，打开“文档属性”选项卡，在该选项卡的左侧选择“绘图标准”选项，设置如图 3-1-5 所示。

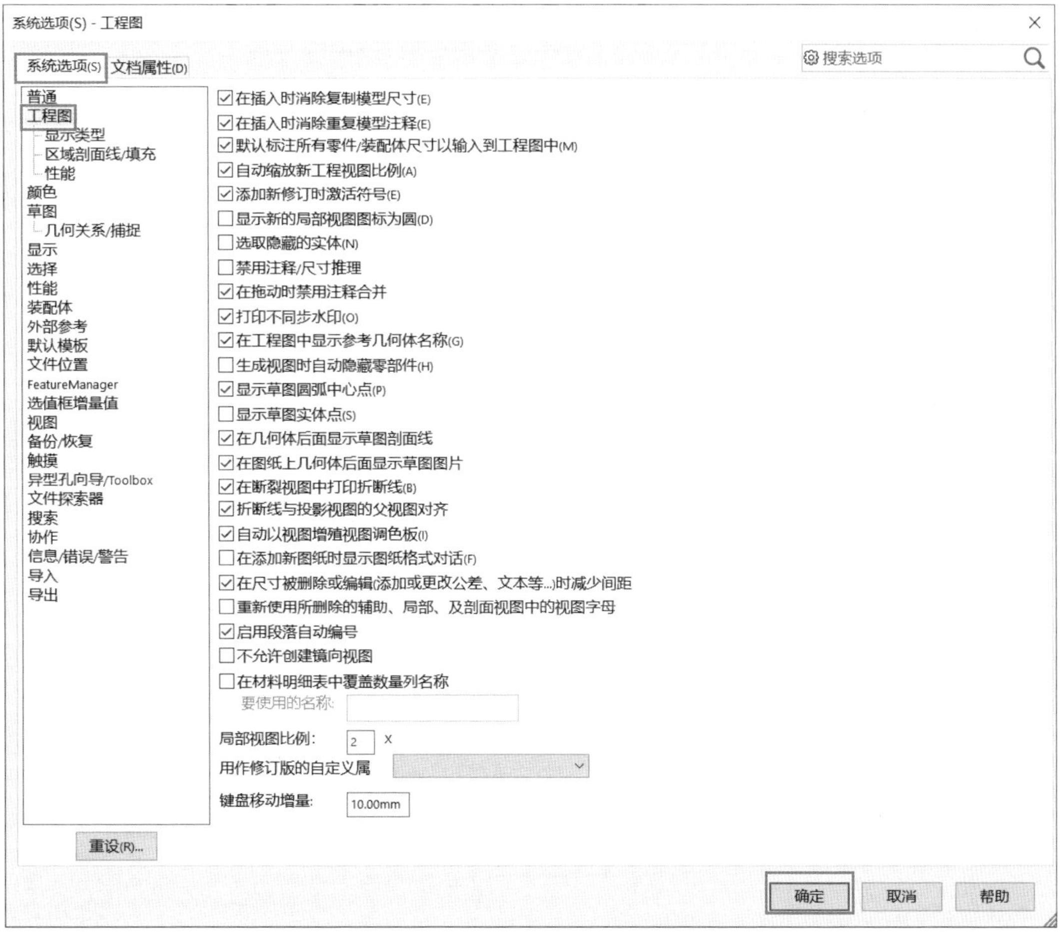

系统选项(S) - 工程图

系统选项(S)　文档属性(D)　搜索选项

普通
工程图
显示类型
区域剖面线/填充
性能
颜色
草图
几何关系/捕捉
显示
选择
性能
装配体
外部参考
默认模板
文件位置
FeatureManager
选值框增量值
视图
备份/恢复
触摸
异型孔向导/Toolbox
文件探索器
搜索
协作
信息/错误/警告
导入
导出

☑在插入时消除复制模型尺寸(E)
☑在插入时消除重复模型注释(E)
☑默认标注所有零件/装配体尺寸以输入到工程图中(M)
☑自动缩放新工程视图比例(A)
☑添加新修订时激活符号(E)
☐显示新的局部视图图标为圆(D)
☐选取隐藏的实体(N)
☐禁用注释/尺寸推理
☑在拖动时禁用注释合并
☑打印不同步水印(O)
☑在工程图中显示参考几何体名称(G)
☐生成视图时自动隐藏零部件(H)
☑显示草图圆弧中心点(P)
☐显示草图实体点(S)
☑在几何体后面显示草图剖面线
☑在图纸上几何体后面显示草图图片
☑在断裂视图中打印折断线(B)
☑折断线与投影视图的父视图对齐
☑自动以视图增殖视图调色板(I)
☐在添加新图纸时显示图纸格式对话(F)
☑在尺寸被删除或编辑(添加或更改公差、文本等...)时减少间距
☐重新使用所删除的辅助、局部、及剖面视图中的视图字母
☑启用段落自动编号
☐不允许创建镜向视图
☐在材料明细表中覆盖数量列名称
要使用的名称:
局部视图比例: 2 X
用作修订版的自定义属
键盘移动增量: 10.00mm

重设(R)...

确定　取消　帮助

图 3-1-4　“系统选项(S)-工程图”对话框

图 3-1-5　“文档属性(D)-绘图标准”对话框

● 在“文档属性”选项卡的左侧选择“尺寸”选项，设置如图 3-1-6 所示的参数。

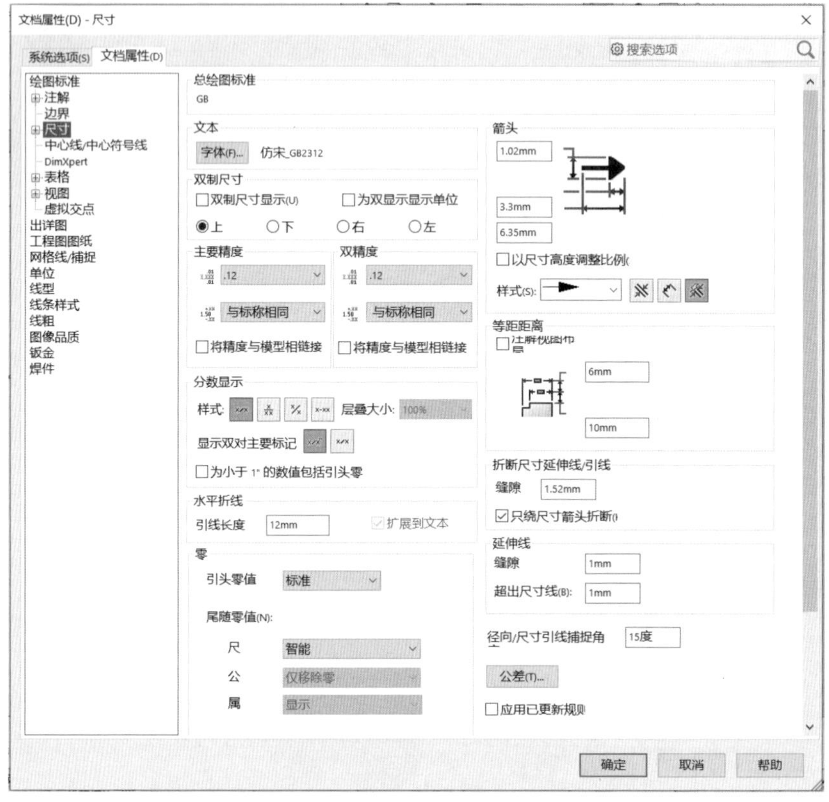

图 3-1-6 “文档属性”工程图尺寸选项

补充说明一：

选择菜单栏“插入”→“工程图视图”命令，展开“工程图视图”子菜单，如图 3-1-7 所示，该子菜单中各命令从上往下功能如下：

图 3-1-7 “工程图视图”子菜单

(1)插入零件(或装配体)模型并创建基本视图。

(2)创建投影视图。

(3)创建辅助视图。

(4)创建剖面视图(全剖、半剖、阶梯剖和旋转剖等视图)。

(5)创建局部视图。

(6)创建相对视图

(7)创建标准三视图(主视图、俯视图和左视图)。

(8)创建局部剖视图。

(9)创建断裂视图。

(10)创建剪裁视图。

(11)将一个工程视图精确叠加于另一个工程视图之上。

(12)创建空白视图。

(13)创建预定义的视图。

补充说明二:

显示样式和比例如图 3-1-8 所示。

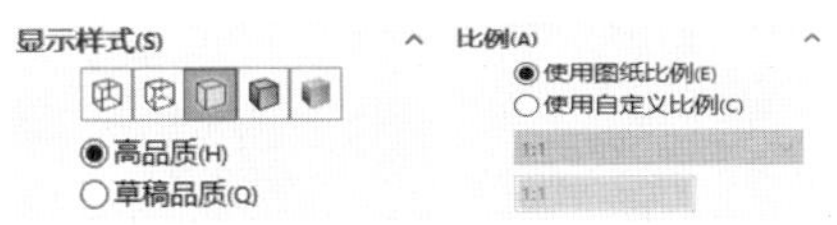

图 3-1-8 显示样式和比例

使用父关系样式:取消选择此选项,可以选择与父视图不同的显示样式。

显示样式的内容如下:

线架图,隐藏线可见,清除隐藏线,带边线上色,上色。

使用父关系比例:可以应用为父视图所使用的相同比例。

使用图纸比例:可以应用为工程图图纸所使用的相同比例。

使用自定义比例:可以根据需要应用自定义的比例,在下方进行更改。

➢ 工程图图框加载:标准图框和非标图框的加载有利于提高效率。特别是在不同的标准和不同公司的设计过程中,设计者都要进行非标准设置,使用该功能,能够减少设计者对图框的修改,可以直接使用。

操作步骤:

● 新建一张空白工程图,用鼠标右键单击设计树中的“图纸”选项,在弹出的快捷工具栏中选择“属性”命令,如图 3-1-9 所示。

● 在弹出的“图纸属性”对话框中选择图纸格式边框,修改图纸属性,设置参数,最后单击“应用更改”按钮,如图 3-1-10 所示。

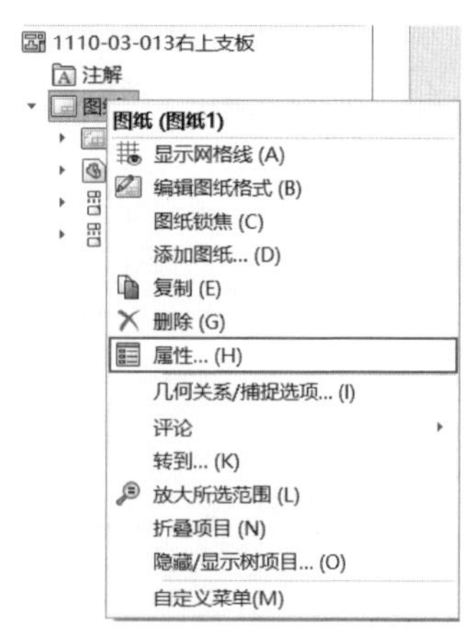

图 3-1-9 选择“属性”命令

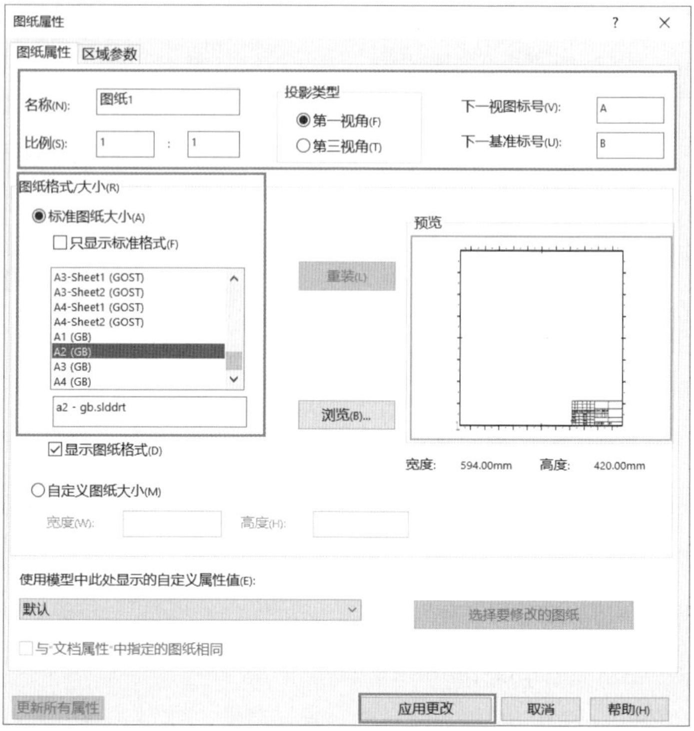

图 3-1-10 “图纸属性”对话框

➢ 标准三视图:标准三视图能为所显示的零件或装配体同时生成三个相关的默认正交视图(前视、右视、左视、上视、下视及后视)。所使用的视图方向基于零件或装配体中的视向(前视、右视及上视),视向为固定,无法更改。

前视图与上视图及侧视图有固定的对齐关系。上视图可以竖直移动,侧视图可以水平移动。俯视图和侧视图与主视图有对应关系。用鼠标右键单击上视图和侧视图,可以选择跳到父视图。可以使用多种方法来生成标准三视图。

操作步骤:

- 新建工程图,单击“视图布局”面板上的“标准三视图”按钮,如图 3-1-11 所示。

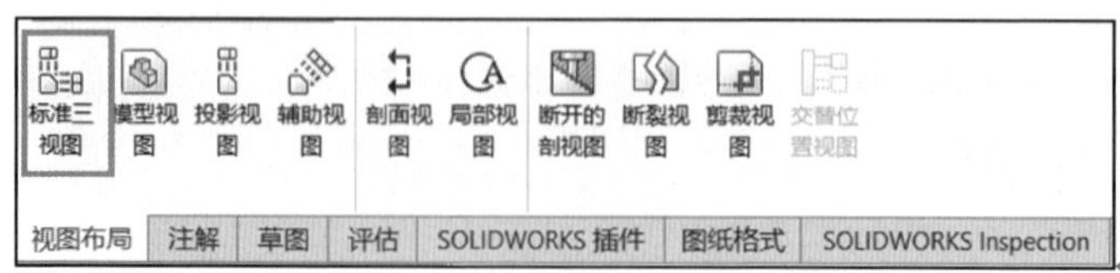

图 3-1-11 单击“标准三视图”按钮

- 如图 3-1-12 所示,在打开的属性管理器中单击“浏览”按钮,在弹出的“打开”对话框中,选择零件“右上支板”的模型,单击“打开”按钮。
- 根据零件的要求,选择零件“右上支板”,系统生成三视图,如图 3-1-13 所示。

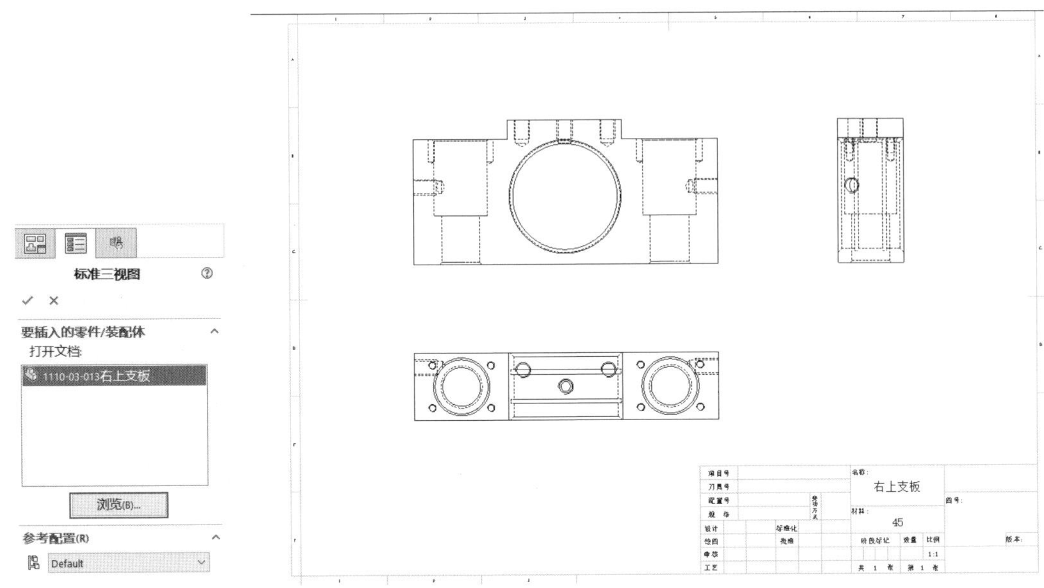

图 3-1-12　单击“浏览”按钮　　　　图 3-1-13　生成三视图

➢ 模型视图：模型视图是一个正交视图（前视、右视、左视、上视、下视及后视），由模型中两个正交面或基准面及各自的具体方位的规格定义。可使用该视图类型将工程图中第一个正交视图设定到与默认设置不同的视图。然后可使用投影视图工具生成其他正交视图。对于标准零件和装配体，显示在所产生的相对视图中；对于多体零件（如焊件），只有选定的实体才被使用。

操作步骤：

● 新建工程图，单击“视图布局”面板上的“模型视图”按钮，如图 3-1-14 所示。

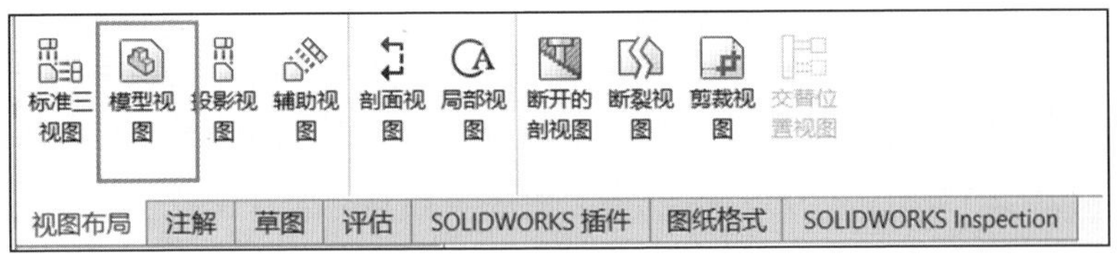

图 3-1-14　单击“模型视图”按钮

● 在“模型视图”属性管理器中选择“要插入的零件/装配体”→“标准视图”→“生成视图”，如图 3-1-15 所示。

➢ 投影视图：投影视图通过八种可能投影之一折叠现有视图而生成。所产生的方向受按在工程图图纸属性中定义的“第一角”或“第三角”投影法设定的影响。从一个已存在的视图展开新视图而添加一个投影视图。

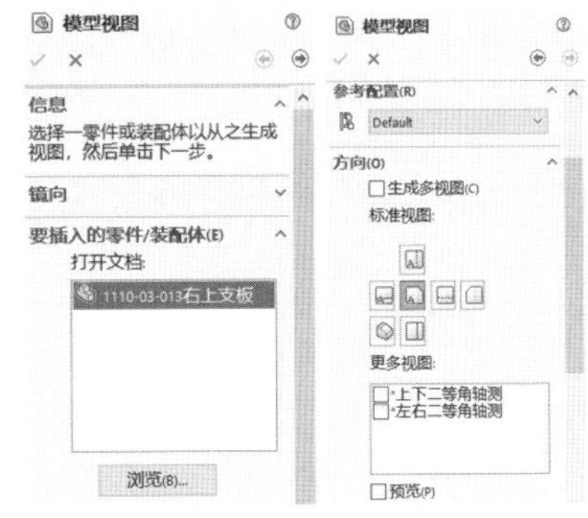

图 3-1-15　“模型视图”属性管理器(1)

操作步骤：

● 如图 3-1-16 所示，单击“视图布局”面板上的“投影视图”按钮，或选择“插入”→“工程图视图”→“投影视图”命令，当图形区只有一个视图时，系统会默认该视图为被投影视图。

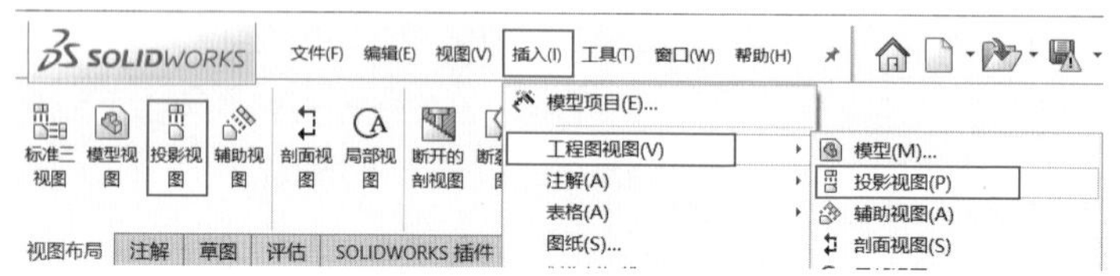

图 3-1-16　选择“投影视图”命令

● 选择所需视图，此时选择投影俯视图，移动鼠标到生成视图的下方，在合适的位置单击以放置新视图，即生成俯视图，完成操作，如图 3-1-17 所示。

● 单击投影视图，此时可根据需求选择投影所用的工程视图。选择视图，在合适的位置放置视图，生成不同的投影视图，如图 3-1-18 所示。

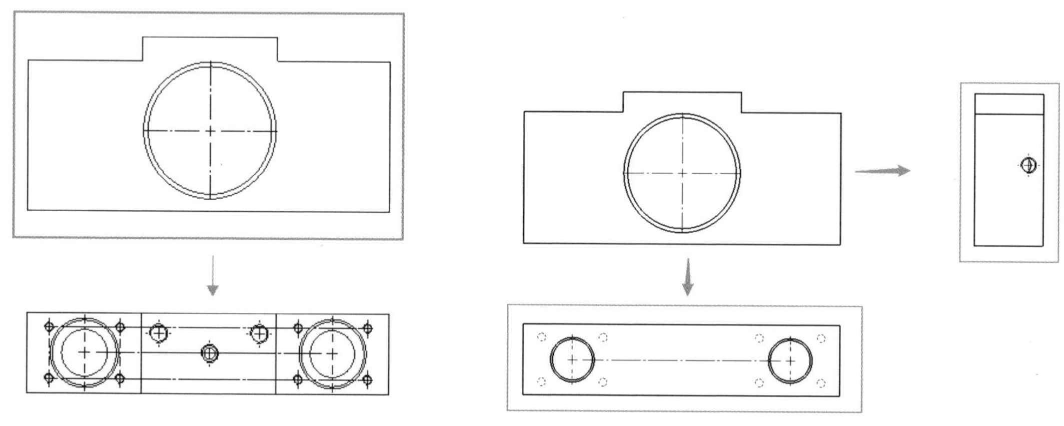

图 3-1-17　俯视图

图 3-1-18　仰视图和侧视图

➢ 辅助视图：辅助视图类似投影视图，它是垂直于现有视图中参考边线的展开视图。投影方向垂直于所选视图的参考边线，但参考边线一般不能是水平或垂直的，否则生成的就是投影视图。

操作步骤：

● 单击“视图布局”面板上的“辅助视图”按钮，如图 3-1-19 所示。

图 3-1-19　单击“辅助视图”按钮

● 选择其中一个参考边，在合适的位置放置视图，生成辅助视图，在“工程图视图”对话框中单击“确认”按钮，完成操作，如图 3-1-20 所示。

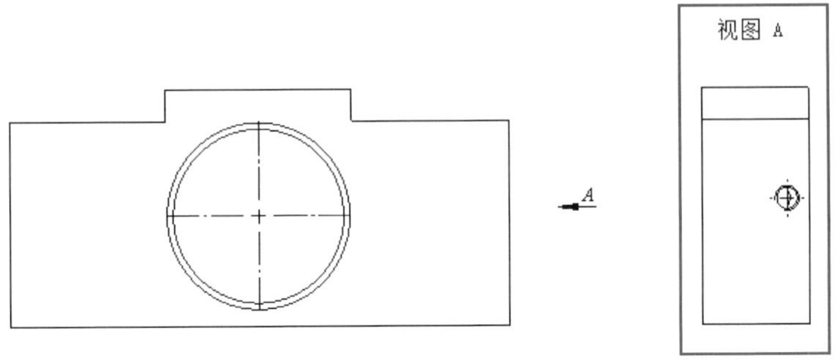

图 3-1-20　辅助视图

➢ 旋转视图：旋转视图可以改变工程图视图的方向。

操作步骤：

● 把光标移动到图形区域中的工程图视图，单击鼠标右键，在弹出的快捷工具栏中选择“缩放/平放/旋转”→“旋转视图”命令，如图 3-1-21 所示。

● 软件弹出“旋转工程视图”对话框，修改工程视图角度（旋转方向为逆时针方向），如图 3-1-22 所示。

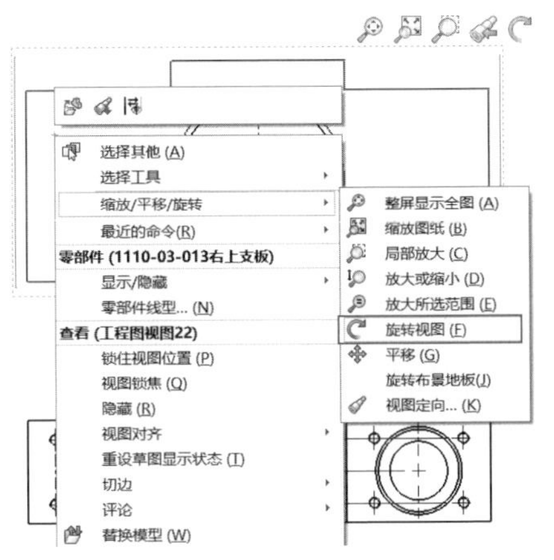

图 3-1-21　选择“旋转视图”命令

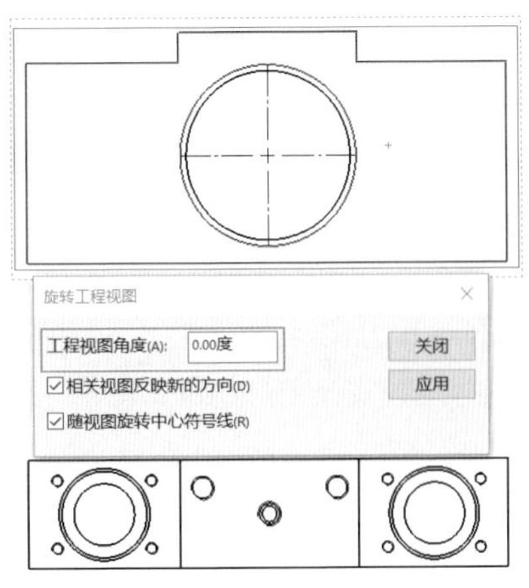

图 3-1-22　“旋转工程视图”对话框

➢ 剪裁视图：剪裁视图通过隐藏除了所定义区域之外的所有内容而集中于工程图视图的某部分。未剪裁的部分使用草图（通常是样条曲线或其他闭合的轮廓）进行闭合。除了局部视图或已用于生成局部视图的视图外，可以裁剪任何工程视图。

操作步骤:

● 根据图形文件,单击“草图”面板,如图 3-1-23 所示。

图 3-1-23 单击“草图”面板

● 将鼠标光标移动到工程图视图中,绘制一条辅助线(可以为直线或圆等,这些要素为辅助作用,不需要进行尺寸约束)。

● 选择工程图视图中所绘制的线,在“视图布局”面板上单击“剪裁视图”按钮,如图 3-1-24 所示。

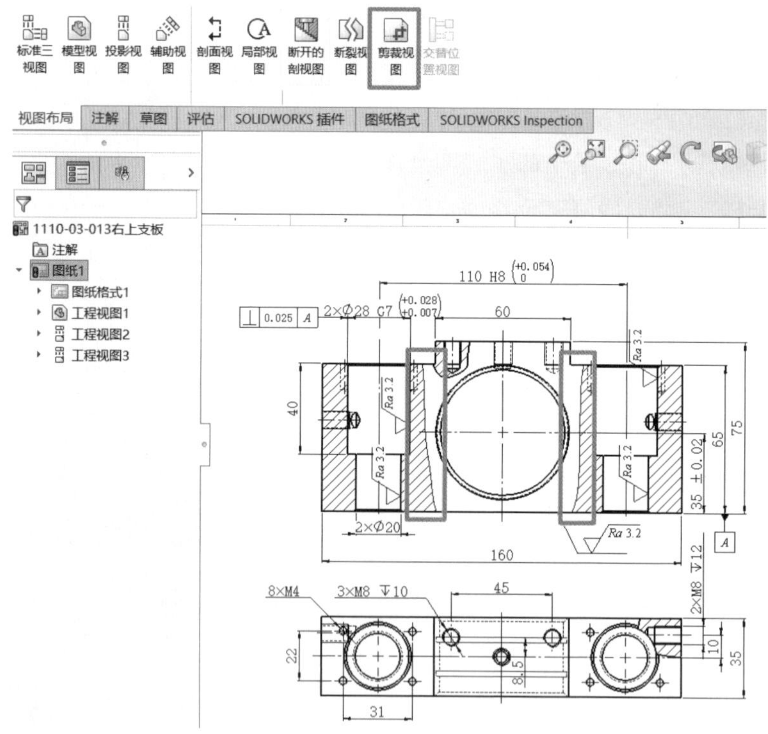

图 3-1-24 剪裁视图

➢ 局部视图:局部视图是指在工程图中生成一个视图来显示一个视图的某个部分(通常以放大比例显示)。局部视图可以是正交视图(等轴测图)、剖视图、剪裁视图。放大的部分使用图形(通常为圆或其他闭合的轮廓)进行闭合。可设定默认局部视图比例缩放系数。局部视图比例缩放系数为父视图的系数。

操作步骤:

● 单击“视图布局”面板上的“局部视图”按钮,如图 3-1-25 所示。

● 在需要局部视图的位置进行绘制,绘制圆形后,会出现一个未放置的局部视图,将其放置在合适的位置,单击,如图 3-1-25 所示。

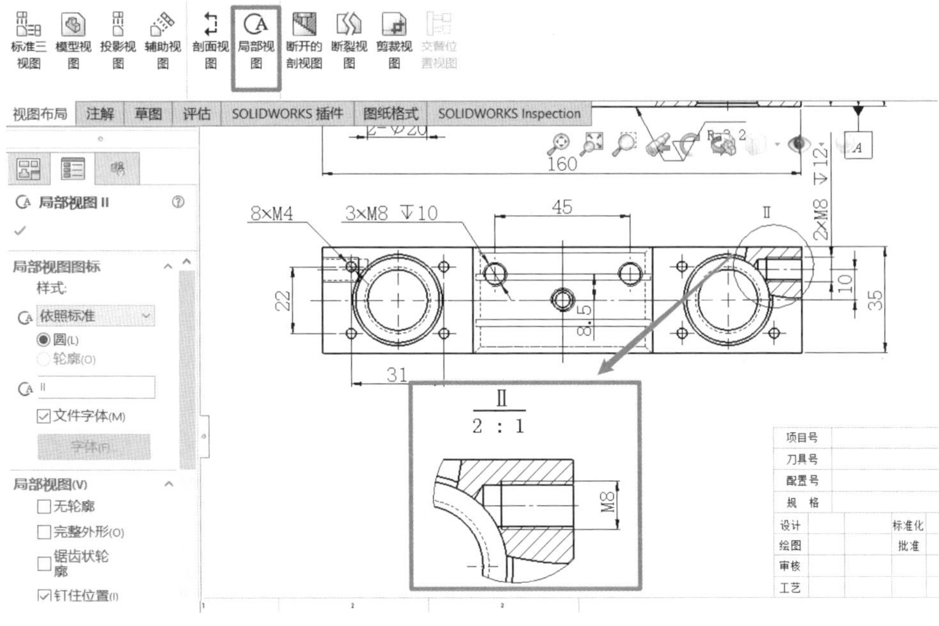

图 3-1-25　局部视图

任务实施

步骤 1:新建一个右上支板的工程图

如图 3-1-26 所示,在菜单栏中选择“文件”→“新建”命令或单击工具栏上的“新建”按钮 。在弹出的“新建 SOLIDWORKS 文件”对话框中选择“工程图”图标,然后单击“确定”按钮。

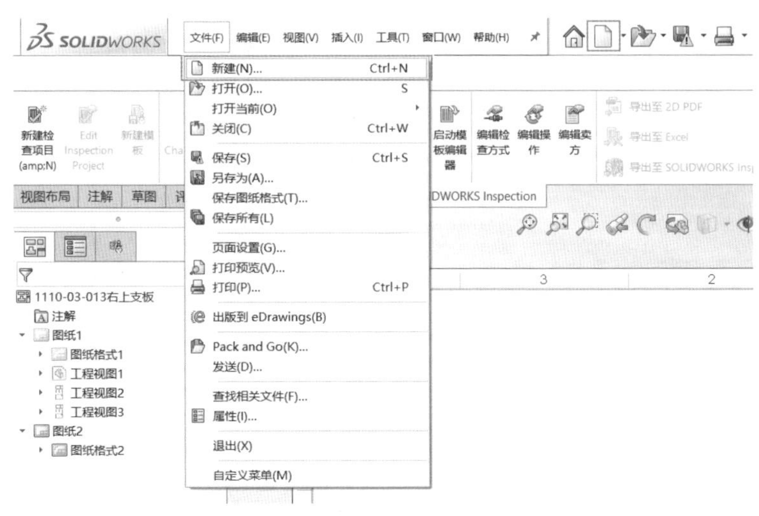

松圈器右上支板工程图

图 3-1-26　新建文件

如图 3-1-27 所示，在“Tutorial”中选择“draw”图标，在这个对话框中可以设置不同的图纸格式，之后单击“确定”按钮。

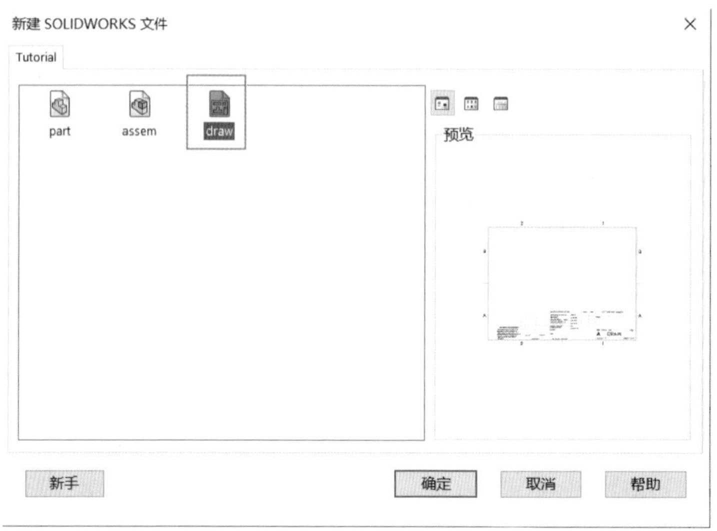

图 3-1-27　选择“draw”图标

如图 3-1-28 所示，单击“视图布局”面板上的“模型视图”按钮，在“模型视图”属性管理器中单击“浏览”按钮。在“打开”对话框中选择“右上支板. SLDPRT”，单击“打开”按钮。

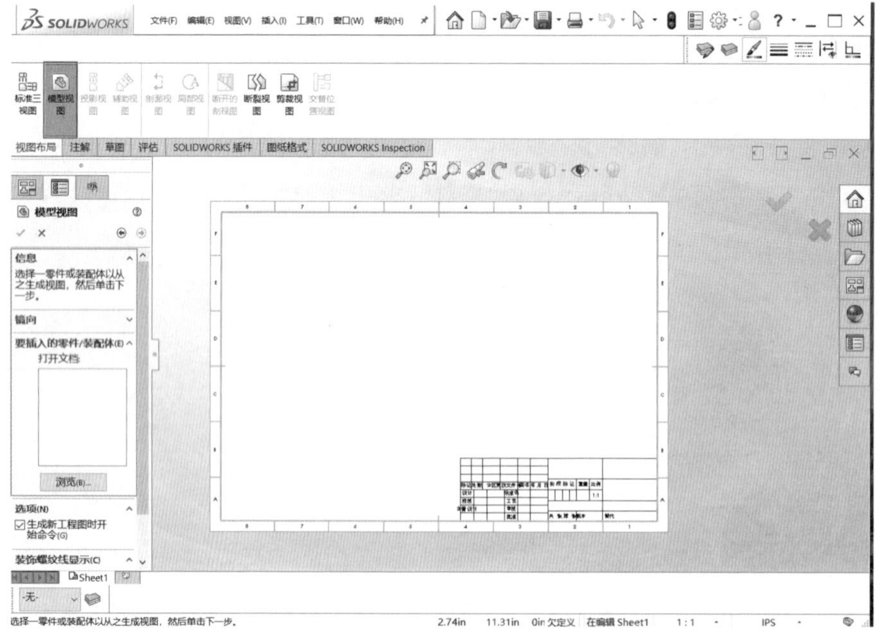

图 3-1-28　“模型视图”属性管理器(2)

步骤 2：创建工程图的视图布局

(1)将光标移动到图形区，会出现主视图的预览，选择合适的位置放置生成的主视图，同时系统弹出“投影视图”对话框，将光标移动到图形区，会出现投影视图的预览，选择在主视图下方放置一个投影视图，单击“确定”按钮，然后放置三视图，如图 3-1-29 所示。

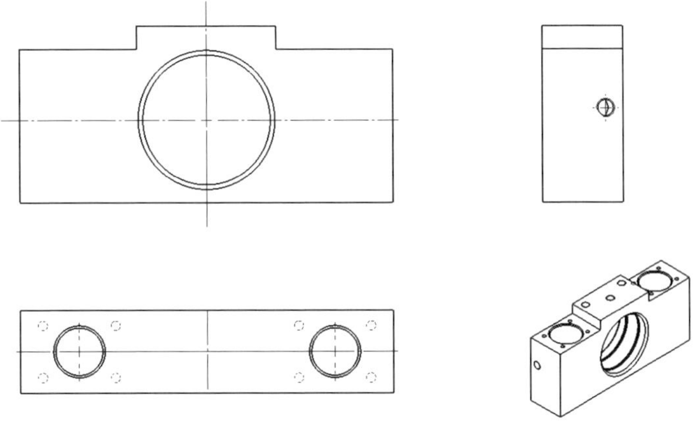

图 3-1-29　放置三视图

(2)在“sheet1”处单击鼠标右键，选择“属性”命令，弹出“图纸属性”对话框，在“比例”文本框内输入“1∶1”，在“标准图纸大小”选项选择“A3 (ANSI)横向”，如图 3-1-30 所示。

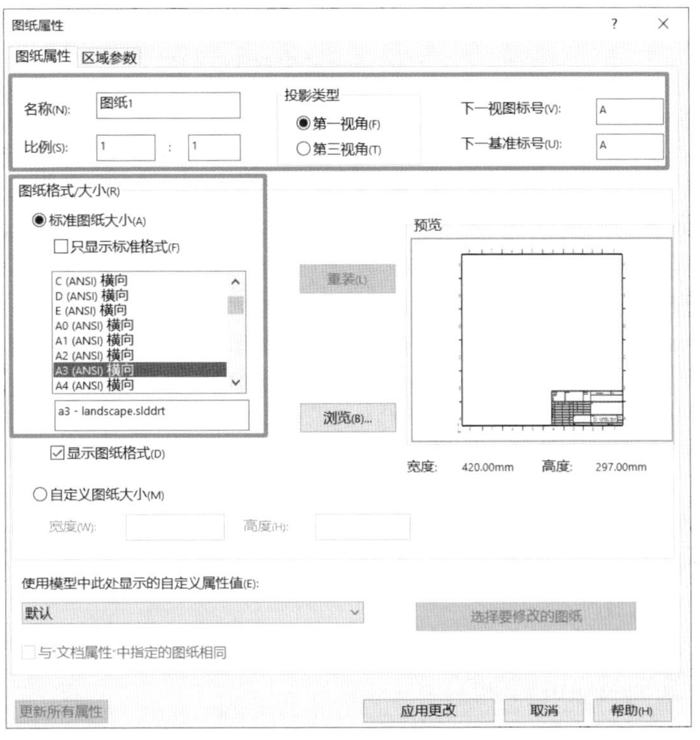

图 3-1-30　设置图纸

(3)单击“视图布局”面板上的“断开的剖视图”按钮，在需要剖面的视图中画出要剖面的轮廓，出现“断开的剖视图”属性管理器，深度选择“边线(1)”，并输入深度值，如图 3-1-31，生成断开的剖视图如图 3-1-32 所示。

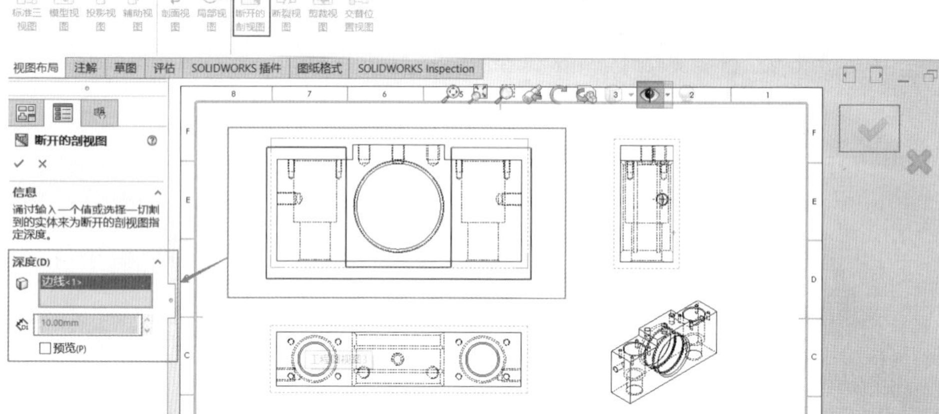

图 3-1-31 “断开的剖视图”属性管理器

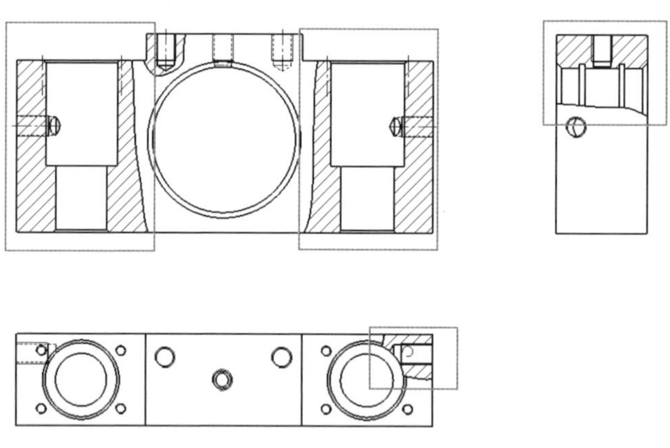

图 3-1-32 生成断开的剖视图

步骤 3:添加中心符号线和中心线

单击“注解”面板上的“中心符号线”或“中心线”按钮,通过“中心符号线”和“中心线”命令添加中心符号线和中心线,如图 3-1-33 所示。

步骤 4:添加尺寸标注

单击“注解”面板上的“智能尺寸”按钮,通过“智能尺寸”命令标注所需尺寸,如图 3-1-34 所示。

提示

鼠标左键为选择键,按住中键(滚轮)可旋转,转动滚轮可缩放视图。

单击“智能尺寸”的下拉按钮,弹出下拉菜单,在打开的下拉菜单中可以选择不同种类的尺寸标注和尺寸链标注。

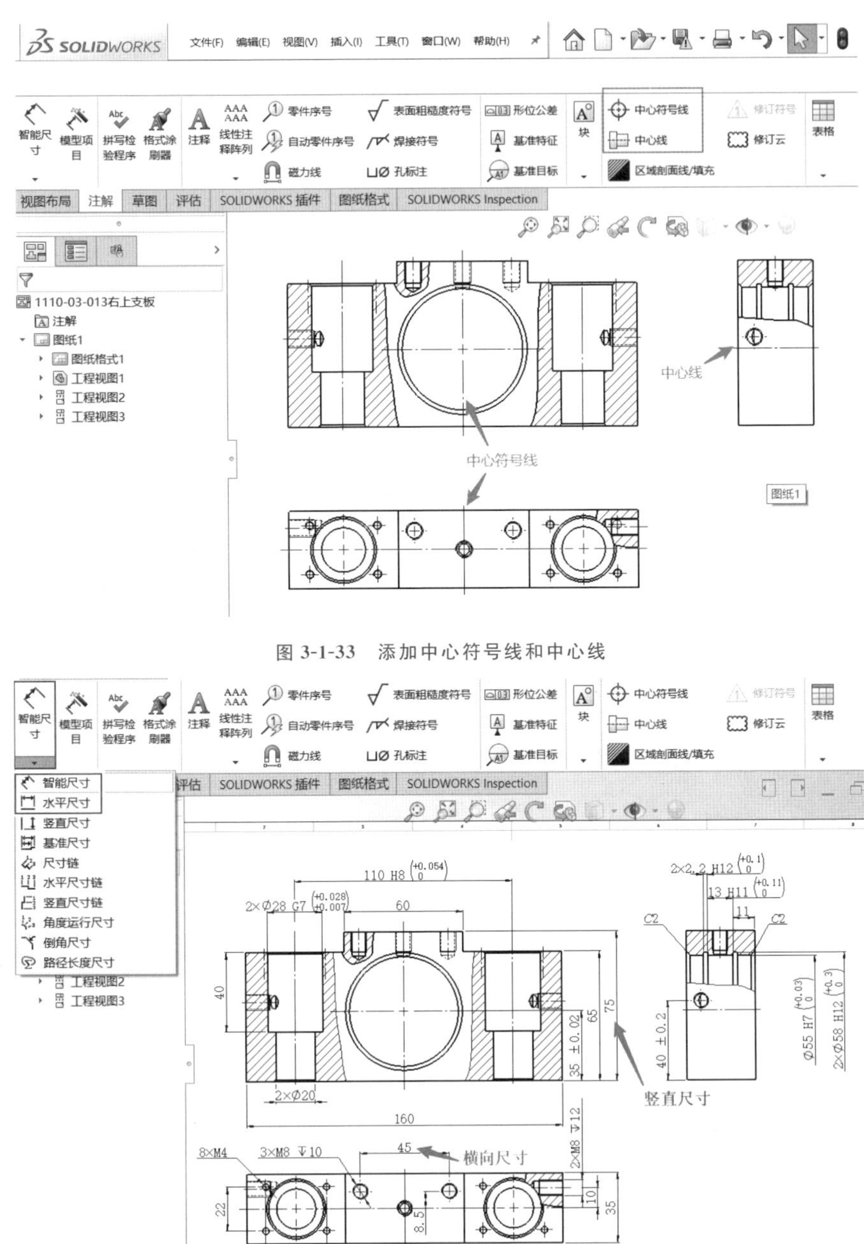

图 3-1-33　添加中心符号线和中心线

图 3-1-34　添加尺寸标注

步骤 5:添加尺寸公差

添加尺寸公差和修改标注尺寸文字,选择需要标注尺寸公差的尺寸,系统弹出“尺寸”属性管理器,在该属性管理器中进行修改。单击需要添加公差的尺寸,在“公差/精度”选项框内添加公差等级和公差值,如图 3-1-35 所示。

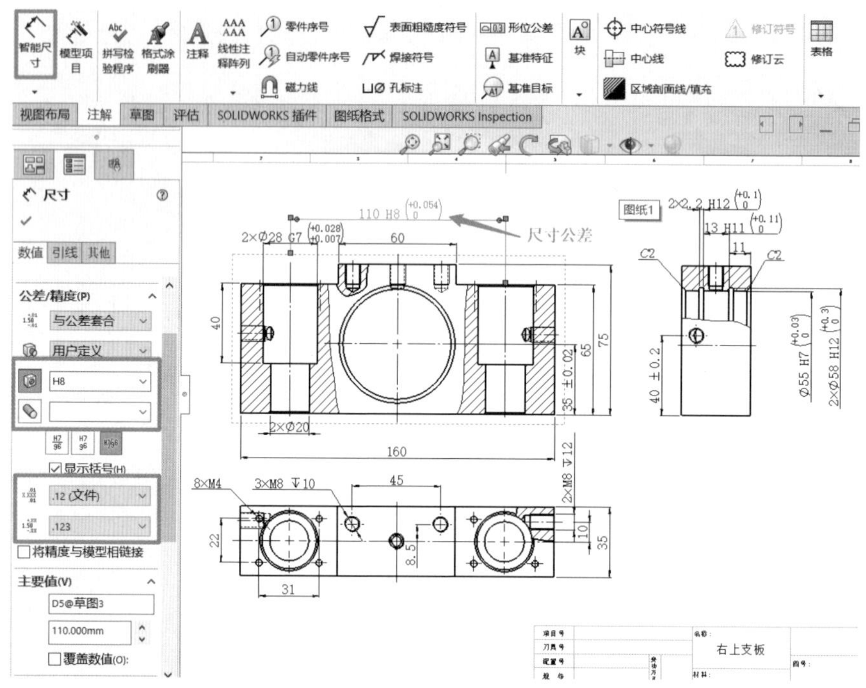

图 3-1-35 添加尺寸公差

步骤 6:添加几何公差(形位公差)

单击“注解”面板上的“形位公差”按钮，系统弹出“形位公差”属性管理器，在需要添加几何公差的位置单击，系统弹出“属性”对话框，在该对话框中添加符号和公差值，如图 3-1-36 所示。

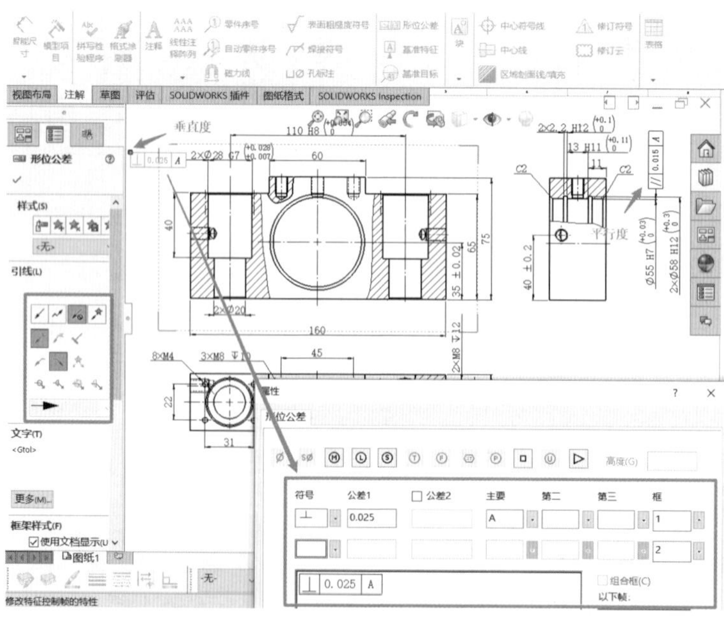

图 3-1-36 添加几何公差

步骤 7:添加基准特征

单击“注解”面板上的“基准特征”按钮，在左侧“基准特征”属性管理器中设置基准特征，如图 3-1-37 所示。

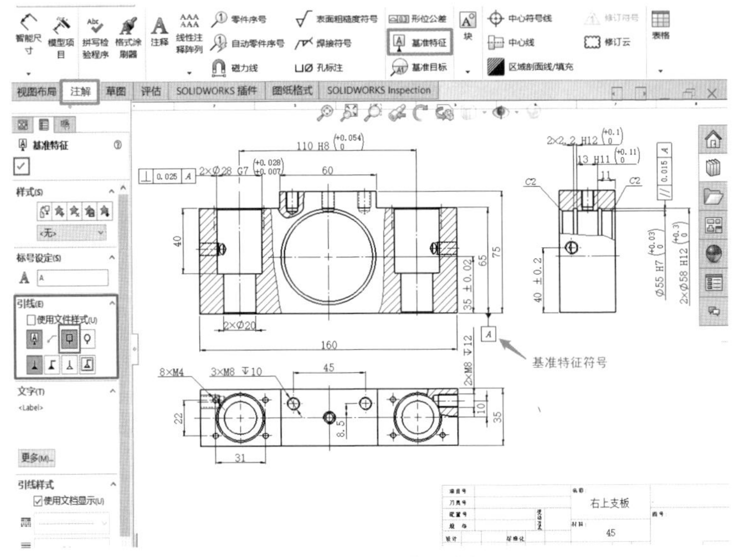

图 3-1-37　添加基准特征

步骤 8:添加表面粗糙度

单击“注解”面板上的“表面粗糙度符号”按钮，在左侧“表面粗糙度”属性管理器中添加表面粗糙度，如图 3-1-38 所示。

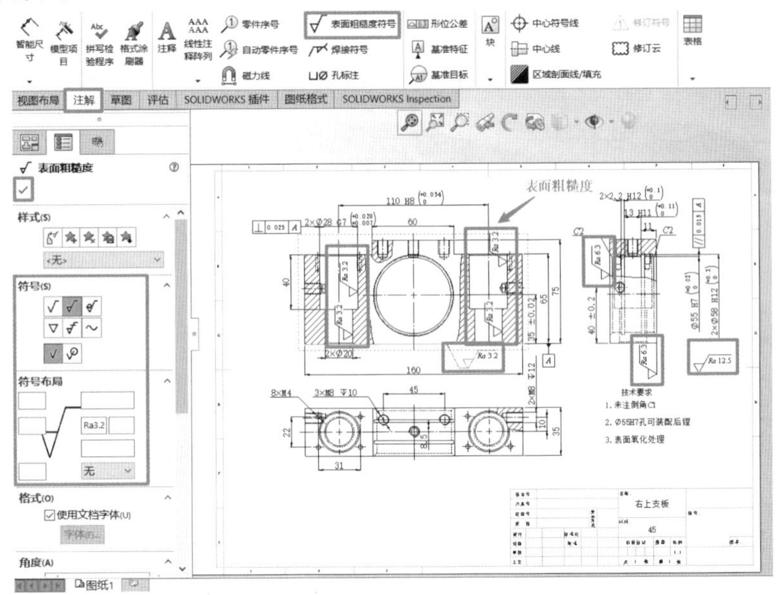

图 3-1-38　添加表面粗糙度

步骤 9:添加注释

单击“注解”面板上的“注释”按钮，通过“注释”命令在图纸右下角合适位置添加注释(技术要求)，如图 3-1-39 所示。

技术要求

1.未注倒角 *C*1。

2.Ø55H7孔可装配后镗。

3.防锈处理和表面氧化处理。

图 3-1-39　技术要求

步骤 10:保存文件

调整视图、尺寸、几何公差,基准特征、注释在图纸内的位置,如图 3-1-40 所示。

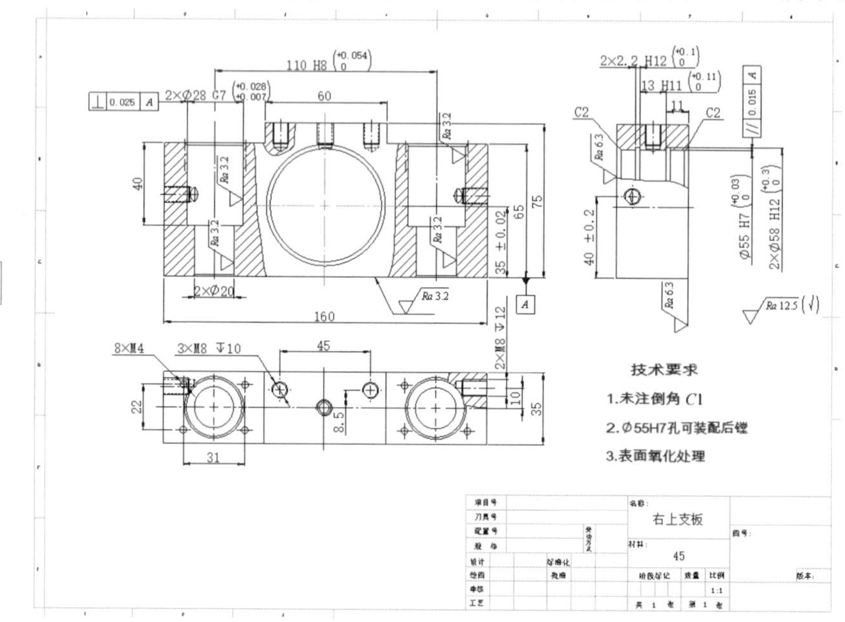

图 3-1-40　右上支板工程图

在菜单栏中选择“文件”→“另存为”命令,系统弹出“另存为”对话框,将文件命名为“右上支板”,单击“保存”按钮。

任务小结

通过松圈器的右上支板任务的学习,学生能够基本掌握工程图的制图方法,对标准三视图和注释有了一定的了解,并掌握了以下能力:

(1)基于三维模型生成标准三视图的方法。

(2)根据图纸要求,添加适当的剖视图的方法。

(3)在工程图中,添加标准尺寸标注及公差的方法。

(4)添加几何公差、基准特征、表面粗糙度的方法。

(5)添加图纸的技术要求的方法。

拓展训练

绘制图 3-1-41 所示底板的工程图。

分析:在这个例子中,将拓展添加尺寸注释的功能。

步骤 1:创建主视图和剖视图

根据底板的三维模型,创建主视图,并利用“断开的剖视图”命令创建剖视图,如图 3-1-42 所示。

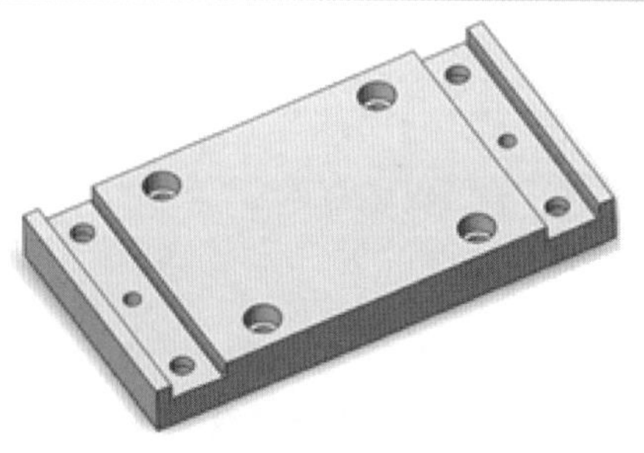

图 3-1-41　底板

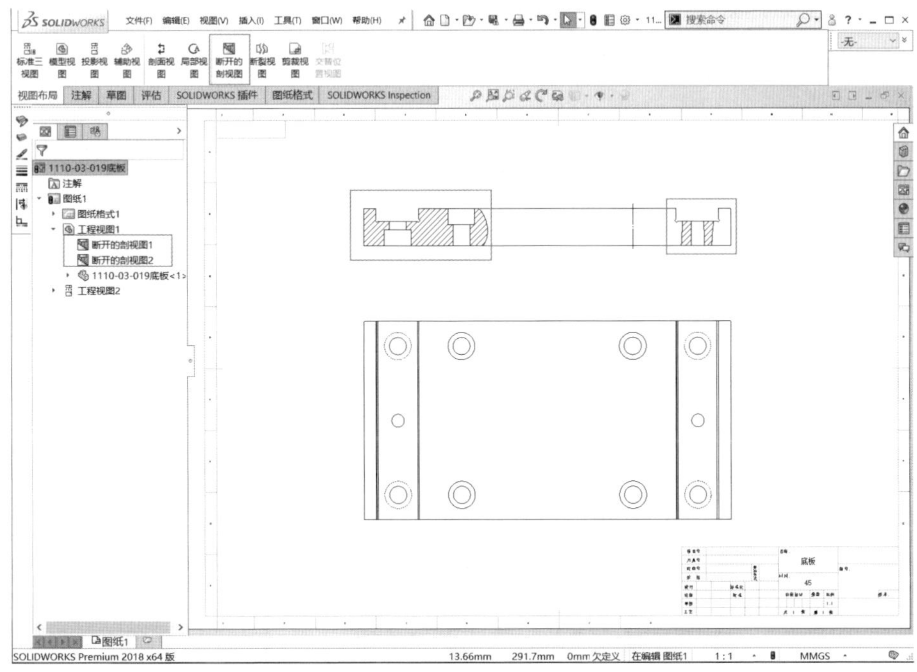

图 3-1-42　创建主视图和剖视图

步骤 2:添加尺寸标注、基准特征和几何公差

在图 3-1-42 的基础上,添加必要的尺寸标注、基准特征和几何公差。特殊尺寸需要添加注释,比如锥销孔的尺寸标注,如图 3-1-43 所示。

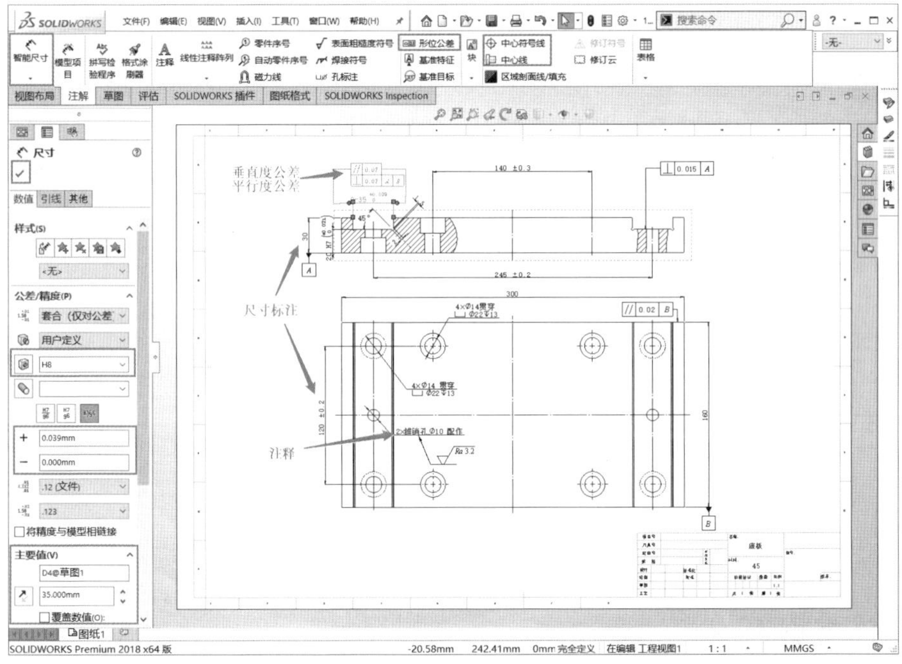

图 3-1-43　添加尺寸标注、基准特征和几何公差

步骤 3:添加表面粗糙度和技术要求

在图 3 1 43 的基础上,添加基表面粗糙度和技术要求,如图 3-1-44 所示。

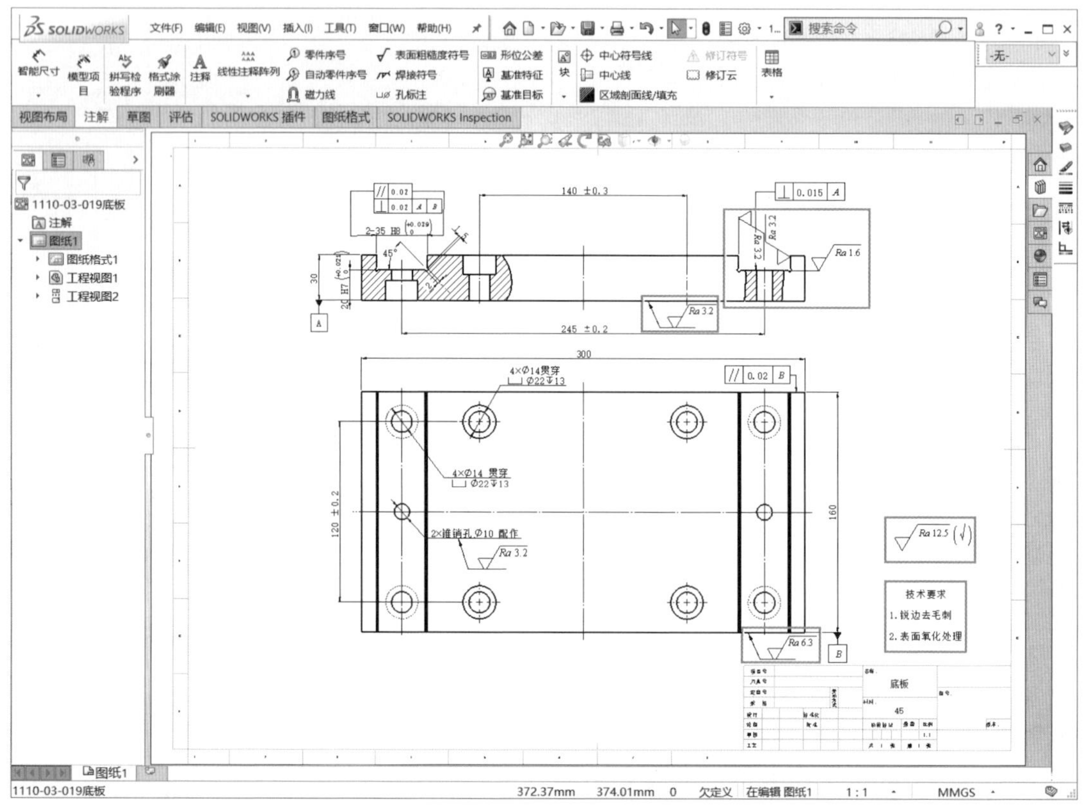

图 3-1-44　完成底板的工程图

课后练习

利用本书资源中“1110-03-018 右下支板.SLDPRT”模型文件进行工程图的绘制。

任务二　零件工程图绘制(松圈器下轴)

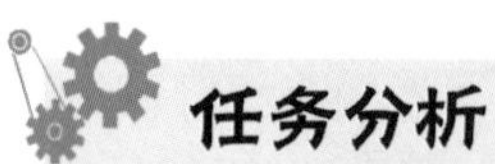

任务分析

本任务是一个典型机械零件松圈器下轴的工程图绘制,如图 3-2-1 所示。

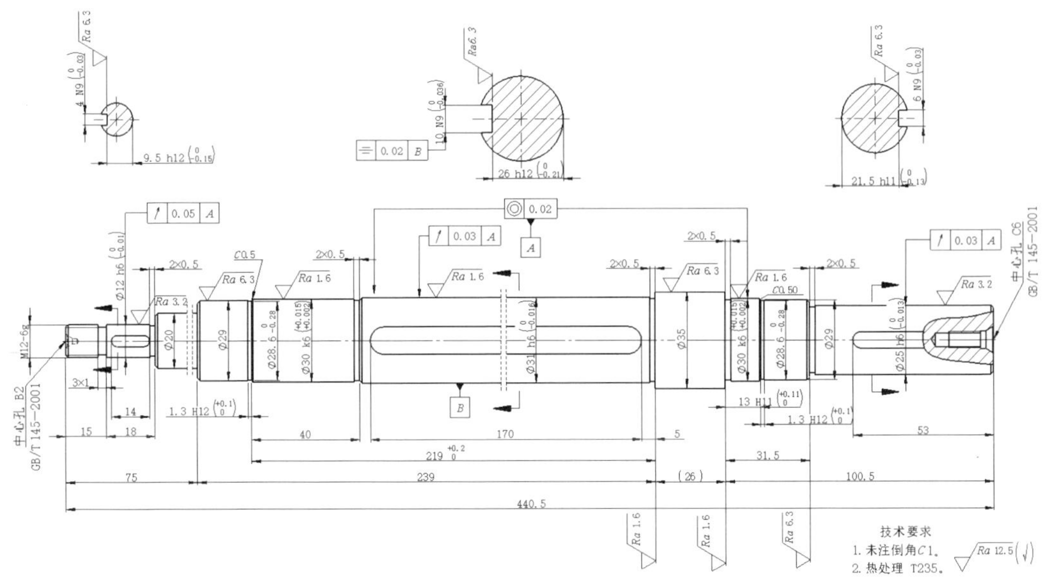

图 3-2-1　松圈器下轴工程图

零件工程图一般的创建过程见任务一。

知识技能点

本任务以松圈器下轴的工程图绘制为例讲解工程图的基本操作，介绍了“断裂视图”“剖面视图”“半剖视图”“局部剖视图”“旋转剖视图”等常用工程图绘图工具。以下几个重要的知识技能点需要掌握：

➢ 断裂视图：在机械制图中，经常会遇到一些细长的零部件，若要反映整个零件的尺寸形状，则需要用大幅面的图纸来绘制，为了既能节省图纸幅面，又能将零件的形状和尺寸表示出来，在实际绘图中常采用断裂视图。断裂视图指从工程视图中删除选定两点之间的视图部分，将余下的两部分合并成一个带折断线的视图。断裂视图不能是局部视图、剪裁视图或空白视图。

操作步骤：

● 如图 3-2-2 所示，单击“视图布局”面板上的“断裂视图”按钮，一般二次开发的模板都从这里选择。

图 3-2-2　单击“断裂视图”按钮

● 在图形区选择需要用断裂视图表示的位置和断裂的范围，如图 3-2-3 所示。

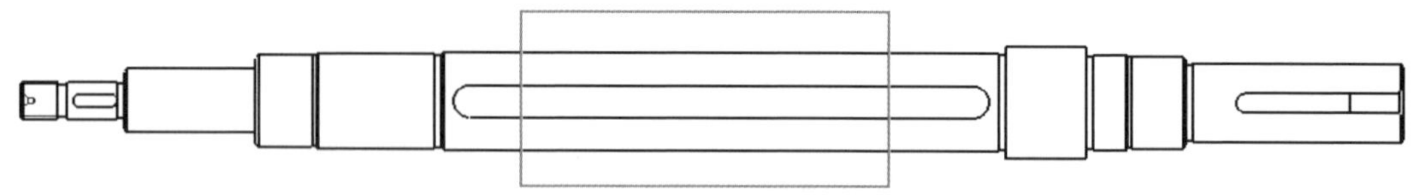

图 3-2-3 框选断裂视图区域

● 移动鼠标到框选区域的左右两端，单击，放置折断线，不需要修改断裂视图属性，如图 3-2-4 所示。

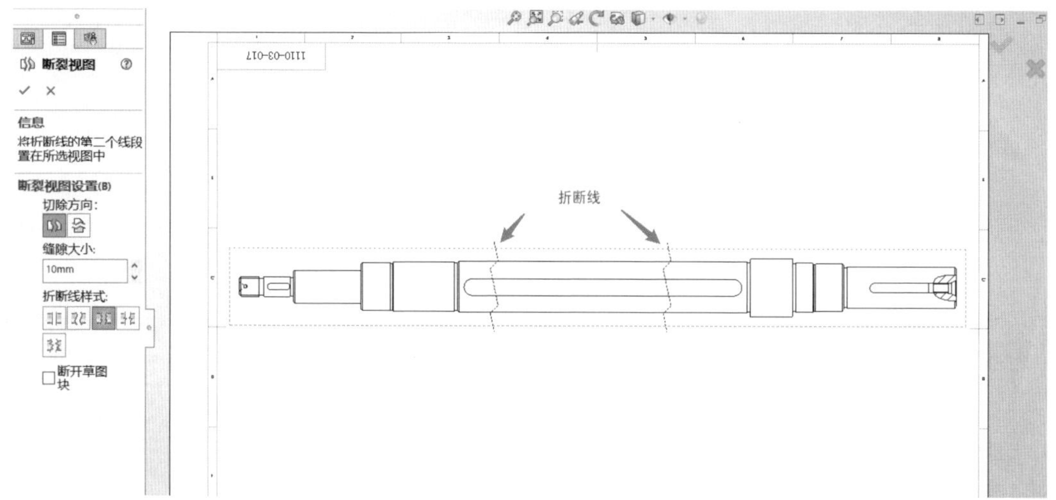

图 3-2-4 放置折断线

● 两端的折断线放置完成后，得到断裂视图，单击“确定”按钮，完成操作，如图 3-2-5 所示。

补充说明：

“断裂视图”属性管理器中的内容如下：

切除方向：包括添加竖直折断线和添加水平折断线。

添加竖直折断线：生成断裂视图时，将视图沿水平方向断开。

添加水平折断线：生成断裂视图时，将视图沿竖直方向断开。

缝隙大小：折断线缝隙之间的距离。

折断线样式：定义折断线的类型。

直线切断，曲线切断，锯齿线切断，小锯齿线切断，锯齿状切除。

➢ 剖面视图：使用剖切面完全剖开零件所得的剖视图称为全剖视图。

操作步骤：

● 单击“视图布局”面板上的“剖面视图”按钮，如图 3-2-6 所示。

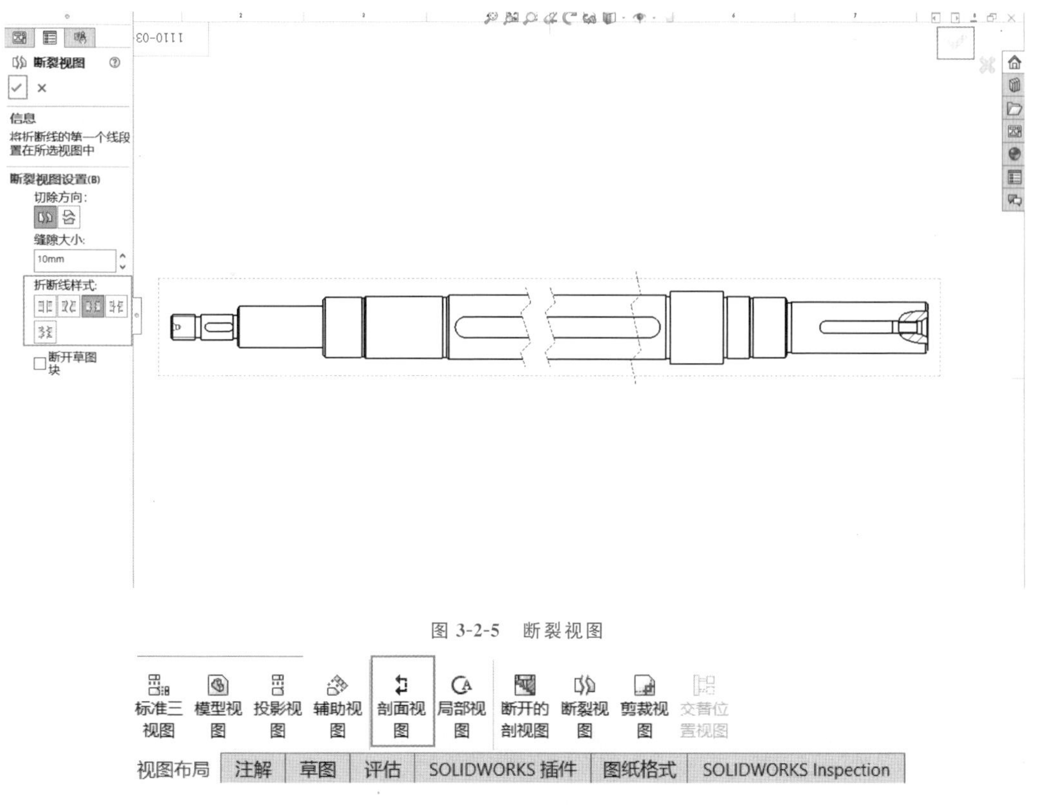

图 3-2-5　断裂视图

图 3-2-6　单击“剖面视图”按钮

● 系统弹出“剖面视图辅助”属性管理器，“切割线”选择“竖直”，选择切割线的位置，如图 3-2-7 所示。

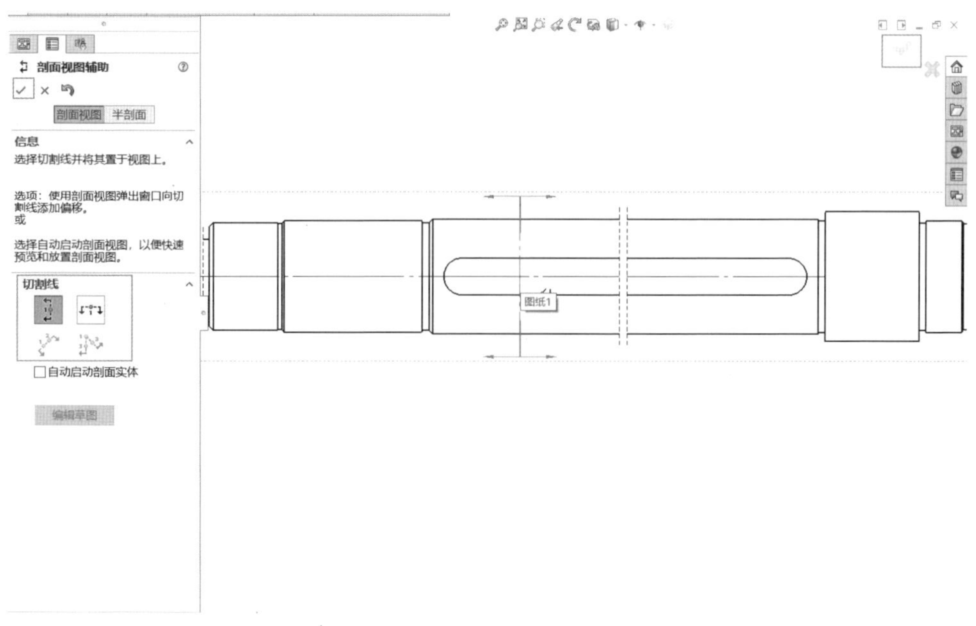

图 3-2-7　“剖面视图辅助”属性管理器(1)

● 单击，系统在图形区弹出新的对话框，单击“确定”按钮☑，如图 3-2-8 所示。

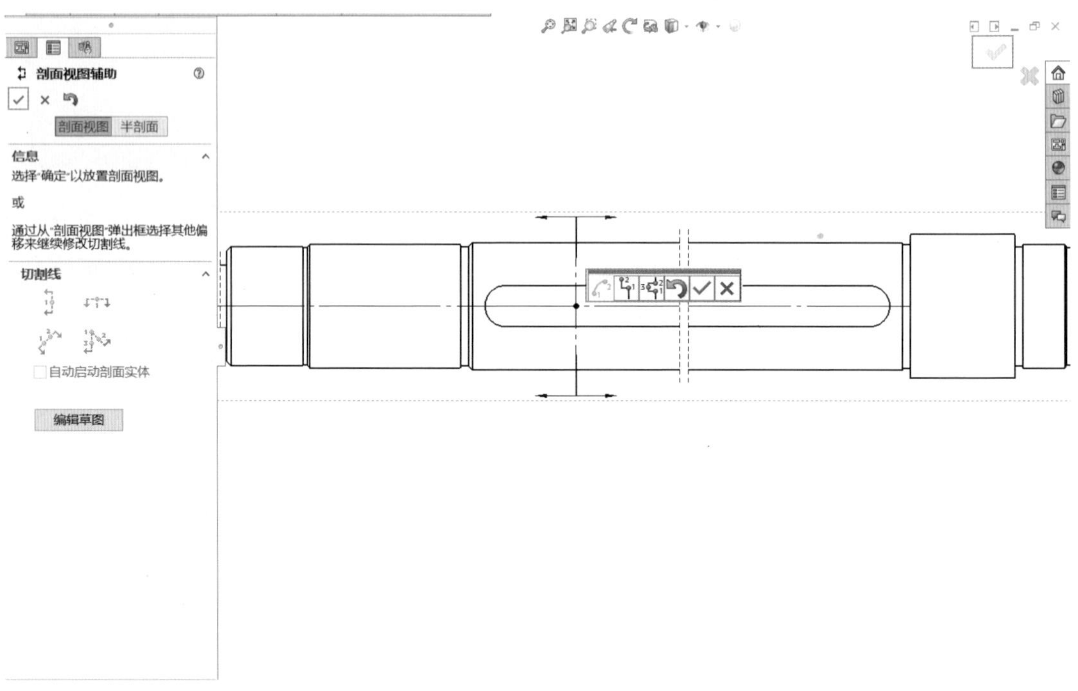

图 3-2-8 新的对话框

● 在生成的剖面视图上单击鼠标右键，选择“视图对齐”→“解除对齐关系”命令，在图形区合适的位置放置剖面视图，在“剖面视图 E-E”属性管理器中单击“确定”按钮☑，如图 3-2-9 所示。

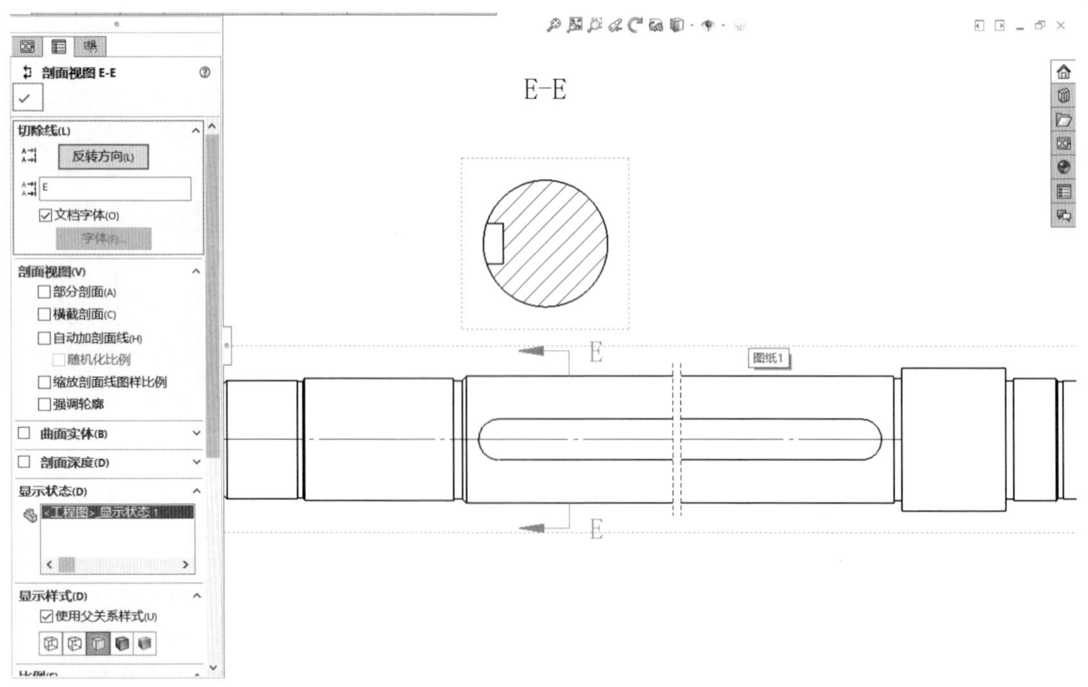

图 3-2-9 全剖视图

补充说明：

“剖面视图辅助”属性管理器中的内容如图 3-2-10 和图 3-2-11 所示。

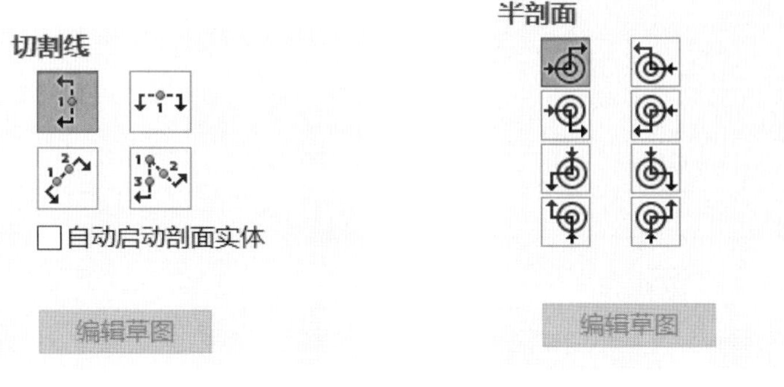

图 3-2-10　“切割线”选项框　　　图 3-2-11　“半剖面”选项框

切割线的内容如下：

竖直切割线，水平切割线，辅助视图（带角度切割），对齐（旋转剖）。

半剖面的内容如下：

顶部右侧，顶部左侧，底部右侧，底部左侧，

左侧向下，右侧向下，左侧向上，右侧向上。

➢ 半剖视图：在 SolidWorks 中半剖视图是通过“剖面视图”命令完成的，半剖视图是当机件具有对称平面时，向垂直于对称平面的投影面上投射所得的图形，以对称中心线为界，一半画成视图，另一半画成剖视图的组合图形。半剖视图既充分地展现了机件的内部形状，又保留了机件的外部形状。

操作步骤：

- 单击“视图布局”面板上的“剖面视图”按钮。
- 在“剖面视图辅助”属性管理器中，“半剖面”选择“顶部右侧”，如图 3-2-12 所示。

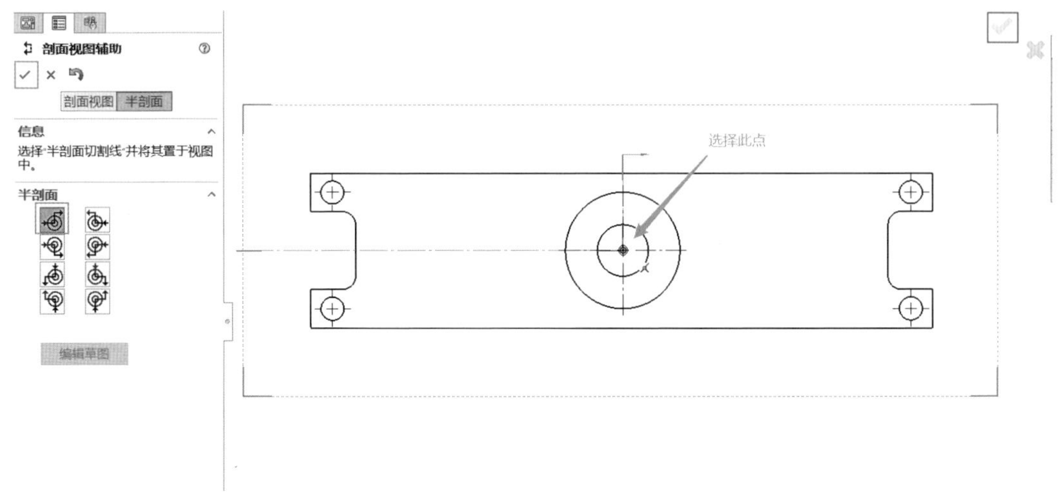

图 3-2-12　”剖面视图辅助“属性管理器(2)

● 在图形区合适的位置放置半剖视图，在“剖面视图”属性管理器中单击“确定”按钮☑，完成操作，如图 3-2-13 所示。

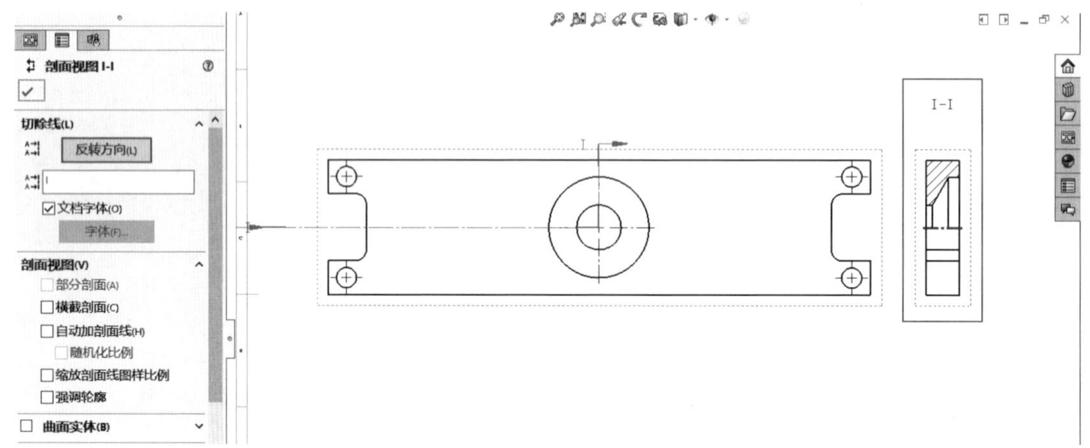

图 3-2-13 半剖视图

➢ 局部剖视图：局部剖视图是用剖切面局部剖开零部件所得的剖视图。在 SolidWorks 中局部剖视图是通过“断开的剖视图”命令来完成的。

操作步骤：

● 单击“视图布局”面板上的“断开的剖视图”按钮，如图 3-2-14 所示。

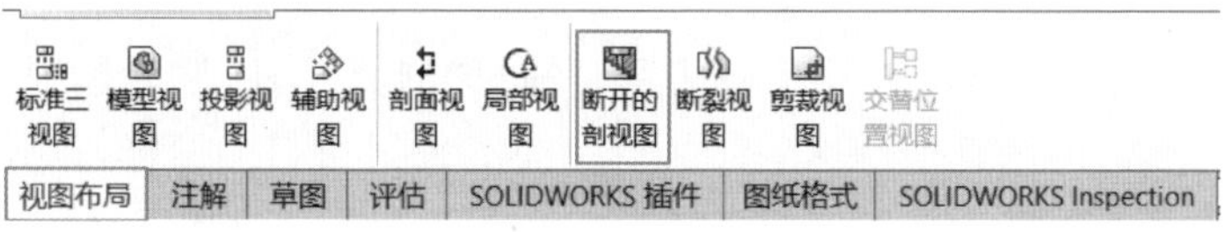

图 3-2-14 单击“断开的剖视图”按钮

● 使用“断开的剖视图”时会自动使用“样条曲线”命令，在需要局部剖的位置，绘制一条闭合的样条曲线；系统弹出“断开的剖视图”属性管理器，指定剖切深度或选择一切割到的实体来为断开的剖视图指定深度，深度为 10.00 mm，单击“确定”按钮☑，如图 3-2-15 所示。

● 系统生成局部剖视图，完成操作，如图 3-2-16 所示。

图 3-2-15 “断开的剖视图”属性管理器

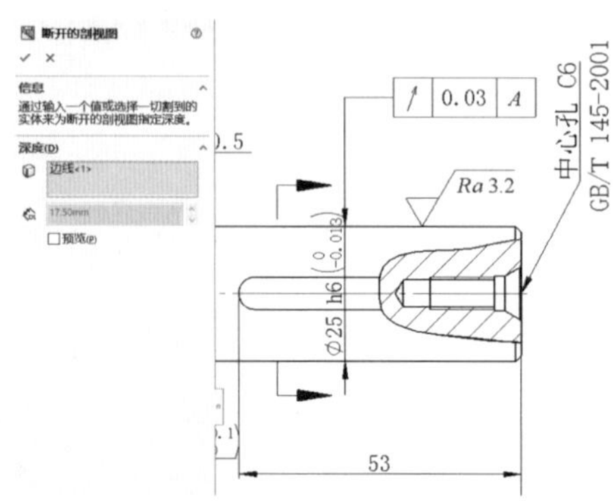

图 3-2-16 局部剖视图

➢ 旋转剖视图：旋转剖视图是完整的截面视图，生成旋转剖视图的剖切线，必须由草绘的线段构成，并且这两条线段必须具有一定的角度。

操作步骤：

● 单击“视图布局”面板上的“剖面视图”按钮，如图 3-2-17 所示。

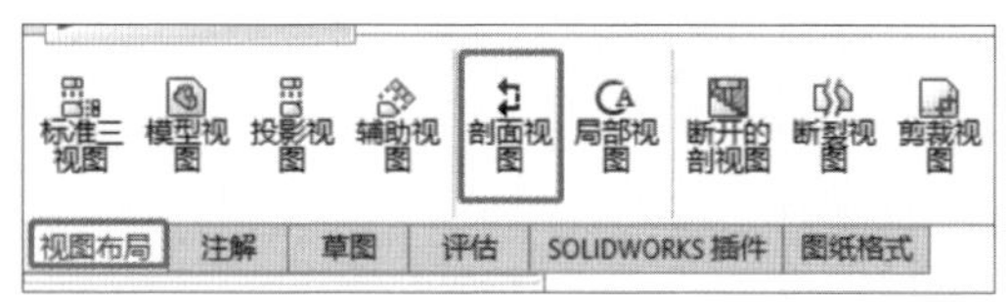

图 3-2-17　单击“剖面视图”按钮

● 系统弹出“剖面视图辅助”属性管理器，“切割线”选择“对齐”，选择圆心 1、圆心 2、圆心 3，系统弹出新的对话框，单击“确定”按钮，如图 3-2-18 和图 3-2-19 所示。

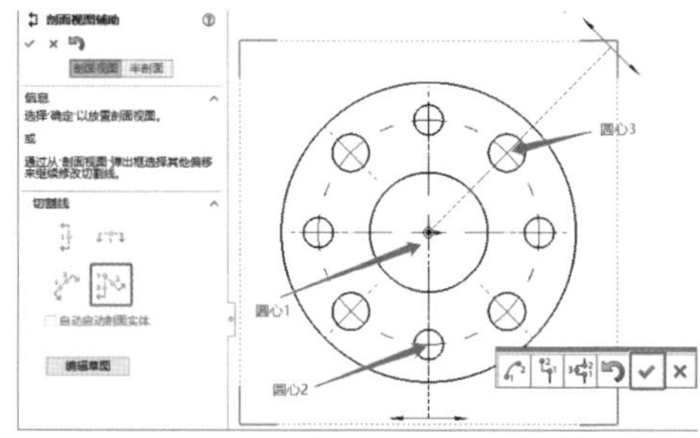

图 3-2-18　“剖面视图辅助”属性管理器(3)

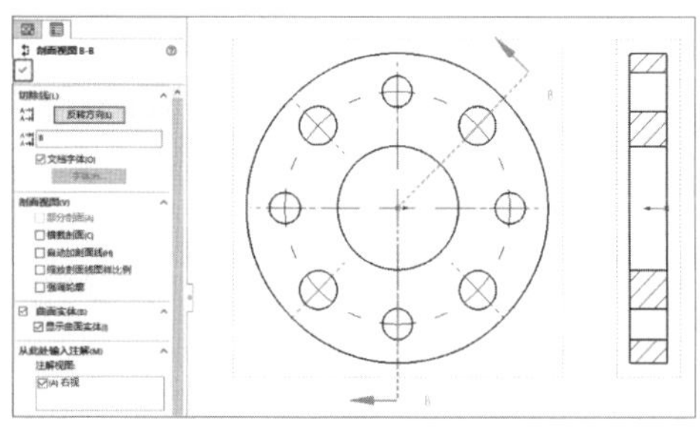

图 3-2-19　旋转剖视图

➢ 工程图的尺寸标注——中心符号线和中心线：中心符号线是在圆形边线、槽口边线或草图实体上添加的。中心线是添加中心线到视图所选实体的。中心符号线和中心线可以自动和手动添加。

操作步骤：

● 单击“注解”面板上的“中心符号线”按钮，如图 3-2-20 所示。

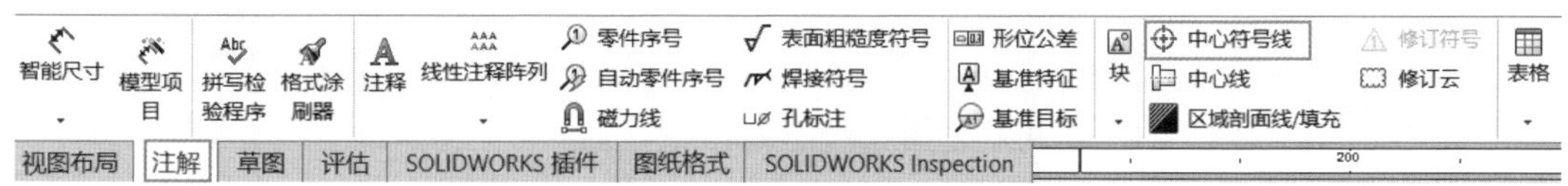

图 3-2-20　单击“中心符号线”按钮

● 在左侧“中心符号线”属性管理器，勾选如图 3-2-21 所示选项，选择右侧图形区的视图，生成中心符号线，单击“确定”按钮。

操作步骤：

● 单击“注解”面板上的“中心线”按钮，如图 3-2-22 所示。

● 在左侧“中心线”属性管理器中勾选“自动插入”中的“选择视图”选项，在右侧图形区单击视图，自动生成中心线，单击“确定”按钮；也可以手动插入中心线，选择两条边线或草图线段，或选取单一圆柱面、圆锥面、环面、扫描面，如图 3-2-23 所示。

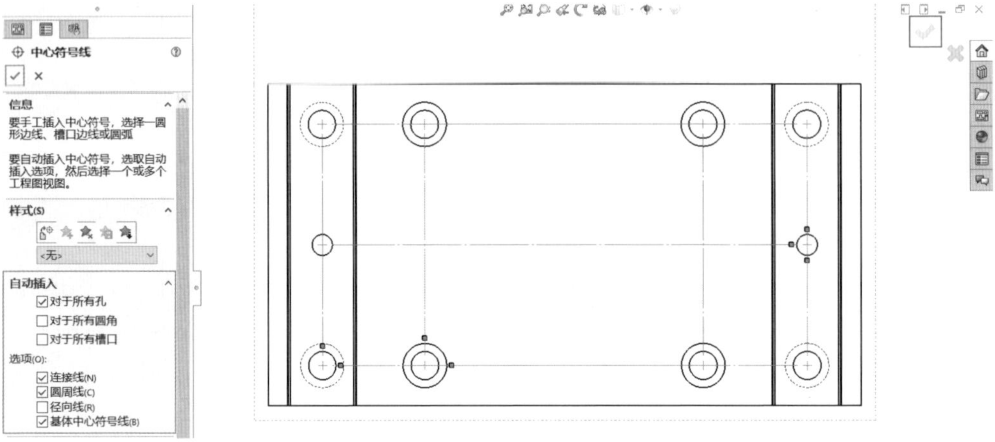

图 3-2-21　添加中心符号线

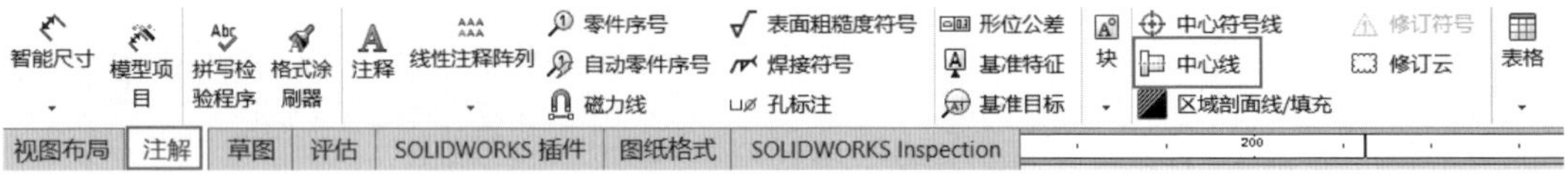

图 3-2-22　单击“中心线”按钮

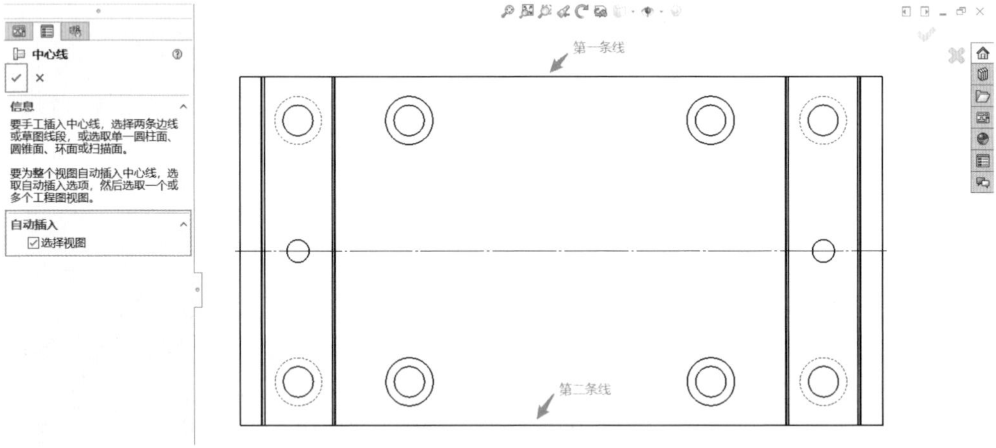

图 3-2-23　“中心线”属性管理器

➢ 模型项目：插入模型项目可以将模型文件（零件或装配体）中的尺寸、注解和参考几何体插入到工程图中。

操作步骤：

● 单击“注解”面板上的“模型项目”按钮，如图 3-2-24 所示。

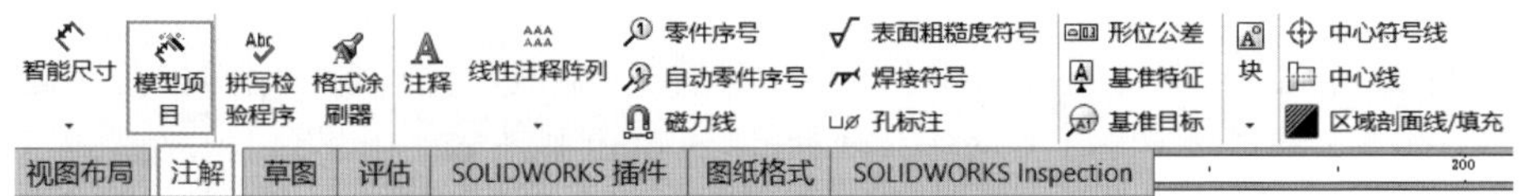

图 3-2-24　单击“模型项目”按钮

● 在左侧“模型项目”属性管理器中选择要从尺寸、注解或参考几何体中插入模型项目的类型，然后为其选择插入模型项目的视图，单击“确定”按钮☑，如图 3-2-25 所示。

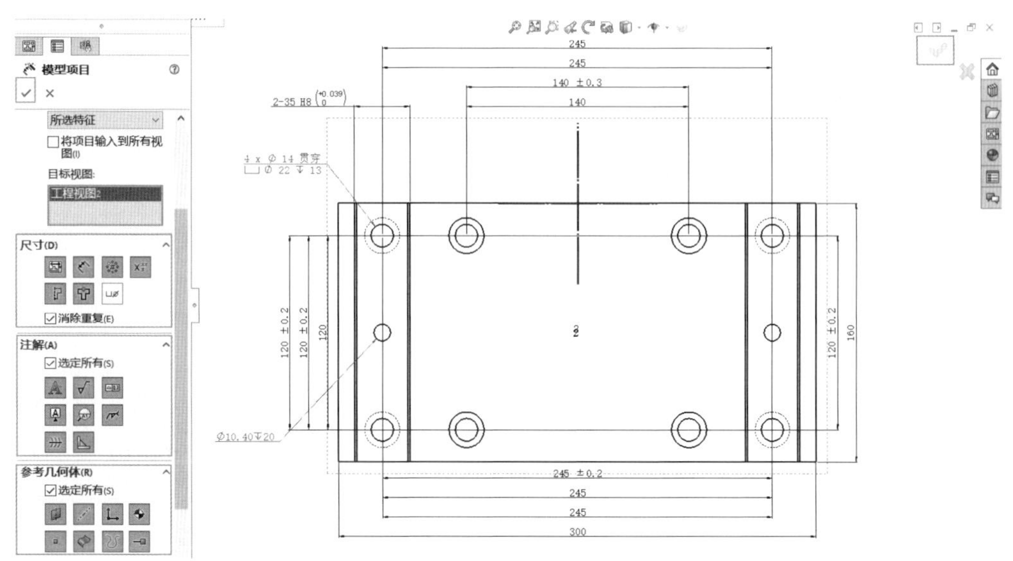

图 3-2-25　“模型项目”属性管理器(1)

提示

插入模型项目中已存在的尺寸、注解等可以提高效率，建议在完成一些重要的步骤后手动整理一下，保证图纸的清楚、整洁。

➢ 公差标注：在 SolidWorks 中公差标注通过对尺寸对话框进行修改、编辑，让公差显示出来。

操作步骤：

单击“尺寸”按钮，出现“尺寸”属性管理器，在“公差/精度”选项框中将“公差类型”修改为“与公差套合”，输入公差值，如图 3-2-26 所示。

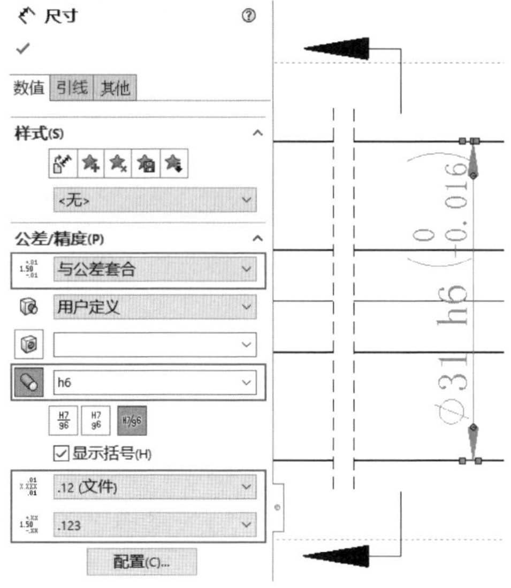

图 3-2-26　修改公差

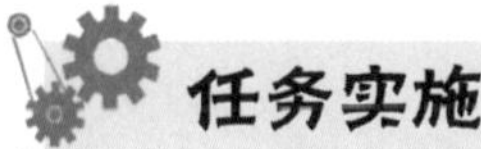

步骤 1:新建一个松圈器下轴工程图

在菜单栏中选择“文件”→“新建”命令或单击标准工具条上的“新建”按钮 ,如图 3-2-27 所示。

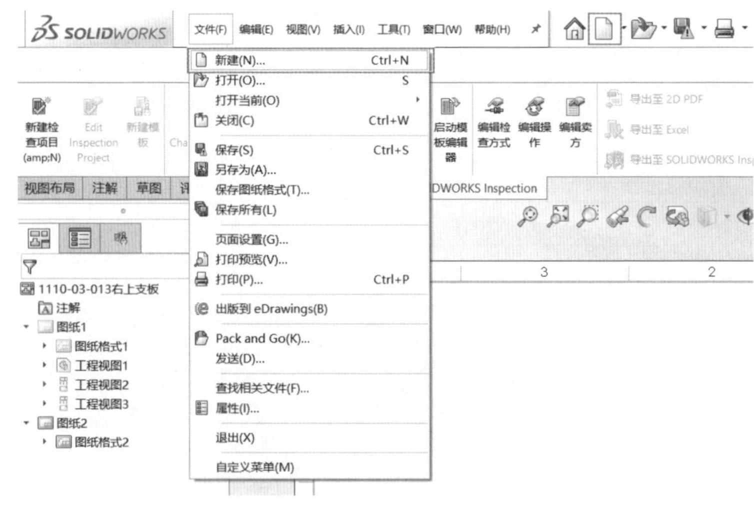

松圈器下轴工程图1

图 3-2-27 新建文件

在弹出的“新建 SOLIDWORKS 文件”对话框中选择“工程图”图标,然后单击“确定”按钮,如图 3-2-28 所示。

在“新建 SOLIOWORKS”对话框里的“Tutorial”中,选择“draw”图标后,在这个对话框中可以设置不同的图纸格式,之后单击“确定”按钮,如图 3-2-29 所示。

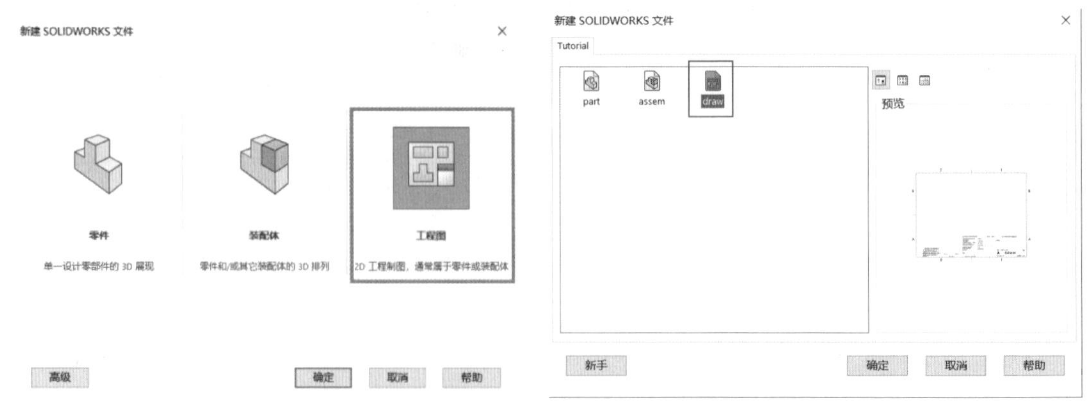

图 3-2-28 新建工程图

图 3-2-29 设置图纸格式

如图 3-2-30 所示,单击“视图布局”面板上的“模型视图”按钮,在“模型视图”属性管理器中单击“浏览”按钮。在“打开”对话框中选择“松圈器下轴. SLDPRT”,然后单击“打开”按钮。

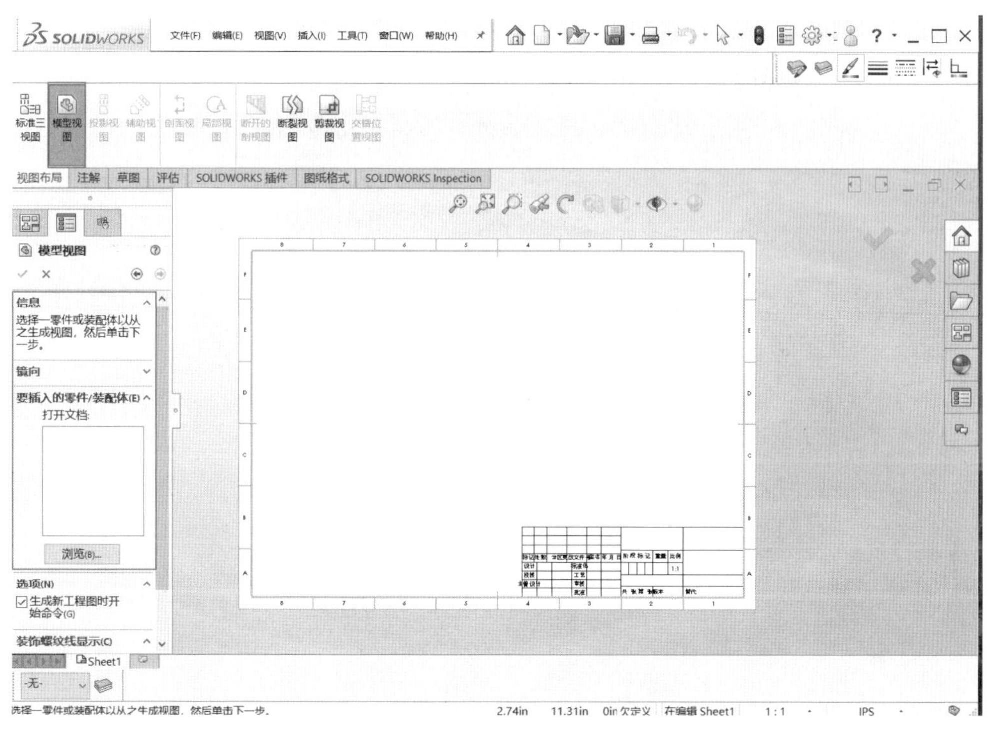

图 3-2-30　新建工程图文件

步骤 2:创建工程图的视图布局

(1)将光标移动到图形区,会出现“主视图”的预览,选择合适的位置放置主视图,同时系统弹出“投影视图”对话框,将光标移动到图形区,会出现投影视图的预览,选择在主视图下方放置一个投影视图,将投影视图的“显示样式”修改为“隐藏线可见”,单击“确定”按钮☑。轴的工程图一般放置主视图,如图 3-2-31 所示。

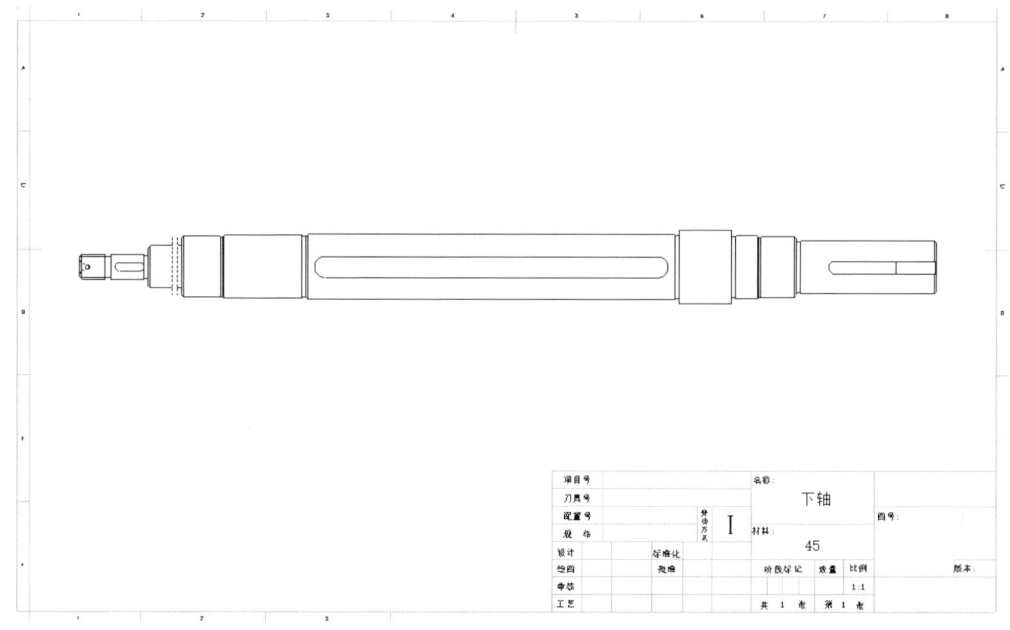

图 3-2-31　放置主视图

(2)定义图纸属性。在“图纸属性”对话框中修改图纸属性比例为“1∶1”，将图纸大小修改为“A3 (GB)”,如图 3-2-32 所示。

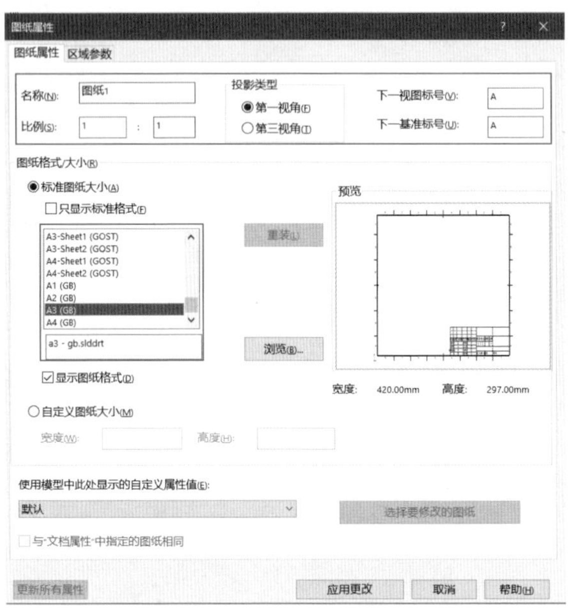

图 3-2-32　设置图纸

(3)创建断裂视图。单击“视图布局”面板上的“断裂视图”按钮，先在需要断裂视图中确定断裂位置,系统弹出“断裂视图”属性管理器,设置切除方向、缝隙大小等参数,单击需要断裂的边界,单击“确定”按钮,如图 3-2-33 所示。

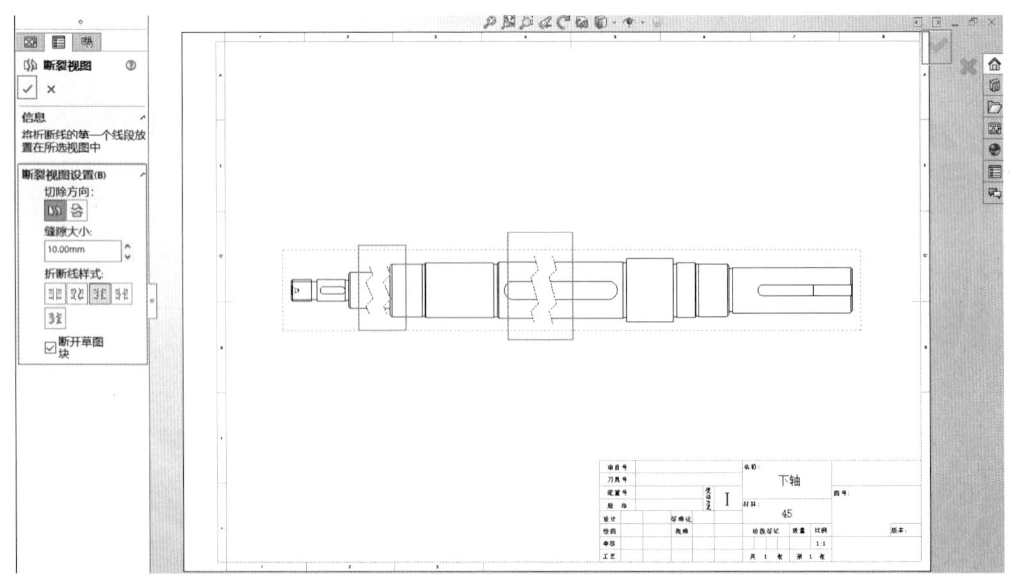

图 3-2-33　断裂视图

(4)创建断开的剖视图。单击“视图布局”面板上的“断开的剖视图”按钮，先在需要剖面的视图中画出所要剖面的轮廓，系统弹出“断开的剖视图”属性管理器，深度选择“边线(1)”，并添加深度值，如图 3-2-34 所示。

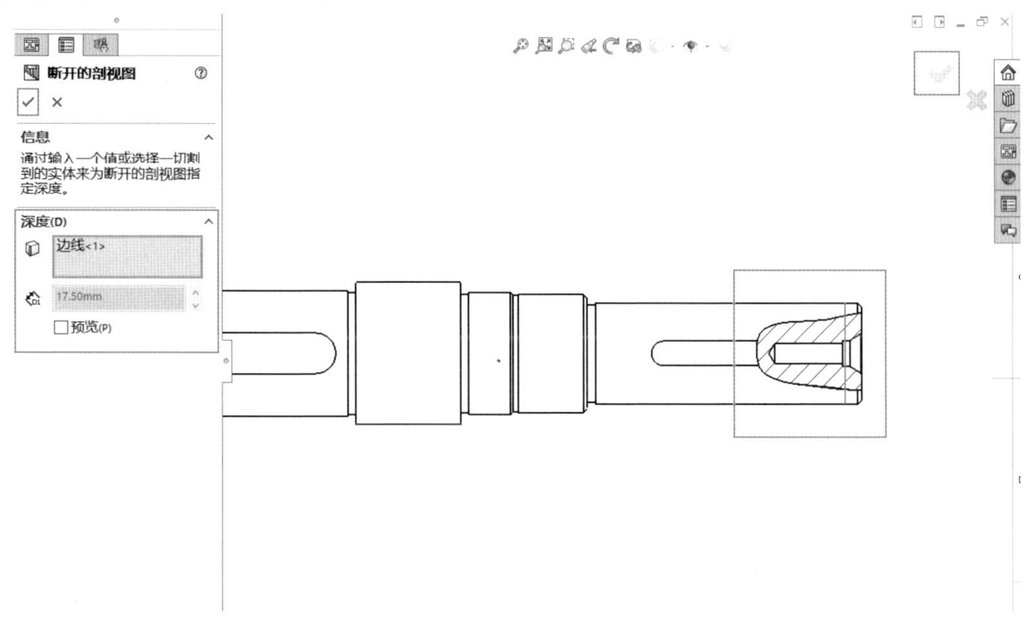

图 3-2-34　断开的剖视图

(5)创建剖视图。单击“视图布局”面板上的“剖面视图”按钮，先在需要剖面视图的主视图的位置上单击，系统弹出“剖面视图”属性管理器，在主视图以外单击放置剖视图，如图 3-2-35 所示。

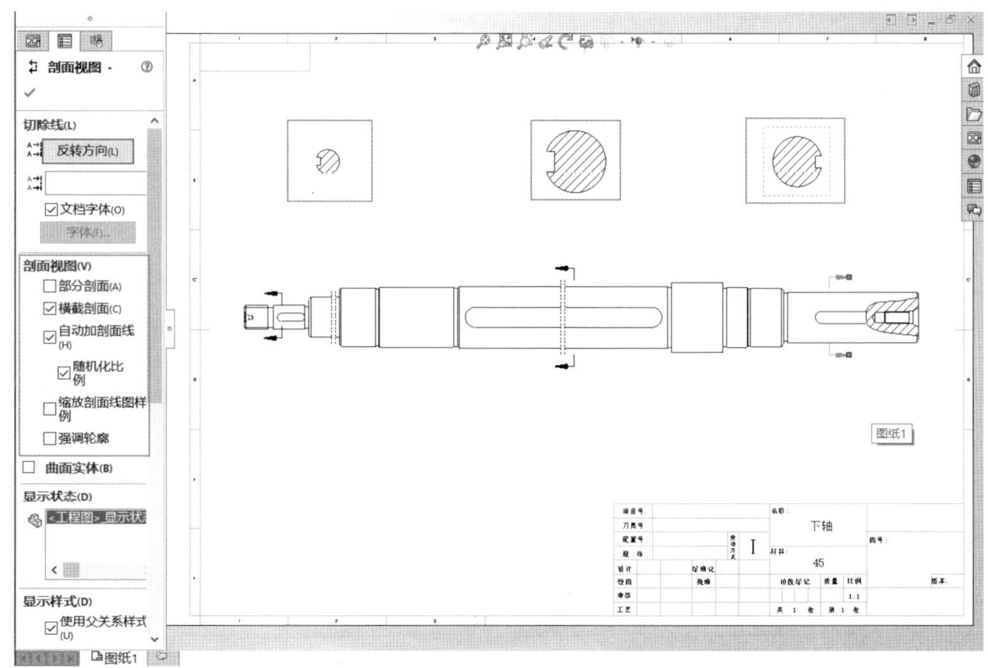

图 3-2-35　剖视图

步骤 3:添加中心符号线和中心线

单击“注解”面板上的“中心符号线”按钮⊕或“中心线”按钮▯,通过“中心符号线”和“中心线”命令添加中心符号线和中心线,如图 3-2-36 所示。

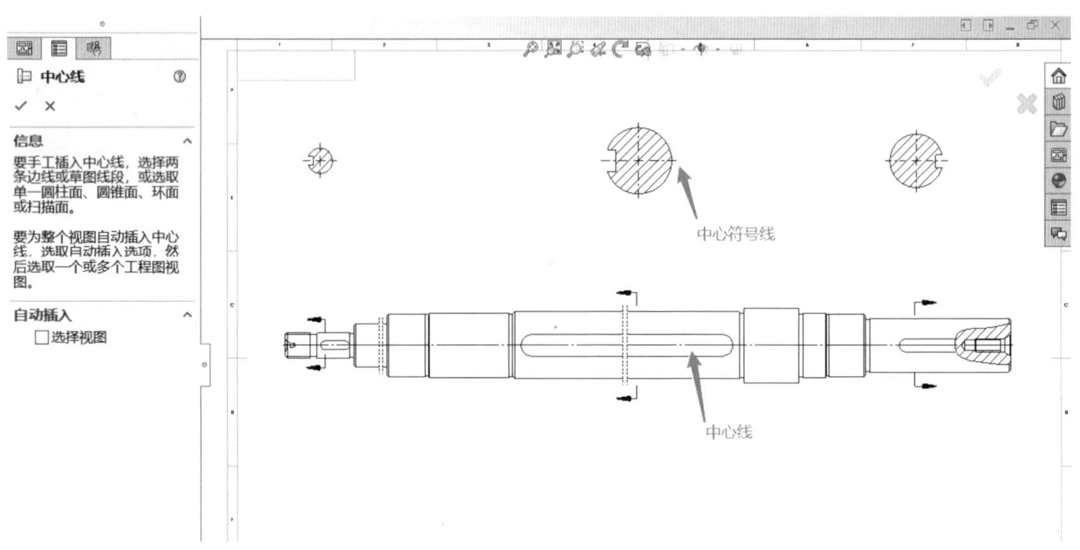

图 3-2-36 添加中心符号线和中心线

步骤 4:添加尺寸标注

单击“注解”面板上的“智能尺寸”按钮,通过“智能尺寸”命令标注所需尺寸,如图 3-2-37 所示。

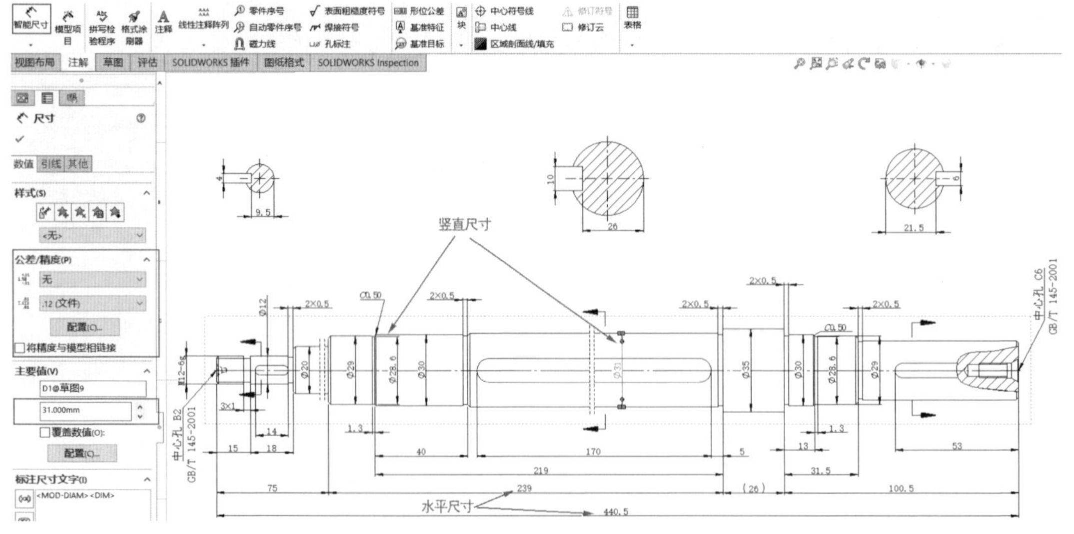

图 3-2-37 添加尺寸标注(1)

提示

在“尺寸”属性管理器中，在标注尺寸文字的区域内添加注释。在“模型项目”属性管理器中，可以自动标注尺寸、注解、参考几何体等，如图 3-2-38 所示。

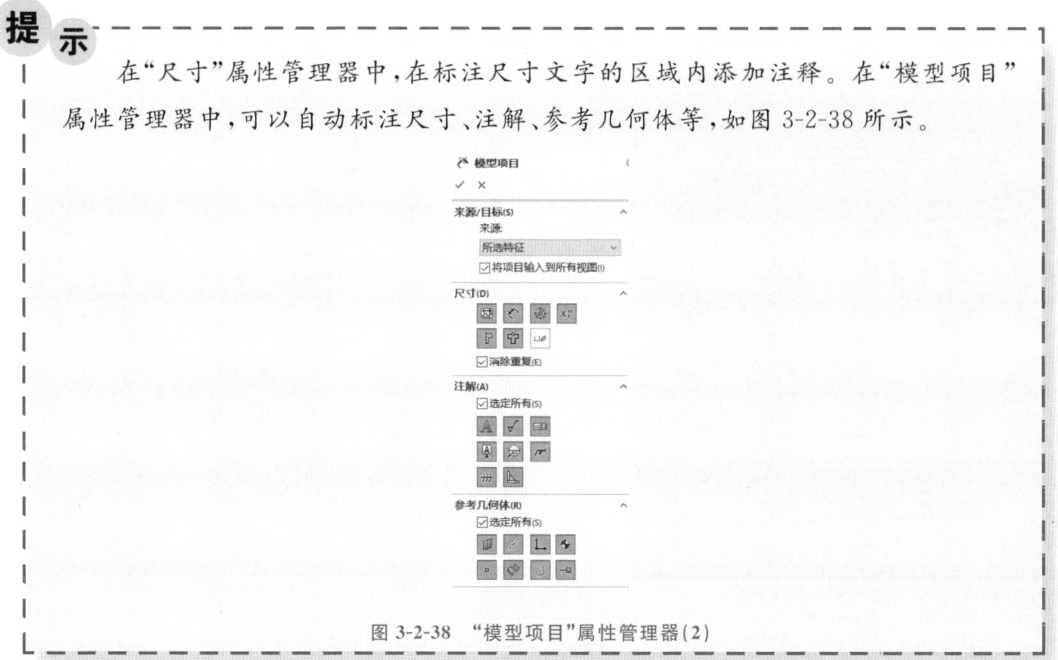

图 3-2-38　“模型项目”属性管理器(2)

步骤 5:添加尺寸的公差标注

添加公差和修改标注尺寸文字，选择需要标注公差的尺寸，在左侧“尺寸”属性管理器中进行修改，如图 3-2-39 所示。

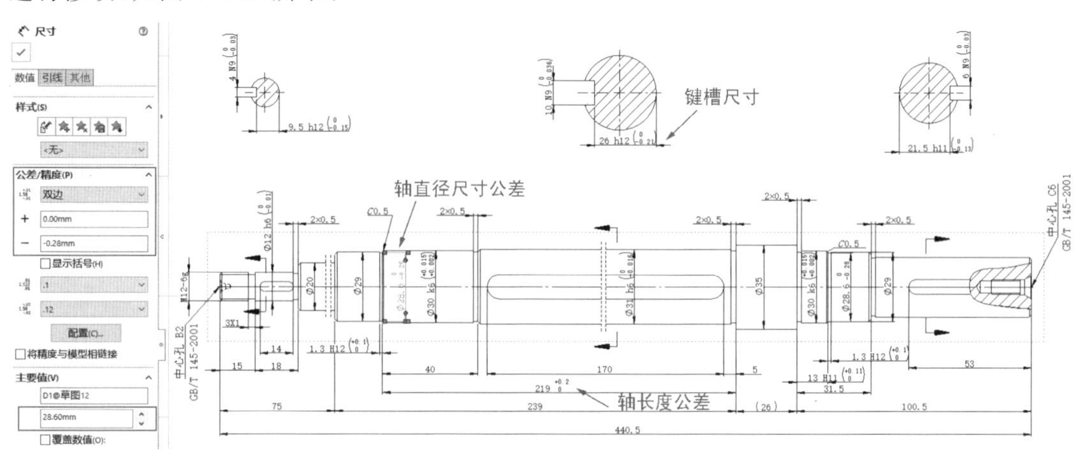

图 3-2-39　添加尺寸公差

步骤 6:添加几何公差

单击“注解”面板上的“形位公差”按钮 ，通过“形位公差”命令来添加公差符号和公差值，如图 3-2-40 所示。

松圈器下轴工程图2

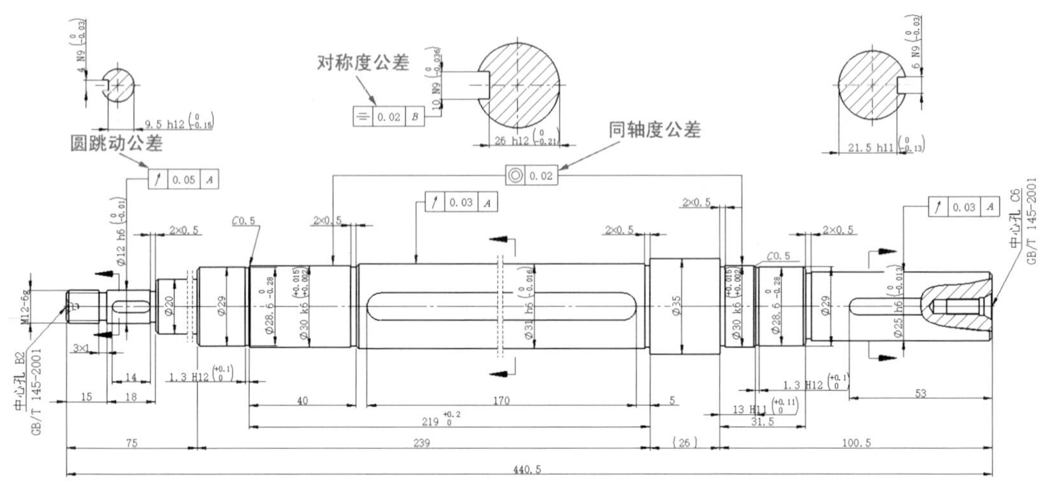

图 3-2-40　添加几何公差

步骤 7:添加基准特征

单击“注解”面板上的“基准特征”按钮,通过“基准特征”命令来添加基准特征,如图 3-2-41 所示。

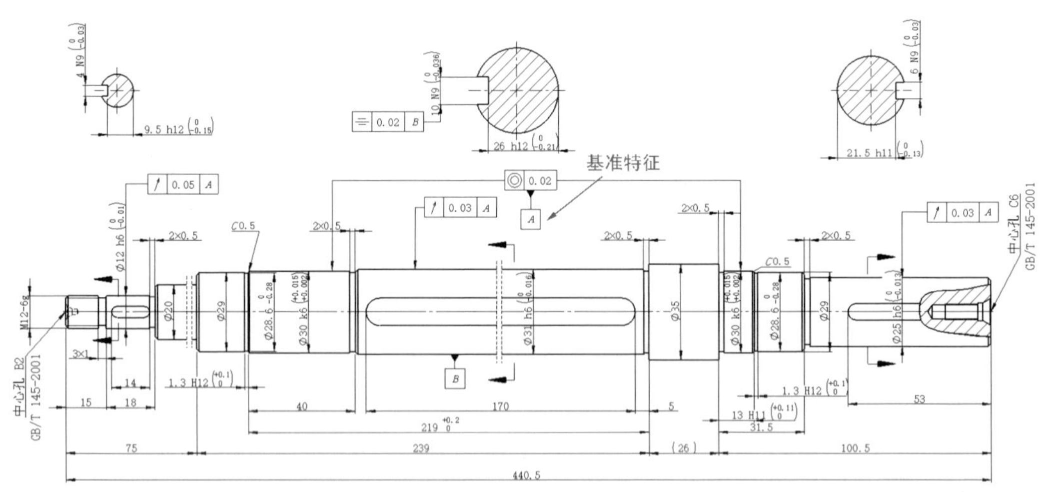

图 3-2-41　添加基准特征

步骤 8:添加表面粗糙度

单击“注解”面板上的“表面粗糙度符号”按钮 √ ,通过“表面粗糙度符号”命令添加表面粗糙度,如图 3-2-42 所示。

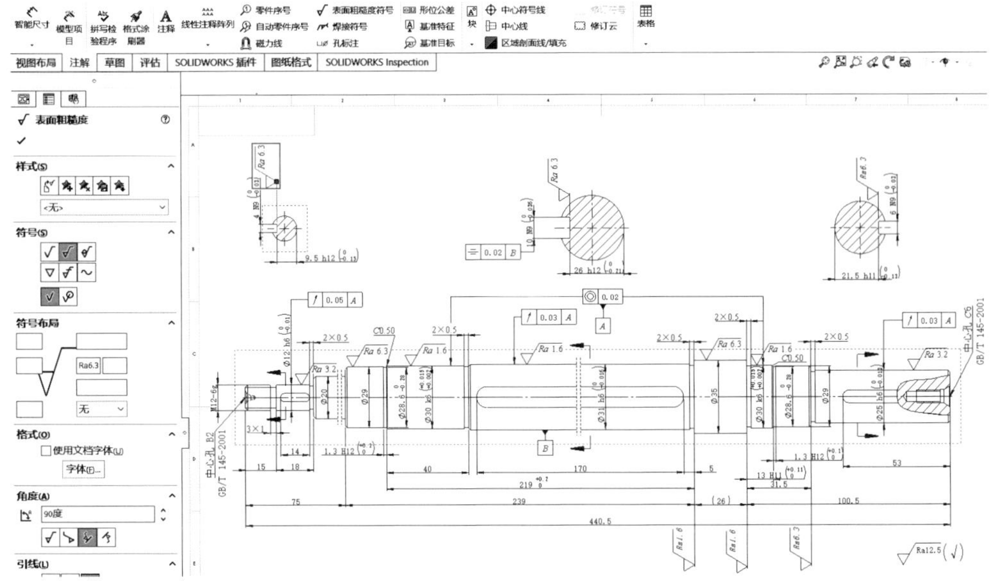

图 3-2-42　添加表面粗糙度

步骤 9:添加注释

单击“注解”面板上的“注释”按钮**A**,通过“注释”命令在图纸右下角合适位置添加注释(技术要求),如图 3-2-43 所示。

技术要求
1. 未注倒角C1。
2. 热处理 T235。

图 3-2-43　添加技术要求

步骤 10:保存文件

调整视图、尺寸、几何公差,基准特征、注释等在图纸内的位置,如图 3-2-44 所示。

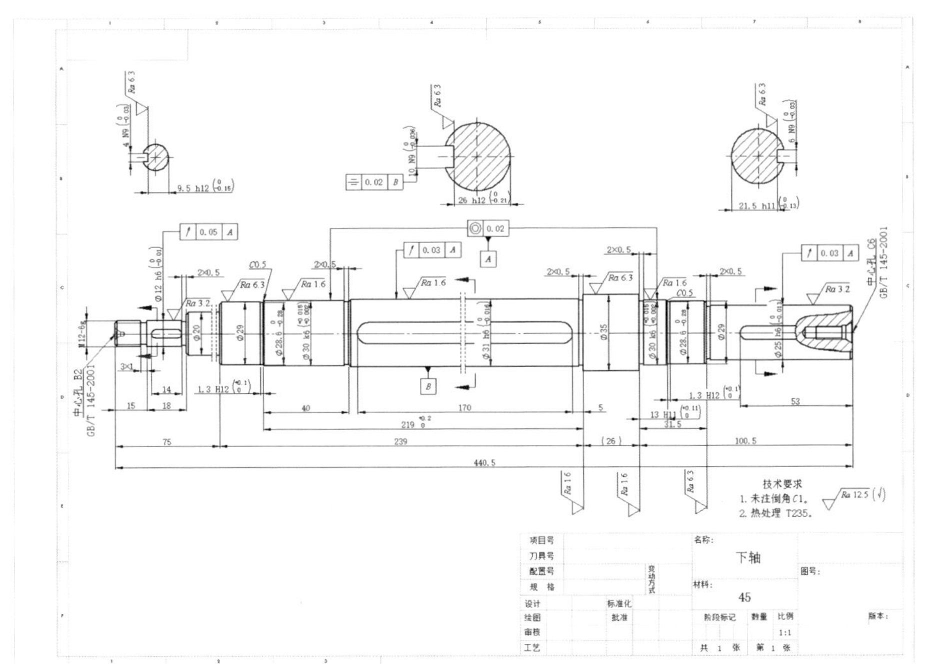

图 3-2-44　松圈器下轴工程图

选择菜单栏中的“文件”→“另存为”命令，系统弹出“另存为”对话框，将文件命名为“松圈器下轴”，单击“保存”按钮。

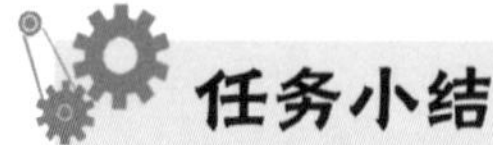

任务小结

通过对松圈器下轴的学习，学生能够进一步掌握工程图的制图方法，了解标准三视图和注释，并掌握以下能力：

(1)基于三维模型生成标准三视图的方法。

(2)根据图纸要求，添加剖视图的方法。

(3)在工程图中，添加尺寸标注及公差的方法。

(4)添加几何公差、基准特征、表面粗糙度的方法。

(5)添加图纸的技术要求的方法。

拓展训练

绘制图 3-2-45 所示的辊轴。

分析：在这个例子中，将回顾并拓展添加尺寸注释的功能。

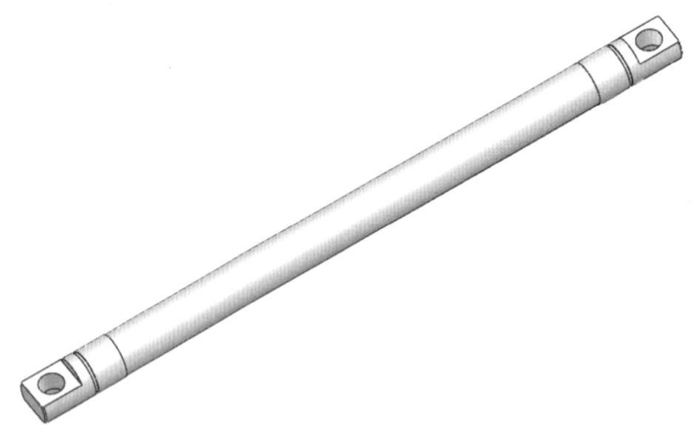

图 3-2-45 辊轴

步骤 1：创建三视图

根据三维模型，创建标准图纸、断开的剖视图、断裂视图、剪裁视图，如图 3-2-46 所示。

步骤 2：添加尺寸标注

在上面的“视图”中，添加必要的尺寸标注。特殊尺寸需要添加特殊注释，如图 3-2-47 所示。

步骤 3：添加注解

在上面的“视图”中，添加基准特征、表面粗糙度、几何公差和注释，如图 3-2-48 所示。

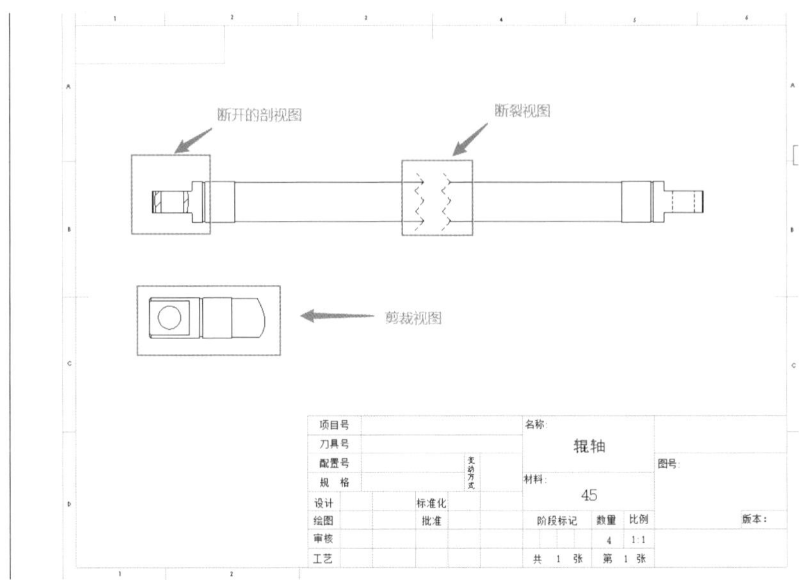

图 3-2-46　创建视图

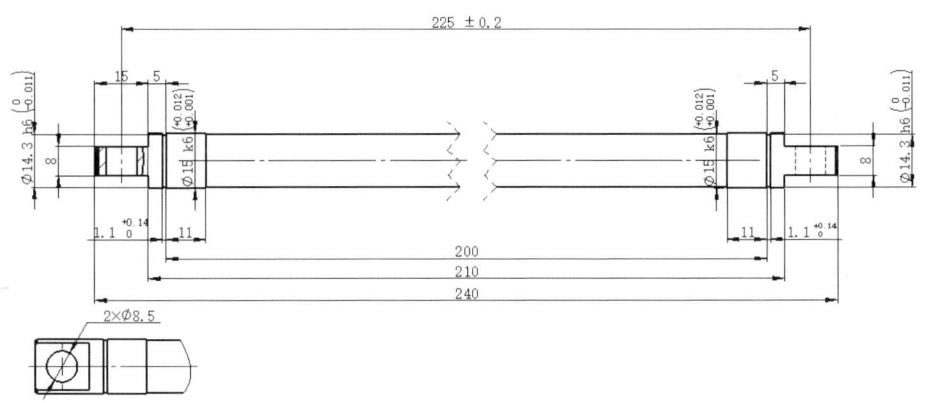

图 3-2-47　添加尺寸标注(2)

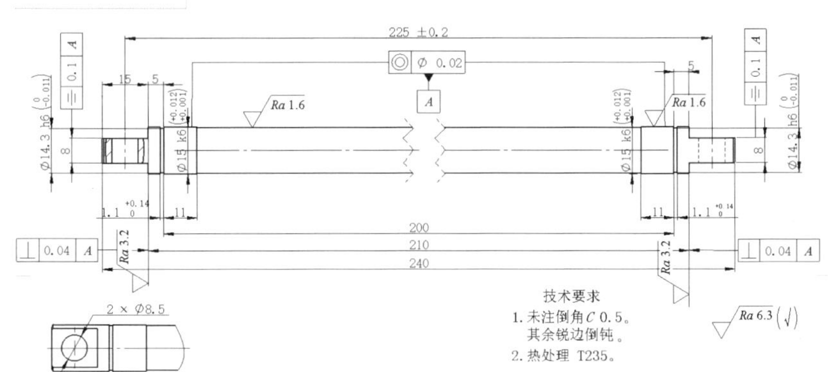

图 3-2-48　添加注解

步骤 4:创建工程图

调整视图、尺寸、几何公差,基准特征、注释在图纸内的位置,生成的辊轴工程图如图 3-2-49 所示。

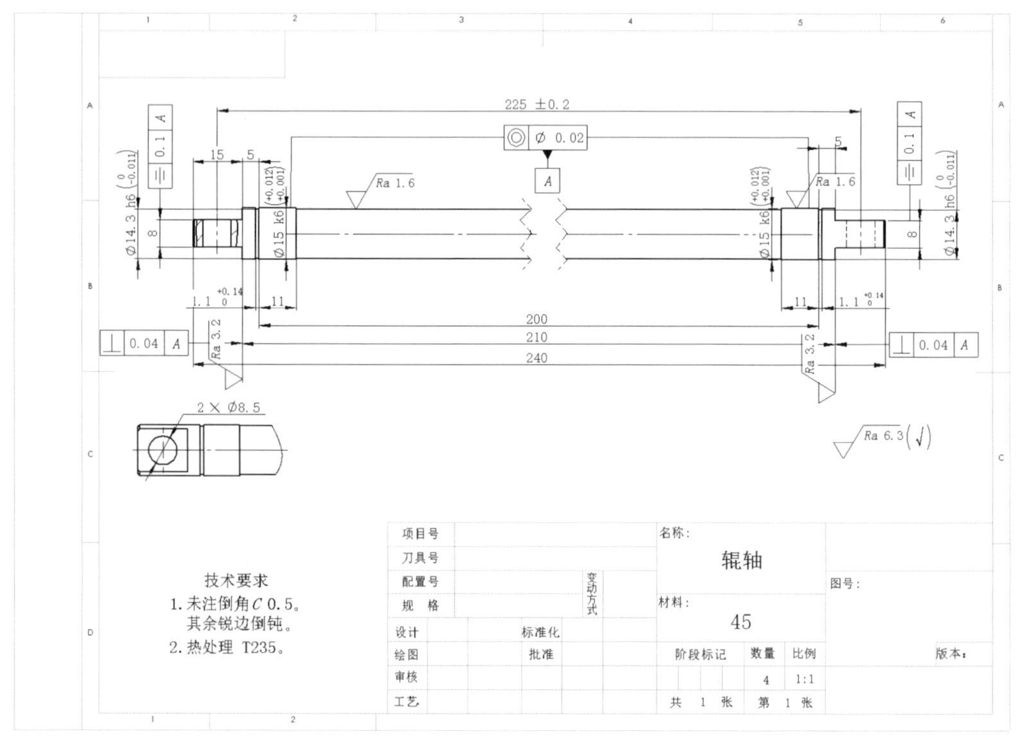

图 3-2-49 辊轴工程图

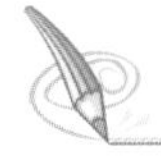

课后练习

利用本书资源中“1110-03-016 下辊. SLDPRT”模型文件进行工程图的绘制。

任务三 装配工程图绘制(松圈器)

任务分析

本任务是一个典型机械零件——松圈器装配工程图的绘制,如图 3-3-1 所示。

装配工程图一般的创建过程见任务一中零件工程图的创建过程。

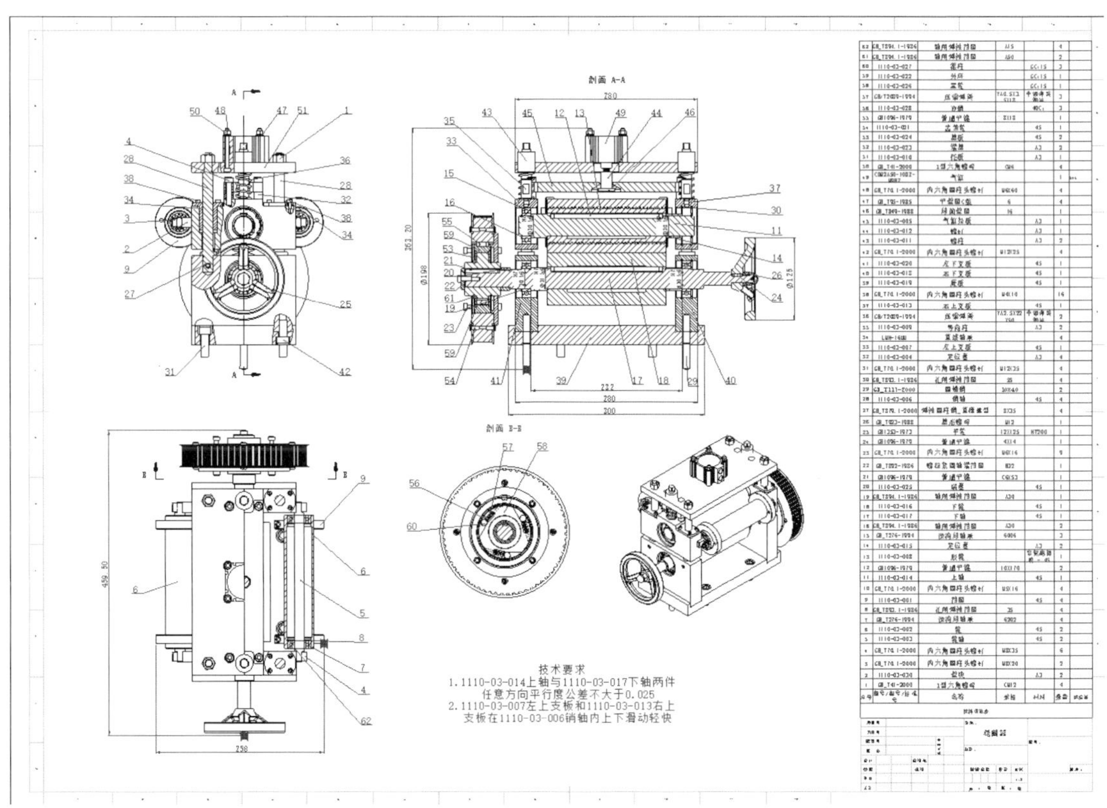

图 3-3-1　松圈器装配工程图

知识技能点

本任务是以松圈器的装配工程图绘制为例讲解装配工程图的基本操作，介绍了“注释”“表面粗糙度”“基准特征”“孔标注”等常用工程图绘图工具。以下几个重要的知识技能点需要掌握：

➢ 注释：使用“注释”命令给工程图添加文字和标号。在文档中，注释可为自由浮动或固定，也可带有一条指向某项（面、边线或顶点）的引线而放置。注释可以包含简单的文字、符号、参数文字或超文本链接。引线可以是直线、折线或多转折引线。

操作步骤：

● 单击“注解”面板上的“注释”按钮，如图 3-3-2 所示。

智能尺寸　模型项目　拼写检验程序　格式涂刷器　注释　线性注释阵列　零件序号　自动零件序号　磁力线　表面粗糙度符号　焊接符号　孔标注　形位公差　基准特征　基准目标　块　中心符号线　中心线　区域剖面线/填充　修订符号　修订云　表格

视图布局　注解　草图　评估　SOLIDWORKS 插件　图纸格式　SOLIDWORKS Inspection

图 3-3-2　单击“注释”按钮

● 系统弹出"注释"属性管理器，在图形区域合适位置单击，系统弹出"格式化"对话框，添加相应注释，单击"确定"按钮☑，如图 3-3-3 所示。

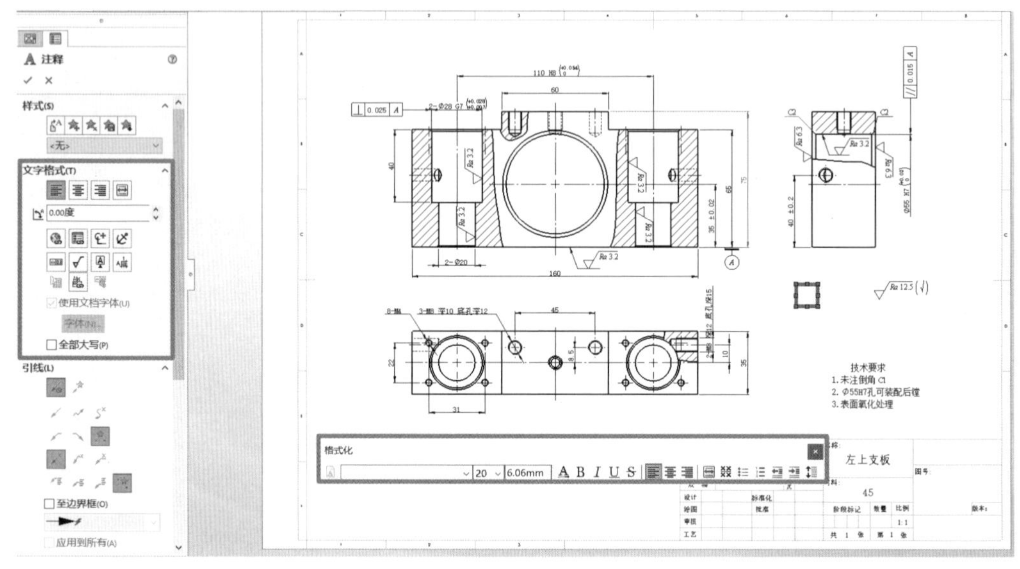

图 3-3-3 添加注释

补充说明：

"注释"属性管理器中的内容如下：

(1)"文字格式"选项框如图 3-3-4 所示。

图 3-3-4 "文字格式"选项框

左对齐。

居中。

右对齐。

套合文字：单击以压缩或扩展选定的文本。

角度：正的角度逆时针旋转注释。

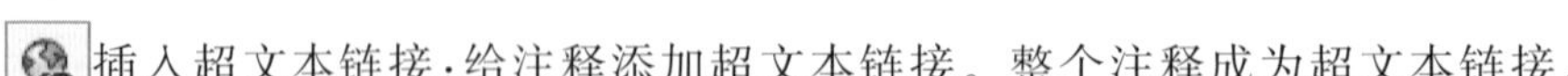

插入超文本链接：给注释添加超文本链接。整个注释成为超文本链接。

链接到属性：允许从工程图中的任何模型访问工程图属性和零部件属性，以便添加到文本字符串。

添加符号：访问符号库给文本添加符号。将光标放置在想使符号出现的注释文本框中，然后单击该按钮。

锁定/解除锁定注释：只在工程图中可用。将注释固定到位，编辑注释时，可调整边界框，但不能移动注释本身。

插入形位公差：在注释中插入几何(形位)公差。

插入表面粗糙度符号：在注释中插入表面粗糙度。

插入基准特征：在注释中插入基准特征。

添加区域：将区域信息插入到文字中。

标识注解库：在带标识注解库的工程图中，将标识注解插入注释。

链接表格单元格：链接注释到材料明细表或孔表格单元格的内容。

使用文档字体：使用“文档属性”→“注释”中指定的字体。

字体：当未勾选“使用文档字体”时，单击“字体”按钮，打开“选择字体”对话框。选取新的字体、字号及其他文本效果。

全部大写：若勾选“全部大写”，则将注释文本设置为大写显示。

(2)“引线”选项框如图 3-3-5 所示。

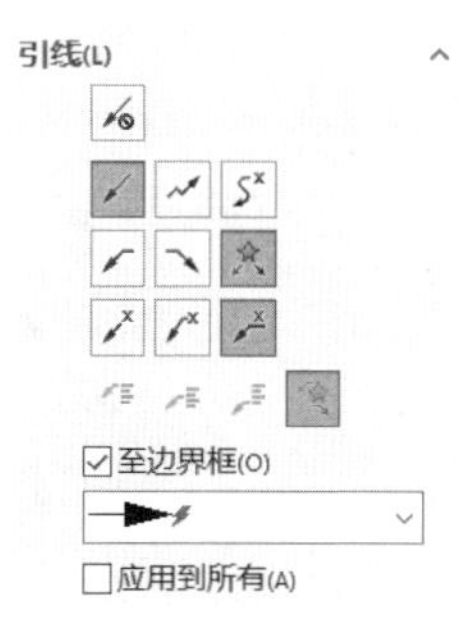

图 3-3-5　“引线”选项框

引线：单击以压缩或扩展选定的文本。

多转折引线：从注释生成到工程图的具有一个或多个折弯的引线。

样条曲线引线：从注释生成到工程图的简单引线。要修改样条曲线引线，请选择注释并拖动控制顶点。

无引线：不生成引线。

引线靠左：从注释的左侧开始。

引线向右：从注释的右侧开始。

引线最近：选择从注释的左侧或右侧开始，取决于哪一侧最近。

直引线：引线是一条直线。

弯引线：引线是一条折弯线。

下划线引线：引线是一条直线，但字体在线上与直线形成一条折弯线。

在上部附加引线：在多行注释中，附加引线到注释上端。

在中央附加引线：在多行注释中，附加引线到注释中央。

在底部附加引线：在多行注释中，附加引线到注释底端。

最近端附加引线。

至边界框：选择以定位边界框而非注释内容的引线。与注释相关的引线根据边界框的尺寸而非文本垂直对齐。

箭头样式：选择箭头样式，将根据出详图标准应用适当的箭头。

应用到所有：选择该选项将更改应用到所有选注释的所有箭头。如果所选注释有多条引线而自动引线未选中，可以为每个单独引线使用不同的箭头样式。

➢ 表面粗糙度：

操作步骤：

● 单击“注解”面板上的“表面粗糙度符号”按钮，如图 3-3-6 所示。

图 3-3-6 单击“表面粗糙度符号”按钮

● 系统出现“表面粗糙度”属性管理器，将“符号布局”改为“Ra 3.2”，在合适的位置放置，单击“确定”按钮，完成操作，如图 3-3-7 所示。

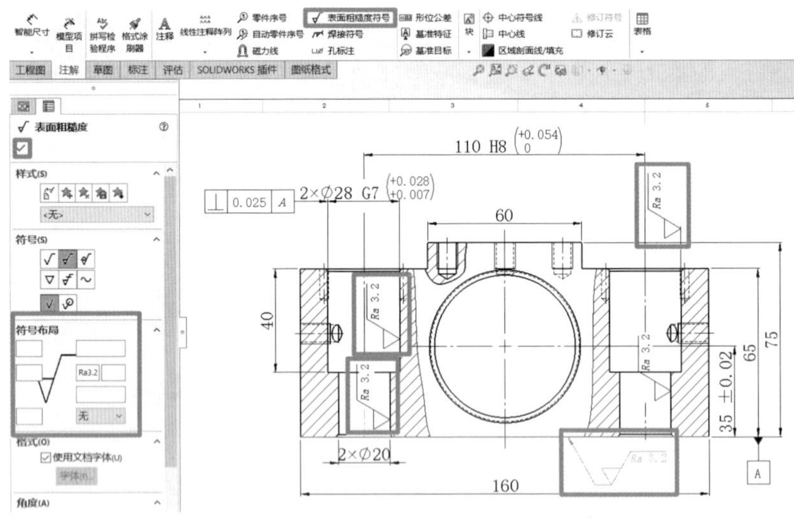

图 3-3-7 添加表面粗糙度

补充说明：

表面粗糙度的符号如图 3-3-8 和图 3-3-9 所示，符号布局如图 3-3-10 和图 3-3-11 所示，角度设置如图 3-3-12 所示。

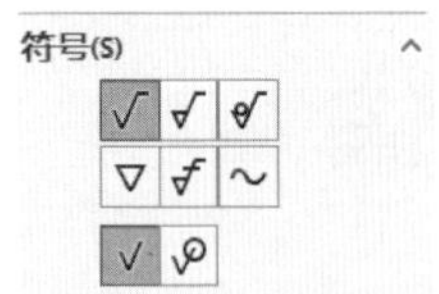

图 3-3-8 全切割线区域的符号

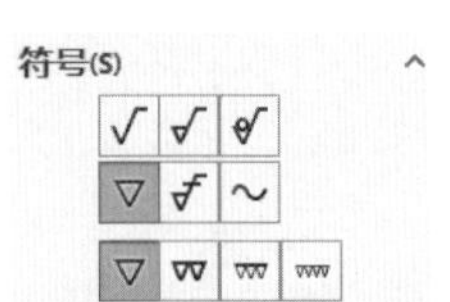

图 3-3-9 半剖面区域的符号

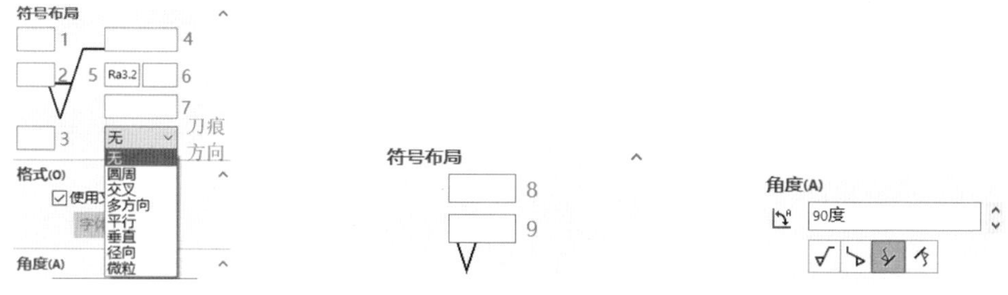

图 3-3-10　全切割线区域的符号布局　　图 3-3-11　半剖面区域的符号布局　　图 3-3-12　“角度”选项框

具体内容如下：

基本，要求切削加工，禁止切削加工，JIS 基本，需要 JIS 切削加工，禁止 JIS 切削加工，本地，全周。

如果选择 JIS 基本或需要 JIS 切削加工，则有数种曲面纹理可供使用：

JIS 曲面纹理 1，JIS 曲面纹理 2，JIS 曲面纹理 3，JIS 曲面纹理 4。

JIS 符号：粗糙度 $Rz/Rmax$；粗糙度 Ra。

刀痕方向：C 圆周，X 交叉，M 多方向，= 平行，⊥ 垂直，R 径向，P 微粒。

角度：为符号设定旋转的角度。正的角度为逆时针旋转注释。还可以设定下列旋转：

竖立，旋转 90 度，垂直，垂直（反转）。

➢ 基准特征：

操作步骤：

● 单击“注解”面板上的“基准特征”按钮，如图 3-3-13 所示。

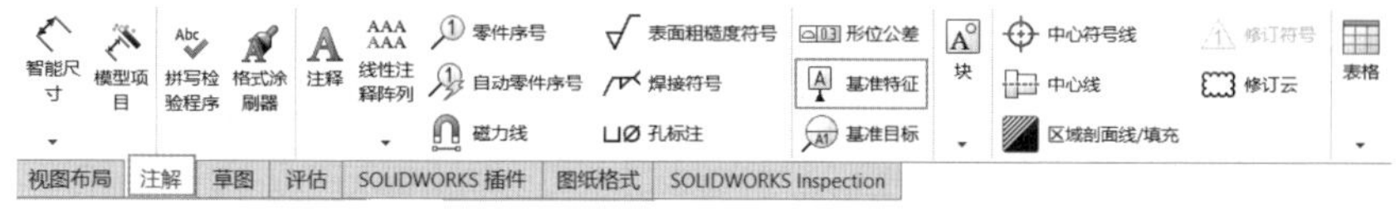

图 3-3-13　单击“基准特征”按钮

● 在“基准特征”属性管理器中，在图形区合适位置放置基准特征，单击“确定”按钮，完成操作，如图 3-3-14 所示。

补充说明：

“标号设定”和“引线”选项框如图 3-3-15 所示。具体内容如下：

方形，圆形，垂直，竖直，水平，无引线，引线，实三角形，带肩角的实三角形，虚三角形，带肩角的虚三角形，引线靠左，引线靠右，引线最近。

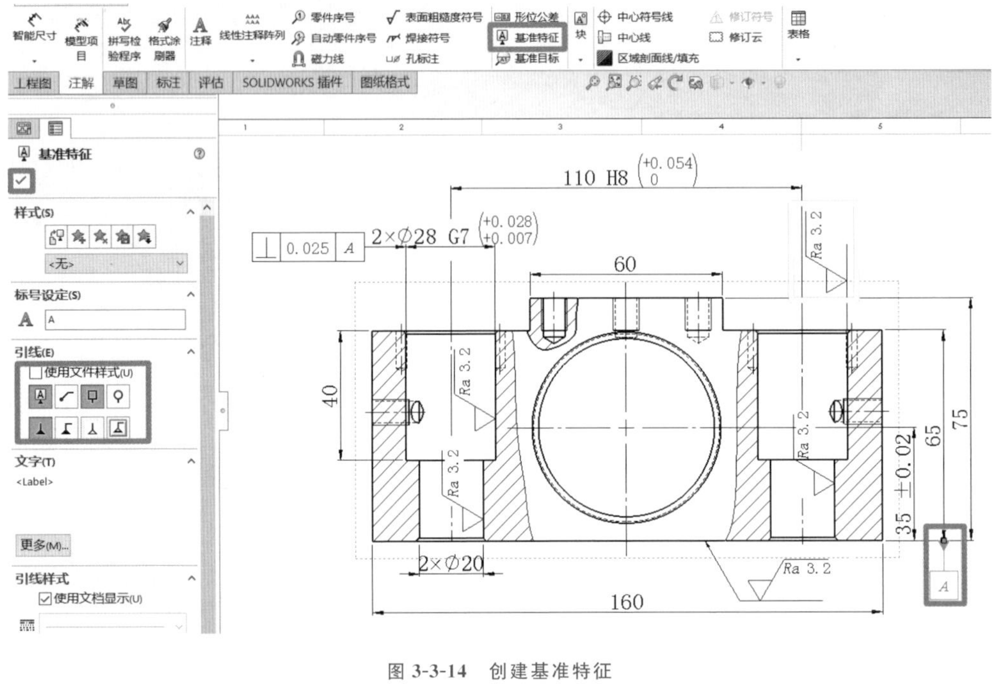

图 3-3-14 创建基准特征

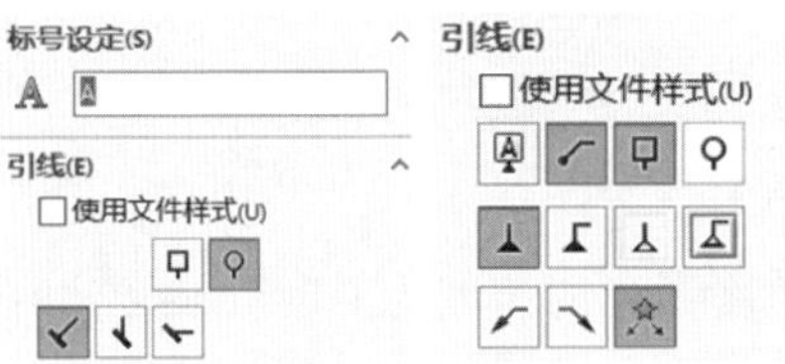

图 3-3-15 “标号设定”和“引线”选项框

➢ 几何公差(形位公差):

操作步骤:

- 单击“注解”面板上的“形位公差”按钮 ,如图 3-3-16 所示。

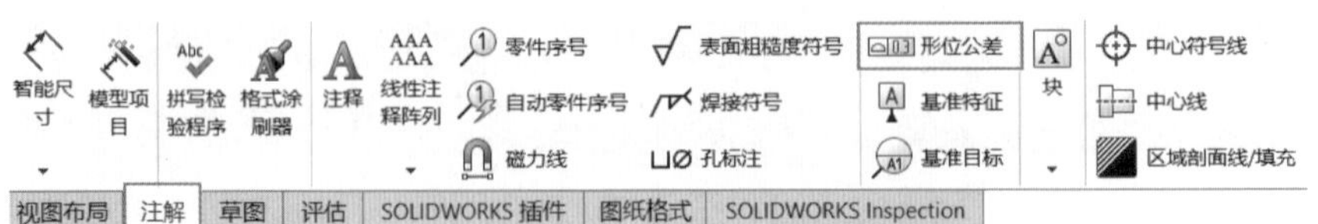

图 3-3-16 单击“形位公差”按钮

- 在“属性”对话框中修改参数,如图 3-3-17 所示。
- 如图 3-3-18 所示,在图形区合适位置放置几何公差,并添加引线,单击“确定”按钮。

➢ 孔标注:“孔标注”命令可将从动直径尺寸添加到由不同形状切割特征所生成的孔。

操作步骤:

- 单击“注解”面板上的“孔标注”按钮 ⊔⌀,如图 3-3-19 所示。

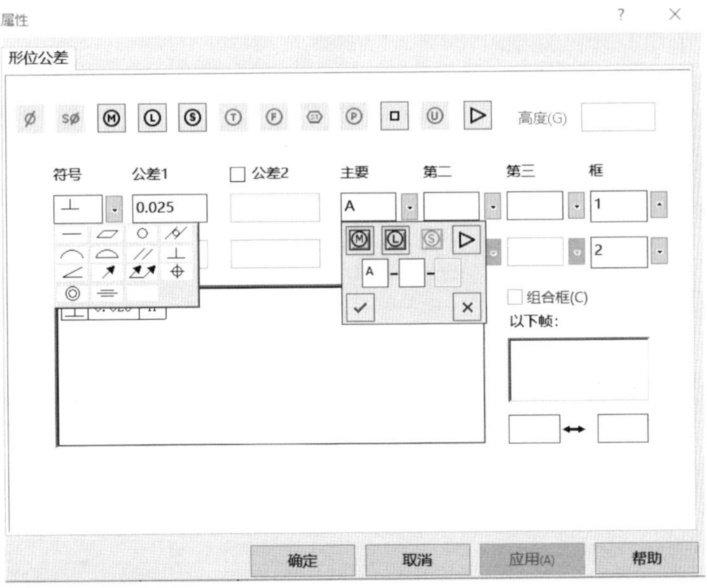

图 3-3-17　“属性”对话框

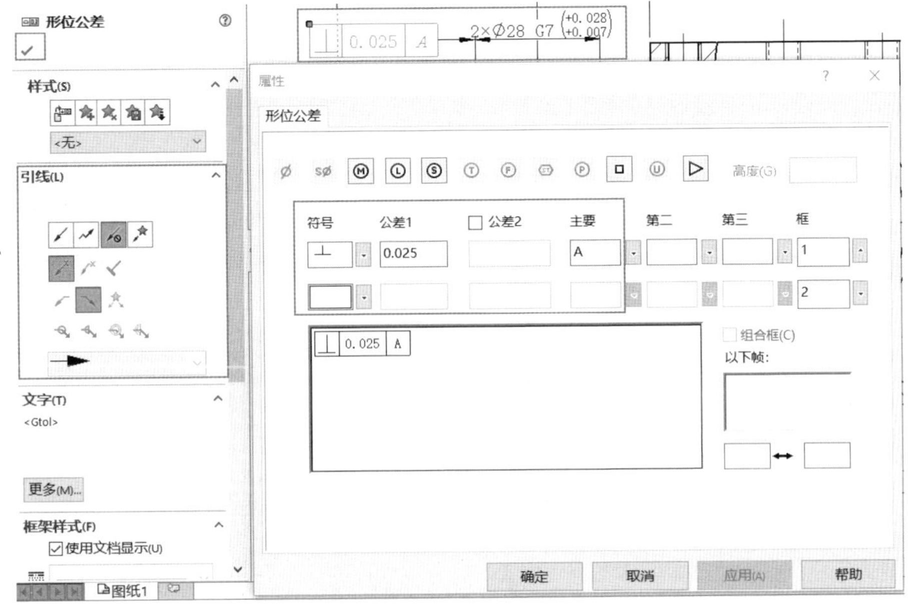

图 3-3-18　几何公差

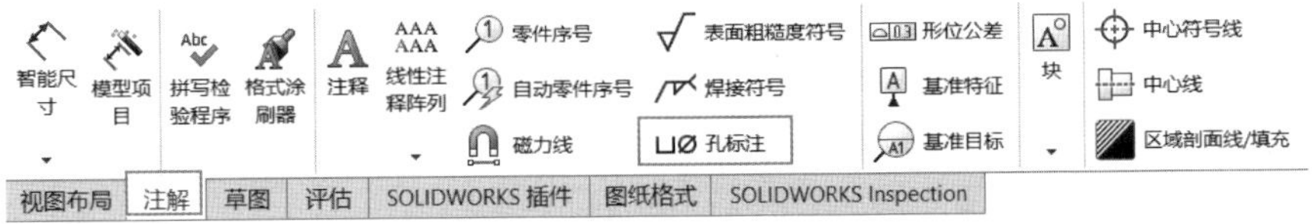

图 3-3-19　单击“孔标注”按钮

● 系统弹出“尺寸”属性管理器，单击“确定”按钮☑，如图 3-3-20 所示。

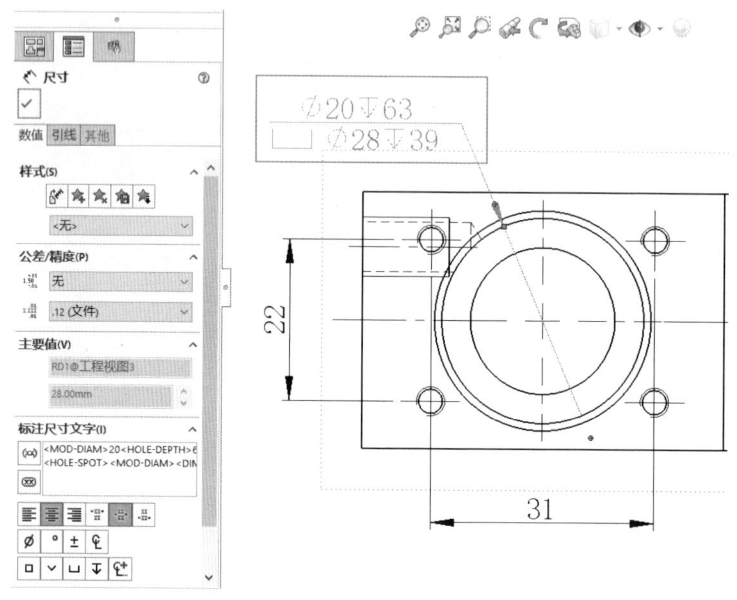

图 3-3-20 “尺寸”属性管理器

任务实施

松圈器装配工程图

步骤 1：新建一个装配工程图

在菜单栏中选择“文件”→“新建”命令或单击工具条上的“新建”按钮，如图 3-3-21 所示。

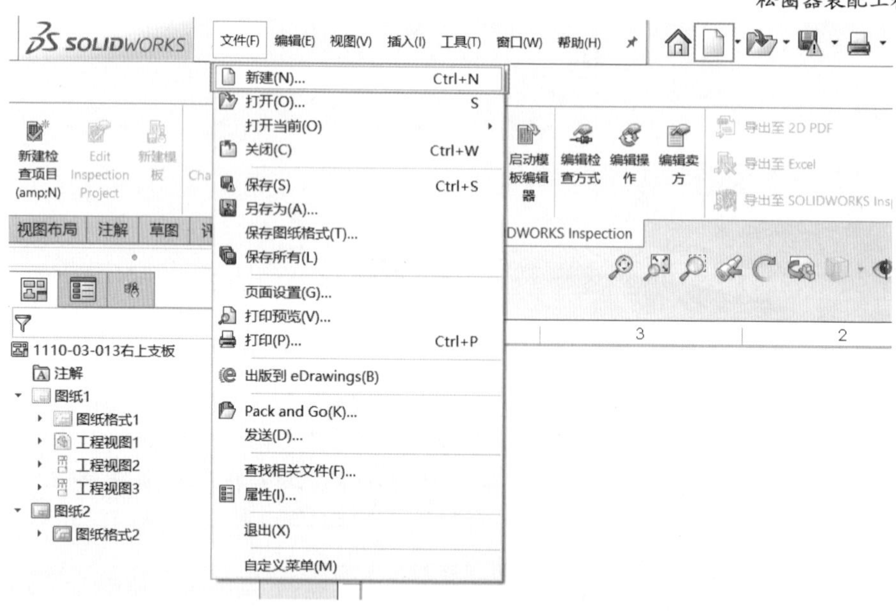

图 3-3-21 新建文件

在弹出的“新建 SOLIDWORKS 文件”对话框中选择“工程图”图标，然后单击“确定”按钮。如图 3-3-22 所示。

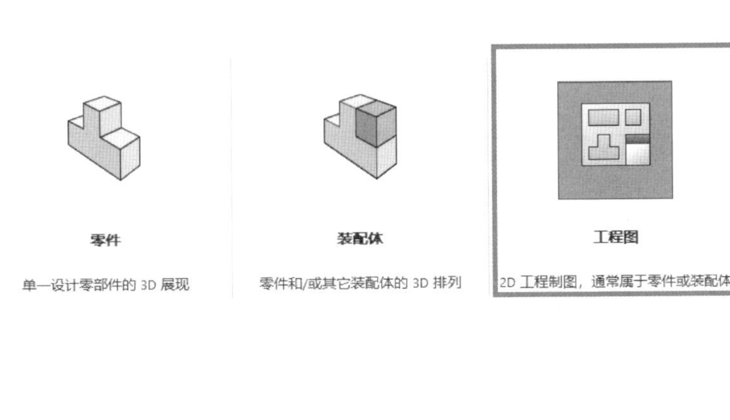

图 3-3-22　新建工程图

在“新建 SOLIDWORKS”对话框的“Tutorial”中，选择“draw”图标，在这个对话框中可以设置不同的图纸格式，然后单击“确定”按钮，如图 3-3-23 所示。

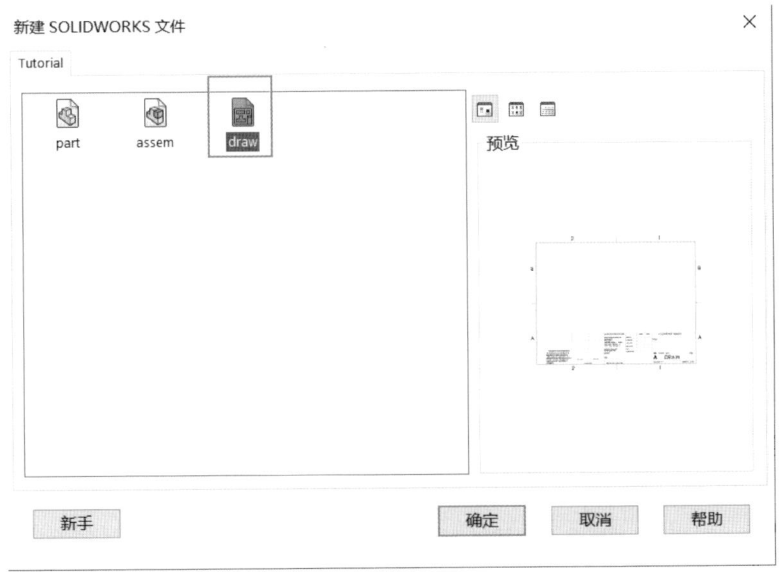

图 3-3-23　选择“draw”图标

如图 3-3-24 所示，单击“视图布局”面板上的“模型视图”按钮，系统出现“模型视图”属性管理器，单击“浏览”按钮。在“打开”对话框中选择“松圈器. SLDPRT”，单击“打开”按钮。

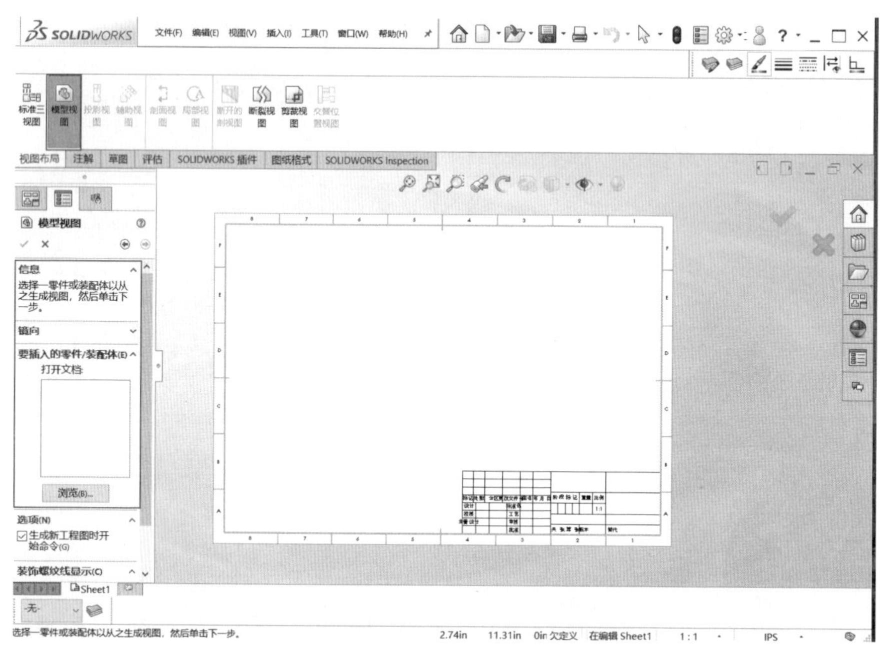

图 3-3-24　“模型视图”属性管理器

步骤 2:创建工程图的视图布局

(1)将光标移动到图形区，会出现“主视图”的预览，选择右视图作为主视图并在合适的位置放置生成的主视图，同时系统弹出“投影视图”属性管理器，将光标移动到图形区，会自动生成其他投影视图，单击“确定”按钮☑。如图 3-3-25 所示。

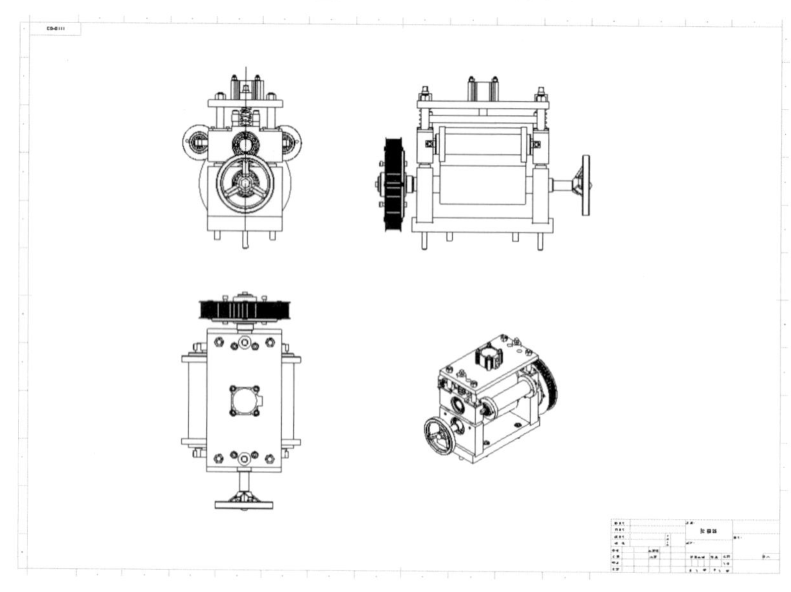

图 3-3-25　放置工程图

(2)定义图纸属性，如图 3-3-26(a)所示，在左侧设计树“图纸格式 1”处单击鼠标右键，在弹出的快捷工具栏中选择“属性”命令，系统弹出“图纸属性”对话框，将图纸属性中比例修改为“1∶2”，将图纸大小修改为“A1 (GB)”，将投影视图的“显示样式”修改为“隐藏线可见”，如图 3-3-26(b)和图 3-3-26(c)所示。

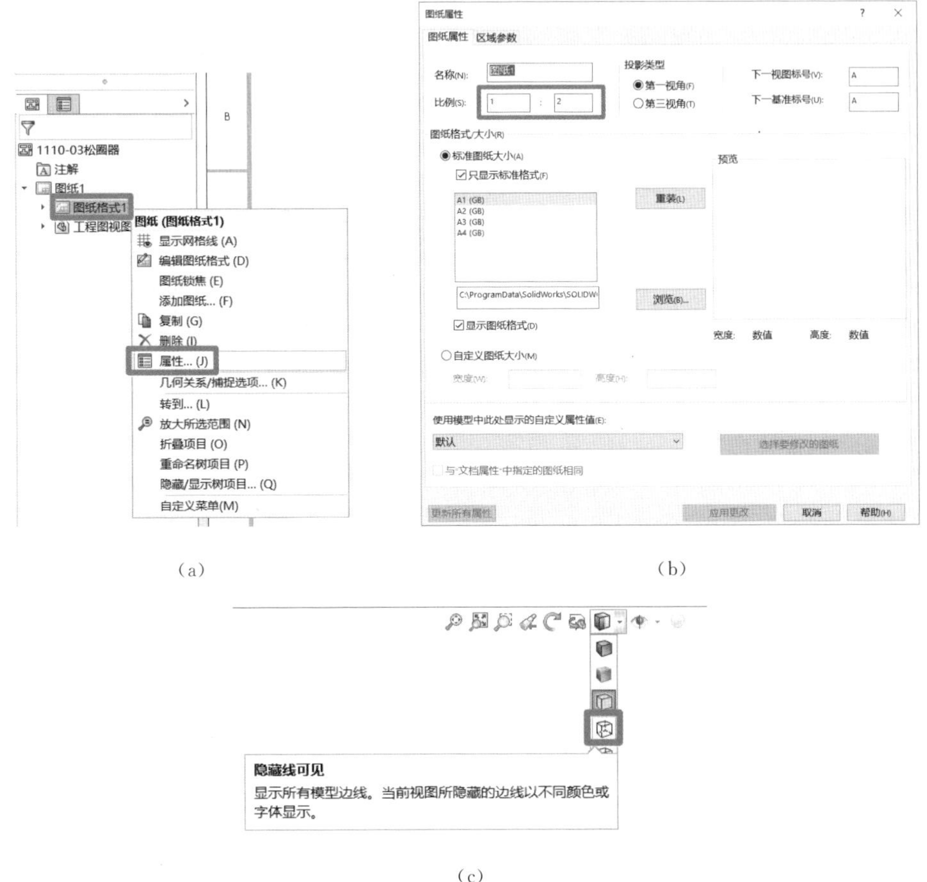

(a)　(b)

(c)

图 3-3-26　设置图纸

(3)创建剖视图。单击“视图布局”面板上“剖面视图”按钮，在需要剖面视图的主视图位置单击，系统弹出“剖面视图”属性管理器，设置如图 3-3-27 所示，在主视图以外单击放置剖视图。

(4)创建“断开的剖视图”。单击“视图布局”面板上的“断开的剖视图”按钮，在视图中画出所要剖面的轮廓，系统弹出“断开的剖视图”属性管理器，选择深度参考为“边线”，添加深度值，如图 3-3-28 所示。

步骤 3：添加中心符号线和中心线

单击“注解”面板上的“中心符号线”按钮或“中心线”按钮，通过该命令添加中心线，如图 3-3-29 所示。

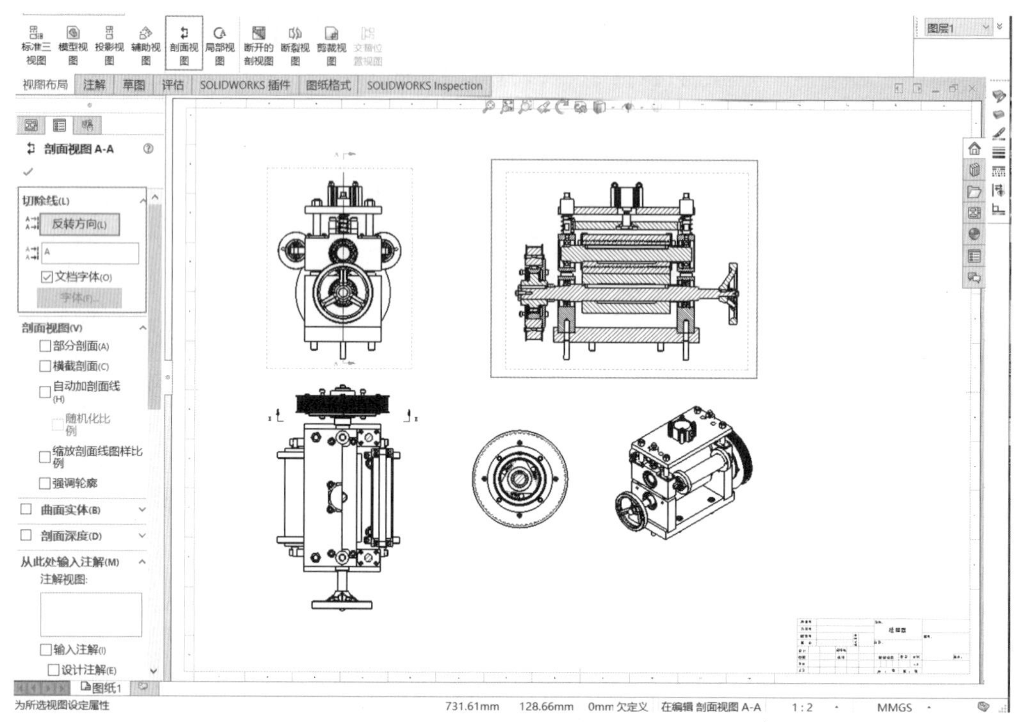

图 3-3-27 生成剖视图

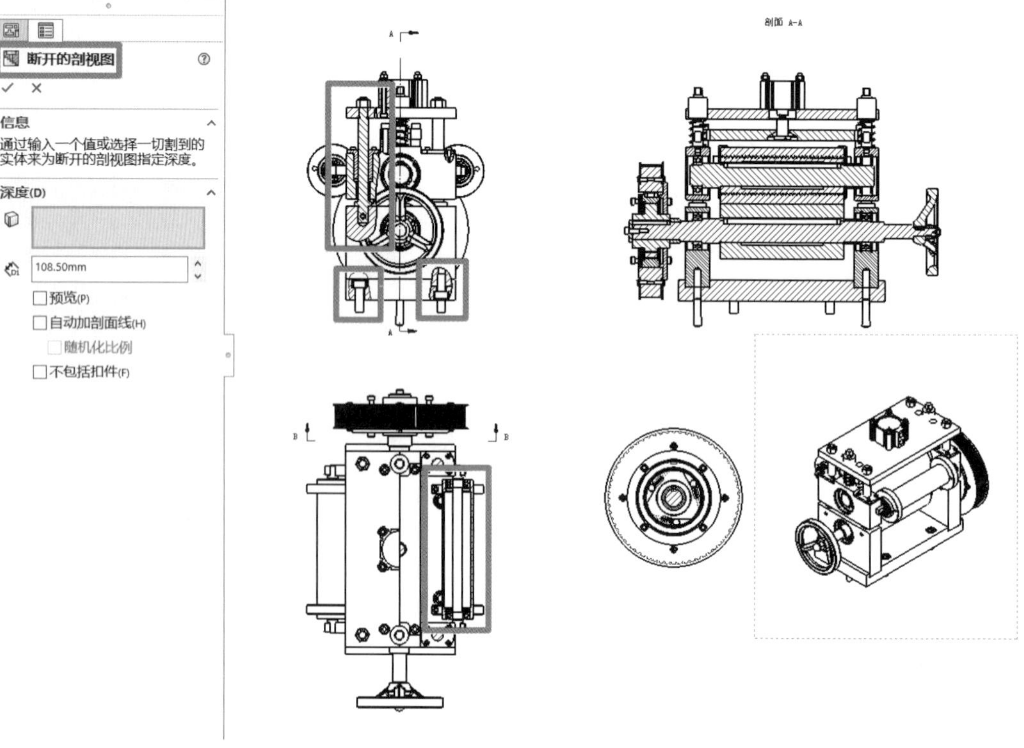

图 3-3-28 生成断开的剖视图

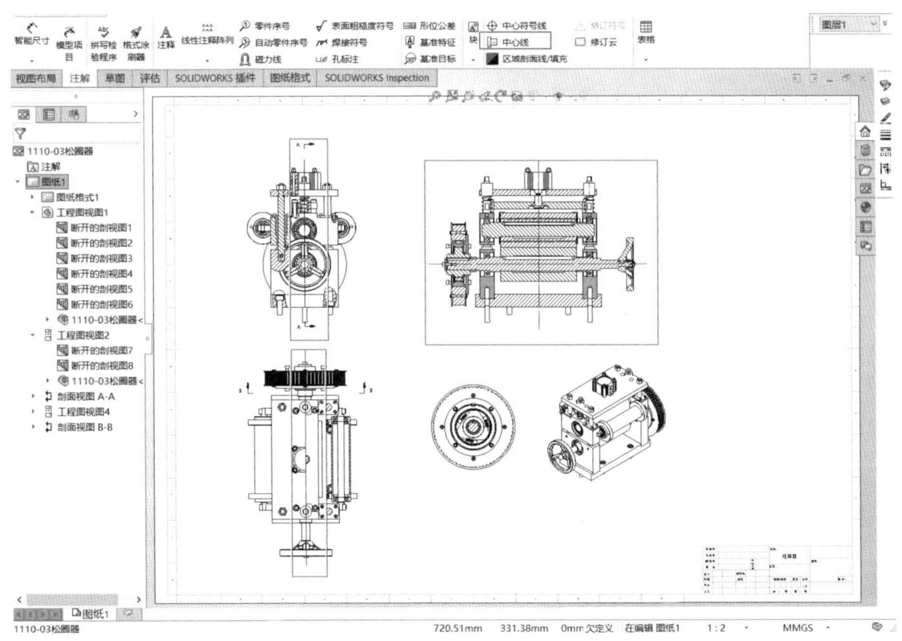

图 3-3-29　添加中心符号线和中心线

步骤 4:添加尺寸标注和公差

单击“注解”面板上的“智能尺寸”按钮，系统弹出“尺寸”属性管理器，在该属性管理器中进行修改，如图 3-3-30 所示。

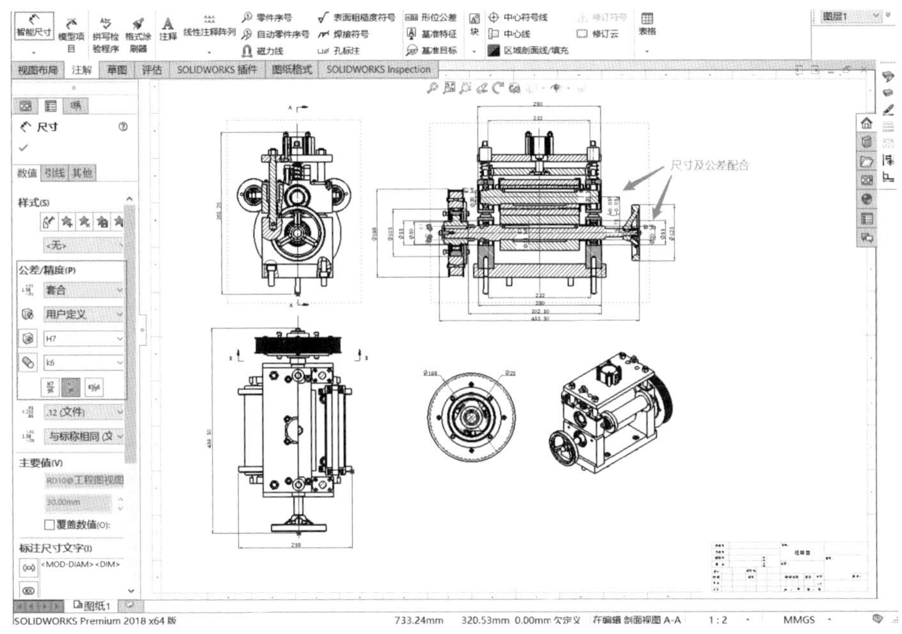

图 3-3-30　添加尺寸标注和公差

提示

在装配工程图中，主要标注装配体的整体尺寸，还需要标注主要传动件的公差配合，但不需要显示公差值。

步骤 5：添加零件序号

添加“零件序号”，单击“注解”面板上的“零件序号”按钮，通过“零件序号”命令来添加装配体中的零件序号，如图 3-3-31 所示。

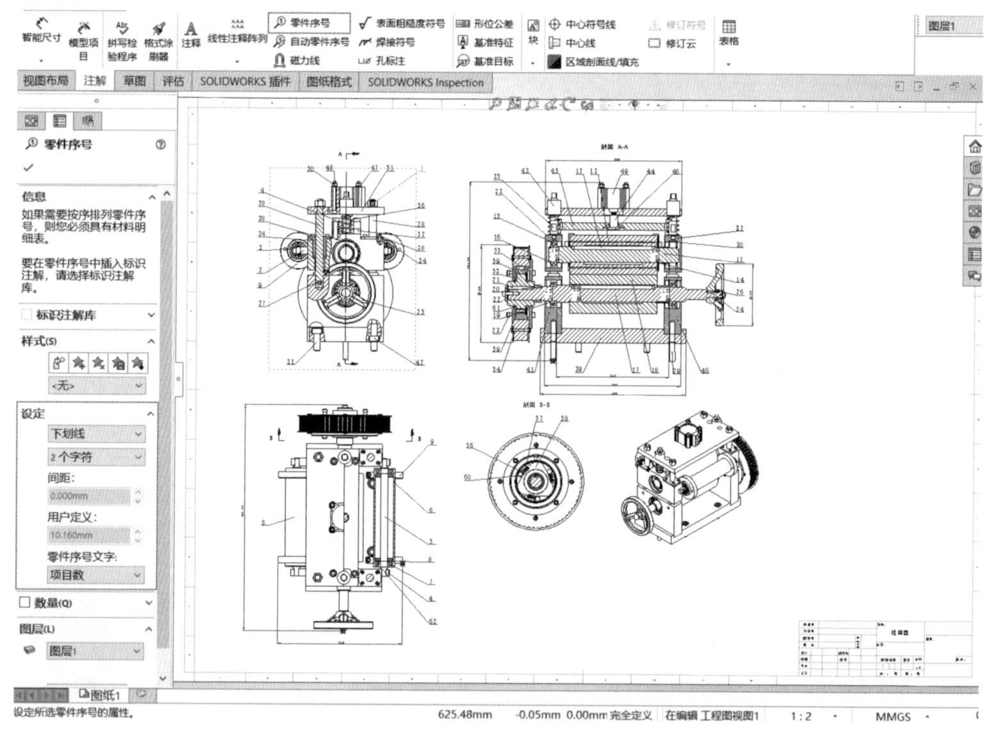

图 3-3-31　添加零件序号(1)

提示

“自动零件序号”命令可自动标注零件序号和生成材料明细表，且零件序号的顺序与装配体的零件装配顺序一致。

步骤 6：添加材料明细表

单击“注解”面板上“表格”按钮的下拉按钮，在打开的下拉菜单中单击“材料明细表”按钮，在添加零件序号后通过“材料明细表”命令在标题栏上面添加材料明细表，如图 3-3-32 和图 3-3-33 所示。

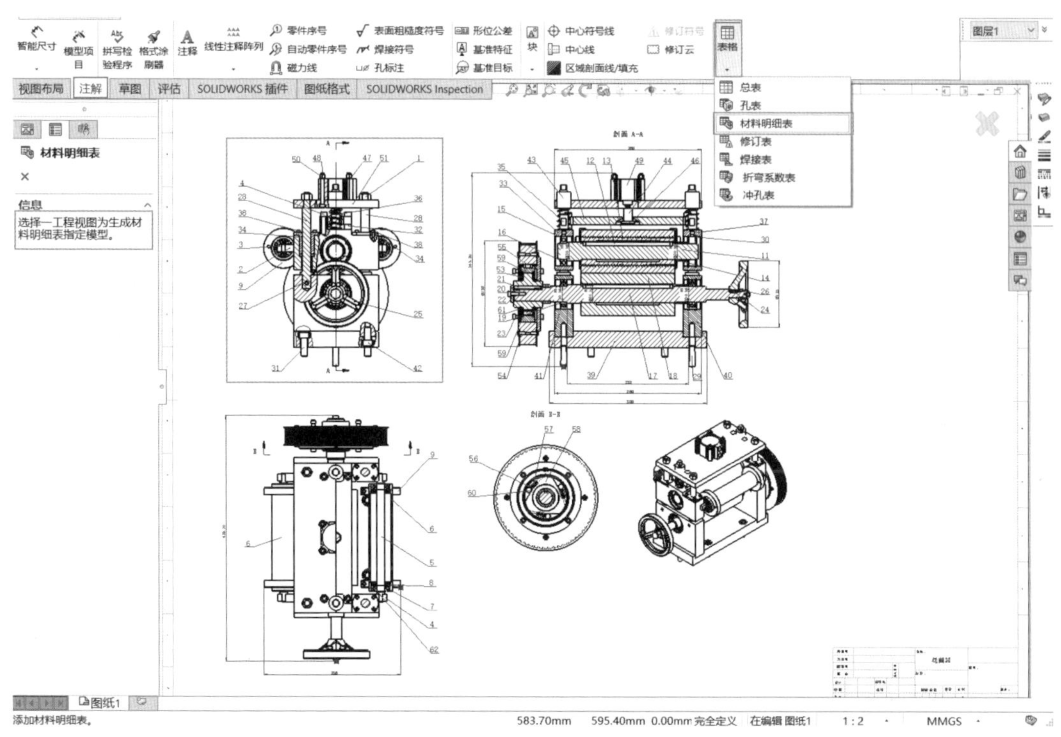

图 3-3-32　单击“材料明细表”按钮

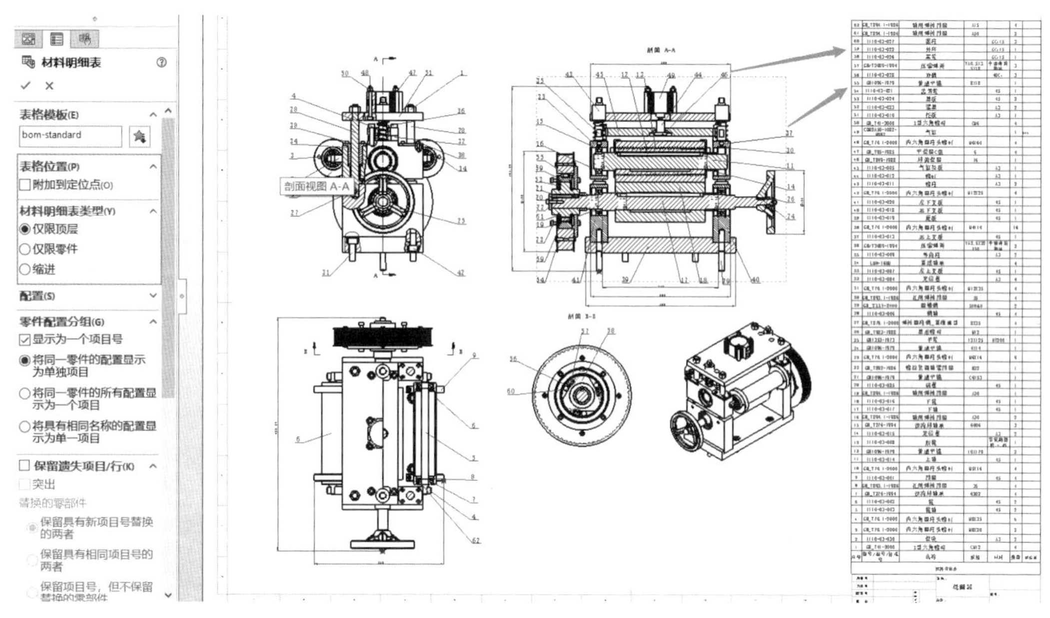

图 3-3-33　添加材料明细表

步骤 7:添加技术要求

单击“注解”面板上的“注释”按钮,通过“注释”命令在图纸右下角合适位置添加注释(技术要求),如图 3-3-34 所示。

技术要求
1. 1110-03-014上轴与1110-03-017下轴两件
任意方向平行度公差不大于0.025。
2. 1110-03-007左上支板和1110-03-013右上
支板在1110-03-006销轴内上下滑动轻快。

图 3-3-34 添加技术要求

步骤 8:保存文件

调整视图、尺寸、几何公差,基准特征、注释等在图纸内的位置,如图 3-3-35 所示。

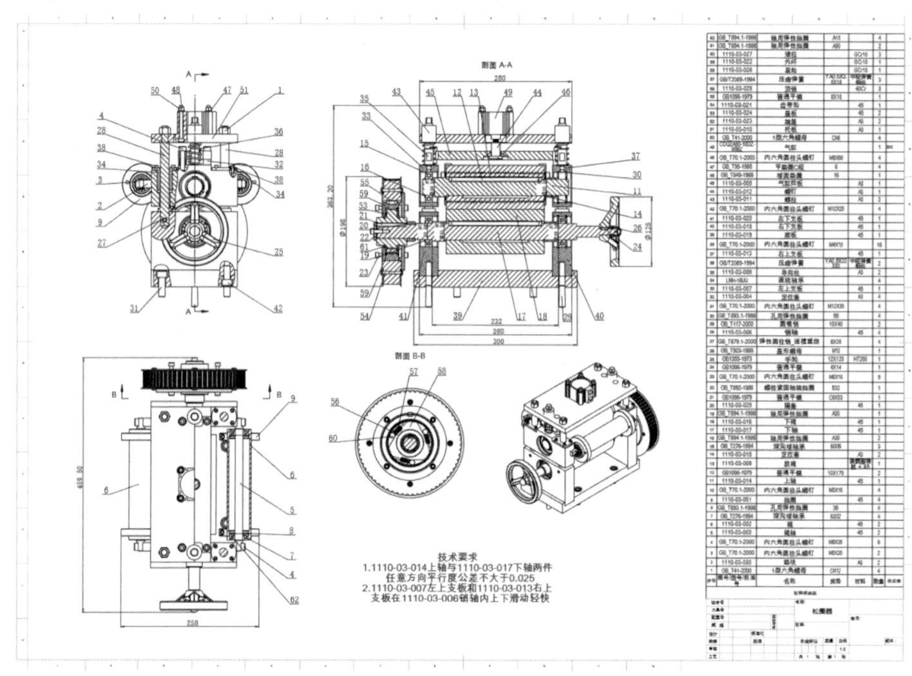

图 3-3-35 松圈器装配工程图

在菜单栏中选择“文件”→“另存为”命令,系统弹出“另存为”对话框,将文件命名为“松圈器”,然后单击“保存”按钮。

任务小结

通过松圈器装配工程图任务的学习,学生能够掌握装配图的制图方法,对标准视图和注释有了一定了解,并掌握了以下能力:

(1)基于三维模型生成标准三视图的方法。

(2)根据图纸要求,添加适当的剖视图的方法。

(3)在工程图中,添加尺寸标注及公差的方法。

(4)添加零件序号和材料明细表的方法。

(5)添加图纸的技术要求的方法。

拓展训练

绘制图 3-3-36 所示松圈器架的装配工程图。

分析：在这个例子中，拓展了添加零件序号和材料明细表的重要功能。

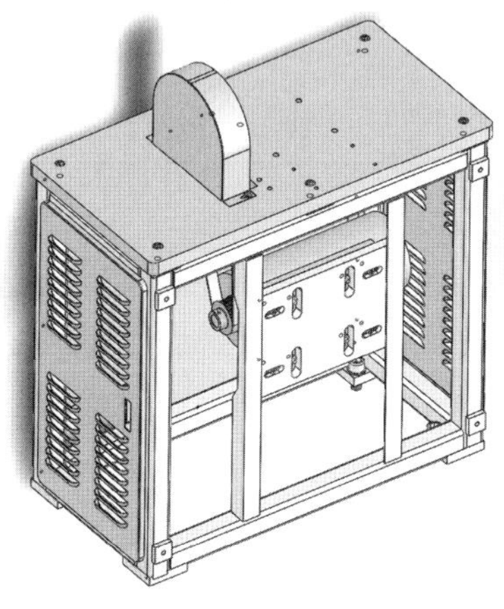

图 3-3-36　松圈器架

步骤 1：创建三视图

根据三维模型，创建标准图纸、断开剖视图、断裂视图、剪裁视图，如图 3-3-37 所示。

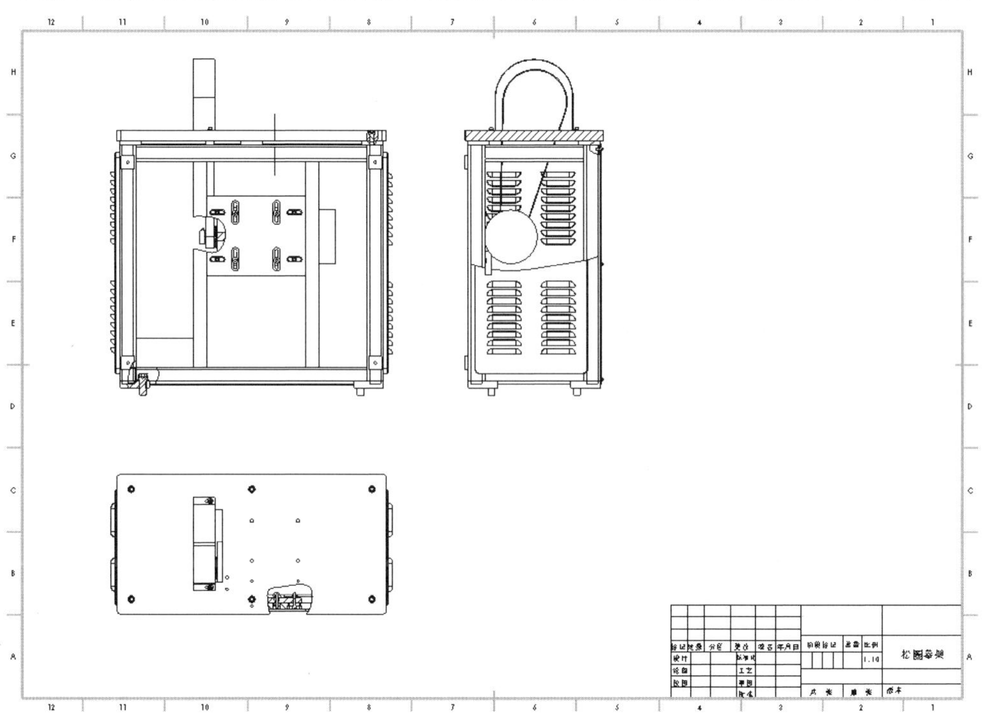

图 3-3-37　创建三视图

步骤 2：添加尺寸标注

在图 3-3-37 所示视图中，添加必要的尺寸标注，如图 3-3-38 所示。

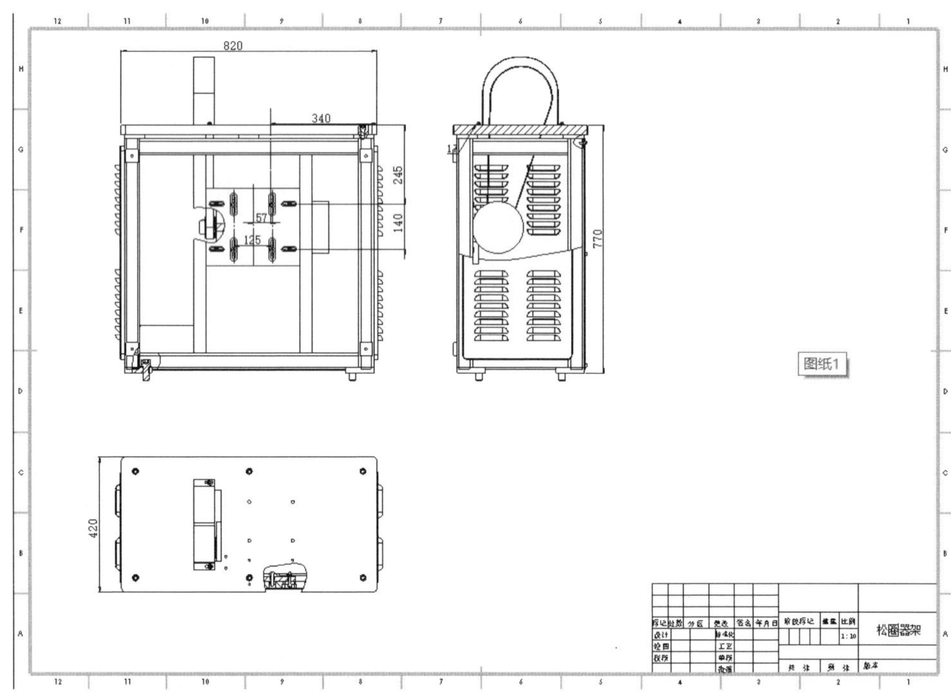

图 3-3-38 添加尺寸标注

步骤 3:添加零件序号

在图 3-3-38 的基础上添加零件序号,如图 3-3-39 所示。

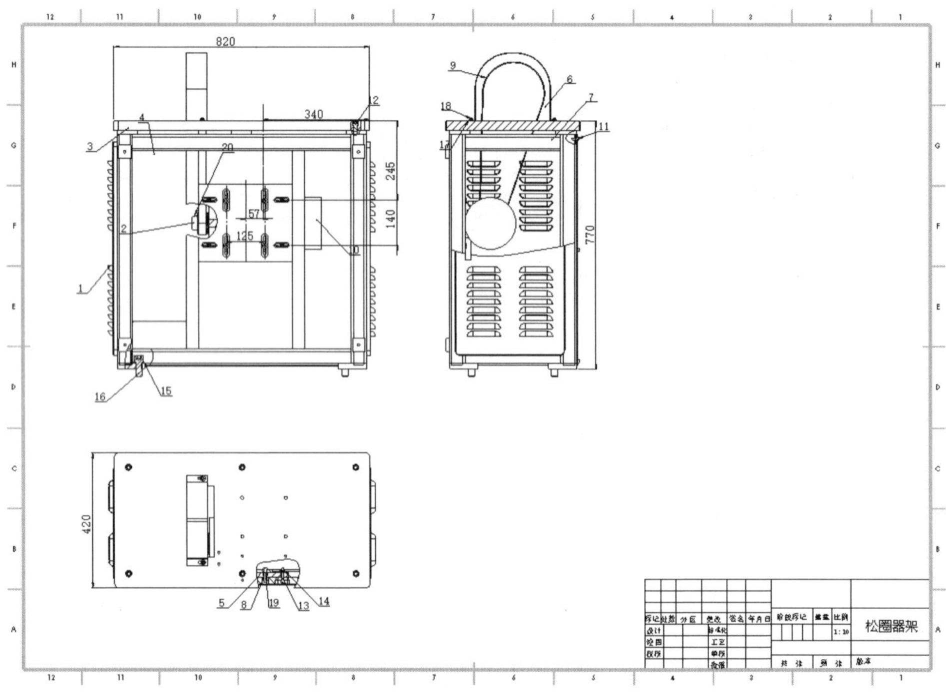

图 3-3-39 添加零件序号(2)

步骤 4:创建装配工程图

调整视图、材料明细表在图纸内的位置,生成的松圈器架装配工程图如图 3-3-40 所示。

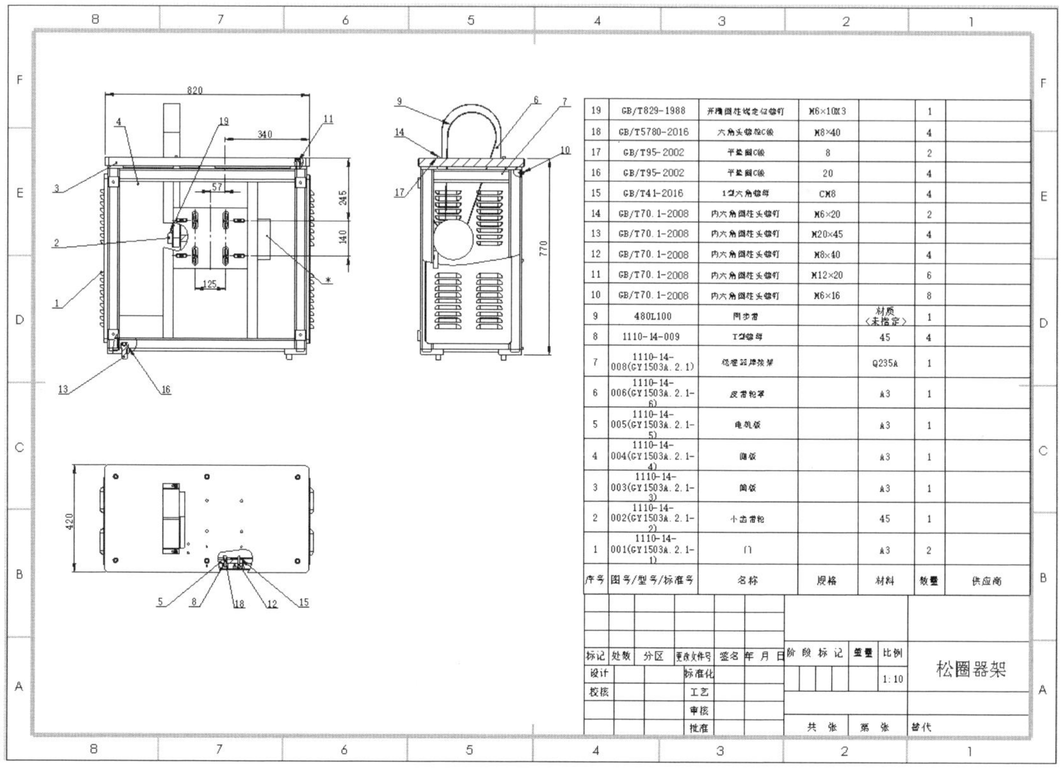

图 3-3-40　松圈器架装配工程图

课后练习

利用本书资源中"1110-12 切断器.SLDASM"装配体文件进行工程图的绘制。